21世纪高等院校规划教材

结构力学

（上册）

崔恩第　主编

崔恩第　王永跃　周润芳　刘克玲　编

国防工业出版社

·北京·

内容简介

本书根据教育部最新颁布实施的《普通高等学校本科专业目录》中规定的土木工程专业的培养目标和国家教育委员会批准的《结构力学课程教学基本要求》(多学时)编写。

本书分上、下两册,不仅涵盖了高等学校土木工程专业指导委员会制定的《结构力学》教学大纲所规定的教学内容,而且还编入了进一步加深、加宽的内容。选学内容在章、节标题前冠以“*”号。每章均有复习思考题、习题及习题答案。上、下两册书后各附有自我考核题两组。考核题的题型与国家教育委员会审定的“结构力学试题库”题型一致。

本书可作为土木工程专业土建、路桥、水利等各类专门化方向的教材,也可以作为成人教育、高等教育自学考试的教材,并可供考研生和有关工程技术人员参考。

图书在版编目(CIP)数据

结构力学.上册/崔恩第主编.—北京:国防工业出版社,2015.2 重印

21 世纪高等院校规划教材

ISBN 978-7-118-04421-8

Ⅰ.结... Ⅱ.崔... Ⅲ.结构力学-高等学校-教材 Ⅳ.0342

中国版本图书馆 CIP 数据核字(2006)第 018605 号

※

国防工業出版社出版发行

(北京市海淀区紫竹院南路 23 号 邮政编码 100048)

天利华印刷装订有限公司印刷

新华书店经售

*

开本 787×1092 1/16 **印张** 19 **字数** 437 千字

2015 年 2 月第 6 次印刷 **印数** 9001—11000 册 **定价** 35.00 元

国防书店:(010)88540777 发行邮购:(010)88540776

发行传真:(010)88540755 发行业务:(010)88540717

前　言

本书根据教育部最新颁布实施的《普通高等学校本科专业目录》中规定的土木工程专业的培养目标和国家教育委员会批准的《结构力学课程教学基本要求》(多学时)编写。适用于普通高等学校土木工程专业土建、路桥、水利等各类专门化方向的本科学生,也可供参加成人教育考试及高等教育自学考试的学生、考研生和有关工程技术人员参考。

本书分上、下两册。上册是基本部分,内容包括绪论、几何组成分析、静定结构和超静定结构的计算及结构在移动荷载下的计算等。下册以结构力学专题为主,包括能量原理、结构矩阵分析、结构动力计算、极限荷载和结构的稳定计算。在结构矩阵分析部分给出了连续梁和平面刚架内力位移计算的程序框图、源程序和程序说明。本书不仅涵盖了高等学校土木工程专业指导委员会制定的《结构力学》教学大纲所规定的教学内容,而且还编入了进一步加深、加宽的内容。选学内容在章、节标题前冠以"*"号。每章均有复习思考题、习题及习题答案。上、下两册书后各附有自我考核题两组。考核题的题型与国家教育委员会审定的"结构力学试题库"题型一致。

结构力学是土木工程专业的一门专业(技术)基础课。一方面,它以高等数学、理论力学、材料力学等课程为基础;另一方面,它又是钢结构、钢筋混凝土结构、土力学与地基基础、结构抗震等专业课的基础。该课程在基础课与专业课之间起着承上启下的作用,是土木工程专业的一门重要主干课程。本书在选择和编写教材内容时,力求取材适当,既要为打好基础精选内容,又要反映本学科的新发展;力求叙述透彻,脉络清晰,符合认识规律,既方便教师教学,也方便学生自学。

本书由崔恩第主编,参加编写工作的有:崔恩第(第 1 章、第 7 章、第 8 章、第 12 章、附录),王永跃(第 2 章、第 4 章、第 11 章、第 14 章),周润芳(第 3 章、第 5 章、第 13 章),刘克玲(第 6 章、第 9 章、第 10 章、第 15 章)。

天津大学李增福教授、张韫美教授审阅了书稿,提出了宝贵意见,对此,我们表示衷心的感谢。限于编者水平,书中难免有疏漏和不妥之处,敬请读者批评指正。

编　者

目　录

第1章　绪论 ………………………………………… 1

1.1　结构力学的研究对象、任务和学习方法 ………… 1
1.2　结构的计算简图 ………………………………… 2
1.3　结构的分类 ……………………………………… 7
1.4　荷载的分类 ……………………………………… 11
复习思考题 ………………………………………… 12

第2章　平面体系的几何组成分析 ……………………… 13

2.1　概述 ……………………………………………… 13
2.2　几何不变体系的基本组成规则 ………………… 17
2.3　瞬变体系 ………………………………………… 19
2.4　几何组成分析举例 ……………………………… 21
2.5　体系的几何组成与静力特性的关系 …………… 25
复习思考题 ………………………………………… 26
习题 ………………………………………………… 27

第3章　静定梁与静定刚架 …………………………… 31

3.1　单跨静定梁 ……………………………………… 31
3.2　多跨静定梁 ……………………………………… 38
3.3　静定平面刚架的内力计算 ……………………… 42
*3.4　静定空间刚架 …………………………………… 50
复习思考题 ………………………………………… 52
习题 ………………………………………………… 53

第4章　三铰拱与悬索结构 …………………………… 58

4.1　三铰拱的组成及受力特征 ……………………… 58
4.2　三铰拱的内力计算 ……………………………… 59
4.3　三铰拱的合理拱轴 ……………………………… 64
*4.4　悬索 ……………………………………………… 67
复习思考题 ………………………………………… 73
习题 ………………………………………………… 74

第 5 章　静定桁架和组合结构 …………………………………… 76

5.1　桁架的特点和组成分类 …………………………………… 76
5.2　静定平面桁架的计算 …………………………………… 78
5.3　静定组合结构的计算 …………………………………… 87
*5.4　静定空间桁架的计算 …………………………………… 90
5.5　静定结构的一般特性 …………………………………… 96
复习思考题 …………………………………… 99
习题 …………………………………… 99

第 6 章　结构的位移计算 …………………………………… 104

6.1　概述 …………………………………… 104
6.2　虚功原理 …………………………………… 105
6.3　结构位移计算的一般公式　单位荷载法 …………………………………… 112
6.4　荷载作用下静定结构的位移计算 …………………………………… 114
6.5　图乘法 …………………………………… 118
6.6　静定结构温度变化时的位移计算 …………………………………… 124
6.7　静定结构支座移动时的位移计算 …………………………………… 125
6.8　线弹性结构的互等定理 …………………………………… 126
复习思考题 …………………………………… 129
习题 …………………………………… 129

第 7 章　力法 …………………………………… 134

7.1　超静定结构概念和超静定次数的确定 …………………………………… 134
7.2　力法原理和力法方程 …………………………………… 137
7.3　用力法计算超静定梁和刚架 …………………………………… 142
7.4　用力法计算超静定桁架和组合结构 …………………………………… 147
7.5　两铰拱及系杆拱的计算 …………………………………… 150
7.6　温度变化和支座移动时超静定结构的计算 …………………………………… 155
7.7　对称结构的计算 …………………………………… 160
*7.8　弹性中心法的概念 …………………………………… 167
*7.9　交叉梁系的计算 …………………………………… 169
7.10　超静定结构的位移计算及最后内力图的校核 …………………………………… 172
复习思考题 …………………………………… 177
习题 …………………………………… 178

第 8 章　位移法 …………………………………… 184

8.1　位移法的基本概念 …………………………………… 184
8.2　等截面直杆的转角位移方程 …………………………………… 187

8.3 基本未知量数目的确定 …… 195
8.4 位移法的典型方程及计算步骤 …… 197
8.5 位移法应用举例 …… 199
8.6 直接利用平衡条件建立位移法方程 …… 205
8.7 对称性的利用 …… 207
*8.8 变截面杆件 …… 211
复习思考题 …… 219
习题 …… 221

第9章 用渐进法计算超静定梁和刚架 …… 225

9.1 力矩分配法的基本概念 …… 225
9.2 用力矩分配法计算连续梁和无侧移刚架 …… 231
9.3 无剪力分配法 …… 236
9.4 剪力分配法 …… 239
9.5 力法、位移法、力矩分配法的联合应用 …… 244
9.6 超静定结构的特性 …… 247
复习思考题 …… 248
习题 …… 249

第10章 影响线及其应用 …… 253

10.1 影响线的概念 …… 253
10.2 用静力法绘制静定结构的影响线 …… 254
10.3 用机动法作影响线 …… 257
10.4 间接荷载作用下的影响线 …… 261
10.5 桁架的影响线 …… 262
10.6 三铰拱的影响线 …… 266
10.7 影响线的应用 …… 267
10.8 铁路和公路的标准荷载制 …… 272
10.9 简支梁的绝对最大弯矩及内力包络图 …… 277
10.10 用机动法作超静定梁影响线的概念 …… 279
10.11 连续梁的内力包络图 …… 281
复习思考题 …… 283
习题 …… 284

附录 上册自测题 …… 288

参考文献 …… 295

第1章　绪　论

1.1　结构力学的研究对象、任务和学习方法

在土建、水利、道路和桥梁工程中，承受荷载而起骨架作用的部分称为工程结构，简称结构。图1-1是一些结构的外形。图1-1(a)为一高层建筑结构，图1-1(b)为一水利枢纽工程结构，图1-1(c)为一桥梁结构。结构通常是由许多构件联结而成，如梁、柱、杆、屋架等。

(a)

(b)
(c)

图1-1　工程结构示例
(a)上海金茂大厦；(b)长江三峡水利工程；(c)南浦大桥。

结构力学以结构为研究对象，其基本任务是：研究结构的组成规律及合理形式，即杆件如何拼装才能成为结构，怎样拼装才能成为好的结构；研究结构在荷载、温度变化、支座移动等外部因素作用下的内力、变形和稳定性的计算原理和计算方法。具体说来，结构力学的任务包括以下几个方面。

(1) 研究结构的组成规律，以保证结构能够承受荷载而不致发生相对运动；探讨结构的合理形式，以便有效地利用材料，充分发挥其性能。

(2) 计算结构在荷载、温度变化、支座移动等外部因素作用下的内力，为结构的强度计算提供依据，以保证结构满足安全和经济要求。

(3) 计算结构在荷载、温度变化、支座移动等外部因素作用下的变形和位移，为结构的刚度计算提供依据，以保证结构不致发生超过规范限定的变形而影响正常使用。

(4) 研究结构的稳定计算，确定结构丧失稳定性的最小临界荷载，以保证结构处于稳定的平衡状态而正常工作。

(5) 研究结构在动力荷载作用下动力特性。

结构力学是一门技术基础课。该课程一方面要用到高等数学、理论力学和材料力学等课程的知识，另一方面又为学习钢筋混凝土结构、钢结构、砌体结构、桥梁、隧道等专业课程提供必要的基本理论和计算方法。因此，结构力学是一门承上启下的课程，它在结构、水利、道路、桥梁及地下工程等各专业的学习中占有重要的地位。

学习结构力学课程时要注意它与先修课程的联系。对先修课的知识，应当根据情况进行必要的复习，并在运用中得到巩固和提高。只有牢固地掌握结构力学课程所涉及的基本理论和基本方法，才能为后继课程的学习奠定下坚实的基础。

根据《结构力学课程教学基本要求》，学习本课程时应特别注重分析能力、计算能力、自学能力和表达能力的培养。

分析能力：选择结构计算简图的初步能力、对结构的受力状态进行平衡分析的能力、对结构的变形和位移进行几何分析的能力、根据具体问题选择恰当计算方法的能力。

计算能力：具有对各种结构进行计算的能力、具有对计算结果进行校核的能力、具有使用结构计算程序的能力。

自学能力：具有吸收、消化、运用并拓展已学知识的能力，具有通过有选择地阅读参考书籍、资料、网上检索等手段摄取新的知识的能力。

表达能力：表述问题应做到语言精练、文字流畅；作业、计算书要整洁、清晰、严谨，应做到步骤分明、思路清楚、图形简洁、数字准确。

学习结构力学课程必须贯彻理论与实践相结合的原则。在参观、实习及日常生活中，要留心观察实际结构的构造情况，分析结构的受力特点，看一看结构力学的理论如何应用于实际工程，并设想如何利用所学习的理论、方法解决实际结构的力学分析问题。只有联系实际学习理论，才能深刻地理解、掌握书本知识，为将来应用所学知识解决实际工程问题做好铺垫。

做题练习、进行自我测试是学好结构力学课程的重要环节之一。只有高质量地完成足够数量的习题，才能掌握相关的概念、原理和方法。

1.2 结构的计算简图

在结构设计中，需要对实际结构进行力学分析。由于实际结构的组成、受力和变形情况的复杂性，完全按照结构的实际情况进行力学分析通常是很困难的，而从工程实际要求来说，也是不必要的。因此，在对实际结构进行力学分析时，应抓住结构基本的、主要的特点，应抓住能反映实际结构受力情况的主要因素，忽略一些次要因素，对实际结构进行抽象和简化。这种既能反映真实结构的主要特征又便于计算的模型称为计算简图。

由于计算简图的选取直接关系到计算精度和计算工作量的大小，因此在选取计算简图时应统筹考虑结构的重要性、不同设计阶段的要求、计算问题的性质和计算工具的性能等因素，最终确定理想的计算简图。例如，对结构的静力计算，可采用比较复杂的计算简图；对结构的动力计算和稳定计算，由于计算问题比较复杂，可采用相对简单的计算简图。在初步设计阶段可采用比较粗略的计算简图，而在技术设计阶段则应使用比较精确的计算简图。计算机的应用为采用比较精确的计算简图提供了更多的便利。

将实际结构简化为计算简图，通常包括以下几方面的工作。

一、结构体系的简化

一般结构实际上都是空间结构,各部分相互联结形成一个整体,以承受实际荷载。对空间结构进行力学分析往往比较复杂,工作量较大。在土建、水利工程结构中,大量的空间杆件结构,在一定条件下,可略去结构的次要因素,将其分解简化为平面结构,使计算得到简化。在本书中主要以平面杆件结构为研究对象。

二、杆件的简化

在杆件结构中,当杆件的长度远大于它的高度和宽度时,通常可以近似地认为:杆件变形时,其截面保持为平面。杆件截面上的应力可以根据截面的内力来确定,且其内力仅沿长度变化。因此,在计算简图中,可以用杆轴线代替杆件,用各杆轴线相互联结构成的几何图形代替真实结构。

三、结点的简化

在杆件结构中,几根杆件相互联结的部分称为结点。根据结构的受力特点和结点的构造情况,结点可采用以下三种计算简图。

1. 铰结点

铰结点的特征是汇交于结点的各杆端不能相对移动,但它所联结的各杆可以绕铰自由转动。理想的铰结点在实际结构中是很难实现的,只有木屋架的结点比较接近。图1-2(a)、(b)分别表示一个木屋架的结点和它的计算简图。当结构的几何构造及外部荷载符合一定条件时,结点的刚性约束对结构受力状态的影响处于次要地位,这时该结点也可以视为铰结点。图1-3(a)、(b)分别表示一个钢桁架的结点和它的计算简图。

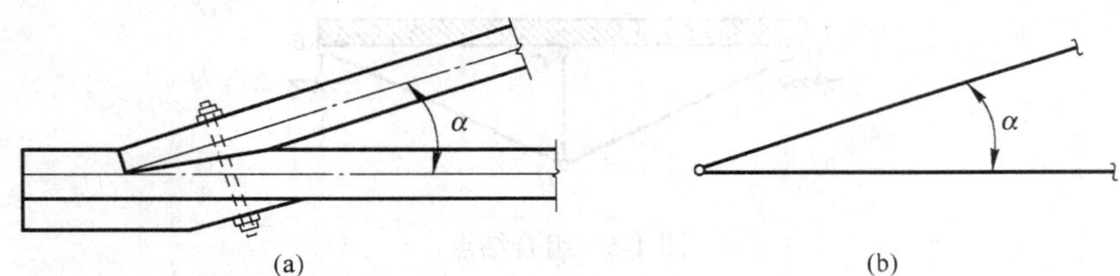

图1-2　木桁架结点——铰结点

(a) 木桁架结点做法;(b) 铰结点计算简图。

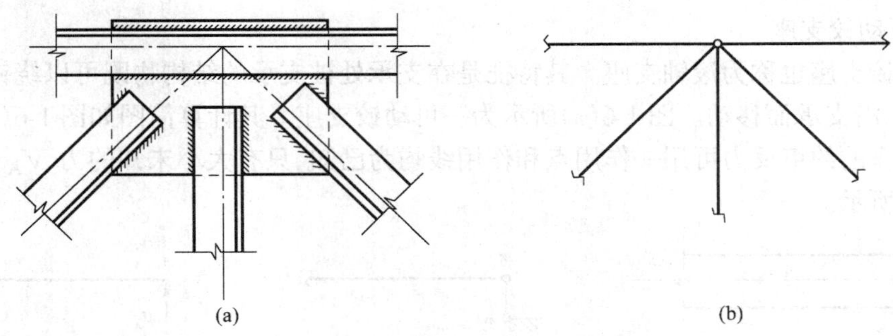

图1-3　钢桁架结点——铰结点

(a) 钢桁架结点做法;(b) 铰结点计算简图。

2．刚结点

刚结点的特点是汇交于结点的各杆端除不能相对移动外，也不能相对转动，即交于结点处的各杆件之间的夹角不会因结构变形而改变。图 1-4(a)所示为一钢筋混凝土框架结点。该结点不仅可以传递力，而且可以传递力矩。其计算简图如图 1-4(b)所示。

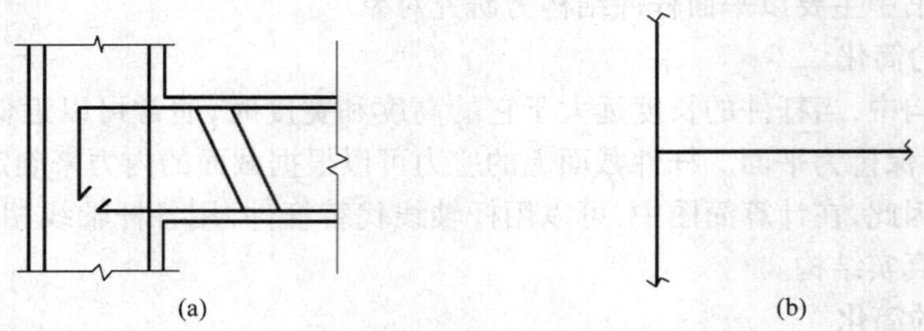

图 1-4　钢筋混凝土梁柱结点——刚结点

(a) 钢筋混凝土梁柱结点做法；(b) 刚结点计算简图。

3．组合结点

组合结点的特点是汇交于结点的各杆端不能相对移动，但其中有些杆件的联结为刚性联结，各杆端不允许相对转动；而其余杆件视为铰结，允许绕结点转动。图 1-5 所示为一加劲梁示意图。当竖向荷载作用于加劲梁 AB 时，AB 杆以承受弯矩为主，其他杆件以承受轴力为主。此时，AC 杆与 CB 杆在 C 点为刚性联结，而 CD 杆与 ACB 杆为铰结，故结点 C 为一组合结点。

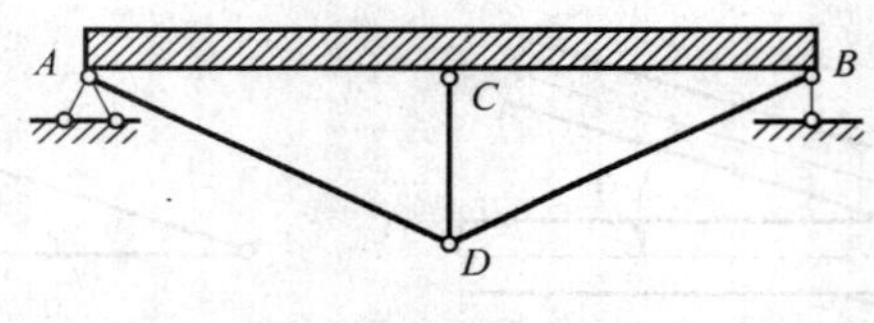

图 1-5　组合结点

四、支座的简化

把结构与基础或其他支承物联结起来的装置称为支座。平面杆件结构的支座通常简化为以下几种形式。

1．可动铰支座

可动铰支座也称为滚轴支座。其特征是在支承处被支承的结构物既可以绕铰中心转动，也可以沿支承面移动。图 1-6(a)所示为一可动铰支座。其计算简图如图 1-6(b)所示。可动铰支座的约束反力可用一作用点和作用线均为已知、只有大小未知的力 V_A 表示，如图 1-6(c)所示。

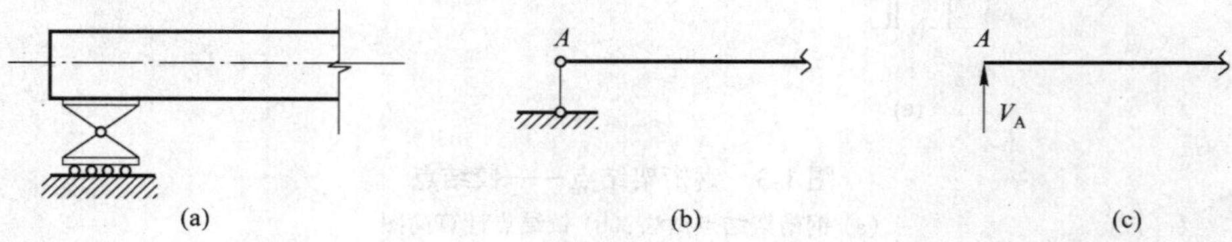

图 1-6　可动铰支座

(a) 可动铰支座构造；(b) 可动铰支座计算简图；(c) 与支座相应的约束力。

2．固定铰支座

固定铰支座简称铰支座。其特征是在支座处被支承的结构可以绕铰中心转动，但不可以沿任何方向移动。图 1-7(a)所示为一固定铰支座。其计算简图如图 1-7(b)所示。固定铰支座的约束反力可用一作用点已知、但作用方向和大小未知的力表示，通常该作用力可以分解为如图 1-7(c)所示的水平约束力 H_A 和竖向约束力 V_A。

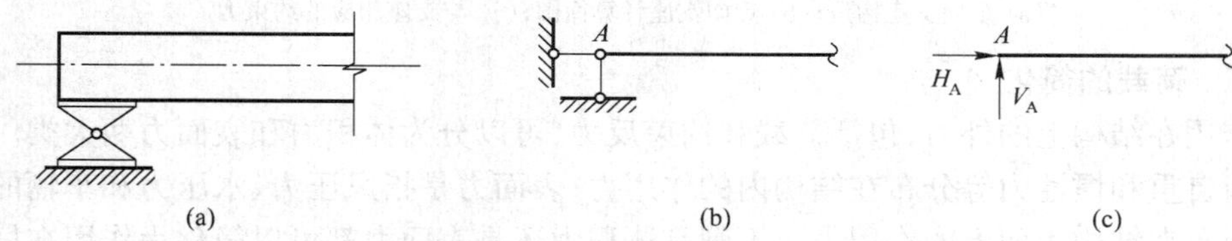

图 1-7　固定铰支座

(a) 固定铰支座构造；(b) 固定铰支座计算简图；(c) 与支座相应的约束力。

3．固定支座

固定支座的特征是在支承处被支承的结构既不允许移动，也不允许转动。如图 1-8(a)所示的基础，当土质很硬、地基变形很小时，可将柱子下端视为固定支座。其计算简图如图 1-8(b)所示。固定支座的约束反力可用一作用点、方向和大小均未知的力表示。通常该力可用水平反力 H_A、竖向反力 V_A、和约束力矩 M_A 表示，如图 1-8(c)所示。

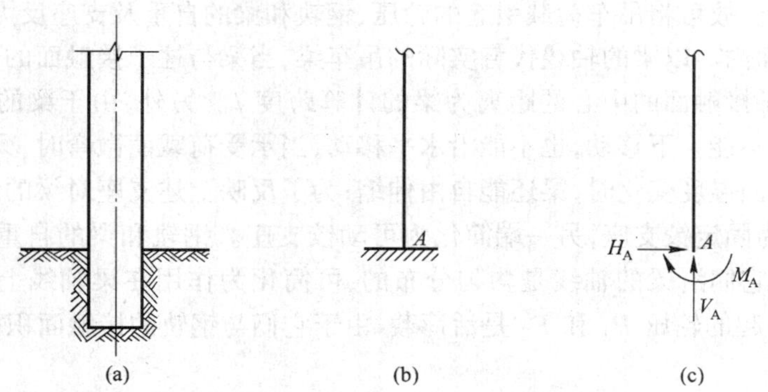

图 1-8　固定支座

(a) 固定支座构造；(b) 固定支座计算简图；(c) 与支座相应的约束力。

4．定向支座

定向支座也称滑动支座。它的特征是允许被支承的结构沿支承面移动但不允许有垂直于支承面的移动和绕支承端的转动。图 1-9 和图 1-10 所示为定向支座的两种情况。

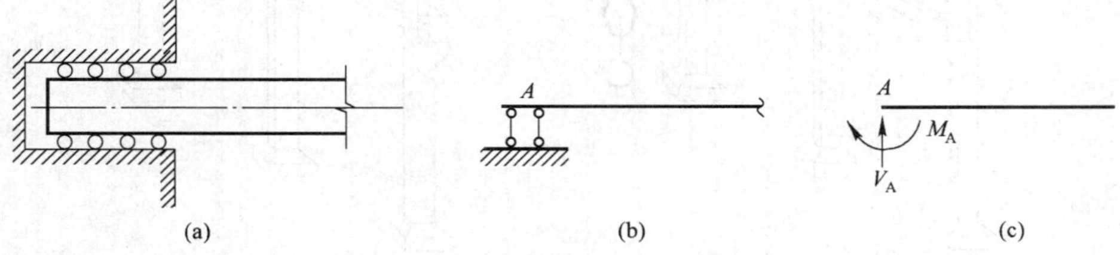

图 1-9　定向支座(1)

(a) 定向支座构造；(b) 定向支座计算简图；(c) 与支座相应的约束力。

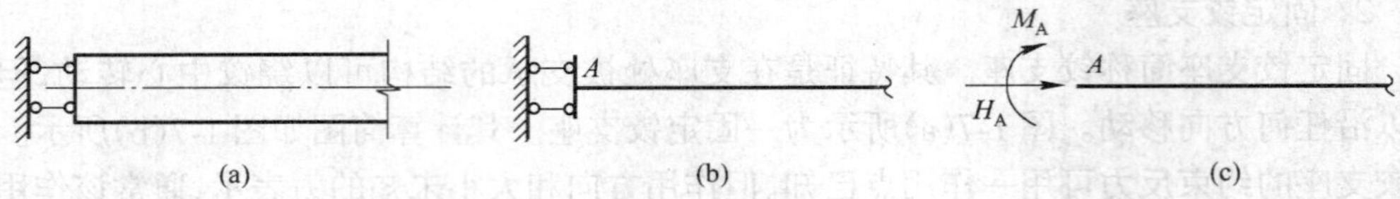

图 1-10　定向支座(2)

(a) 定向支座构造;(b) 定向支座计算简图;(c) 与支座相应的约束力。

五、荷载的简化

作用在结构上的外力,包括荷载和约束反力,可以分为体积力和表面力两大类。体积力是指自重和惯性力等分布在结构内的作用力;表面力是指风压力、水压力和车辆的轮压力等分布在结构表面上的作用力。不管是体积力还是表面力都可以简化为作用在杆轴线上的力。根据外力的分布情况,这些力一般可以简化为集中荷载、集中力偶和分布荷载。

下面举例说明结构计算简图的选取。

图 1-11 所示为一单层厂房,这是一个复杂的空间杆件结构。根据其受力特点,略去结构的次要因素,可将其分解简化为平面结构。沿厂房的横向,屋架可按桁架计算,计算简图如图 1-12 所示。在水平荷载作用下,屋架可视为连接柱端刚度无限大的链杆,故沿单层厂房横断面(图 1-13(a))的计算可以简化为排架,其计算简图如图 1-13(b)所示。沿厂房的纵向,由于钢筋混凝土 T 形吊车梁支承在单阶柱上,梁上铺设钢轨,吊车荷载引起的轮压 $P_1 = P_2$。故可将吊车荷载引起的轮压、钢轨和梁的自重及支座反力一起简化到梁轴线所在的平面内。以梁的轴线代替实际的吊车梁,当梁与柱子接触面的长度不大时,可取梁两端与柱子接触面的中心的距离为梁的计算跨度 l。另外,由于梁的两端搁置在柱子上,整个梁既不能上下移动,也不能沿水平移动,当承受荷载而微弯时,梁的两端可以发生微小的转动,当温度变化时,梁还能自由伸缩;为了反映上述支座对梁的约束作用,可将梁的一端简化为固定铰支座,另一端简化为可动铰支座。钢轨和梁的自重是作用在梁轴线上的恒荷载,它们沿梁的轴线是均匀分布的,可简化为作用在梁轴线上的均布线荷载 q。吊车荷载引起的轮压 P_1 和 P_2 是活荷载,由于它们与钢轨的接触面积很小,可以简化为集中荷载。

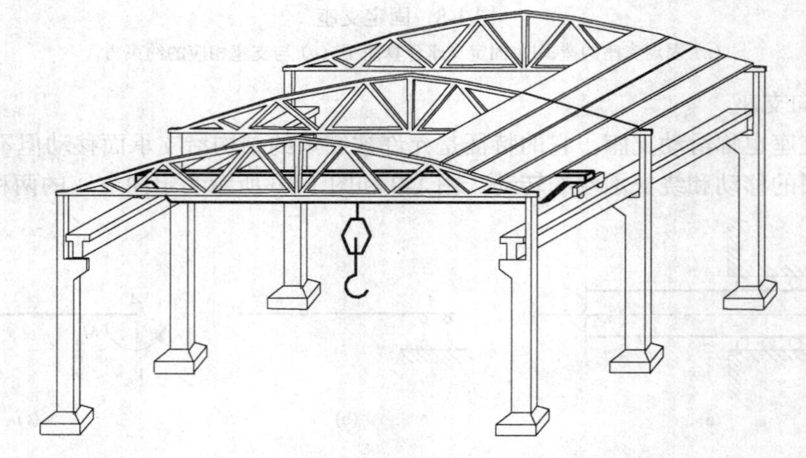

图 1-11　单层厂房结构示意图

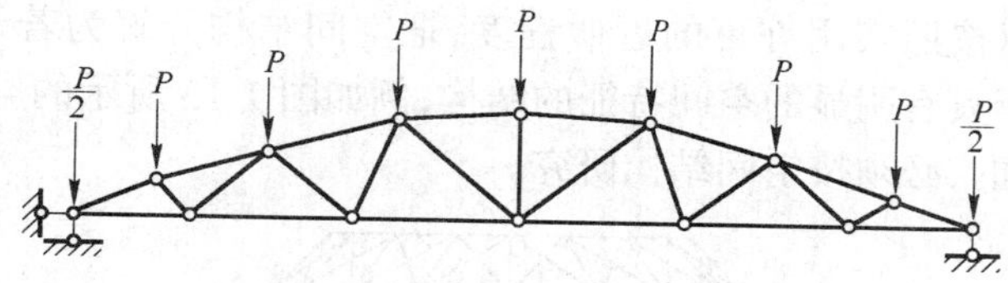

图 1-12　屋架计算简图

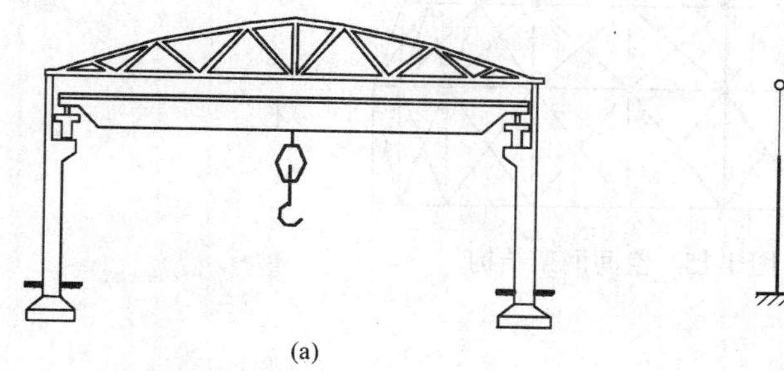

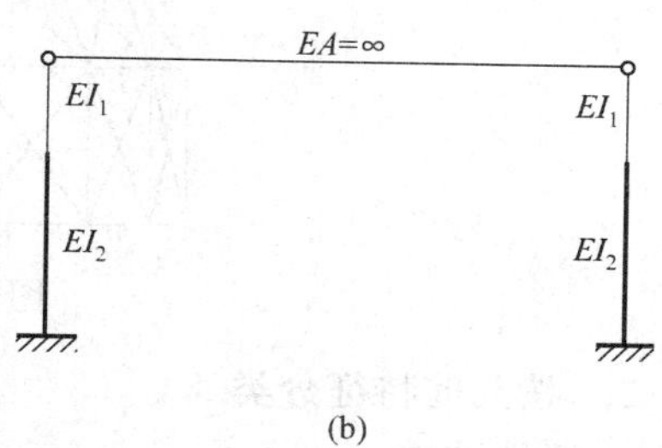

图 1-13　排架及其计算简图

(a) 单层厂房横断面;(b) 排架计算简图。

综上所述,吊车梁及其计算简图如图 1-14 所示。

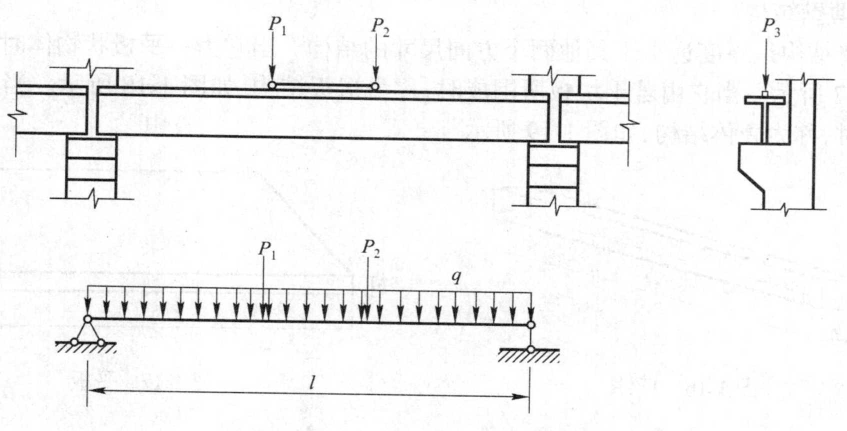

图 1-14　吊车梁及其计算简图

1.3　结构的分类

依据不同的观点,结构的分类方式有所不同。

一、按空间观点分类

1. 平面结构

组成结构的所有杆件的轴线都位于同一平面内,并且荷载也作用于此同一平面内的结构称为平面结构。

2. 空间结构

严格讲,工程中的实际结构都是空间结构。为了简化计算,根据结构的构造情况及荷载传递的途径，可以按照实用许可的近似程度，把空间结构分解为若干个独立的平面结构。应该注意，对于具有明显的空间特征的结构，例如图 1-15 所示的空间网架结构，是不能分解为平面结构的，必须按空间结构研究。

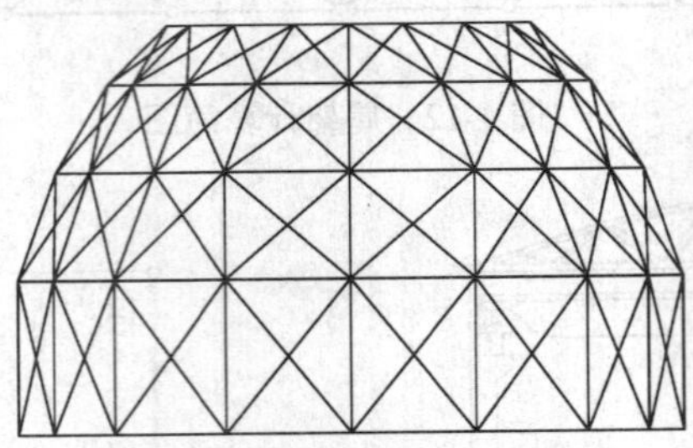

图 1-15　空间网架结构

二、按几何特征分类

1．杆件结构

杆件结构是由若干根杆件联结而成的。杆件结构的特征是杆的长度 l、宽度 b、高度 h 三个方向尺寸中的长度远大于宽度和高度，如图 1-16 所示。各种结构中，杆件结构最多，本书主要讨论杆件结构。

2．薄壁结构

薄壁结构是厚度远小于其他两个方向尺寸的结构。当它为一平板状物体时，称为板，如图 1-17 所示。当它由若干块板所围成时，称为褶板结构，如图 1-18 所示。当它具有曲面外形时，称为壳体结构，如图 1-19 所示。

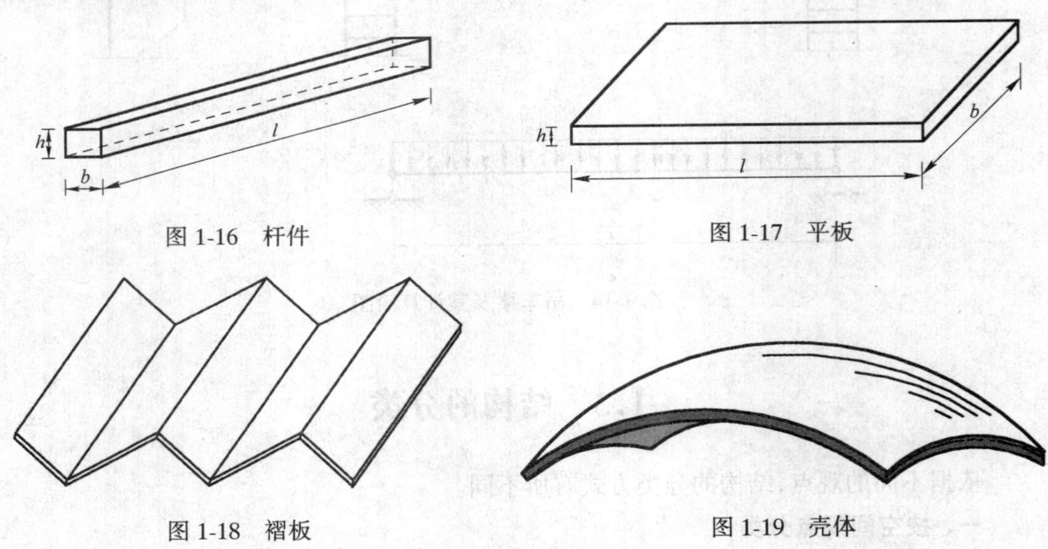

图 1-16　杆件

图 1-17　平板

图 1-18　褶板

图 1-19　壳体

3．实体结构

实体结构是长度 l、宽度 b、高度 h 三个方向尺寸均属于同一数量级的结构，如挡土墙、堤坝和基础等。图 1-20 所示为挡土墙结构。

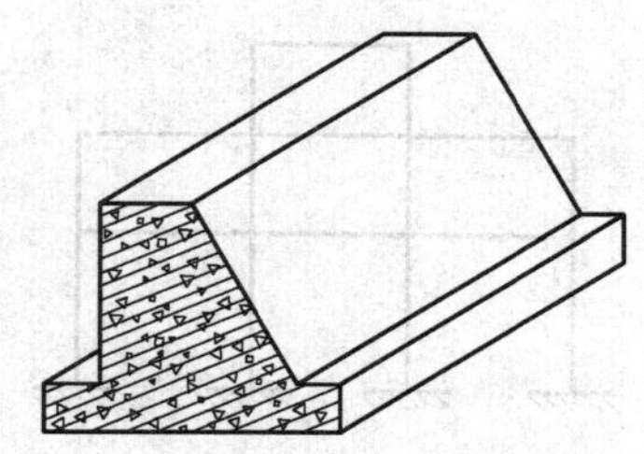

图 1-20　挡土墙

三、按内力是否静定分类

1. 静定结构

结构的全部反力和内力完全可以由静力平衡条件确定的结构。

2. 超静定结构

结构的全部反力和内力仅凭静力平衡条件不能确定或不能完全确定的结构。

结构按内力是否静定进行分类在理论上具有重要意义。有关它们的计算,将在后面的章节中予以详细介绍。

四、杆件结构的分类

杆件结构按其受力特征不同,又可以分为以下几类。

1. 梁

杆轴线为直线,以承受弯矩为主的结构为梁。图 1-21(a)所示为单跨梁,图 1-22(b)所示为多跨梁。

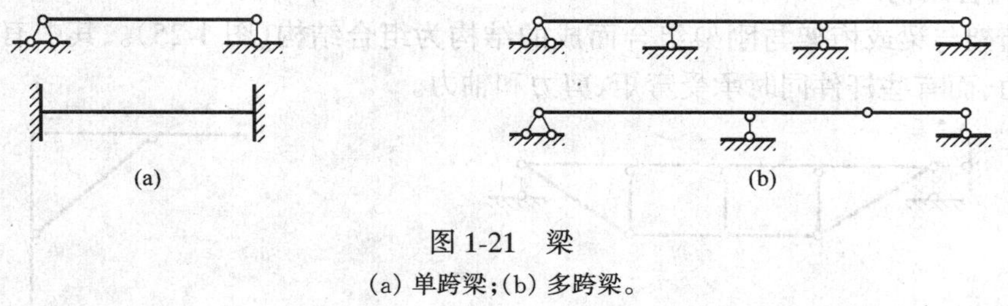

图 1-21　梁

(a) 单跨梁;(b) 多跨梁。

2. 拱

杆轴线为曲线,在竖向荷载作用下,支座不仅产生竖向反力,而且还产生水平反力的结构为拱。由于水平反力的存在,使得拱内弯矩远小于跨度、荷载及支承情况相同的梁的弯矩。图 1-22 所示为拱结构。

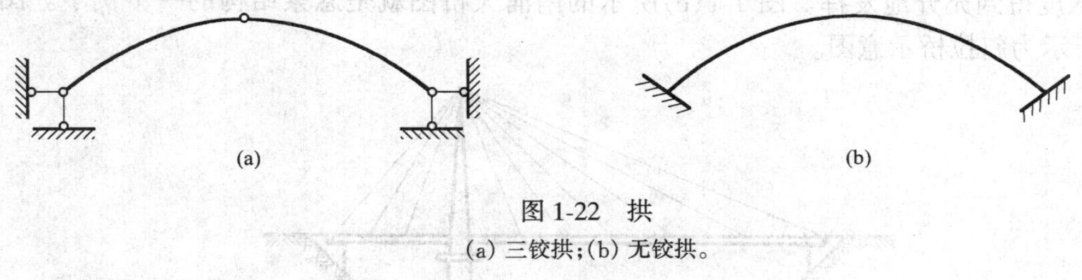

图 1-22　拱

(a) 三铰拱;(b) 无铰拱。

3. 刚架

由梁和柱组成,并具有刚结点,以承受弯矩为主的结构为刚架(图 1-23)。

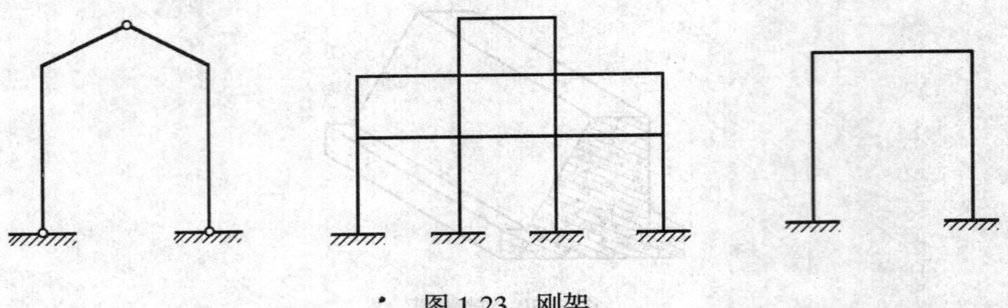

图 1-23 刚架

4．桁架

由直杆组成，且所有结点均为铰结点的结构为桁架(图 1-24)。当只受到作用于结点的集中荷载时，桁架各杆只产生轴力。

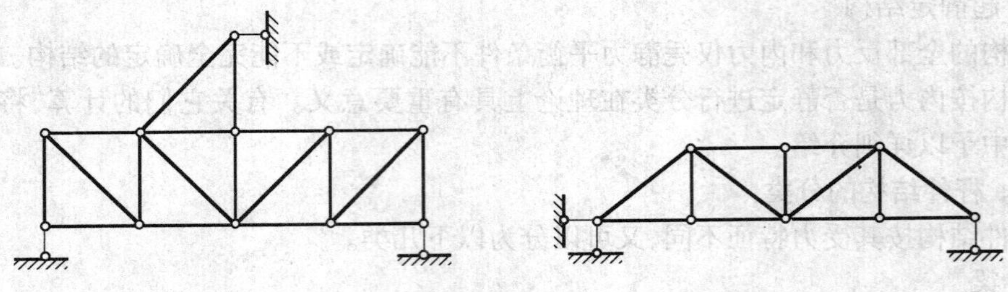

图 1-24 桁架

5．组合结构

由桁架与梁或桁架与刚架组合而成的结构为组合结构(图 1-25)。其中有些杆件只承受轴力，而有些杆件同时承受弯矩、剪力和轴力。

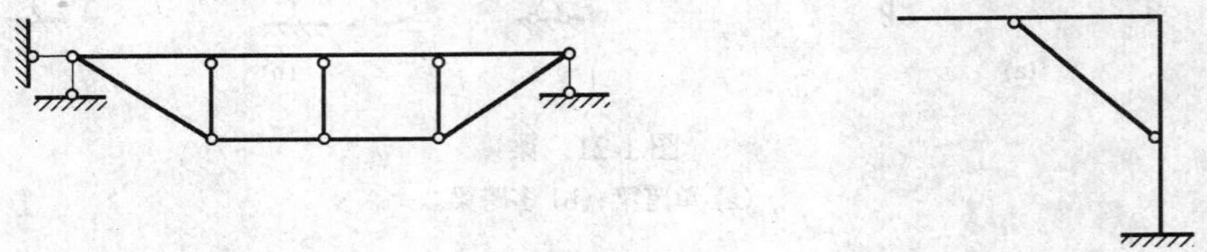

图 1-25 组合结构

6．悬索结构

由塔、柱和悬挂于其上的缆索构成的结构为悬索结构。缆索只承受轴向拉力，可使钢材的强度得到充分地发挥。图 1-1(c)所示的南浦大桥图就是悬索结构的一个例子。图 1-26所示为斜拉桥示意图。

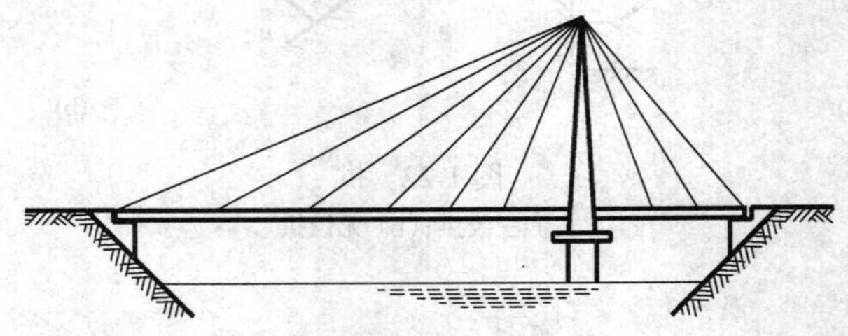

图 1-26 斜拉桥示意图

1.4 荷载的分类

结构的自重、作用在结构上的土压力、水压力、风压力以及人群重量、承载物重量等都是使结构产生内力和变形的外力,它们是作用在结构上的荷载。此外,温度变化、支座移动、制造误差等其他因素的作用也会使结构产生内力和变形。从广义上说,这些因素可视为作用在结构上的广义荷载。

合理地确定荷载,是结构设计的重要环节。对荷载估计过大,结构的设计尺寸势必偏大,材料性能得不到充分发挥,造成浪费;对荷载估计过小,则设计的结构不安全。通常应按国家颁布的有关规范确定荷载。对特殊的结构,设计荷载应通过理论分析和实验验证,最终确定。

土建、水利、道桥工程中的荷载,除广义荷载外,根据其不同的特征,可有不同的分类方法。

一、按荷载分布情况分类

1. 集中荷载

当荷载与结构的接触面积远小于结构的尺寸时,则可以近似认为该荷载为集中荷载。在理想状态下,集中荷载就是只有一个着力点的力。例如,吊车梁上的吊车轮压、次梁对主梁的作用力,都可以看作是集中荷载。

2. 分布荷载

连续分布在结构上的荷载称分布荷载。分布荷载有体荷载、面荷载和线荷载之分。在杆件结构中,分布荷载简化到所作用杆件的轴线处,可用单位长度上的作用力,即线荷载集度表示。当线荷载集度为常数时,称均布荷载。

二、按作用时间久暂分类

1. 恒载

长期作用在结构上的不变荷载称为恒荷载,简称恒载。结构自重、结构上的固定设备和物品的重量等都可以看作是恒载。

2. 活载

作用在结构上位置可以变动的荷载称为活荷载,简称活载。人群荷载、风荷载、雪荷载和吊车荷载等都可以看作是活载。

三、按荷载性质分类

1. 静力荷载

静力荷载是指荷载的大小、方向和作用位置不随时间而变化,或虽有变化,但较缓慢,不致使结构产生显著的冲击或振动,因而可以略去惯性力影响的荷载。恒载及风荷载、雪荷载等大多数荷载都可以视为静力荷载。

2. 动力荷载

动力荷载是指作用在结构上,会引起结构显著冲击或振动,使结构产生明显的加速度,因而必须考虑惯性力的荷载。地震荷载、动力机械振动荷载、爆炸冲击荷载等都属于动力荷载。

复习思考题

1. 结构力学的任务是什么？具体说来包括哪几方面？学习结构力学课程应注意哪些问题？

2. 什么是结构的计算简图？它与实际结构有什么关系与区别？为什么要将实际结构简化为计算简图？选取计算简图时应遵循怎样的原则？

3. 平面杆件结构的支座通常简化为哪几种情形？它们的构造情况、限制结构运动情况及受力特征是怎样的？

4. 常用的杆件结构有哪几类？它们各具有什么特点？

第 2 章　平面体系的几何组成分析

2.1　概　述

体系受到任意荷载作用后,材料产生应变,因而体系发生变形。但是,这种变形一般很小。如果不考虑这种微小的变形,而体系能维持其几何形状和位置不变,则这样的体系称为几何不变体系。如图 2-1(a)所示的体系就是一个几何不变体系,因为在所示荷载作用下,只要不发生破坏,它的形状和位置是不会改变的。在任意荷载作用下,不考虑材料的应变,体系的形状和位置可以改变的,则称这样的体系为几何可变体系。图 2-1(b)所示的体系,在所示荷载 P 的作用下,即使 P 的值非常小,它也不能维持平衡,这是由于体系缺少必要的杆件或杆件布置的不合理而导致的。一个结构要能够承受各种可能的荷载,它的几何组成应当合理,必须是几何不变体系,而不能是几何可变体系。

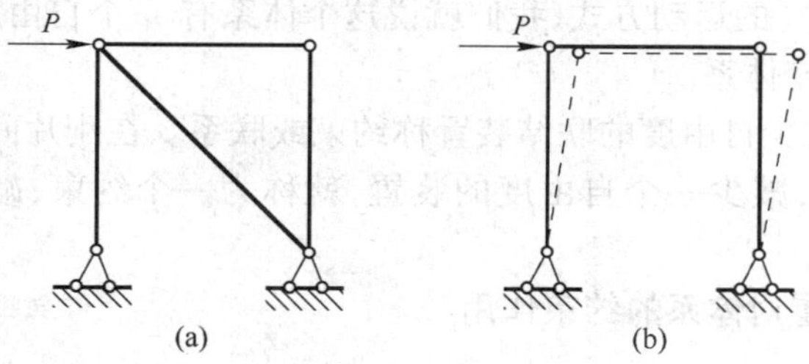

图 2-1　体系几何性质
(a) 几何不变体系;(b) 几何可变体系。

对体系进行几何组成分析的目的就是确定该体系是否几何不变,从而决定它能否作为结构。如何确定体系是否为几何不变体系,需要研究几何不变体系的组成规律,以保证所设计的结构能承受荷载而维持平衡。通过体系的几何组成,可以确定结构是静定的还是超静定的,以便在结构计算中选择相应的计算方法。

为了分析平面体系的几何组成,首先介绍几个基本概念。

刚片:一个在平面内可以看作刚体的物体,它的几何形状和尺寸都是不变的。因此,在平面体系中,当不考虑材料的应变时,就可以把一根梁、一根链杆或者体系中已经确定为几何不变的某一部分可以看作是一个刚片,结构的基础也可以看作是刚片。

自由度:图 2-2 所示为平面内一点 A 的运动情况。一点在平面内可以沿水平方向(x 轴方向)移动,又可以沿竖直方向(y 轴方向)移动。当给定 x、y 坐标值后,A 点的位置确定。换句话说,平面内一点有两种独立运动方式(两个坐标 x、y 可以独立地改变),即确定平面内一点的位置需要两个独立的几何参数(x、y 坐标值)。因此我们说一点在平面内有两个自由度。

图 2-3所示为平面内一个刚片的运动,其位置需要三个独立的几何参数确定,即刚片

内任意点 A 的坐标 x、y 及通过 A 点的任一直线的倾角 ϕ。改变这三个独立的几何参变数，使其变为新值 x'、y' 和 ϕ'，则刚片就有完全确定的新位置（图 2-3）。因此，一个刚片在平面内的运动有三个自由度。前面已提到，地基也可以看作是一个刚片，但这种刚片是不动刚片，它的自由度为零。

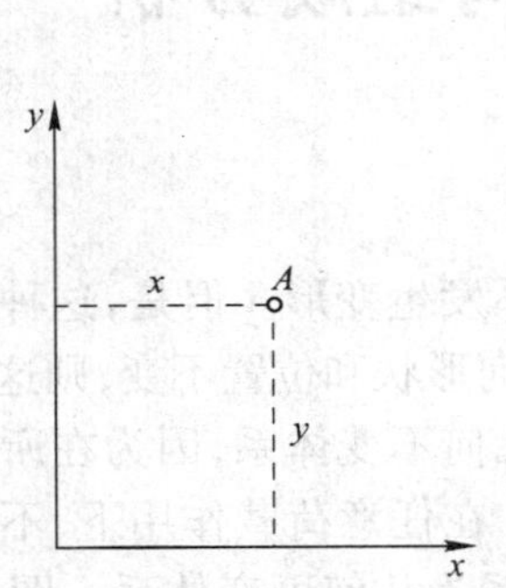

图 2-2 平面内一点的自由度示意图

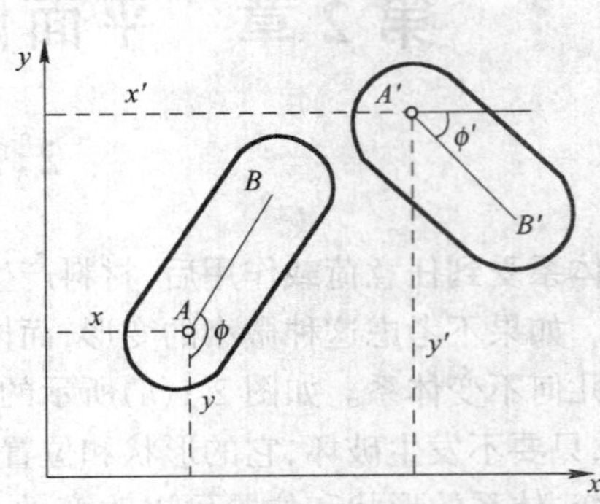

图 2-3 平面内一刚片的自由度示意图

综上所述，我们可以说，某个体系的自由度，就是该体系运动时可以独立变化的几何参变数的数目，或者说，就是用来确定该体系的位置所需独立坐标的数目。一般说来，如果一个体系有 n 个独立的运动方式，我们就说这个体系有 n 个自由度。凡是自由度大于零的体系都是几何可变体系。

约束：使得体系减少自由度的联结装置称约束或联系。在刚片间加入某些联结装置，它们的自由度将减少，减少一个自由度的装置，就称为一个约束；减少 n 个自由度的装置，就称为 n 个约束。

一、不同联结装置对体系的约束作用

1. 链杆的作用

图 2-4(a)表示用一根链杆 BC 联结的两个刚片Ⅰ和Ⅱ。在未联结以前，这两个刚片在平面内共有六个自由度。在用链杆 BC 联结以后，对刚片Ⅰ而言，其位置需用刚片上 A 点的坐标 x、y 和 AB 联线的倾角 ϕ 来确定。因此，它有三个自由度。但是，对刚片Ⅱ而言，由于与刚片Ⅰ已用链杆 BC 联结，故它只能沿着 B 为圆心、BC 为半径的圆弧运动和绕 C 点转动，再用两个独立参变数 α 和 β 即可确定它的位置，所以减少了一个自由度。因此，两个刚片用一根链杆联结后的自由度总数为五个（$6-1=5$）。由此可见，一根链杆使体系减少了一个自由度，也就是说，一根链杆相当于一个联系或一个约束。

2. 单铰的作用

图 2-4(b)表示用一个铰 B 联结的两个刚片Ⅰ和Ⅱ。在未联结以前，两个刚片在平面内共有六个自由度。在用铰 B 联结以后，刚片Ⅰ仍有三个自由度，而刚片Ⅱ则只能绕铰 B 作相对转动，即再用一个独立参变数（夹角 α）就可确定它的位置，所以减少了两个自由度。因此，两个刚片用一个铰联结后的自由度总数为四个（$6-2=4$），我们把联结两个刚片的铰称为单铰。由此可见，一个单铰相当于两个联系，或两个约束，也相当于两根链杆的作用；反之，两根链杆也相当于一个单铰的作用。

我们将地基看作是不动的，这样，如果在体系上加一个可动铰支座，就使体系减少一个自由度；加一个固定铰支座，就使体系减少两个自由度；加一个固定支座，就使体系减少三个自由度。

3. 复铰的作用

图 2-4(c)表示用一个铰 C 联结的三个刚片Ⅰ、Ⅱ和Ⅲ。在未联结以前，三个刚片在平面内共有九个自由度。在用铰 C 联结以后，刚片Ⅰ仍有三个自由度，而刚片Ⅱ和刚片Ⅲ则都只能绕铰 C 作相对转动，即再用两个独立参变数(夹角 α、β 就可确定它们的位置。因此，减少了四个自由度。我们把联结两个以上刚片的铰称为复铰。由上述可见，一个联结三个刚片的复铰相当于两个单铰的作用。一般情况下，如果 n 个刚片用一个复铰联结，则这个复铰相当于$(n-1)$个单铰的作用。

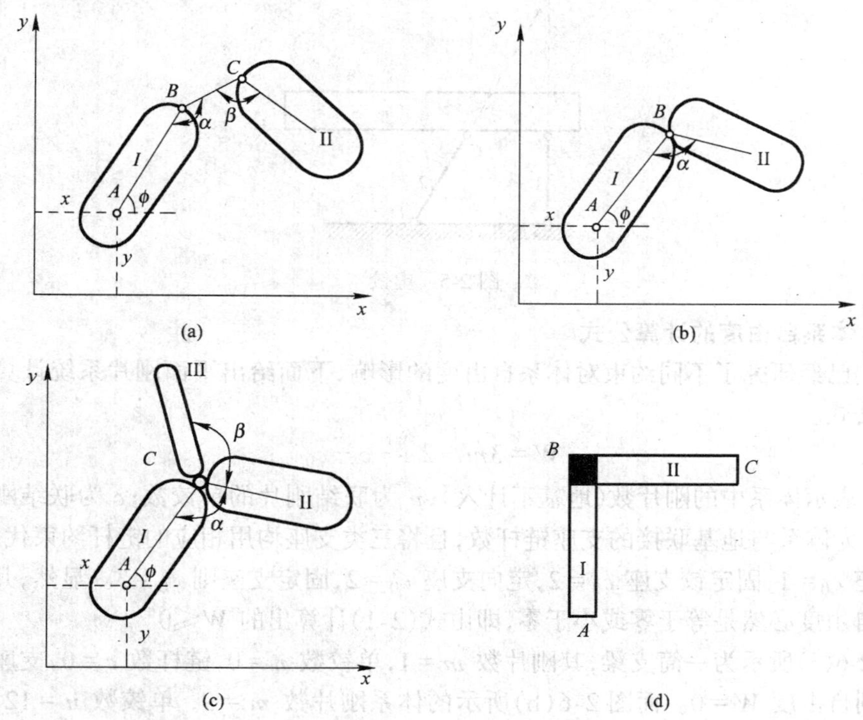

图 2-4 链杆、单铰、复铰、刚性联结相当的约束数目示意图

(a) 链杆；(b) 单铰；(c) 复铰；(d) 刚性联结。

4. 刚性联结的作用

图 2-4(d)所示为两根杆件 AB 和 BC 在 B 点连接成一个整体，其中的结点 B 为刚结点。原来的两根杆件在平面内共有六个自由度，刚性连接成整体，形成一个刚片，只有三个自由度，所以一个刚性联结相当于三个约束。

显然，可动铰支座即链杆支承只能阻止刚片沿链杆方向的运动，使刚片减少了一个自由度，相当于一个约束；铰支座阻止刚片上下和左右的移动，使刚片减少两个自由度，相当于两个约束；固定支座阻止刚片上下、左右的移动，也阻止其转动，所以相当于三个约束。

5. 虚铰的作用

由于两根链杆也相当于一个单铰的作用，则图 2-5 所示刚片Ⅰ在平面内有三个自由度，如果用两根不平行的链杆 AB 和 CD 把它与基础相联结，则此体系仍有一个自由度。

我们来分析刚片Ⅰ的运动特点。由链杆 AB 的约束作用，A 点的微小位移应与链杆 AB 垂直，C 点的微小位移要与链杆 CD 垂直。以 O 点表示两链杆轴线延长线的交点。显然，刚片Ⅰ可以发生以 O 为中心的微小转动，且随时间不同，O 点的位置不同，因此称 O 点称为瞬时转动中心。这时刚片Ⅰ的瞬时运动情况与刚片Ⅰ在 O 点用铰与基础相联接时的运动情况完全相同。因此，从瞬时微小运动来看，两根链杆所起的约束作用相当于在链杆交点处的一个铰所起的约束作用。这个铰我们称为虚铰。显然，体系在运动过程中，与两根链杆相应的虚铰位置也跟着改变。

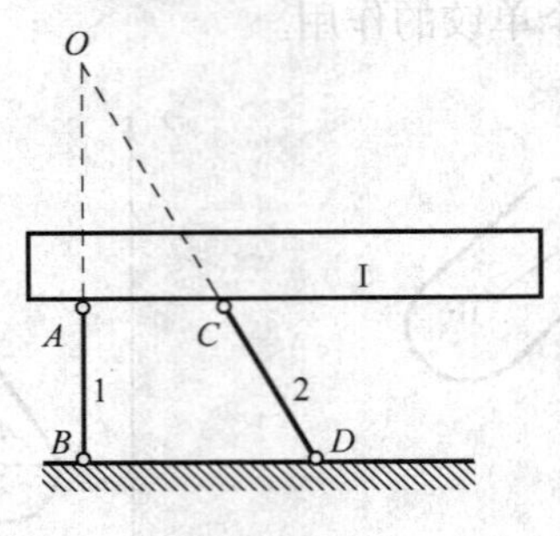

图 2-5　虚铰

二、体系自由度的计算公式

我们已经研究了不同约束对体系自由度的影响，下面给出平面刚片系统计算体系自由度的公式。

$$W = 3m - 2n - c - c_0 \tag{2-1}$$

式中，m 表示体系中的刚片数(地基不计入)；n 为联结刚片的单铰数；c 为联结刚片的链杆数；c_0 为体系与地基联接的支座链杆数，且将三类支座均用相应的链杆约束代替，即可动铰支座 $c_0=1$，固定铰支座 $c_0=2$，定向支座 $c_0=2$，固定支座则 $c_0=3$。显然，几何不变体系的自由度必然是等于零或小于零，即由式(2-1)计算出的 $W\leqslant 0$。

图 2-6(a)所示为一简支梁，其刚片数 $m=1$，单铰数 $n=0$，链杆数 $c=0$，支座链杆数 $c_0=3$，则自由度 $W=0$。而图 2-6(b)所示的体系刚片数 $m=9$，单铰数 $n=12$，链杆数 $c=0$，支座链杆数 $c_0=3$，则自由度 $W=3\times 9-2\times 12-0-3=0$。然而，这一体系是一几何可变体系(证明见 2.2 节)，这说明体系的自由度等于或小于零，体系不一定为几何不变体系。因而我们说，由式(2-1)计算出体系的自由度等于或小于零只是判断体系为几何不变体系的必要条件，并不充分。当体系的约束或刚片布置不合理时，体系的自由度等于或小于零，体系仍然是几何可变体系。

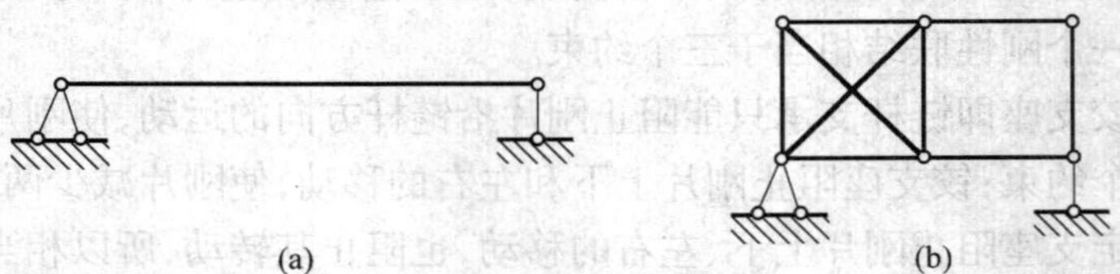

图 2-6　体系自由度计算

由于式(2-1)计算体系自由度不能保证体系的几何不变性，通常采用对体系直接进行几何组成分析的方法判断体系是否几何不变，省略体系的自由度计算。

2.2 几何不变体系的基本组成规则

为了分析体系的几何组成,我们必须知道体系不变的条件,即几何不变体系的组成规则。本节将研究构成平面几何不变体系的几个基本规则,用以判断体系的几何组成情况。

一、两刚片之间的联结

图 2-7(a)表示用两根不平行的链杆相联结的刚片Ⅰ和刚片Ⅱ。设刚片Ⅱ固定不动,则刚片Ⅰ的运动方式只能是绕 AB 与 CD 杆延长线的交点即相对转动瞬心而转动。当刚片Ⅰ运动时,其上的 A 点将沿与链杆 AB 垂直的方向运动,而 C 点将沿与链杆 CD 垂直的方向运动。因为这种转动只是瞬时的,在不同瞬时,O 点在平面内的位置将不同。由于两根链杆的作用相当于一个铰的作用,此时这个铰的位置是在链杆的延长线上,而且它的位置随链杆的转动而改变,即虚铰。

欲使刚片Ⅰ和刚片Ⅱ不能发生相对转动,需要增加一根链杆,如图 2-7(b)所示。这样,刚片Ⅰ绕 O 点转动时,E 点将沿与 OE 联线垂直的方向运动。但是,从链杆 EF 来看,E 点的运动方向必须与链杆 EF 垂直。由于链杆 EF 延长线不通过 O 点,所以 E 点的这种运动不可能发生,也就是链杆 EF 阻止了刚片Ⅰ和刚片Ⅱ的相对转动。因此,这样组成的体系是几何不变体系。

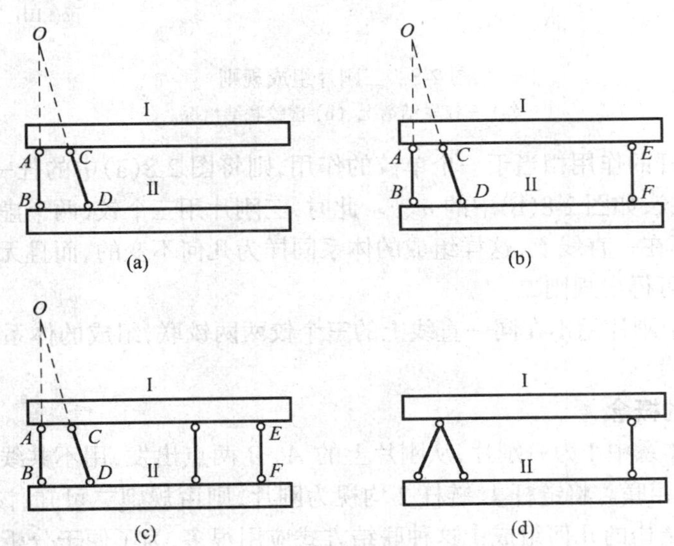

图 2-7 两刚片组成规则

(a) 两根链杆联结情况;(b) 三根链杆联结情况;

(c) 有多余约束的情况;(d) 一个铰与一根链杆的联结情况。

如果在刚片Ⅰ和刚片Ⅱ之间,再增加一根链杆,如图 2-7(c)所示,显然,体系仍是几何不变的。但从保证几何不变性来看,它是多余的。这种可以去掉而不影响体系几何不变性的约束称为多余约束。

由以上分析可得规则。

规则一:两个刚片用不交于一点也不互相平行的三根链杆相联结,则所组成的体系是几何不变的,并且没有多余约束。

如果两根链 AB 和 CD 相交成为实铰,如图 2-7(d)所示,显然,它也是一个几何不变体系,故规则一也可以表述为:两个刚片用一个铰和轴线不通过这个铰的一根链杆相联结,则所组成的体系也是几何不变体系。

二、三刚片相互联结

将三个刚片Ⅰ、Ⅱ和Ⅲ用不在同一直线上的三个铰两两相联,即得一三角形 ABC,如图 2-8(a)所示。从几何上看,它的几何形状是不会改变的。从运动上看,如将刚片Ⅰ固定不动,则刚片Ⅱ只能绕 A 点转动,其上的 C 点必在半径为AC 的圆弧上运动;而刚片Ⅲ则只能绕 B 点转动,其上的 C 点又必在半径为BC 的圆弧上运动。由于 AB 和BC 是在C 点用铰联结在一起的,C 点不可能同时在两个不同的圆弧上运动,因此刚片之间不可能发生相对运动,所以这样组成的体系是几何不变的。

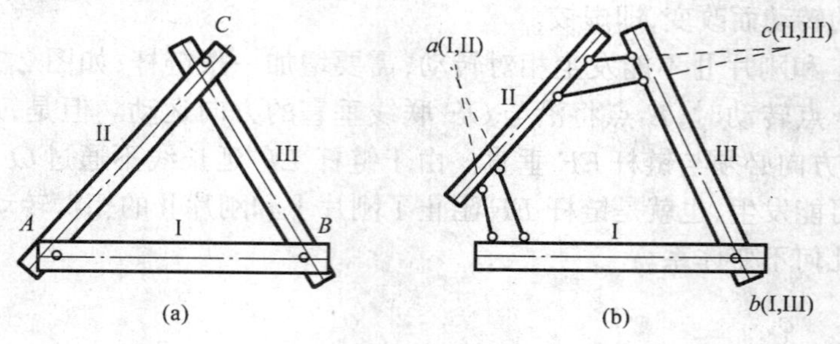

图 2-8　三刚片组成规则

(a) 三铰联结情况;(b) 虚铰联结情况。

因为两根链杆的作用相当于一个单铰的作用,则将图 2-8(a)中的任一单铰换为两根链杆所构成的虚铰,如图 2-8(b)中的 a、c。此时,三刚片用三个铰(两个虚铰和一个实铰)联结,且三个铰不在一直线上,这样组成的体系同样为几何不变的,而且无多余约束。

由以上分析可得出规则二。

规则二:三个刚片用不在同一直线上的三个铰两两铰联,组成的体系是几何不变的,并且没有多余约束。

三、二元体的概念

图 2-9 所示体系中 I 为一刚片,从刚片上的 A、B 两点出发,用不共线的两根链杆 1、链杆 2 在结点 C 相联。将链杆 1、链杆 2 均视为刚片,则由规则二可知,该体系是几何不变的。由于实际结构的几何组成中这种联结方式应用很多,为了便于分析,我们将这样联结的两根链杆称之为二元体。二元体的特征是两链杆用铰相联,而另一端分别用铰与刚片或体系相联。根据二元体的组成特征可得出规则三。

规则三:在一个刚片上增加一个二元体仍为几何不变体系。

由规则三不难得出以下推论:在一个体系上依次加入二元体,不会改变原体系的计算自由度,也不影响原体系的几何不变性和可变性。反之,若在已知体系上,依次排除二元体,也不会改变原体系的计算自由度、几何不变性或可变性。

例如分析图 2-10 所示桁架时,由规则二可知,任选一铰结三角形都是几何不变体系,并以此为新的刚片,采用增加二元体的方式分析。例如取新刚片 AHC,增加一个二元体

得结点 I,从而得到几何不变体系 $AHIC$,再以其为基础,增加一个二元体得结点 D,…,如此依次增添二元体而最后组成该桁架,故知它是一个几何不变体系,且无多余约束。

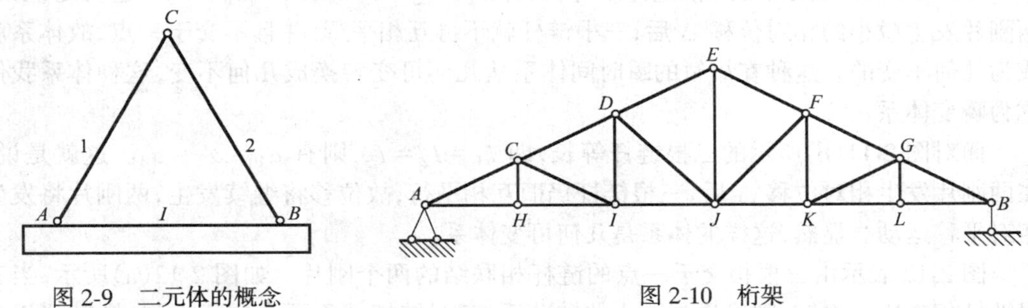

图 2-9 二元体的概念　　图 2-10 桁架

此外,也可以反过来,用拆除二元体的方法来分析。因为从一个体系拆除一个二元体后,所剩下的部分若是几何不变的,则原来的体系必定也是几何不变的。现从结点 B 开始拆除一个二元体,然后依次拆除结点 L、G、K、…,最后剩下铰结三角形 AHC,它是几何不变的,故知原体系亦为几何不变的。

当然,若去掉二元体后所剩下的部分是几何可变的,则原体系必定也是几何可变的。

综上所述可以将规则三进一步阐述为:在一个体系上增加或拆除二元体,不会改变原有体系的几何组成性质。

2.3 瞬变体系

在 2.2 节讨论体系的组成规则时,曾提出了一些限制条件,如在两刚片规则中,联结两刚片的三根链杆不能完全平行也不能交于一点;三刚片规则中,要规定联结三刚片的三个铰不在同一直线上。现在我们来研究当体系的几何组成不满足这些限制条件时,体系的状态。

图 2-11 表示用三根互相平行的链杆相联结的两个刚片Ⅰ和刚片Ⅱ。在此情况下,因刚片Ⅰ和刚片Ⅱ的相对转动瞬心在无穷远处,故两刚片的相对转动即成为相对移动。在两刚片发生微小的相对移动后,相应地三根链杆发生微小的相对位移 Δ。移动后三根链杆的转角分别为

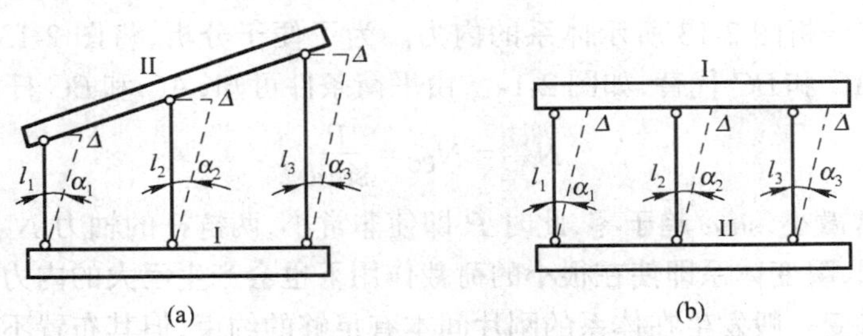

图 2-11 两刚片用三根平行链杆联结情况

(a) 三根不等长平行链杆情况;(b) 三根等长平行链杆情况。

$$\alpha_1=\frac{\Delta}{l_1},\qquad \alpha_2=\frac{\Delta}{l_2},\quad \alpha_3=\frac{\Delta}{l_3}$$

如图 2-11(a)所示,当三根链杆不等长,即 $l_1\neq l_2\neq l_3$ 时,$\alpha_1\neq\alpha_2\neq\alpha_3$。这就是说,在两刚片发生微小的相对位移 Δ 后,三根链杆就不再互相平行,并且不交于一点,故体系就成为几何不变的。这种在短暂的瞬时间体系从几何可变转换成几何不变,这种体系我们称为瞬变体系。

而对图 2-11(b)所示的三根链杆等长,即 $l_1=l_2=l_3$,则有 $\alpha_1=\alpha_2=\alpha_3$。这就是说,在两刚片发生相对位移 Δ 后,三根链杆仍旧互相平行,故位移将继续发生,两刚片将发生相对平移运动。显然,这样的体系是几何可变体系。

图 2-12 表示由三根相交于一点的链杆相联结的两个刚片。如图 2-12(a)所示,当三根链杆相交成一虚铰,则发生一微小的转动后,三根链杆就不再全交于一点,转动瞬心不再存在,体系即成为几何不变的。因此,此体系是一个瞬变体系。当三根链杆相交成一实铰 O 时,如图 2-12(b)所示,刚片Ⅱ则相对刚片Ⅰ绕实铰 O 转动。因此,此体系是一个几何可变体系。

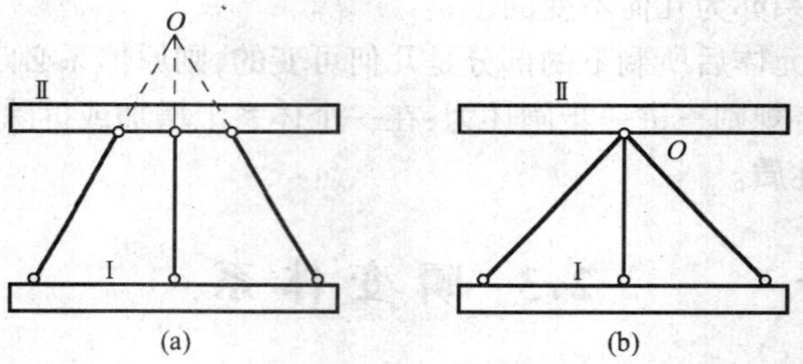

图 2-12　两刚片用三根相交链杆联结情况

(a) 虚铰情况;(b) 实铰情况。

图 2-13 中的三刚片由在一直线上的三铰 A、B、C 联结。设刚片Ⅰ固定不动,则刚片Ⅱ绕铰 A 转动,刚片Ⅲ绕铰 B 转动。此时,C 点即属于刚片Ⅱ,又属于刚片Ⅲ,因而只可能沿着以 AC 和 BC 为半径的圆弧①和圆弧②的公切线方向发生有无限小的运动。但这种微小的运动是瞬时的,一旦发生微小的运动时,三铰已不在一条直线上,圆弧①、圆弧②不再有公切线,故而 C 点不可能继续运动。因此,此体系是一个瞬变体系。

瞬变体系既然只是瞬时可变,随后即转化为几何不变,那么工程结构中能否采用这种体系呢?为此来分析图 2-13 所示体系的内力。为了便于分析,将图 2-13 中的刚片Ⅰ和刚片Ⅱ用链杆 AC 和 BC 代替,如图 2-14。由平衡条件可知,AC 和 BC 杆的轴力为

$$N_{AC}=N_{BC}=\frac{P}{\sin\alpha}$$

由于 α 非常微小,$\sin\alpha$ 趋于零,此时 P 即使非常小,两链杆的轴力 N_{AC} 和 N_{BC} 将趋于无穷大。这表明,瞬变体系即使在很小的荷裁作用下也会产生巨大的内力,从而可能导致体系的破坏。瞬变一般发生在体系的刚片间本有足够的约束,但其布置不合理,因而不能限制瞬时运动的情况。

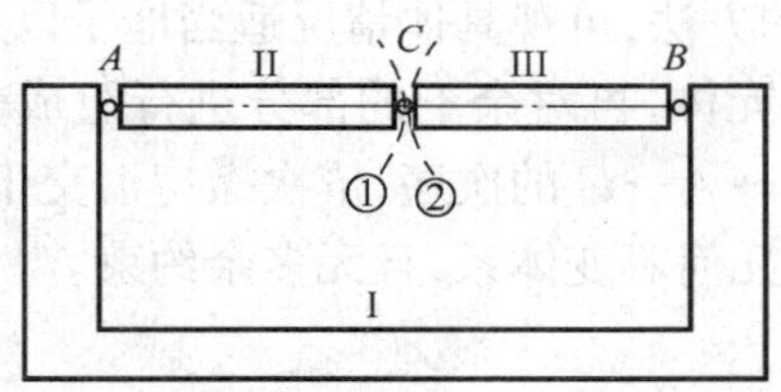

图 2-13　三刚片用三铰共线联结情况

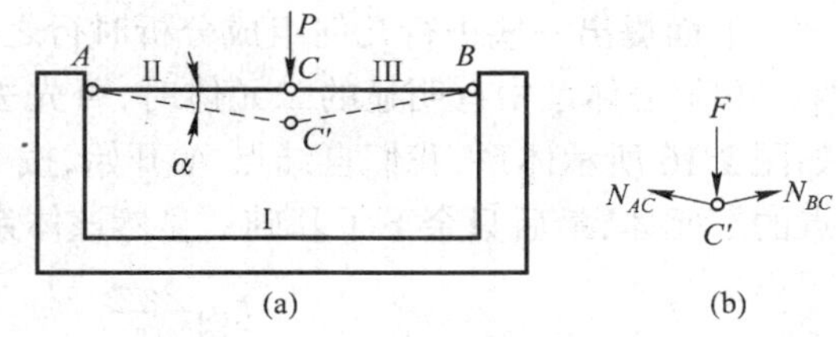

图 2-14　瞬变体受力分析

(a) 变形图；(b) C'点的受力图。

下面就几种特殊瞬变体情况加以说明。在三个铰中，也可以有部分或全部是虚铰的情形。例如在图 2-15(a)所示是由一个虚铰和两个实铰所组成的瞬变体系。因为连接刚片Ⅰ和刚片Ⅱ的两根平行链杆与其余两个铰 O_1(Ⅰ,Ⅲ)和 O_2(Ⅱ,Ⅲ)的连线相互平行，它们相交在无限远处的一点，也就是说联结刚片Ⅰ和刚片Ⅱ交于无限远处的虚铰 O_3(Ⅰ,Ⅱ)，是在其余两个铰连线的延长线上，即三个铰在一直线上，所以体系是瞬变的。

图 2-15(b)所示是由两个虚铰和一个实铰所组成的瞬变体系，图为虚铰 O_1(Ⅰ,Ⅲ)和 O_2(Ⅱ,Ⅲ)及实铰 O_3(Ⅰ,Ⅱ)三铰在一直线上，所以体系是瞬变的。图 2-14(c)所示为由三对(组)平行链杆且都相交在无限远处的三个虚铰所连接的体系。根据几何学上的定义，各组平行线的相交点是在无限远处的一直线上。故由三对平行链杆所形成的三个虚铰是在无限远处的一直线上，因而是瞬变体系。

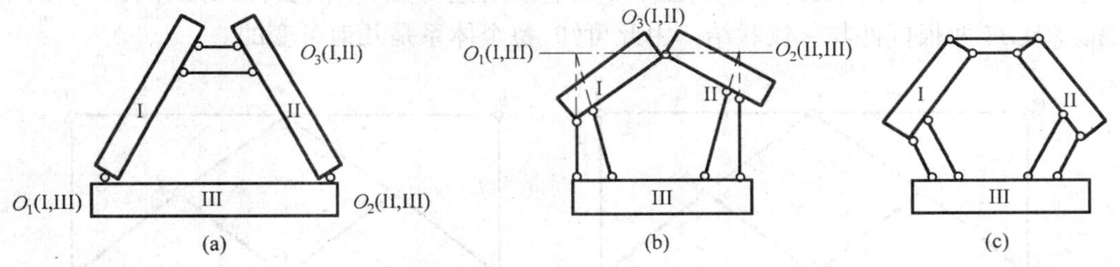

图 2-15　瞬变体系

(a) 两实铰与两平行链杆情况；(b) 两虚铰与实铰在一直线上；(c)三对平行链杆的情况。

应当注意，并非是任意两根链杆就可作为虚铰来看待的，而必须是连接相同两个刚片的两根链杆才能形成一个虚铰。

2.4　几何组成分析举例

应用 2.2 节的几何组成规则，对体系进行几何组成分析，其目的在于确定体系是否为几何不变体系，从而决定体系能否作为结构使用。一般来说组成体系的杆件较多，需要应用几何组成规则逐次判断，最后确定体系的几何组成。对体系进行几何组成分析时，一般遵循的原则是：先将能直接应用规则观察出的几何不变部分当作一个刚片，再与其他刚片应用规则进行判断，依次继续联结下去。在分析过程中，一根链杆可以作为一个刚片，一个刚片也可以作为一根链杆使用，刚片与链杆要根据具体情况来确定。对于较简单的体系，直接进行几何组成分析。

下面提出一些进行几何组成分析时行之有效的方法，可视具体情况适当地予以运用。

(1) 当体系中有明显的二元体时，可先去掉二元体，再对余下的部分进行组成分析。如图 2-16 所示体系，我们自结点 A 开始，按 $D\to E\to A\to C$ 的次序，依次撤掉汇交于各结点的二元体，最后只余下了基础。显然该体系为一几何不变体系，且无多余约束。

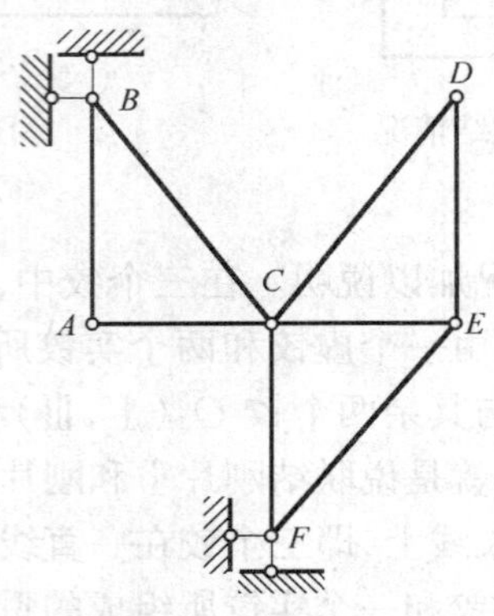

图 2-16　二元体组成的体系

(2) 当体系的基础以上部分与基础间以三根支座链杆按规则二相联结时，可以先撤去这些支杆，只就上部体系进行几何组成分析，所得结果即代表整个体系的性质，如图 2-17(a)中的体系便可以除去基础和三根支杆，只考察图 2-17(b)所示部分即可。而对此部分来说，自结点 B(或结点 D)开始，按照上段所述方法，依次去掉二元体，最后便只余 AG 和 GH 两根杆件与一铰联结。由此可知，整个体系是几何可变的。

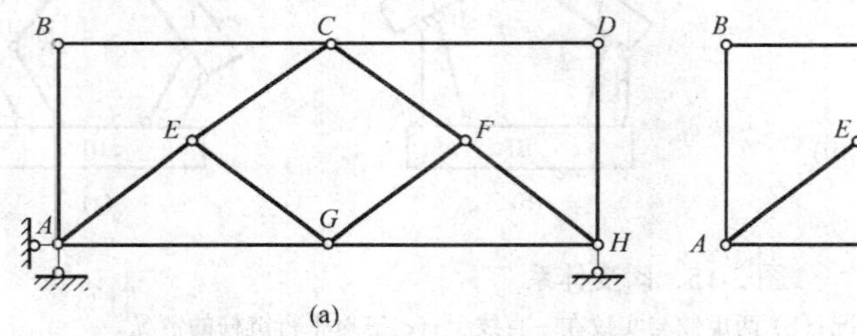

图 2-17　去掉与基础的联结再作几何组成分析的方式

(a) 原体系；(b) 上部体系。

(3) 当体系的基础与其他部分的约束超出三根支座链杆时，可将基础作为体系中的一个刚片与其他刚片一起分析。此时，如果有两根链杆形成的固定铰支座可换成单铰，且将由此联结的杆件作为链杆使用，而链杆的另一端所联结的杆件或几何不变体部分作为刚片，然后应用规则判断即可，如图 2-18 所示。取基础、ED 杆和△BCF 为刚片Ⅰ、刚片Ⅱ、刚片Ⅲ，则不难分析出该体系为瞬变体系。

对于体系的基础与其他部分的约束超出三根支座链杆，且存在一刚片与基础又三根链杆的联结时，可由此出发，按规则逐渐增大刚片，直到不能增加为止，再与其他刚片联结，按规则判断。对图 2-19 所示的体系，AB 杆与基础组成几何不变体系，增加二元体 ACB 及 ADC，而 CE 杆和 E 结点对应的链杆也是一二元体，故组成一新刚片称之为Ⅰ。△FGI 增加二元体 GHI 形成刚片Ⅱ，则由规则一可判断出该体系为一瞬变体系。

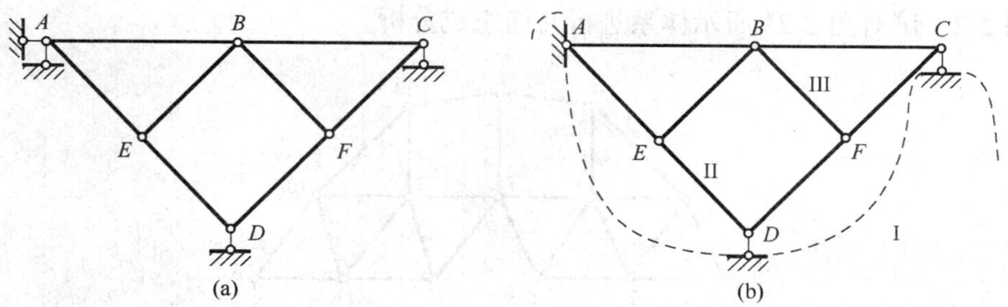

图 2-18　与基础的约束超出三个的体系几何组成分析的方式
(a) 原体系图;(b) 分析过程图。

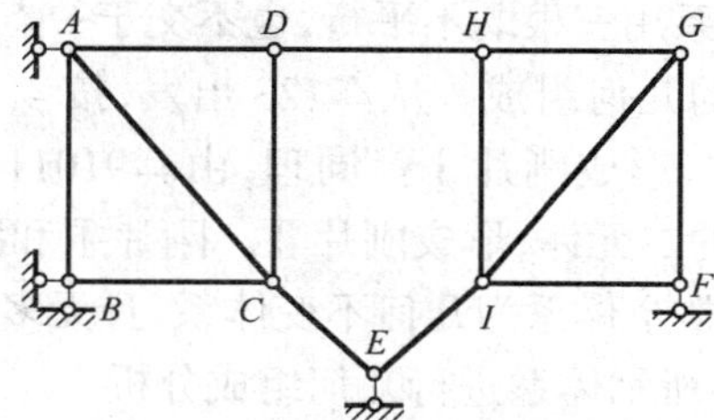

图 2-19　与基础的约束超出三个的体系几何组成分析的方式 2

(4) 对于刚结点所联结的杆件视为一个刚片,对于固定支座联结的杆件与基础视为一个刚片。

下面我们用具体的例子来说明如何运用这些知识对体系的几何组成分析。

例 2-1　试对图 2-20 所示体系进行几何组成分析。

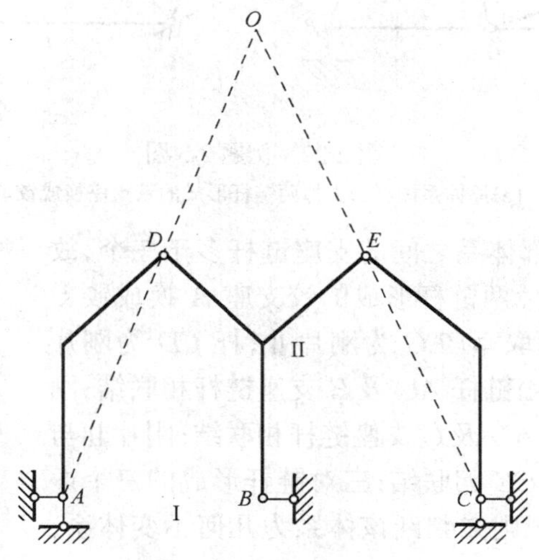

图 2-20　例 2-1 图

解: 因为基础与上部体系之间的支座链杆多于三个,故将基础作为刚片Ⅰ。取杆 *BDE* 为刚片Ⅱ,折杆 *AD* 和折杆 *CE* 看成链杆,刚片Ⅰ和刚片Ⅱ间有三根链杆相联结,三根链杆既不平行,也不交于一点。由规则一可知,该体系为几何不变体系,且无多余约束。

例 2-2 试对图 2-21 所示体系进行几何组成分析。

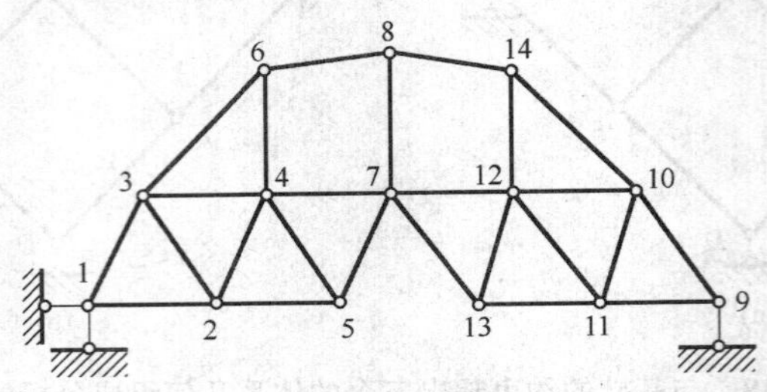

图 2-21 例 2-2 图

解: 由于基础与上部体系用三根既不平行,也不交于一点的链杆联结,故可撤去支座约束,只研究上部体系自身的几何组成。从△123 出发,按 4→5→6→7→8 的次序,依次增加汇交于各结点的二元体,形成刚片Ⅰ。同理,由△91011 出发,按 12→13→14 的次序,依次增加汇交于各结点的二元体,形成刚片Ⅱ。刚片Ⅰ和刚片Ⅱ通过铰 7 和链杆 8-14 组成几何不变体系,所以整个体系为几何不变体系,且无多余约束。

例 2-3 试对图 2-22(a)所示体系进行几何组成分析。

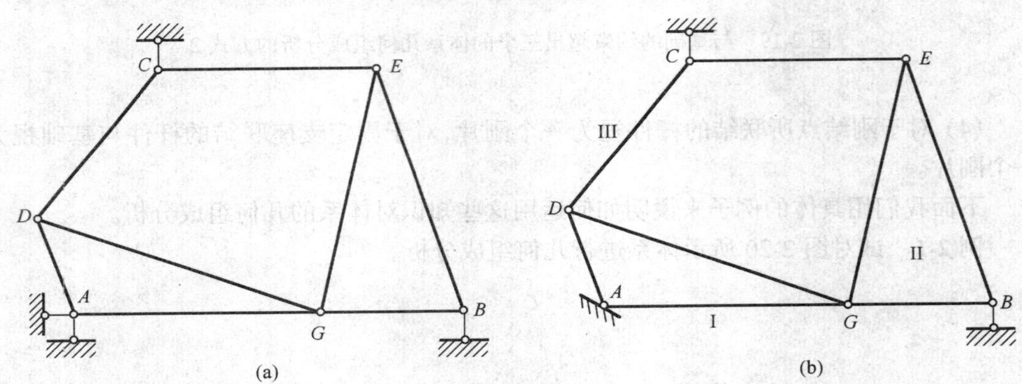

图 2-22 例题 2-3 图

(a)原体系图;(b)去掉两链杆形成的铰支座换成铰。

解: 因为基础与上部体系之间的支座链杆多于三个,故将基础作为刚片Ⅰ。去掉两链杆形成的铰支座 A 换成铰支座,如图 2-22(b)所示。取△BEG 为刚片Ⅱ,杆 CD 为刚片Ⅲ。刚片Ⅰ与刚片Ⅱ是由链杆 AG 及 B 支座链杆相联结;刚片Ⅰ与刚片Ⅲ是由链杆 AD 及 C 支座链杆相联结;刚片Ⅱ与刚片Ⅲ是由链杆 DG 及 CE 相联结;三对链杆形成的三个虚铰不在一直线上,故由规则二判断该体系为几何不变体系,且无多余约束。

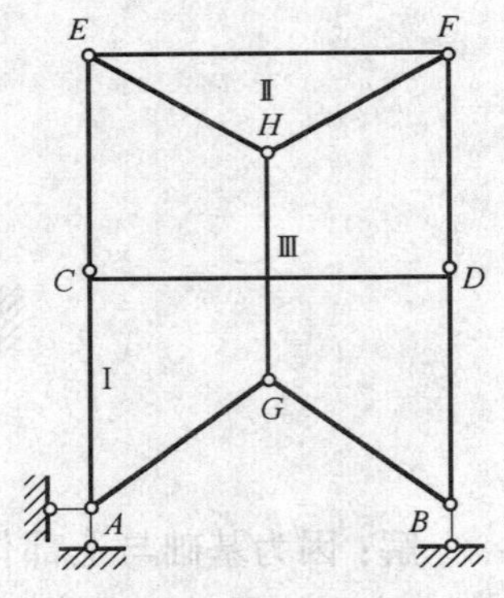

图 2-23 例题 2-4 图

例 2-4 试对图 2-23 所示体系进行几何组成分析。

解: 由于基础与上部体系用三根既不平行,也不交于一点的支座链杆联结,故可撤去支座约束,只研究上部体系自身的几何组成。折杆 $ACDB$ 为刚片Ⅰ，△EFH 为刚片Ⅱ，杆 GH 为刚片Ⅲ。刚片Ⅰ与刚片Ⅱ是由平行链杆 CE、链杆 DF 相联结，在无穷远处形成虚铰；刚片Ⅰ与刚片Ⅲ是由链杆 AG、链杆 BG 相联结，两链杆交于 G 铰；刚片Ⅱ与刚片Ⅲ是由实铰 H 相联结。由于三铰在同一直线上，故整个体系为瞬变体系。

2.5 体系的几何组成与静力特性的关系

实际工程中，作为结构使用的体系必须能够承受荷载，而能够承受荷载的体系一定是几何不变体系。因此，结构一定是几何不变体系。

我们知道结构分为静定结构与超静定结构，静定结构可以通过静力平衡方程完全确定其反力和内力，且解答是唯一的。而超静定结构的全部反力和内力不能仅由平衡条件确定，计算时必须考虑结构的变形条件。因此，我们需要研究结构的静力特性与几何组成之间的关系。

一、无多余约束的几何不变体系

图 2-24(a)所示为一简支梁。从几何组成分析可以看出，梁 AB 与基础是通过既不交于一点、也不相互平行的三根链杆相联结，组成无多余约束的几何不变体系。取梁为脱离体，三根链杆的约束用三个反力代替，其受力图如图 2-14(b)所示。由平面一般力系的三个静力平衡方程 $\Sigma F_x=0,\Sigma F_y=0$ 和 $\Sigma M=0$ 可以求得三个反力。反力求出后，各截面的内力(弯矩、剪力和轴力)便可用截面一侧脱离体的平衡条件计算。由于静力平衡方程个数等于未知力的个数，所以解答是唯一的。

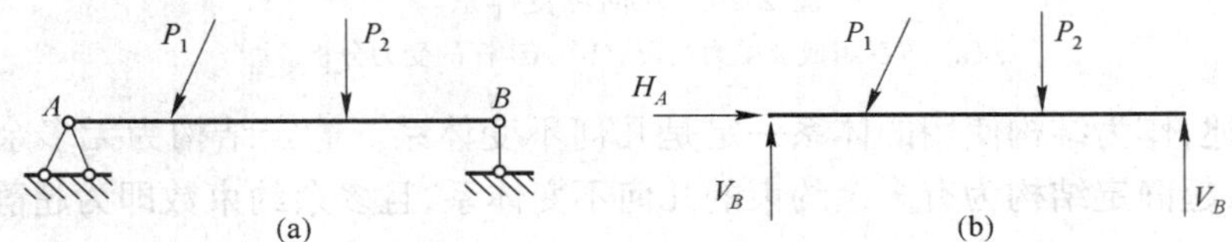

图 2-24 无多余约束的几何不变体系——简支梁
(a) 简支梁;(b) 梁的受力分析。

二、有多余约束的几何不变体系

对于具有多余约束的几何不变体系，平衡方程的解答有无穷多组。例如，如图 2-25 所示的连续梁在荷载的作用下，其支座反力的未知值有四个，而静力平衡条件只有三个，显然，解答有无穷多组。由几何组成分析知，该连续梁是具有一个多余约束的几何不变体系。而多余约束数就等于未知支反力超出平衡条件的个数。这种具有多余约束的几何不变体系称为超静定体系，而多余约束的数目则称为超静定次数。

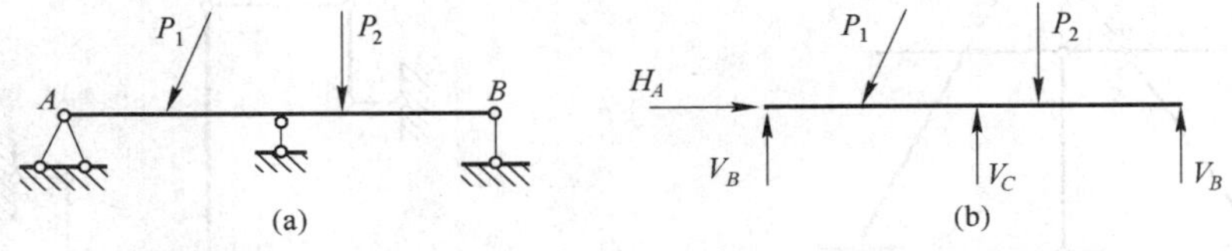

图 2-25 有多余约束的几何不变体系——连续梁
(a) 连续梁;(b) 梁的受力分析。

关于超静定体系的内力分析问题,将在第7章中进行讨论。

三、几何瞬变体系

在2.3节中已经叙述了几何瞬变体系几何特征和受力特性,从理论分析看,瞬变体系只能发生很小的变形,但实际产生的变形一般不会很小。因为它即使承受很小的荷载,亦可能产生很大的内力,以致体系可能发生破坏。瞬变体系的静力特性却具有两重性:其一,在某种特定荷载作用下,体系的反力和内力是超静定的;其二,在其他一般荷载作用下,体系不能保持平衡,因而反力和内力是无解的;当它发生变形之后虽然也有解,但可能会产生很大的反力和内力,以致导致体系发生破坏。因此,瞬变体系不能作为结构使用。

四、几何可变体系

如果将图2-24所示的简支梁去掉一约束,仅有两根支杆与基础相连,如图2-26所示,则它就变成具有一个自由度的可变体系。在平面一般力系作用下,它可有两个未知约束反力 F_A 和 F_B,但我们仍可建立三个独立的静力平衡方程。这样,未知约束反力的个数少于静力平衡方程的个数。除特殊情况外,要求两个未知约束反力同时满足三个静力平衡方程,一般说来是不可能的。因此在一般情况下,体系不可能保持平衡,因而体系是可变的。

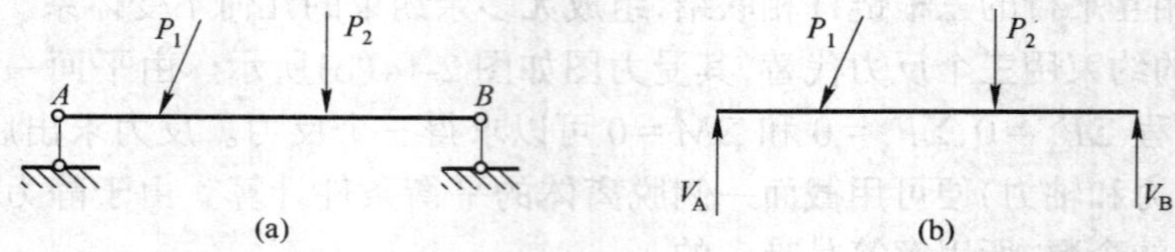

图2-26　几何可变体系

(a)体系组成及受力情况;(b) AB 杆的受力分析。

综上所述,作为结构使用的体系一定是几何不变体系。静定结构为无多余约束的几何不变体系,超静定结构为有多余约束的几何不变体系,且多余约束数即为超静定次数。

复习思考题

1. 能否根据平面体系计算自由度即可判定体系是否为几何不变的?为什么?

2. 平面几何不变体系的三个基本组成规则是否可以相互沟通?举例说明。

3. 图示体系按三刚片规则分析,三铰共线,故为几何瞬变体系。该说法是否正确?为什么?

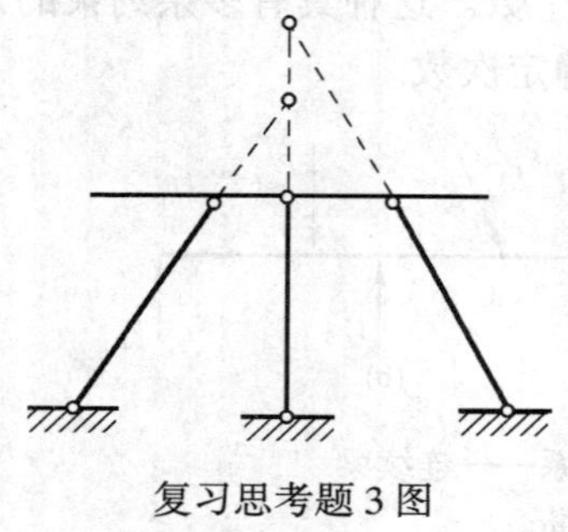

复习思考题3图

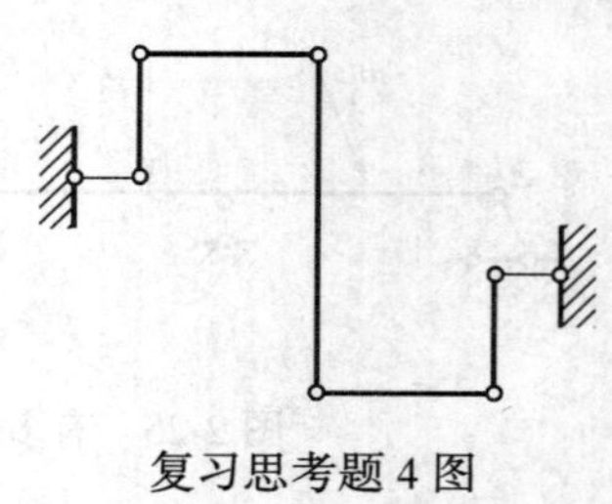

复习思考题4图

4. 若使图示平面体系成为几何不变,且无多余约束,需要添加多少链杆?

5. 静定结构的几何组成特征是什么?有多余约束的体系一定是超静定结构吗?为什么?

6. 为什么几何瞬变体系不能作为结构使用?

7. 图示平面体系的几何组成性质是:

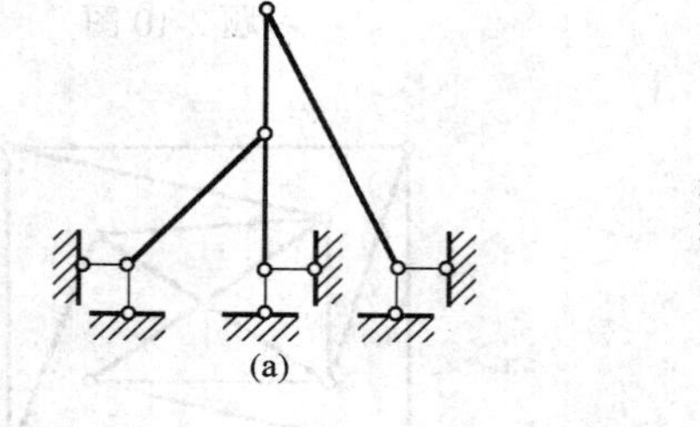

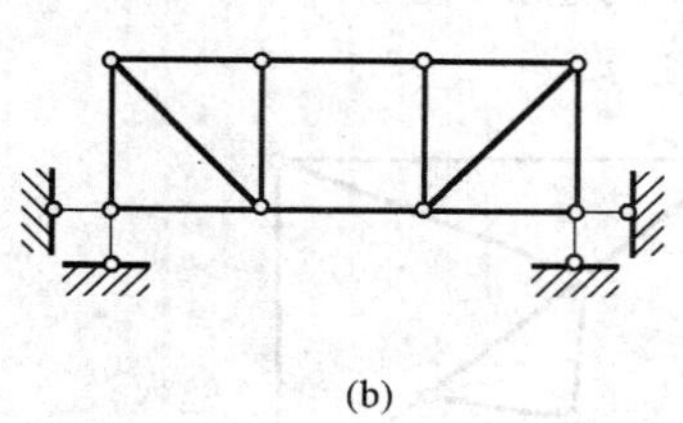

复习思考题 7 图

习　题

习题 2-1～习题 2-24　对图示体系进行几何组成分析。

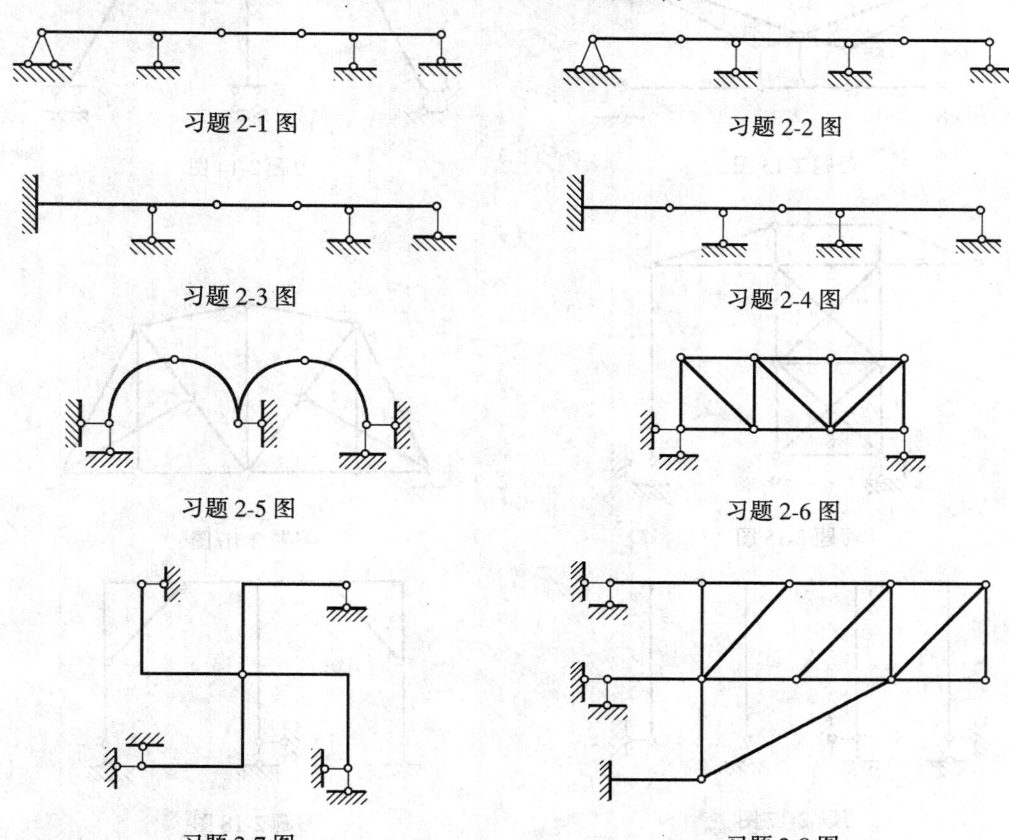

习题 2-1 图

习题 2-2 图

习题 2-3 图

习题 2-4 图

习题 2-5 图

习题 2-6 图

习题 2-7 图

习题 2-8 图

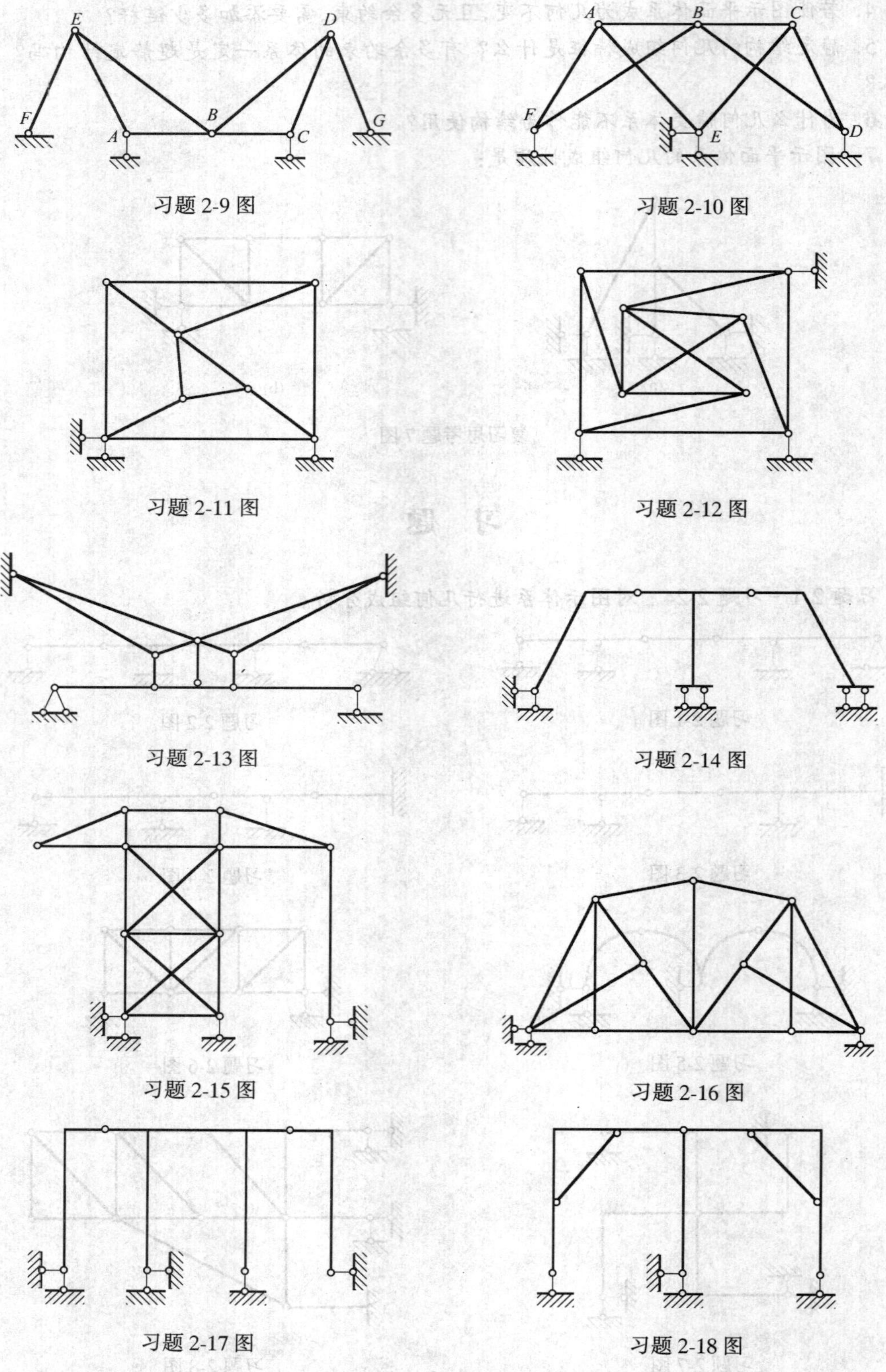

习题 2-9 图

习题 2-10 图

习题 2-11 图

习题 2-12 图

习题 2-13 图

习题 2-14 图

习题 2-15 图

习题 2-16 图

习题 2-17 图

习题 2-18 图

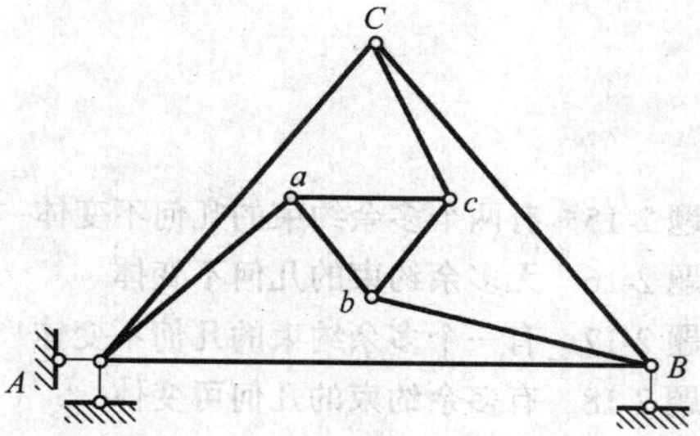

习题 2-19 图

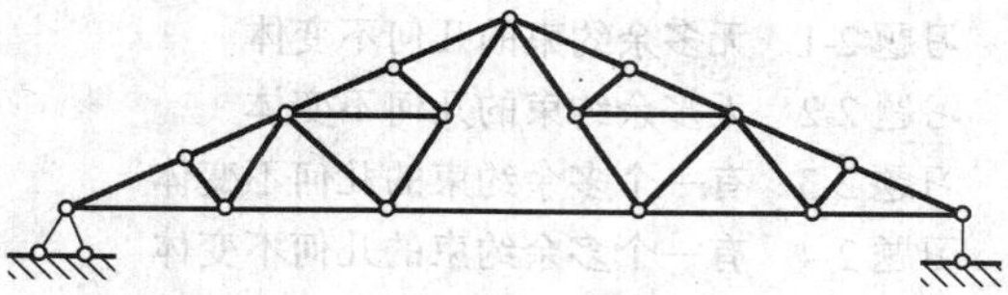

习题 2-20 图

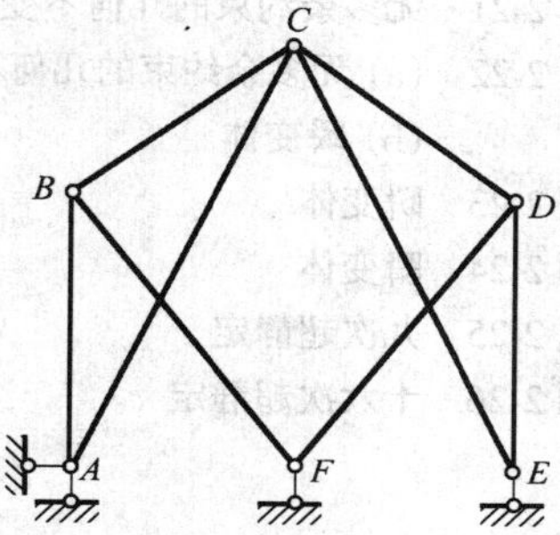

习题 2-21 图

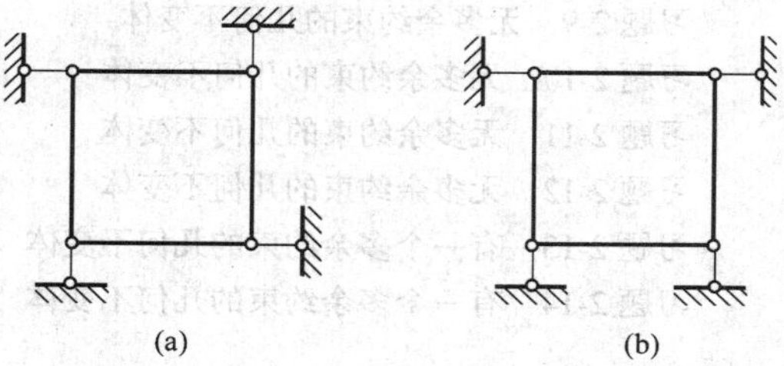

习题 2-22 图

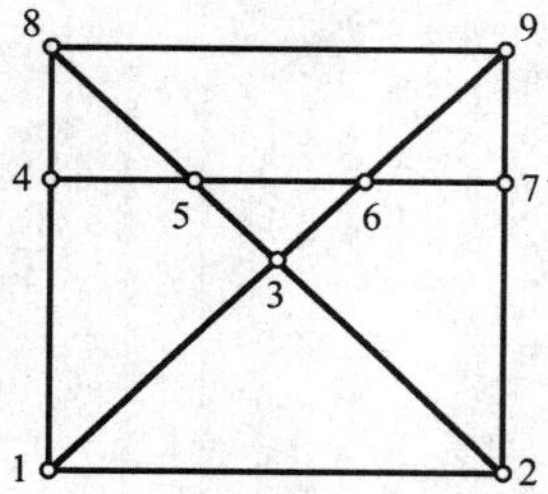

习题 2-23 图

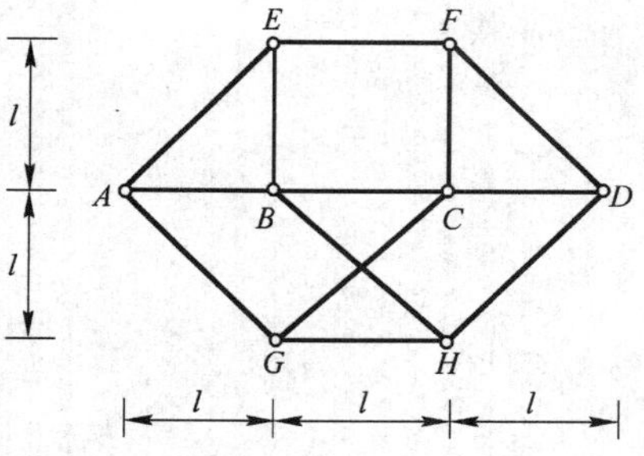

习题 2-24 图

习题 2-25～习题 2-26 判断下面各题所示体系的多余约束数目，并作几何组成分析。

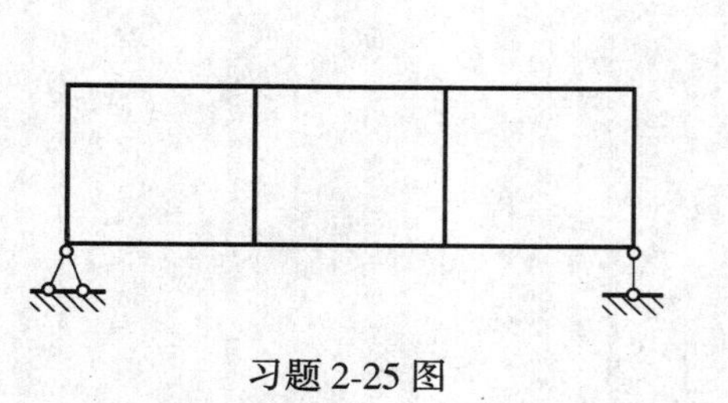

习题 2-25 图

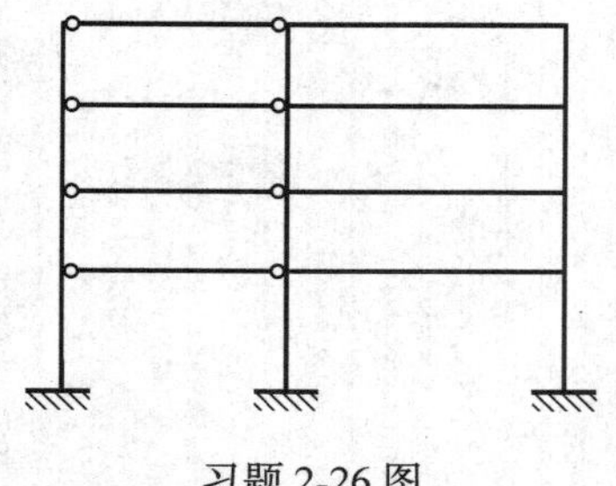

习题 2-26 图

习 题 答 案

习题 2-1　无多余约束的几何不变体
习题 2-2　无多余约束的几何不变体
习题 2-3　有一个多余约束的几何不变体
习题 2-4　有一个多余约束的几何不变体
习题 2-5　无多余约束的几何不变体
习题 2-6　无多余约束的几何不变体
习题 2-7　无多余约束的几何不变体
习题 2-8　无多余约束的几何不变体
习题 2-9　无多余约束的几何不变体
习题 2-10　无多余约束的几何不变体
习题 2-11　无多余约束的几何不变体
习题 2-12　无多余约束的几何不变体
习题 2-13　有一个多余约束的几何不变体
习题 2-14　有一个多余约束的几何不变体
习题 2-15　有两个多余约束的几何不变体
习题 2-16　无多余约束的几何不变体
习题 2-17　有一个多余约束的几何不变体
习题 2-18　有多余约束的几何可变体
习题 2-19　无多余约束的几何不变体
习题 2-20　无多余约束的几何不变体
习题 2-21　无多余约束的几何不变体
习题 2-22　(a) 无多余约束的几何不变体
(b) 瞬变体
习题 2-23　瞬变体
习题 2-24　瞬变体
习题 2-25　九次超静定
习题 2-26　十六次超静定

第 3 章　静定梁与静定刚架

3.1　单跨静定梁

单跨静定梁是建筑工程中常用的简单结构，是组成各种结构的基本构件之一。它设计简单、施工方便，多用于短跨结构，如楼板、门窗过梁、吊车梁等。其受力分析是各种结构受力分析的基础。因此，尽管在材料力学中对单跨静定梁的内力分析已经做过讨论，在这里仍然有必要加以简略的回顾和补充，以使读者进一步熟练掌握，为后续课程打下一个良好的基础。

一、单跨静定梁的类型及反力

常见的单跨静定梁有三种型式：简支梁、悬臂梁和外伸梁。如图 3-1 所示，它们都是由梁和地基按两刚片规则组成的静定结构，因而其支座反力都只有三个，可取全梁为隔离体，由平面一般力系的三个平衡方程求得。

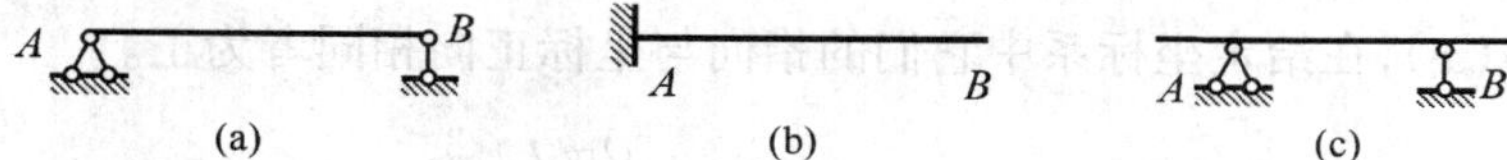

图 3-1　单跨静定梁

(a) 简支梁；(b) 悬臂梁；(c) 外伸梁。

二、用截面法求梁的内力

1. 内力符号规定

在任意荷载作用下，梁横截面上有弯矩 M、剪力 Q 和轴力 N 三个内力分量，其符号通常规定如下：

梁的弯矩 M 使杆件上凹者为正(也即下侧纤维受拉为正)，反之为负；剪力 Q 使截开部分产生顺时针转动趋势为正，反之为负；轴力 N，拉为正，压为负。如图 3-2 所示。作内力图时，规定弯矩图纵标画在受拉一侧，不标注正负号；剪力图和轴力图可绘在杆轴的任意一侧，但必须标注正负号。

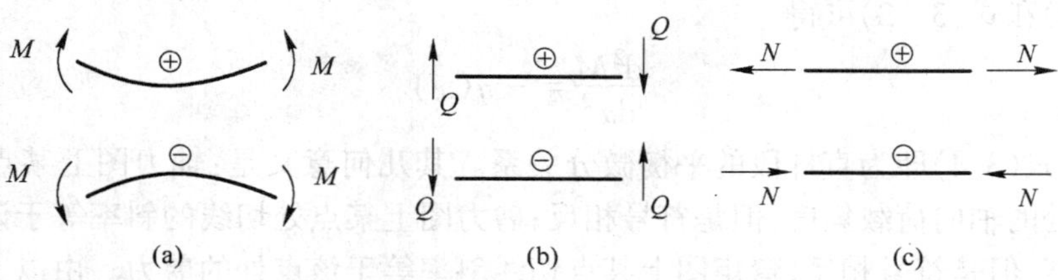

图 3-2　内力符号规定

(a) 弯矩符号；(b) 剪力符号；(c) 轴力符号。

2. 求内力的方法——截面法

用假想截面将杆件截开，以截开后受力简单部分为平衡对象，也称隔离体，并分析其内力。以图 3-3(a)所示简支梁为例，在求出支座反力 H_A、V_A、V_B 之后，用一个假想的平面 m-m 将梁沿所求内力截面 K 截开，可选取截面的任一侧为隔离体，例如取截面左侧部分为隔离体(图 3-2(b))，利用平衡条件计算欲求的内力分量。

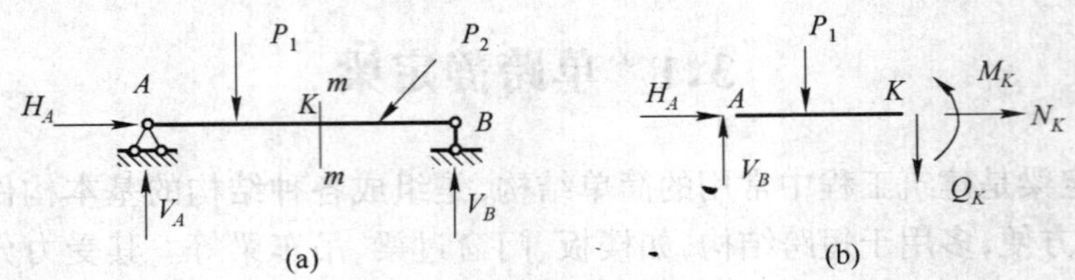

图 3-3　截面法

(a) 简支梁及所受荷载；(b) AK 区段隔离体受力图。

弯矩等于截面一侧所有外力(包括荷载和反力)对截面形心力矩的代数和。

剪力等于截面一侧所有外力在垂直于杆轴线方向投影的代数和。

轴力等于截面一侧所有外力在沿杆轴线方向投影的代数和。

三、利用直杆段的平衡微分关系作内力图

取微段 dx 为隔离体，如图 3-4 所示，假设其上受有轴向分布荷载集度 $p(x)$、横向分布荷载集度 $q(x)$，在给定坐标系中它们的指向与坐标正向相同者为正。

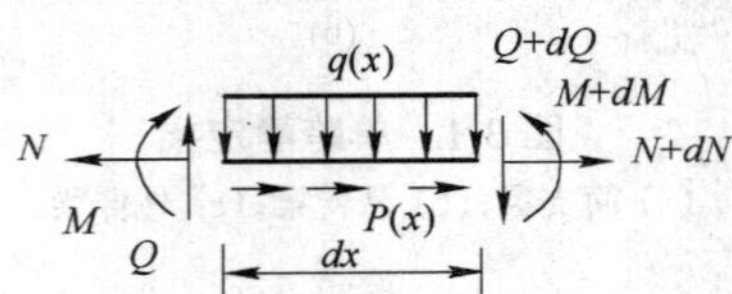

图 3-4　微段隔离体图

考虑微段的平衡条件

$$\sum X=0 \qquad \frac{\mathrm{d}N}{\mathrm{d}x}=-p(x) \tag{3-1}$$

$$\sum Y=0 \qquad \frac{\mathrm{d}Q}{\mathrm{d}x}=-q(x) \tag{3-2}$$

$$\sum M=0 \qquad \frac{\mathrm{d}M}{\mathrm{d}x}=Q \tag{3-3}$$

由式(3-2)和式(3-3)可得

$$\frac{\mathrm{d}^2M}{\mathrm{d}x^2}=-q(x) \tag{3-4}$$

式(3-1)～式(3-4)即为直杆段的平衡微分关系。其几何意义是：轴力图上某点切线斜率等于该点处的轴向荷载集度，但是符号相反；剪力图上某点处切线的斜率等于该点处的横向荷载集度，但是符号相反；弯矩图上某点切线斜率等于该点处的剪力。由以上的微分关系，可以推知：荷载情况与内力图形状之间的一些对应关系，如表 3-1 所列。掌握内力图形状上的这些特征，对于正确和迅速地绘制内力图很有帮助。

表 3-1 直杆内力图的形状特征与荷载情况的对应关系

荷载情况 \ 内力图情况	剪力图特点	弯矩图特点
直杆段无横向外荷载作用	平行杆轴的直线	一般为斜直线(剪力等于零时,弯矩为平行杆轴的直线)
横向均布荷载 q 作用区段	斜直线	二次抛物线(凸出方向同 q 指向)
横向集中力 P 作用点处	有突变(突变值$=P$)	有尖角(尖角指向同 P 指向)
集中力偶 M 作用点处	无变化	有突变(突变值$=M$)

四、用“拟简支梁区段叠加法”绘制弯矩图

小变形的情况下,绘制结构中的直杆段弯矩图时,可采用拟简支梁区段叠加法。它是结构力学中常用的一种简便方法。由于避免了列弯矩方程式,从而使得弯矩图的绘制工作得到了简化。

图 3-5(a)为结构中任意截取的某一区段 AB,杆长为 L,其上作用实际承受的荷载(本例中只有均布荷载)。AB 两端的弯矩、剪力、轴力分别为 M_A、Q_A、N_A 和 M_B、Q_B、N_B。它们是这两个截面的真实内力值。图 3-5(b)绘出的是与 AB 段同长度的简支梁。此梁承受的荷载与 AB 段承受的荷载完全相同,两端分别作用有力偶 M_A、M_B。因杆端轴力 N_A、N_B 不产生弯矩,故没有绘出。设简支梁的反力为 V_A、V_B,由此 AB 段为隔离体列出的静力平衡条件及通过对比,可知:$Q_A=V_A$、$Q_B=-V_B$,即图 3-5(a)所示的区段与图3-5(b)所示的简支梁二者的内力分布完全一样。现分别作出简支梁在 M_A、M_B 共同作用下及均布荷载 q 作用下的弯矩图,如图 3-5(c)和(d)所示。将上述两个弯矩图的纵标叠加(不是图形的简单拼和),可得简支梁的最后弯矩图(图 3-5(e)),该弯矩图即为 AB 区段的弯矩图。实际作图时,通常不必作出图 3-5(c)和图 3-5(d),而可直接作出图 3-5(e)。方法是:先将两端的M_A、M_B绘出并以直线相连,如图3-5(e)虚线所示,然后以此虚线为

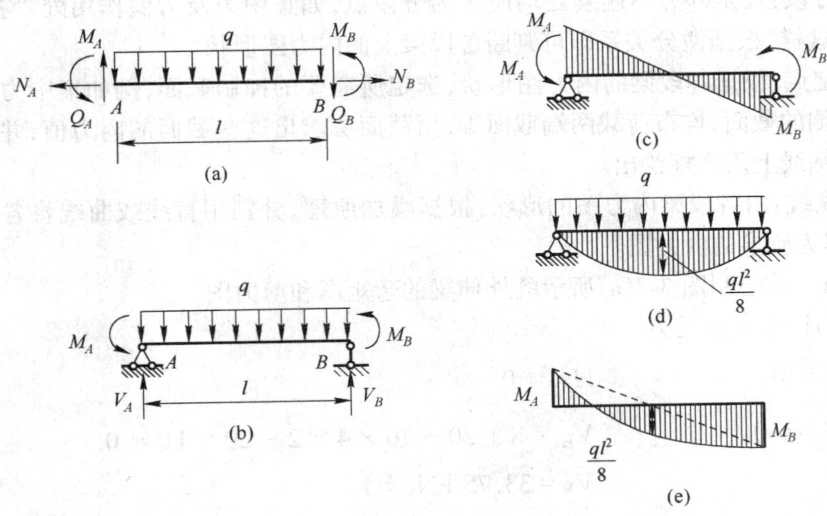

图 3-5 区段叠加法

(a) AB 区段受力图;(b) 与 AB 区段相应的简支梁;(c) 在外力偶作用下的弯矩图;(d) 在均布荷载作用下的弯矩图;(e) AB 区段最后弯矩图。

基线叠加简支梁在均布荷载 q 作用下的弯矩图。但必须注意的是,这里弯矩图的叠加是指其纵标叠加,因此图 3-5(d)中的竖标$\frac{ql^2}{8}$仍垂直于杆轴(而不是垂直 M_A、M_B 的连线)。当区段上有集中力或者是其他形式的荷载时,叠加作图的方法与之相同。这种绘制弯矩图的方法称为"拟简支梁区段叠加法"。

为了方便地应用叠加原理,下面给出几种应该熟记的简支梁在不同荷载作用下的内力图,如图 3-6 所示。

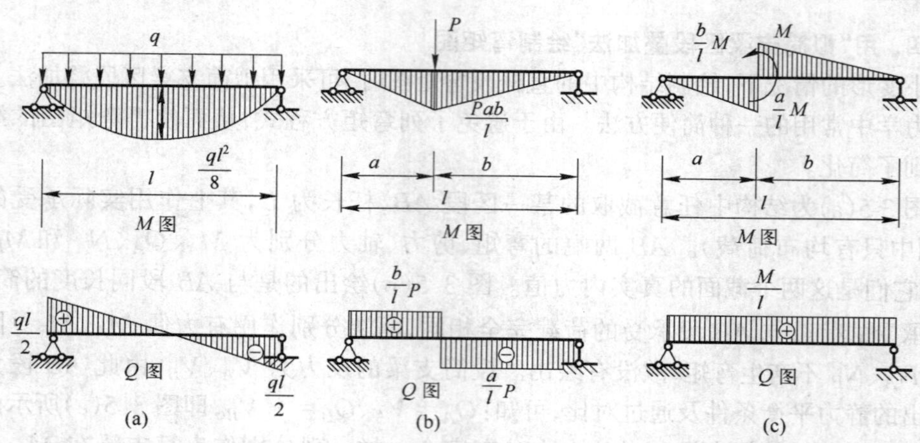

图 3-6　简支梁在不同荷载作用下的内力图

(a) 均布荷载;(b) 集中荷载;(c) 集中力偶。

综上所述,下面给出绘制内力图的一般步骤。

(1) 求反力(悬臂梁可不必求支座反力)。

(2) 分段:凡是外力不连续处均应作为分段点,如集中力及力偶作用处,均布荷载两端点等。这样,根据微分关系即可判断各段梁上的内力图形状。

(3) 定点:根据各段梁的内力图形状,选定所需要的控制截面,例如集中力及力偶的作用点两侧的截面,均布荷载两端截面等,用截面法求出这些截面的内力值,并将它们在内力图的基线上用竖标绘出。

(4) 联线:由各段梁内力图的形状,根据叠加原理,分别用直线或曲线将各控制点依次相联,即为所求的内力图。

例 3-1　试绘制图 3-7(a)所示的外伸梁的弯矩图和剪力图。

解: 1)计算支座反力

$\sum X = 0$　　$H_A = 0$

$\sum M_A = 0$　　$V_B \times 8 + 30 - 10 \times 4 \times 2 - 20 \times 11 = 0$

$V_B = 33.75\ \text{kN}(\uparrow)$

$\sum M_B = 0$　　$V_A \times 8 - 30 - 10 \times 4 \times 6 + 20 \times 3 = 0$

$V_A = 26.25\ \text{kN}(\uparrow)$

校核　　$\sum Y = 26.25 + 33.75 - 10 \times 4 - 20 = 0$

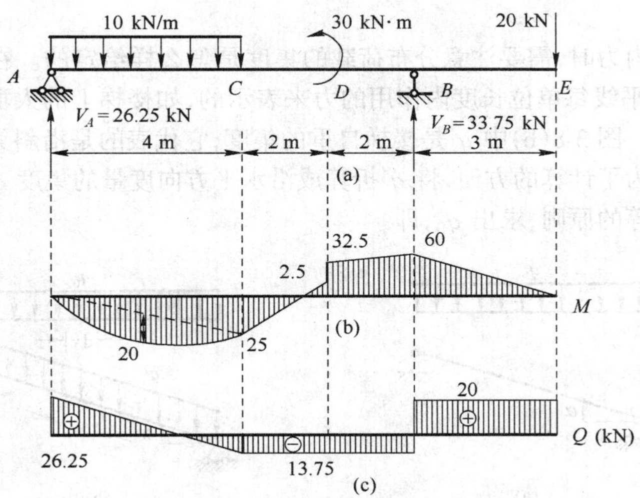

图 3-7　外伸梁内力计算示例

(a) 外伸梁及所受荷载；(b) 弯矩图；(c) 剪力图。

2）作弯矩图

选择 A、C、D、B、E 为控制截面，计算出其弯矩值。

$$M_A=0$$

$$M_C=26.25\times4-10\times4\times2=25\ \text{kN·m}$$

$$M_{D左}=26.25\times6-10\times4\times4=-2.5\ \text{kN·m}$$

$$M_{D右}=26.25\times6-10\times4\times4-30=-32.5\ \text{kN·m}$$

$$M_B=-20\times3=-60\ \text{kN·m}$$

$$M_E=0$$

对于 CD、DB、BE 各区段，分别用直线连接两端控制截面弯矩纵标。对于 AC 区段，因有均布荷载作用，则以 A、C 两点纵标连线为基线，再叠加上相应的简支梁在均布荷载作用下的弯矩图。绘制出的弯矩图如图 3-7(b)所示。

3) 作剪力图

用截面法计算出各个控制截面的剪力值。

$$Q_A=26.25\ \text{kN}$$

$$Q_C=26.25-10\times4=-13.75\ \text{kN}$$

$$Q_D=26.25-10\times4=-13.75\ \text{kN}$$

$$Q_E=20\ \text{kN}$$

$$Q_{B右}=20\ \text{kN}$$

$$Q_{B左}=20-33.75=-13.75\ \text{kN}$$

用直线连接各个梁段控制截面剪力的纵标，绘制出剪力图如图 3-7(c)所示。

五、斜梁的受力分析

当单跨梁的两个支撑顶面的标高不相等时，即形成斜梁。斜梁在工程中经常遇到，如梁式楼梯的楼梯梁、锯齿形状楼盖及雨蓬结构中的斜杆等。这里仅就简支斜梁讨论其计算方法。

计算斜梁的内力时,需要注意分布荷载的集度是怎么样给定的。在图 3-8(a)中荷载集度 q 是以沿水平线每单位长度内作用的力来表示的,如楼梯上的人群荷载以及屋面斜梁上的雪荷载等。图 3-8(b)中 q' 是楼梯自重的集度,它代表的是沿斜梁轴线每单位长度内荷载的量值。为了计算的方便,将 q' 折算成沿水平方向度量的集度 q_0。根据在同一微段范围内合力相等的原则,求出 q_0,即

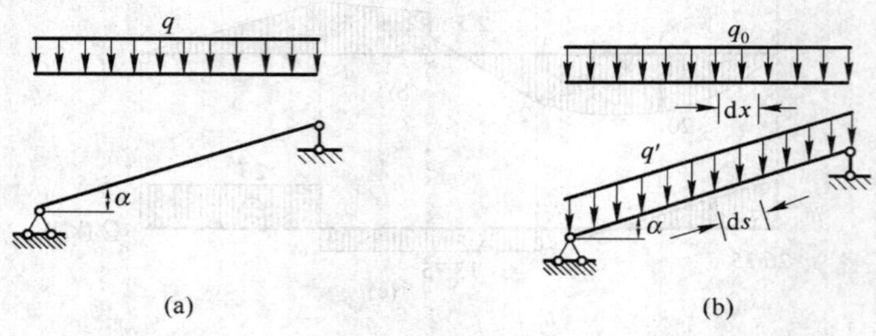

图 3-8　简支斜梁承受外荷载情况

(a) 沿水平线分布的荷载;(b) 沿杆轴分布的荷载。

$$q_0 \mathrm{d}x = q' \mathrm{d}s \qquad q_0 = \frac{q' \mathrm{d}s}{\mathrm{d}x} = \frac{q'}{\cos\alpha}$$

斜梁计算与水平梁的计算基本相同。斜梁的特点主要是梁轴线和横截面都是倾斜的。当求斜梁上任意一截面的轴力时,应该将外力和支座反力向杆轴线的方向投影;而求剪力时,应该将外力和支座反力向垂直于杆轴线的方向投影;截面上的弯矩不因为梁轴的倾斜而受到影响。

例 3-2　作如图 3-9(a)所示的斜梁的弯矩图、剪力图和轴力图。

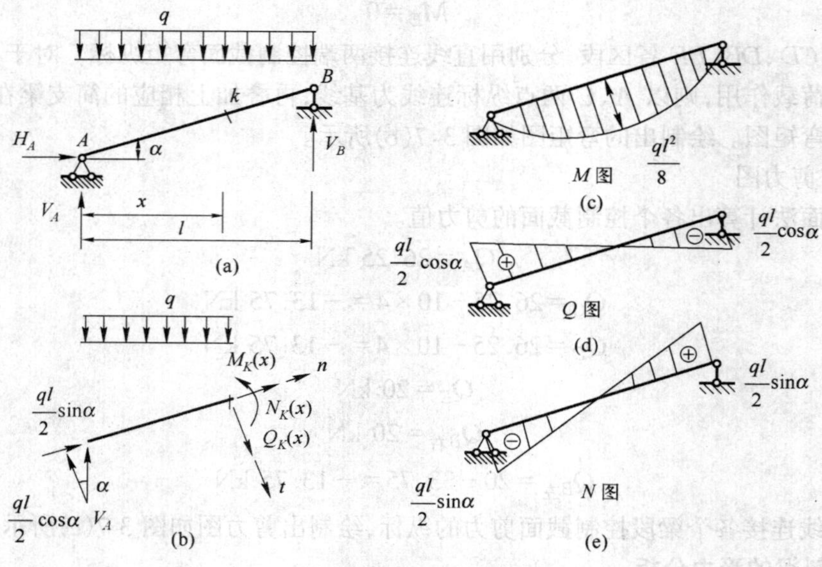

图3-9　简支斜梁内力计算示例

(a) 简支斜梁及所受荷载;(b) AK 区段受力图;

(c) 弯矩图;(d) 剪力图;(e) 轴力图。

解：1)求支座反力

$$\sum X = 0 \qquad H_A = 0$$

$$\sum M_B = 0 \qquad V_A = \frac{ql}{2}(\uparrow)$$

$$\sum M_A = 0 \qquad V_B = \frac{ql}{2}(\uparrow)$$

校核

$$\sum Y = \frac{ql}{2} + \frac{ql}{2} - ql = 0$$

2) 作内力图

为求任意一截面 K 的内力,取如图 3-9(b)所示的隔离体。

计算弯矩 $\sum M_K = 0 \qquad M_K(x) = V_A x - \frac{1}{2}qx^2 = \frac{ql}{2}x - \frac{q}{2}x^2$

故 $M_K(x)$为一抛物线,跨中弯矩为$\frac{ql^2}{8}$,如图 3-9(c)所示。

计算剪力和轴力 $\sum t = 0 \quad Q_K(x) = V_A\cos\alpha - qx\cos\alpha = \left(\frac{ql}{2} - qx\right)\cos\alpha$

$$\sum n = 0 \quad N_K(x) = -V_A\sin\alpha + qx\sin\alpha = -\left(\frac{ql}{2} - qx\right)\sin\alpha$$

由以上两式可绘制出 Q 图和N 图,如图 3-9(d)、(e)所示。

例 3-3 作如图 3-10(a)所示斜梁的弯矩图、剪力图和轴力图。

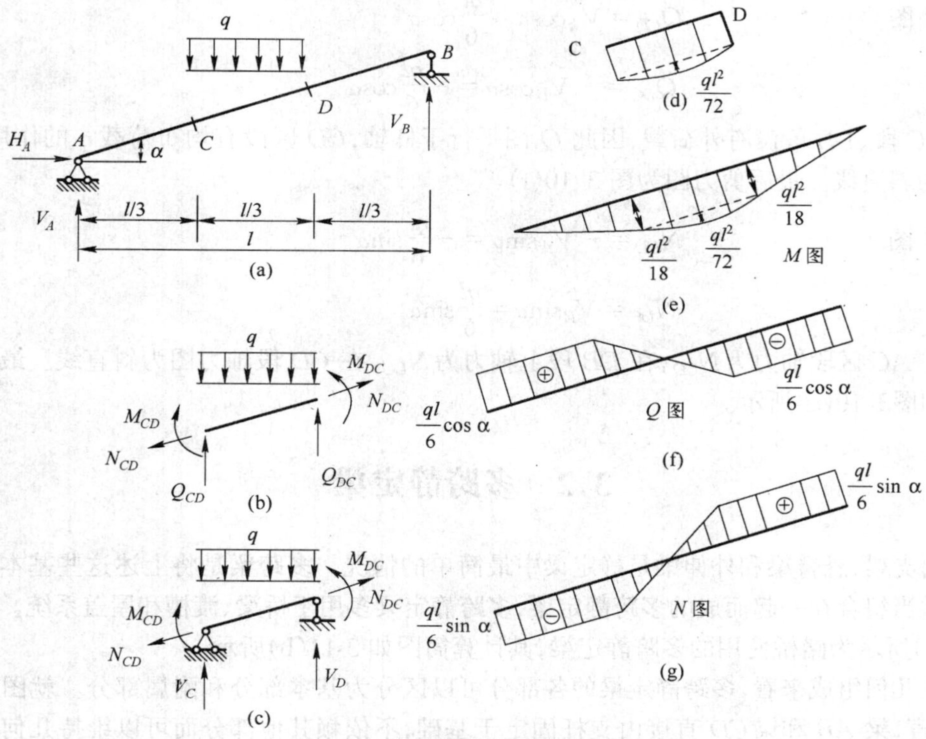

图3-10 简支斜梁内力计算示例

(a) 简支斜梁及所受荷载;(b) CD 区段受力图;(c) 与 CD 区段对应的简支斜梁;

(d) CD 区段弯矩图;(e) 弯矩图;(f)剪力图;(g) 轴力图。

解: 1)计算支座反力

$$\sum X = 0 \qquad H_A = 0$$

$$\sum M_B = 0 \qquad V_A = \frac{ql}{6}(\uparrow)$$

$$\sum M_A = 0 \qquad V_B = \frac{ql}{6}(\uparrow)$$

校核

$$\sum Y = \frac{ql}{6} + \frac{ql}{6} - q \times \frac{l}{3} = 0$$

2) 作内力图

由于均布荷载只作用于斜梁上的局部,因此应该选择 A、C、D、B 四点为控制截面。

M 图

$$M_{CA} = V_A \times \frac{l}{3} = \frac{ql^2}{18}$$

$$M_{DB} = V_B \times \frac{l}{3} = \frac{ql^2}{18}$$

CD 段梁上有均布荷载,仍然可以用拟简支梁的区段叠加法绘制 M 图。图 3-10(b)为 CD 段的隔离体,其受力状态与图 3-10(c)所示简支梁的受力状态完全相同,因而二者的弯矩图也完全相同。由于轴向力 N_{CD}、N_{DC}不产生弯矩,故 CD 部分的弯矩即由两端弯矩而产生的直线弯矩图和由均布荷载所产生的抛物线弯矩图叠加而成,如图 3-10(d)所示,最后弯矩图为图 3-10(e)。

Q 图

$$Q_{CD} = V_A\cos\alpha = \frac{ql}{6}\cos\alpha$$

$$Q_{DC} = -V_B\cos\alpha = -\frac{ql}{6}\cos\alpha$$

AC 段、DB 段没有外荷载,因此 Q 图平行于杆轴,CD 区段有均布荷载 q 的作用,故 Q 图为斜直线。最后剪力图为图 3-10(f)。

N 图

$$N_{CD} = -V_A\sin\alpha = -\frac{ql}{6}\sin\alpha$$

$$N_{DC} = V_B\sin\alpha = \frac{ql}{6}\sin\alpha$$

在 AC 区段轴力为N_{CD},在 DB 段上轴力为N_{DC},在 CD 段轴力图为斜直线。最后轴力图如图3-10(g)所示。

3.2 多跨静定梁

简支梁、悬臂梁和外伸梁是静定梁中最简单的情况。多跨梁是将上述这些基本构造单元适当组合在一起而成的多跨静定梁,多跨静定梁多用于桥梁、渡槽和屋盖系统。如图 3-11(a)所示为路桥使用的多跨静定梁,其计算简图如 3-11(b)所示。

从几何组成来看,多跨静定梁的各部分可以区分为基本部分和附属部分。就图 3-11(b)而言,梁 AB 和梁 CD 直接由支杆固定于基础,不依赖其他部分而可以维持几何不变性,我们称它为基本部分。而短梁 BC 的两端支于 AB 和 CD 的伸臂上面,必须依靠基本部分才能保持其几何不变性,故称为附属部分。

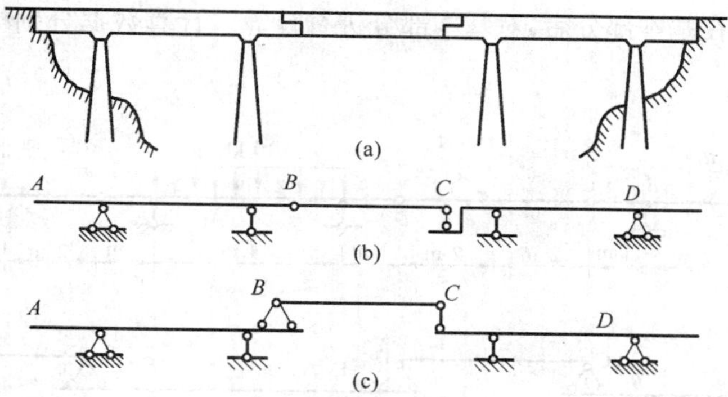

图 3-11　多跨静定梁示意图

(a) 公路桥使用的多跨静定梁;(b) 计算简图;(c) 层次图。

图 3-12(a)所示为屋盖中木檩条的构造。图 3-12(b)为其计算简图。在计算简图中,AB 段为基本部分,BC 段为其附属部分,而 CD 段则是更高层次的附属部分。

以上所介绍的组成方式是多跨静定梁的两种基本形式。为了更加清晰地表示出整个结构各个部分之间的依存关系,常绘出受力层次图,见图 3-11(c)和图 3-12(c)。

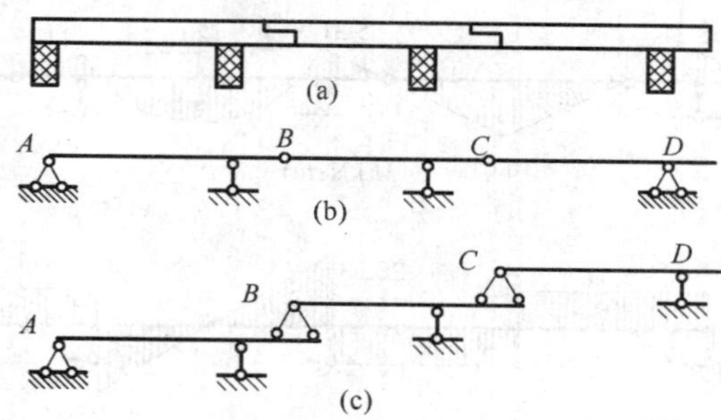

图 3-12　多跨静定梁示意图

(a) 屋盖中木檩条构造;(b) 计算简图;(c) 层次图。

从受力分析方面考虑,基本部分不依赖附属部分可以独立承受荷载的作用,而附属部分必须依靠基本部分才能承受荷载的作用。当荷载单独地作用于基本部分时,只有基本部分产生内力,附属部分不产生内力;而当荷载作用于附属部分上时,附属部分将产生内力和约束力,且约束力通过联结部分向基本部分传递。

多跨静定梁的组成顺序是先基本部分,后附属部分,最终形成整个结构。而计算多跨静定梁时,我们应该遵循的原则是:先计算附属部分,再计算基本部分;将附属部分的约束力反其指向,就是加于基本部分的荷载。这样把多跨梁拆成单跨梁计算,从而避免求解联立方程。将各单跨梁的内力图组合在一起就是多跨梁的内力图。

例 3-4　试计算图 3-13(a)所示多跨静定梁,并且绘出内力图。

解: 由于 A 处为固定铰支座,且略去轴向变形,故该多跨静定梁各截面均无水平线位移。于是,AC、DG 可视为基本部分,CD、GH 可视为为附属部分。根据荷载情况,作出该多跨静定梁的受力层次图如图 3-13(b)所示。

绘出各个部分隔离体的受力图(图 3-13(c))。先计算附属部分。求出附属部分的约束力,反其指向加在基本部分后,对基本部分进行计算。计算数据分别标在图上,其计算过程从略。

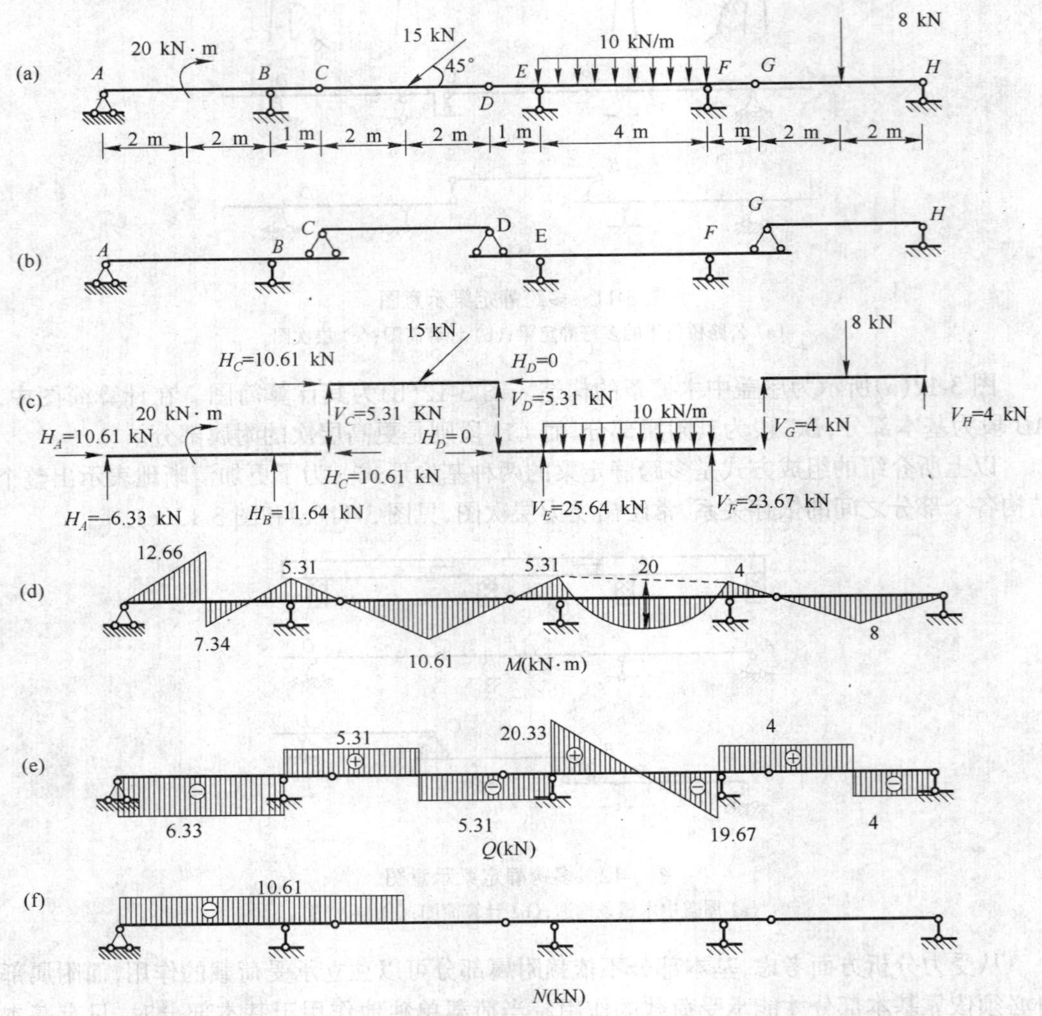

图 3-13　多跨静定梁内力计算示例

(a) 多跨静定梁及所受的荷载; (b) 层次图;(c) 每层受力图;
(d) 弯矩图;(e) 剪力图;(f) 轴力图。

当所有的支座反力求出后,利用整体平衡条件予以检查。

$$\sum Y = -6.33 + 11.64 + 25.64 + 23.67 + 4 - 15 \times \frac{\sqrt{2}}{2} - 10 \times 4 - 8 = 0$$

证明支座反力计算无误。

分别绘出各个单跨梁的内力图并且组合在一起,就得到了整个多跨静定梁的内力图,见图 3-13(d)、(e)、(f)。

例 3-5　试作出如图 3-14(a)所示的多跨静定梁的内力图。

解: *ABC* 外伸梁为基本部分,*CDE* 和 *EFG* 为附属部分。

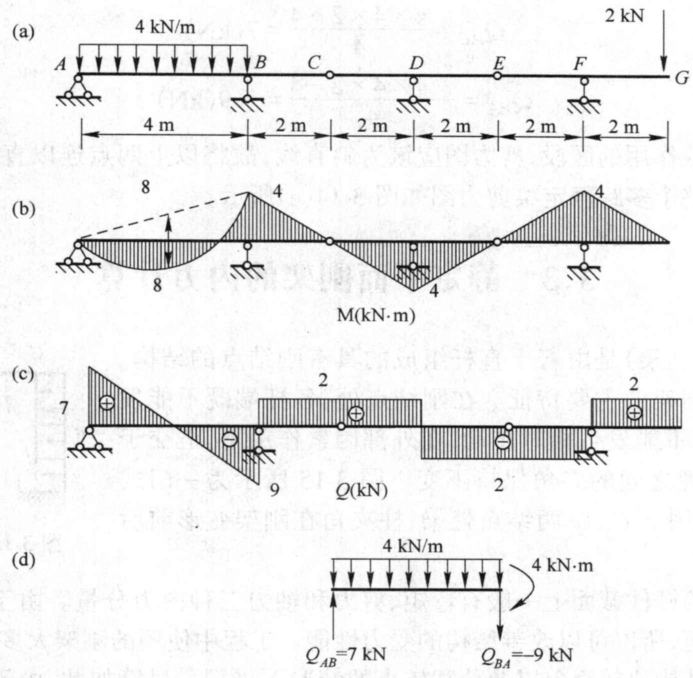

图 3-14　多跨静定梁内力计算示例

(a) 多跨静定梁及所受的荷载；(b) 弯矩图；
(c) 剪力图；(d) *AB* 段隔离体受力图。

按照一般的步骤，先求各支座反力以及铰结处的约束力，然后作剪力图和弯矩图。但是在某些情况下也可以不计算支座反力，而应用弯矩图的形状和特性以及叠加法首先绘出弯矩图，此题就是一例。

作弯矩图时应该从附属部分开始，*FG* 段的弯矩图与悬臂梁相同，可以立即绘出，*F*、*D* 间并无外力作用，故弯矩图必为一直线，只需定出两个点便可以绘出此直线。现已知：$M_F = -4\ \text{kN·m}$；而 *E* 处为铰，则 $M_E = 0$，故将以上两点连以直线，并将其延长至 *D* 点之下，即得到 *DF* 段梁上的弯矩图，并同时可以得出 $M_D = 4\ \text{kN·m}$。用同样的方法可以绘制出 *BD* 段梁的弯矩图。而 *AB* 段梁有均布荷载的作用，其弯矩图可以用叠加法绘出。这样，未经过计算反力而绘出了全梁的弯矩图，如图 3-14(b)所示。

有了弯矩图，剪力图即可根据微分关系或者是平衡条件求得。对于弯矩图为直线的区段，利用弯矩图的坡度(即斜率)来求剪力是很方便的。例如 *BD* 段梁的剪力为

$$Q_{BD} = \frac{4+4}{4} = 2(\text{kN})$$

至于剪力的正负号，可以按照以下方法判定：若弯矩图是从基线顺时针方向转的(以小于 90°的转角)，则剪力为正；反之为负。据此可知 Q_{BD} 为正。又如 *DF* 段梁有

$$Q_{DF} = -\frac{4+4}{4} = -2(\text{kN})$$

对于弯矩图为曲线的区段，例如 *AB* 段梁，可取出该段梁为隔离体，如图 3-14(d)所示，由 $\sum M_B = 0$ 和 $\sum M_A = 0$ 可分别求得

$$Q_{AB}=\frac{4\times4\times2-4}{4}=7(\mathrm{kN})$$

$$Q_{BA}=\frac{-4\times4\times2-4}{4}=-9(\mathrm{kN})$$

在均布荷载作用的区段,剪力图应该为斜直线,故将以上两点连以直线,即得 AB 段梁的剪力图。整个多跨静定梁剪力图如图 3-14(c)所示。

3.3 静定平面刚架的内力计算

刚架(也称框架)是由若干直杆组成的具有刚结点的结构。具有刚结点是刚架的主要特征。在刚结点处,各杆端既不能发生相对移动,也不能发生相对转动,在外部因素作用下,汇交于刚结点处各杆件之间的夹角保持不变。图 3-15 所示为一门式刚架,在荷载作用下 C、D 两结点处梁、柱夹角在刚架变形前后均为直角。

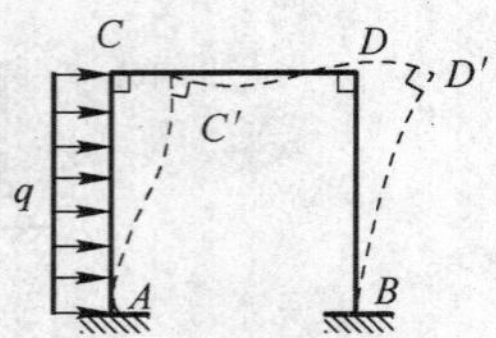

图 3-15 门式刚架

平面刚架的杆件截面上一般有弯矩、剪力和轴力三种内力分量。由于刚架结点能够承受和传递弯矩,所以可以改善结构的受力性能。工程中使用的刚架大多为超静定刚架,静定刚架只在结构比较简单以及荷载较小的情况下采用。尽管如此,由于静定刚架内力分析是超静定刚架计算的基础,因此对静定刚架的内力计算必须熟练掌握。静定平面刚架按照几何组成方式可以分为以下三种形式:单体刚架、三铰刚架和具有基本—附属关系的刚架,如图 3-16 和图 3-17 所示。

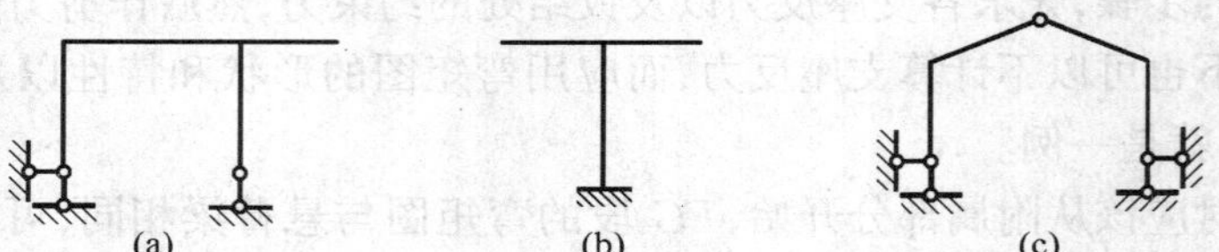

图 3-16 单体刚架和三铰刚架

(a) 简支单体刚架;(b) 悬臂单体刚架;(c) 三铰刚架。

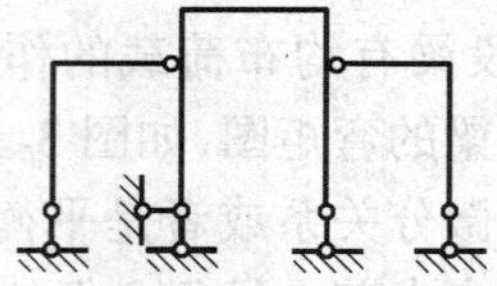

图 3-17 具有基本—附属关系的刚架

静定刚架的内力计算方法原则上与静定梁相同,通常先求出支座反力,然后逐杆按照"分段、定点、连线"的步骤绘制内力图。

在刚架的内力计算中,弯矩图通常绘在杆件的受拉侧,而不注明正负号。其剪力和轴力的正负号规定与梁相同,剪力图和轴力图可绘制在杆件的任一侧但必须注明正负号。

为了明确地表示刚架上不同截面的内力,尤其是为区分汇交于同一结点的各杆端截面的内力,使之不至于混淆,我们通常在内力符号后面引用两个脚标:第一个表示内力所属截面，第二个表示该截面所属杆件的另一端。例如，M_{AB} 表示 AB 杆 A 端的弯矩，Q_{AB} 表示 AB 杆 A 端截面的剪力，依次类推。

一、单体刚架

单体刚架是按照两刚片规则由上部与基础组成的无多余约束的几何不变体系。如简支刚架、悬臂刚梁等（图 3-17(a)、(b)）。其特点是：以整体为隔离体，支座反力只有三个，因此只需三个平衡方程，就能将全部反力求出来。

例 3-6 试作如图 3-18(a)所示刚架的内力图。

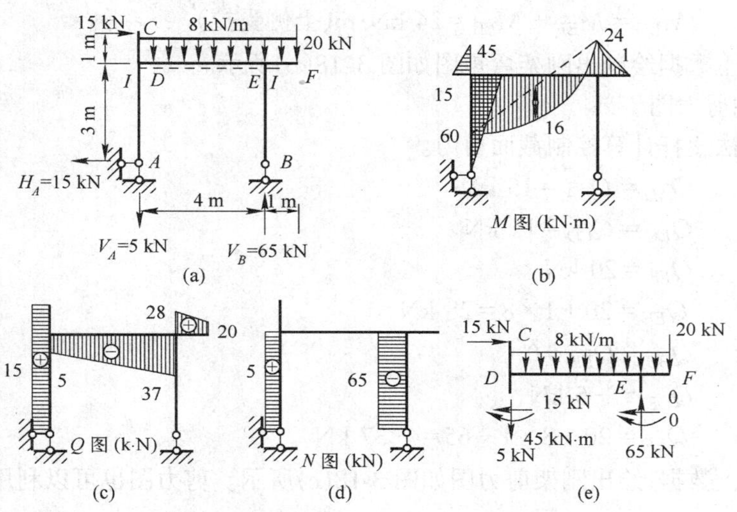

图 3-18 简支刚架内力计算示例

(a) 简支刚架及所受的荷载；(b) 弯矩图；(c) 剪力图；(d) 轴力图；(e) Ⅰ－Ⅰ截面以上隔离体。

解：1）计算支座反力

以结构整体为研究对象：

$$\sum X = 0 \qquad H_A = 15\ \text{kN}(\leftarrow)$$

$$\sum M_A = 0 \qquad V_B \times 4 - 20 \times 5 - 8 \times 5 \times 2.5 - 15 \times 4 = 0$$

$$V_B = 65\ \text{kN}(\uparrow)$$

$$\sum M_B = 0 \qquad V_A \times 4 + 8 \times 5 \times 1.5 - 15 \times 4 - 20 \times 1 = 0$$

$$V_A = 5\ \text{kN}\ (\downarrow)$$

校核 $\sum Y = 65 - 5 - 8 \times 5 - 20 = 0$

证明支座反力计算无误。

2）绘制弯矩图

选择 A、D、C、E、F、B 为控制截点，计算杆端弯矩值。控制截面的弯矩值等于该截面任意一侧（视结构受力情况而定，以受力简单便于计算为原则）所有外力对截面形心力矩的代数和。

AD 杆 $M_{AD} = 0$

$M_{DA}=15\times3=45\ \text{kN}\cdot\text{m}$(右侧受拉)

DC 杆　$M_{DC}=15\times1=15\ \text{kN}\cdot\text{m}$(左侧受拉)

$M_{CD}=0$

EF 杆　$M_{FE}=0$

$M_{EF}=20\times1+8\times1\times0.5==25\ \text{kN}\cdot\text{m}$(上侧受拉)

BE 杆　$M_{BE}=M_{EB}=0$

DE 杆　$M_{DE}=M_{DA}+M_{DC}=60\ \text{kN}\cdot\text{m}$(下侧受拉)

$M_{ED}=M_{EF}+M_{EB}=24\ \text{kN}\cdot\text{m}$(上侧受拉)

根据以上数据绘制出刚架弯矩图如图 3-18(b)所示。

3) 绘制剪力图

用截面法逐杆计算控制截面剪力。

AD 杆　$Q_{AD}=Q_{DA}=15\ \text{kN}$

DC 杆　$Q_{DC}=Q_{CD}=15\ \text{kN}$

EF 杆　$Q_{FE}=20\ \text{kN}$

$Q_{EF}=20+1\times8=28\ \text{kN}$

BE 杆　$Q_{BE}=Q_{EB}=0$

DE 杆　$Q_{DE}=-5\ \text{kN}$

$Q_{ED}=20+8\times1-65=-37\ \text{kN}$

根据以上数据,绘出刚架剪力图如图 3-18(c)所示。剪力图也可以利用微分关系根据弯矩图绘制。

4) 绘制轴力图

用截面法逐杆计算各杆轴力。

AD 杆　$N_{AD}=N_{DA}=V_A=5\ \text{kN}$(拉力)

DC 杆　$N_{DC}=N_{CD}=0$

EF 杆　$N_{FE}=N_{EF}=0$

BE 杆　$N_{BE}=N_{EB}=-V_B=-65\ \text{kN}$(压力)

DE 杆　$N_{DE}=N_{ED}=0$

根据以上数据,绘出刚架的轴力图如图 3-18(d)所示。轴力图也可以根据剪力图绘制。

5) 校核内力图

截取刚架任一部分为隔离体,都应该满足静力平衡条件。例如,作Ⅰ-Ⅰ截面图 3-17(a),以截面上半部分结构为研究对象(图 3-18(e))。由

$$\sum M_D=45+20\times5+8\times5\times2.5+15\times1-65\times4=0$$

$$\sum X=15-15=0$$

$$\sum Y=65-5-20-8\times5=0$$

可知,隔离体的内力满足静力平衡条件。

在静定刚架中,常常也可以不求或者是少求反力而迅速绘制出弯矩图。例如,悬臂刚架、结构上如果有悬臂部分以及简支梁部分(含两端铰结直杆承受横向荷载),则其弯矩可先绘出;充分利用弯矩图的形状特征(最常用的是直杆无荷载区段的弯矩图为直线,有均

布荷载区段为抛物线和铰处弯矩为零)，刚结点处的力矩平衡条件，用叠加法作弯矩图；外力与杆轴重合，或支座反力通过杆轴时不产生弯矩；外力与杆轴平行及外力偶产生的弯矩为常数；以及对称性的利用等等，这些都将给绘制弯矩图的工作带来极大的方便。至于剪力图，则可以根据弯矩图，利用平衡条件求得，然后根据剪力图又可以作出轴力图。

例 3-7 试作如图 3-19(a)所示刚架的内力图。

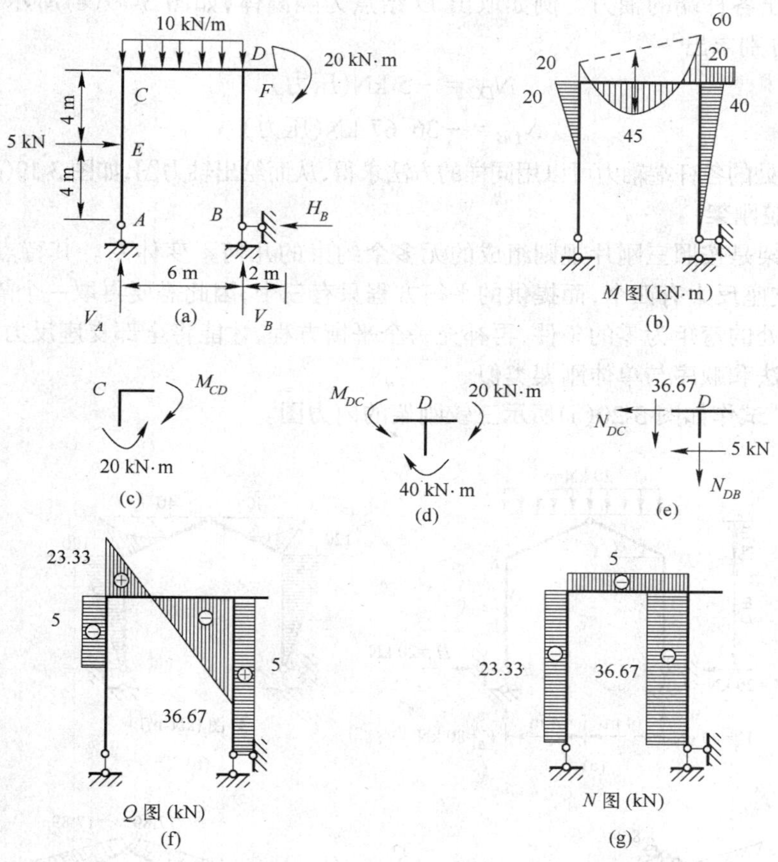

图 3-19 简支刚架内力计算示例

(a) 简支刚架及所受的荷载；(b) 弯矩图；(c) C 结点弯矩平衡隔离体；(d) D 结点弯矩平衡隔离体；(e) D 结点剪力、轴力平衡隔离体；(f) 剪力图；(g) 轴力图。

解：由刚架整体平衡条件$\sum X=0$，可知水平反力

$$H_B=5\ \mathrm{kN}(\leftarrow)$$

此时不需要再求出两个竖向反力即可以绘出刚架的全部弯矩图。因为反力 V_A 与竖杆 AC 重合；V_B 与竖杆 BD 重合。由截面法可以知道：V_A、V_B 无论多大都不会对 AC 杆和 BD 杆产生弯矩。因此该二竖杆的弯矩图已可作出图 3-19(b)。然后，根据结点 C 的力矩平衡条件图 3-19(c)，可得

$$M_{CD}=20\ \mathrm{kN\cdot m}(\text{上边受拉})$$

再考虑结点 D 的力矩平衡条件图 3-18(d)可得

$$M_{DC}=20+40=60(\text{kN}\cdot\text{m})(\text{上边受拉})$$

至此，横梁 CD 两端的弯矩图都已经求得，CD 杆上由于作用有均布荷载，故用叠加原理可给出 CD 杆的弯矩图，即图 3-19(b)。

根据已作出的弯矩图，利用微分关系或杆段的平衡条件，可以作出剪力图，如图 3-19(f)所示，(方法同例 3-5，读者可以自行校核)。然后，根据剪力图，考虑各结点的投影平衡条件即可求出各杆端的轴力。例如取出 D 结点为隔离体，如图 3-19(e)所示，由 $\sum X=0$ 和 $\sum Y=0$ 分别求出

$$N_{DC}=-5\ \text{kN}(\text{压力})$$
$$N_{DB}=-36.67\ \text{kN}(\text{压力})$$

结点 C 处的各杆端轴力可以用同样的方法求得，从而绘出轴力图，如图 3-19(g)所示。

二、三铰刚架

三铰刚架是按照三刚片规则组成的无多余约束的几何不变体系。其特点是：以整体为隔离体，支座反力有四个，而提供的平衡方程只有三个，因此需要再取一个隔离体，通常利用中间铰处的弯矩为零的条件，再补充一个平衡方程，才能将全部支座反力求出。而作内力图的方法和顺序与单体刚架类似。

例 3-8 试作如图 3-20(a)所示三铰刚架的内力图。

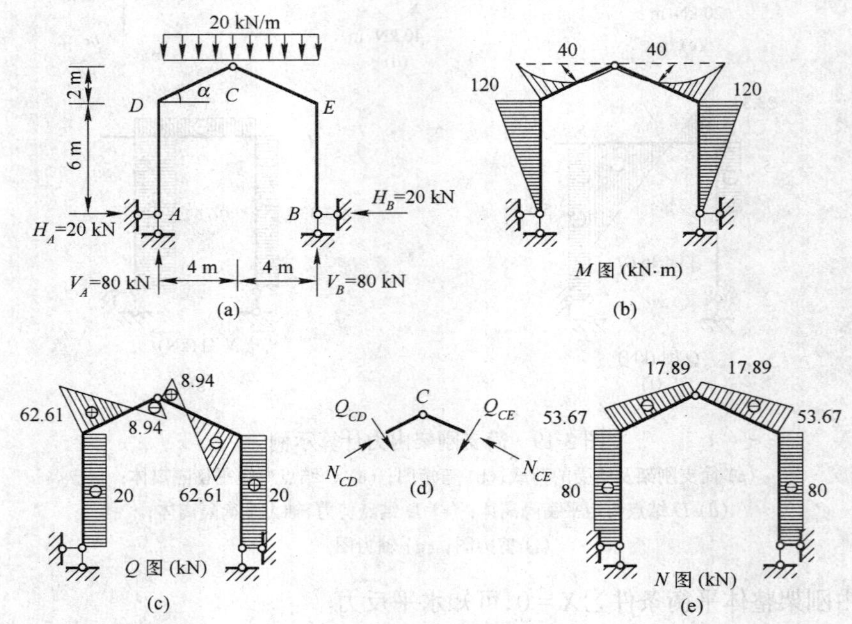

图 3-20 三角刚架内力计算示例

(a) 三角刚架及所受的荷载；(b) 弯矩图；(c) 剪力图；(d) 铰 C 隔离体受力图；(e) 轴力图。

解：1) 求支座反力

以整体为隔离体，求得

$$\sum M_B=0 \qquad V_A\times 8-20\times 8\times 4=0$$
$$V_A=80\ \text{kN}(\uparrow)$$

$$\sum M_A = 0 \qquad V_B \times 8 - 20 \times 8 \times 4 = 0$$

$$V_B = 80\ \text{kN}(\uparrow)$$

$$\sum X = 0 \qquad H_A = H_B$$

以铰 C 左半部分为隔离体，铰 C 处 $M_C=0$

$$\sum M_C = 0 \qquad H_A \times 8 + 20 \times 4 \times 2 - 80 \times 4 = 0$$

$$H_A = 20\ \text{kN}(\rightarrow) \qquad H_B = 20\ \text{kN}(\leftarrow)$$

校核　$\sum Y = 80 + 80 - 20 \times 8 = 0$

2）求各控制截面的内力

M 值　$M_{AD} = M_{CD} = 0$

$M_{DA} = M_{DC} = 20 \times 6 = 120(\text{kN·m})$（外侧受拉）

Q 值　$Q_{AD} = Q_{DA} = -20\ \text{kN}$

$$Q_{DC} = V_A \times \cos\alpha - H_A \times \sin\alpha = 80 \times \frac{2}{\sqrt{5}} - 20 \times \frac{1}{\sqrt{5}} = 62.61\ \text{kN}$$

$$Q_{CD} = 80 \times \frac{2}{\sqrt{5}} - 20 \times \frac{1}{\sqrt{5}} - 20 \times 4 \times \frac{2}{\sqrt{5}} = -8.94\ \text{kN}$$

N 值　$N_{AD} = N_{DA} = -80\ \text{kN}$

$$N_{DC} = -V_A \times \sin\alpha - H_A \times \cos\alpha = -80 \times \frac{1}{\sqrt{5}} - 20 \times \frac{2}{\sqrt{5}} = -53.67\ \text{kN}$$

$$N_{CD} = -80 \times \frac{1}{\sqrt{5}} - 20 \times \frac{2}{\sqrt{5}} + 20 \times 4 \times \frac{1}{\sqrt{5}} = -17.89\ \text{kN}$$

由于结构为对称结构，荷载为正对称的荷载，所以 M 图、N 图为正对称性图形，Q 图则为反对称图形。故右半刚架的内力值可由上述特征求出。最后的弯矩图、剪力图和轴力图，如图 3-20(b)、(c)、(e)所示。

以铰 C 为隔离体，检验 $\sum Y = 0$ 是否可以满足，如图 3-20(d)所示。

$$\sum Y = -N_{CD} \times \sin\alpha - N_{CE} \times \sin\alpha + Q_{CD} \times \cos\alpha + Q_{CE} \times \cos\alpha =$$

$$-17.89 \times \frac{1}{\sqrt{5}} - 17.89 \times \frac{1}{\sqrt{5}} + 8.94 \times \frac{2}{\sqrt{5}} + 8.94 \times \frac{2}{\sqrt{5}} \approx 0$$

证明剪力、轴力计算正确。

以上为对称结构在正对称荷载作用下 M、Q、N 图的特征。若对称结构在反对称荷载作用下，则 M、N 图为反对称性图形，而 Q 图则为正对称性图形。读者可以自行用适当的例题计算证明。

三、具有基本—附属关系的刚架

这类刚架的分析过程与多跨静定梁一样，首先分清哪里是基本部分与附属部分，然后按照先分析附属部分后分析基本部分的顺序进行计算，此时应该注意各个部分之间的作用—反作用关系。

例 3-9　试作如图 3-21(a)所示刚架的弯矩图。

解： 先进行几何构造分析。中间部分 $AECDFB$ 为简支刚架，是基本部分；两边 GHE 和 $FIJK$ 是附属部分，分别由铰 E 和铰 F 与基本部分相连，首先将附属部分 GHE 和 $FIJK$

作为隔离体,将其反力 H_G、V_K 以及与基本部分相连的约束力 V_E、H_E、V_F、H_F 求出来,然后将约束力 V_E、H_E、V_F、H_F 等值反向的力作用在基本部分上,连同荷载一起,计算出基本部分的反力 V_A、V_B 和 H_A,如图 3-21(b)所示。

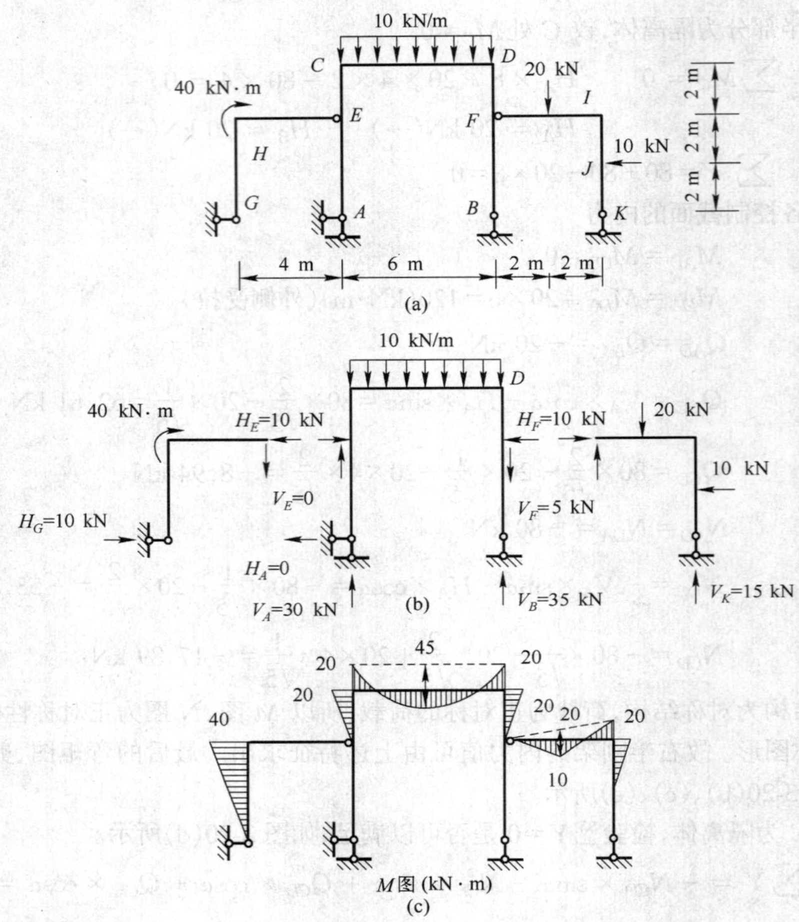

图 3-21　具有基本—附属关系刚架的内力分析示例

(a) 刚架及所受的荷载;(b) 基本—附属部分受力图;(c)最后弯矩图。

反力求出后即可给出整个结构的弯矩图,如图 3-21(c)所示。

例 3-10　试作如图 3-22(a)所示刚架的弯矩图。

解: 先进行几何构造分析。左边 $ABCDEF$ 为三铰刚架 是基本部分;右边的 FG 为附属部分,由铰 F 与基本部分相连。首先,将 FG 部分作为隔离体,将其反力 V_G 及与基本部分相连的约束力 V_F 和 H_F 求出来。再将 V_F 和 H_F 等值的反向力作用在基本部分上,然后以基本部分整体为隔离体,求出竖向反力 V_A 和 V_B,如图 3-22(b)所示。竖向反力 V_A 和 V_B 求出后,再拆开 D 铰以 $BDEF$ 为隔离体,如图 3-22(c)所示,求出水平约束力 H_D 和水平反力 H_B。再以整体为隔离体求出水平反力 H_A。反力求出后即可绘出整个结构的弯矩图,如图 3-22(d)所示。

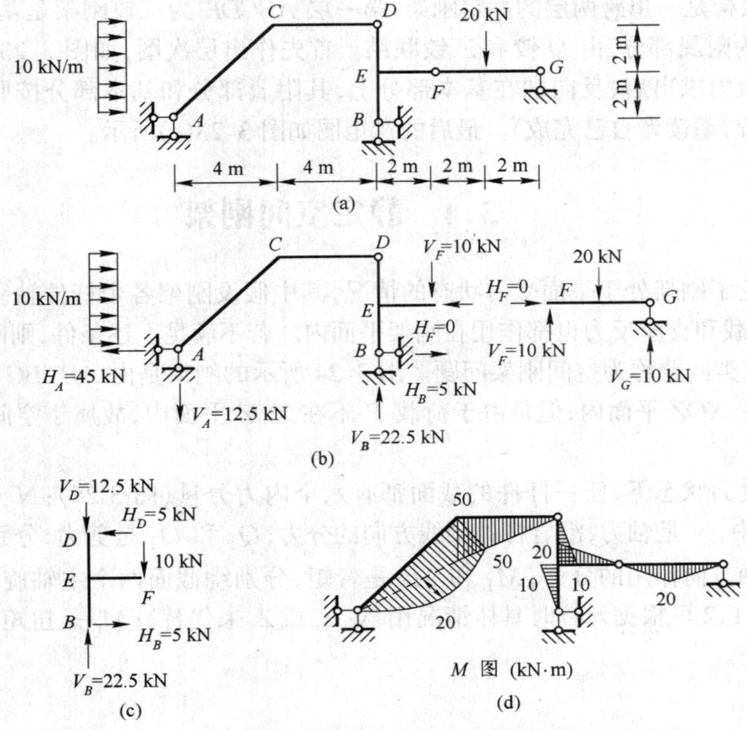

图 3-22 具有基本—附属关系刚架的内力分析示例

(a) 刚架及所受的荷载；(b) 基本—附属部分受力图；(c) *BDEF* 隔离体受力图；(d) 最后弯矩图。

例 3-11 试作如图 3-23(a)所示刚架的弯矩图。

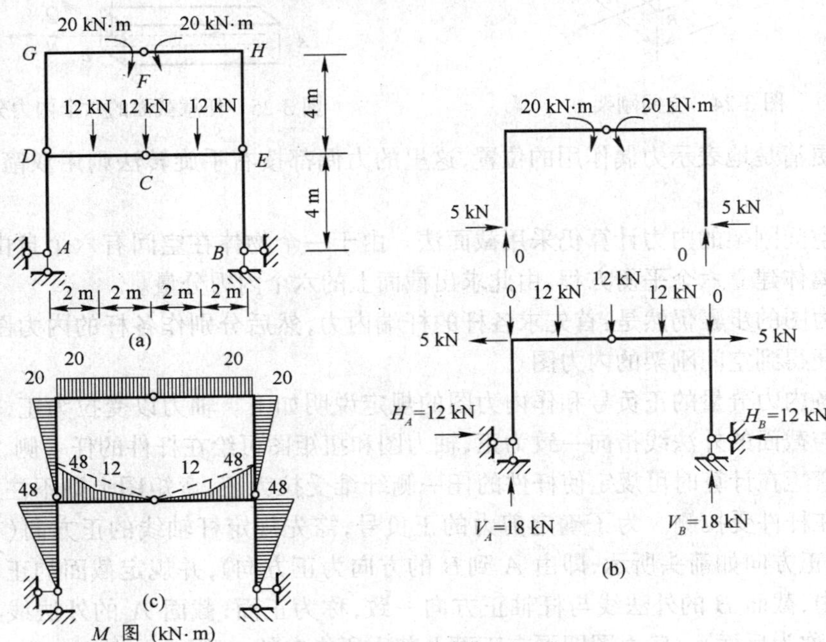

图 3-23 单跨两层静定刚架的内力分析示例

(a) 刚架及所受的荷载；(b) 基本—附属部分受力图；(c) 最后弯矩图。

解:此结构是一单跨两层的静定刚架,第一层 $ABCDE$ 为三铰刚架是基本部分;第二层 $DEFGH$ 为附属部分,由 D 铰和 E 铰联结。首先作出层次图,如图 3-23(b)所示。附属部分的约束力求出后,反向加在基本部分上,其附属部分和基本部分按照三铰刚架求解,(求解过程,请读者自己完成)。最后的弯矩图如图 3-23(c)所示。

*3.4 静定空间刚架

以上讨论了刚架处于平面受力状态的情况,其中假设刚架各个杆件轴线都在同一平面内,并且荷载和支座反力也都作用在刚架平面内。若不满足上述条件,则刚架处于空间受力状态。这类问题称为空间刚架问题。图 3-24 所示的刚架是由 AB、BC 两杆组成的,两杆轴线都在 XOZ 平面内,但是由于荷载 P 不在 XOZ 平面内,故属于空间刚架计算问题。

在空间受力状态下,任一杆件的截面都有六个内力分量(图 3-25):N、Q_1、Q_2、M_1、M_2、M_t。其中,N 是轴力,沿着杆件轴线方向的分力;Q_1 和 Q_2 是剪力,分别作用于沿截面的两个主轴方向作用的分力;M_1 和 M_2 是弯矩,分别绕截面两个主轴旋转的力偶矩;(这里的下标 1、2 可根据计算时具体情况用 X、Y 或 Z 来代替);M_t 是扭矩,绕杆件轴线旋转的力偶矩。

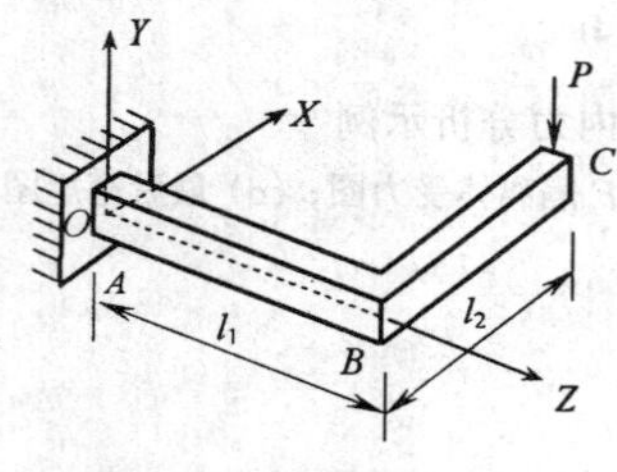

图 3-24 空间刚架

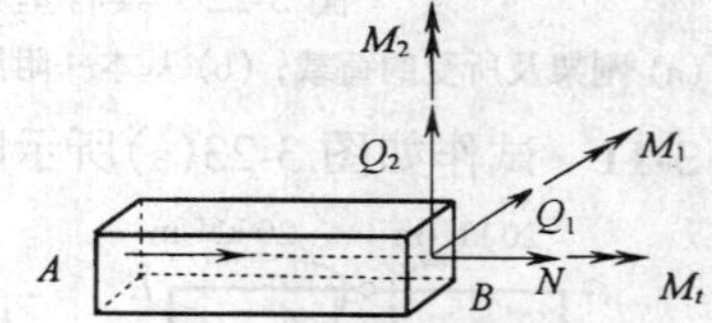

图 3-25 任意截面的六个内力分量

为了更清楚地表示力偶作用的位置,这里的力偶都按右手旋转法则用双箭头矢量来表示。

静定空间刚架的内力计算仍采用截面法。由于一个物体在空间有六个自由度,故可对所取隔离体建立六个平衡方程,由此求出截面上的六个内力分量。

作内力图的步骤仍然是:首先求各杆的杆端内力,然后分别作各杆的内力图,最后组合在一起便得到空间刚架的内力图。

现将各内力分量的正负号和作内力图的规定说明如下。轴力以受拉为正,扭矩以双箭头矢量与截面的外法线指向一致为正,轴力图和扭矩图可绘在杆件的任一侧,但需注明正负号。弯矩在计算时可规定使杆件的任一侧纤维受拉为正,弯矩图上则不注明正负号而规定绘在杆件受拉侧。为了确定剪力的正负号,需先规定杆轴线的正方向(在图 3-25 中,杆轴的正方向如箭头所示,即由 A 到 B 的方向为正方向),并规定截面的正面和反面(图 3-25 中,截面 B 的外法线与杆轴正方向一致,称为正面;截面 A 的外法线与杆轴正方向相反,称为反面)。剪力图即画在正面上剪力所指向的一侧。

以下通过如图 3-24 所示刚架说明内力图的作法。设杆 AB 和杆 BC 的截面主轴分别

为 X、Y 和 Z、Y。

1) 求杆 BC 的杆端内力

先由端点 C 的受力情况可知,截面 C 沿 Y 轴的剪力为

$$(Q_y)_{CB}=P$$

其余五个内力分量全为零。

再考虑杆 BC 的 B 端,取隔离体如图 3-26(a)所示,截面 B 的六个内力分量可由平衡方程求出如下:

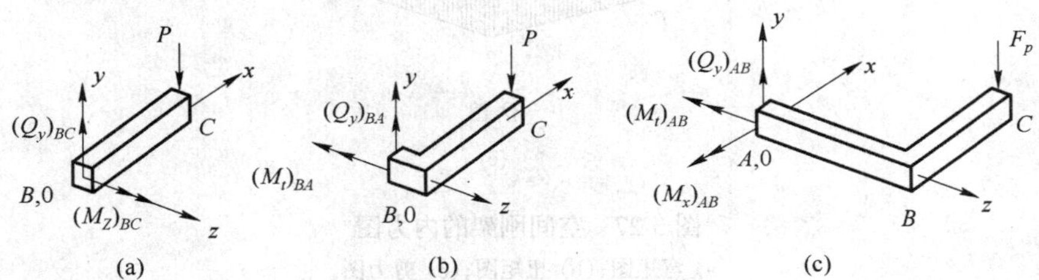

图 3-26　空间刚架的内力分析示例

(a) BC 杆截面 B 的内力分量;(b) AB 杆截面 B 的内力分量;(c) AB 杆截面 A 的内力分量。

$$\begin{cases}\sum x=0, N_{BC}=0\\ \sum y=0,(Q_y)_{BC}=P\\ \sum z=0,(Q_z)_{BC}=0\end{cases}\qquad\begin{cases}\sum M_x=0,(M_t)_{BC}=0\\ \sum M_y=0,(M_y)_{BC}=0\\ \sum M_z=0,(M_z)_{BC}=Pl_2(\text{上侧受拉})\end{cases}$$

2) 求杆 AB 的杆端内力

先考虑 AB 杆的 B 端,取隔离体如图 3-26(b)所示,由六个平衡方程求出内力如下:

$$\begin{cases}\sum x=0,(Q_x)_{BA}=0\\ \sum y=0,(Q_y)_{BA}=P\\ \sum z=0,N_{BA}=0\end{cases}\qquad\begin{cases}\sum M_x=0,(M_x)_{BA}=0\\ \sum M_y=0,(M_y)_{BA}=0\\ \sum M_z=0,(M_t)_{BA}=-Pl_2\end{cases}$$

再考虑 AB 杆的 A 端,隔离体如图 3-26(c)所示,由六个平衡方程求出内力如下:

$$\begin{cases}\sum x=0,(Q_x)_{AB}=0\\ \sum y=0,(Q_y)_{AB}=P\\ \sum z=0,N_{AB}=0\end{cases}\qquad\begin{cases}\sum M_x=0,(M_x)_{AB}=Pl_1(\text{上侧受拉})\\ \sum M_y=0,(M_y)_{AB}=0\\ \sum M_z=0,(M_t)_{AB}=-Pl_2\end{cases}$$

3) 作内力图(如图 3-27 所示)

图 3-27(a)所示为弯矩图,杆 AB 上为 M_x 图,杆 BC 上为 M_z 图。由于两杆均为上部纤维受拉,故图形画在上部。

图 3-27(b)所示为扭矩图。图中需注明正负号。

图 3-27(c)所示为剪力图。图中用箭头规定了杆轴线的正方向。由于各杆在正面上的剪力均指向下边,因而剪力图都画在杆件的下边。

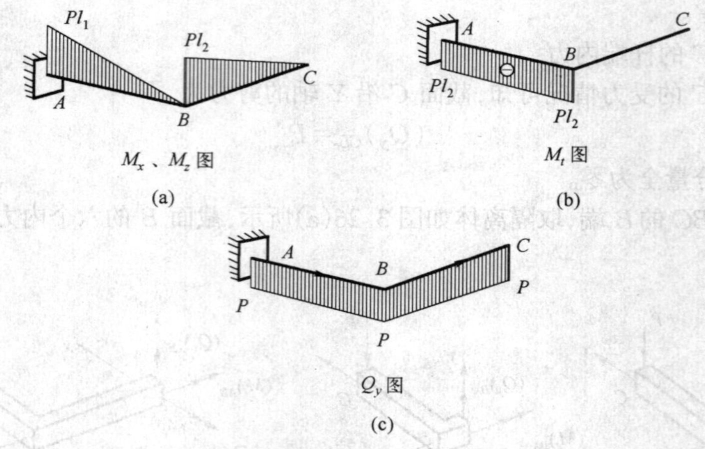

图 3-27 空间刚架的内力图
(a) 弯矩图;(b) 扭矩图;(c) 剪力图。

复习思考题

1. 什么是“拟简支梁区段叠加法”? 使用该法绘制直杆弯矩图时应该注意什么问题?

2. 试比较简支水平梁与斜梁的内力计算有什么相同之处? 有什么不同之处?

3. 区分多跨静定梁的基本部分与附属部分有什么作用? 确定某一部分为基础部分或者是附属部分与荷载有无关系?

4. 如何根据弯矩图来作剪力图? 又如何进而作出轴力图以及求出支座反力?

5. 图所示的多跨静定梁,今欲使 CD 跨中正弯矩与 B、E 两支座负弯矩绝对值相等,试确定铰 C、铰 D 的位置? (答案: $X=L/4$) 此多跨静定梁的弯矩图与多跨简支梁的弯矩图相比,哪一个更加合理? 为什么?

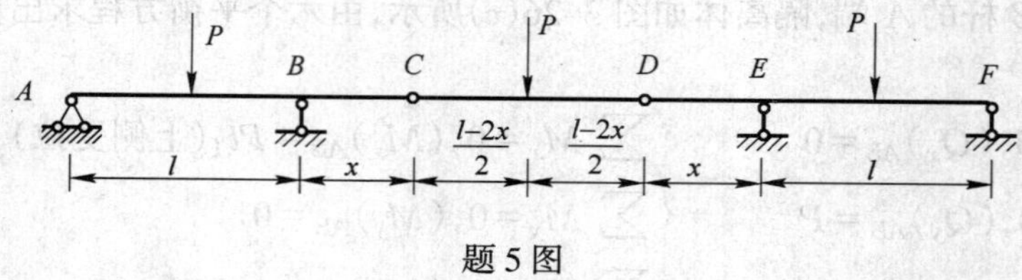

题 5 图

6. 如何利用几何组成分析结论计算支座(联系)反力?

7. 作平面刚架内力图的一般步骤是什么?

8. 当不求或者是少求支座反力而迅速作出弯矩图时,有哪些规律可以利用?

9. 静定结构内力图分布情况与杆件截面的几何性质和材料的物理性质是否有关系?

习 题

习题 3-1 试作出图示单跨静定梁的内力图。

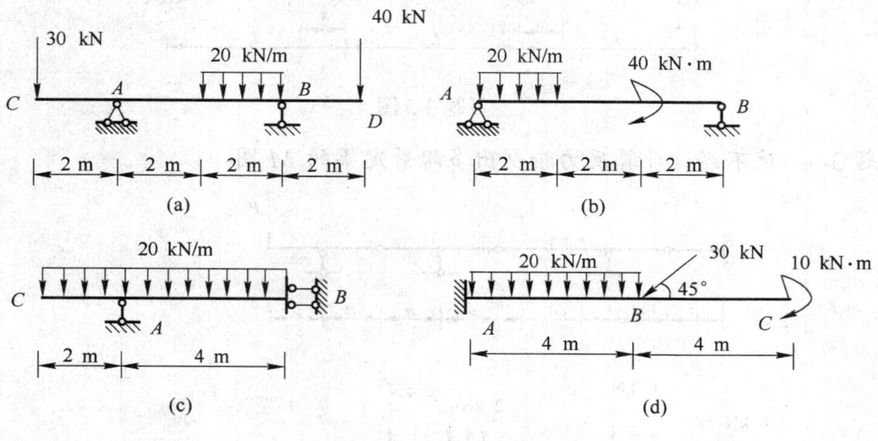

习题 3-1 图

习题 3-2 试作出图示斜梁的内力图。

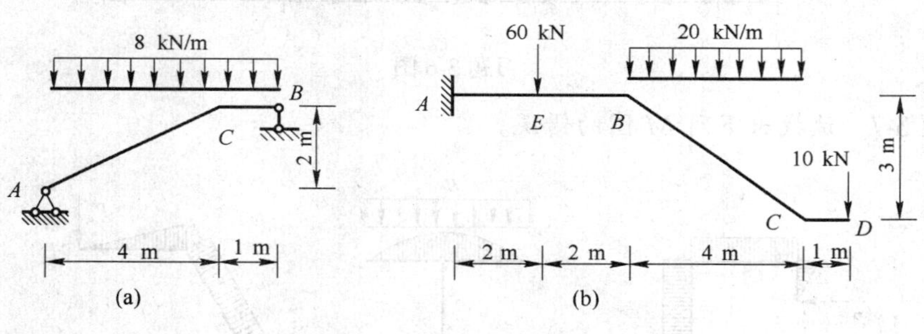

习题 3-2 图

习题 3-3 试作出多跨静定梁的 M 图和 Q 图。

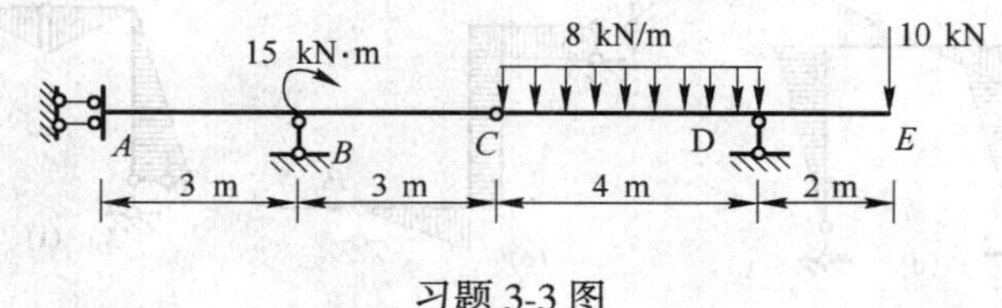

习题 3-3 图

习题 3-4 试作出多跨静定梁的 M 图。

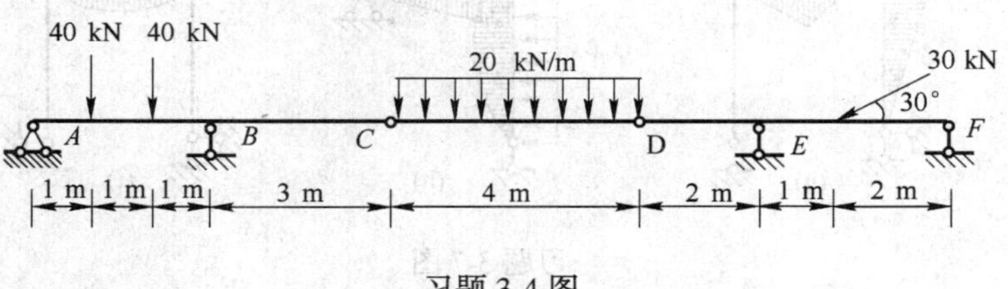

习题 3-4 图

习题 3-5　如图所示多跨静定梁，全长承受均布荷载 q，各跨长度均为 l，现欲使梁的最大正负弯矩的绝对值相等，试确定铰 B、铰 E 的位置。

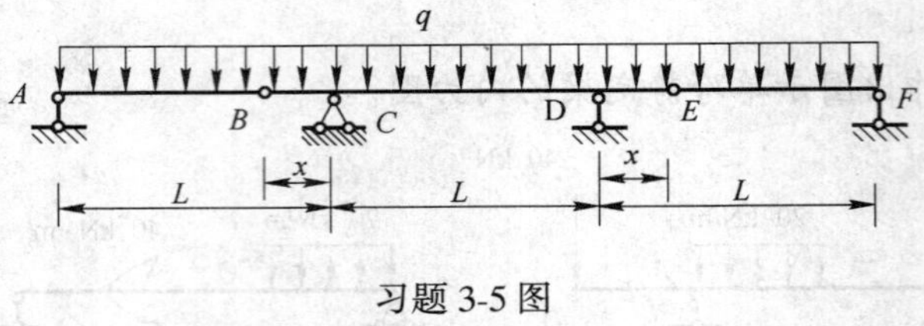

习题 3-5 图

习题 3-6　试不经过计算反力绘制出多跨静定梁的 M 图。

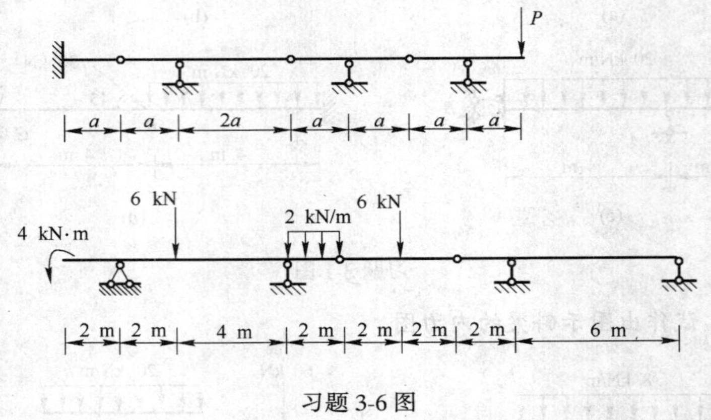

习题 3-6 图

习题 3-7　试找出下列 M 图的错误。

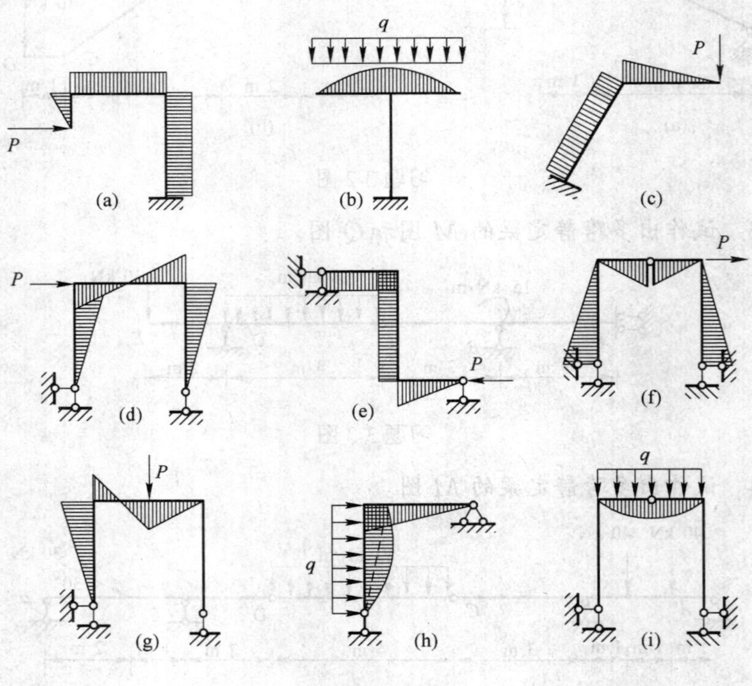

习题 3-7 图

习题 3-8　试作图示刚架的 M 图、Q 图、N 图。

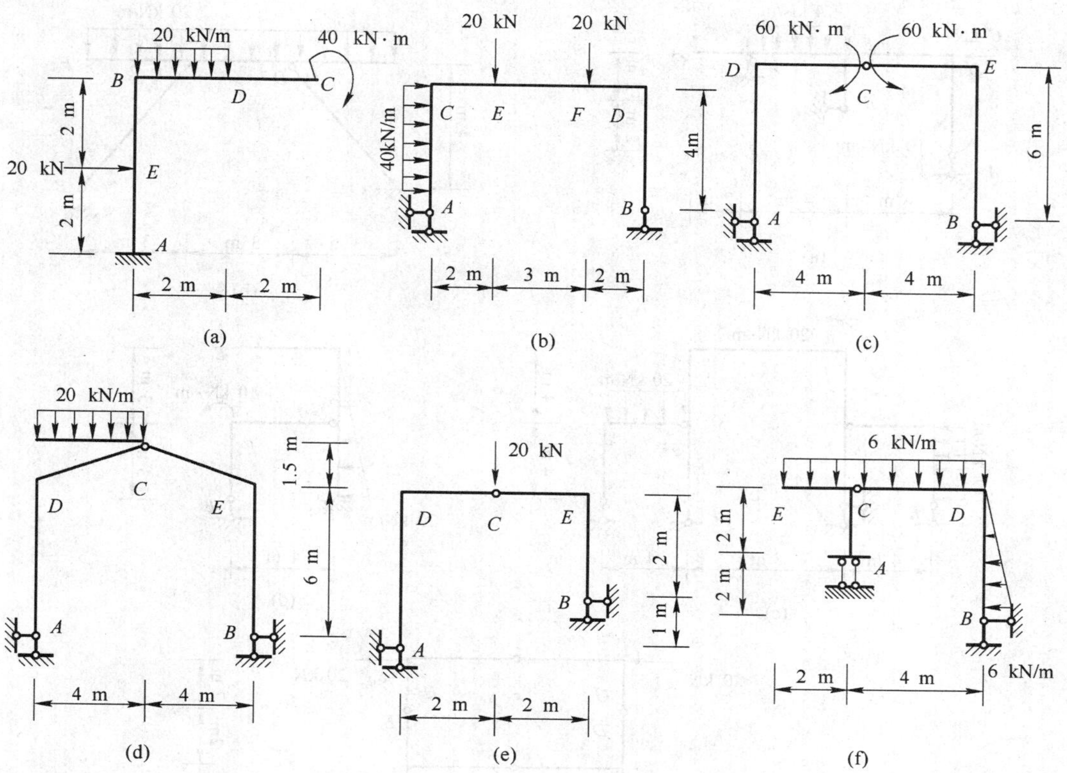

习题 3-8 图

习题 3-9　试不经计算快速作出图示刚架的 M 图。

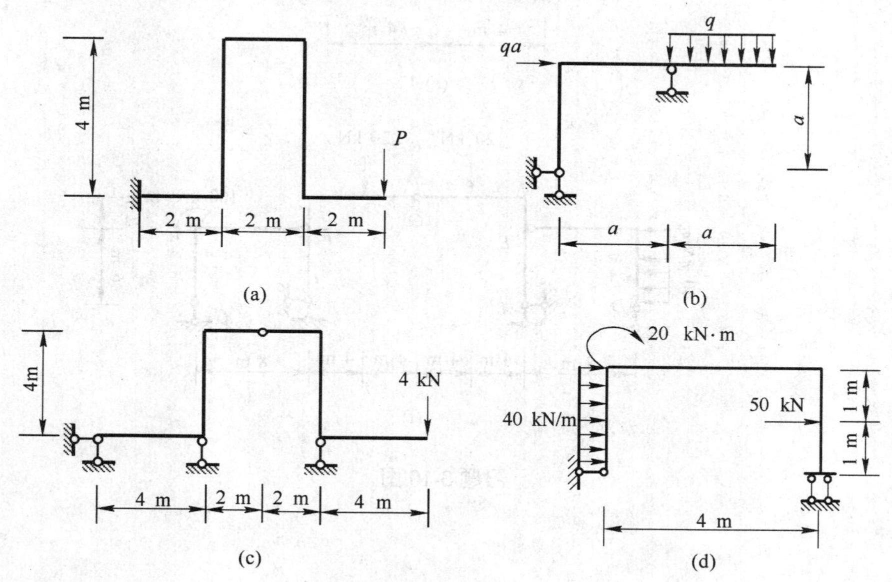

习题 3-9 图

习题 3-10　试作出图示结构的 M 图。

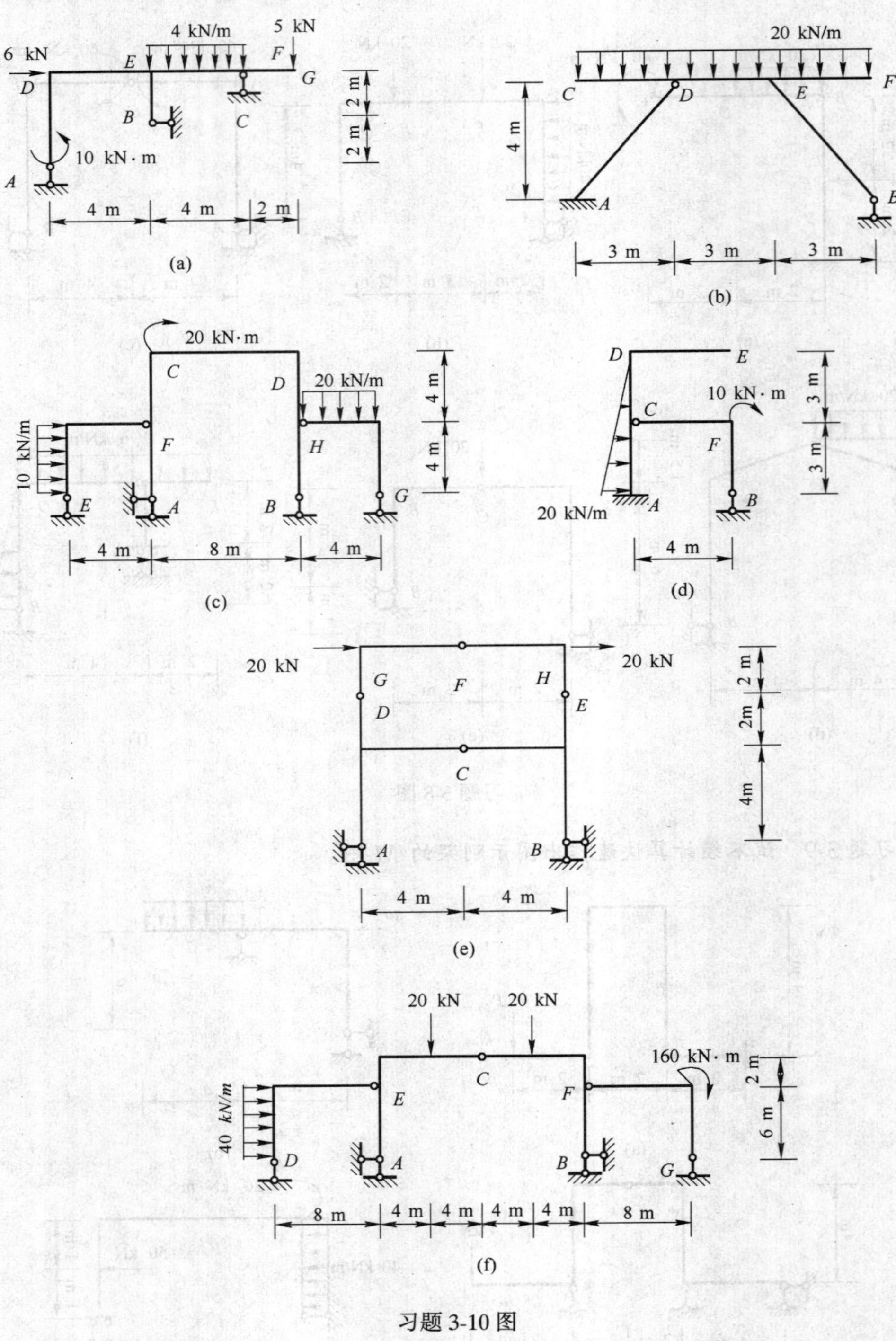

习题 3-10 图

习题 3-11　试作出图示刚架在空间受力状态下的内力图。

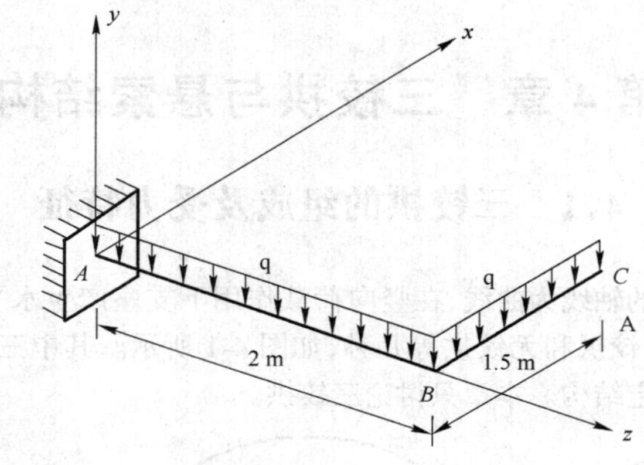

习题 3-11 图

习题答案

习题 3-1　(a) $V_A = 35$ kN(↑); $V_B = 75$ kN(↑)

(b) $V_A = 26.67$ kN(↑); $V_B = 13.33$ kN(↑)

(c) $V_A = 120$ kN (↑); $M_B = 120$ kN·m (下侧受拉)

(d) $M_A = -254.84$ kN·m(上侧受拉); $Q_A = 101.2$ kN

习题 3-2　(a) $M_C = 16$ kN·m(下侧受拉); $Q_{CA} = -10.75$ kN; $N_{CA} = 5.37$ kN

(b) $M_{BC} = 210$ kN·m(上侧受拉); $Q_{BC} = 72$ kN; $N_{BC} = 54$ kN;

习题 3-3　$M_A = 48$ kN·m(上侧受拉); $Q_{BC} = 11$ kN

习题 3-4　$M_B = -120$ kN·m(上侧受拉)

习题 3-5　$x = 0.1716\ l$

习题 3-8　(a) $M_{EB} = 80$ kN·m(外侧受拉); $Q_{EB} = 0$; $N_{EB} = -40$ kN;

(b) $M_{CA} = 320$ kN·m(内侧受拉); $Q_{CA} = 0$; $N_{CA} = 25.71$ kN

(c) $M_{DA} = 60$ kN·m(外侧受拉); $Q_{DA} = -10$ kN; $N_{DA} = 0$

(d) $M_{DA} = 64.02$ kN·m(外侧受拉); $Q_{DA} = -10.67$ kN; $N_{DA} = -60$ kN

(e) $M_{DA} = 24$ kN·m(外侧受拉); $Q_{DA} = -8$ kN; $N_{DA} = -12$ kN

(f) $M_{DB} = 16$ kN·m(外侧受拉); $Q_{DB} = 0$; $N_{DB} = -8$ kN

习题 3-10　(a) $M_{EB} = 12$ kN·m(右侧受拉); $Q_{EB} = 6$ kN; $N_{EB} = 0$

(b) $M_{EB} = 135$ kN·m(内侧受拉)

(c) $M_{CD} = 180$ kN·m(下侧受拉)

(d) $M_{AC} = 120$ kN·m(外侧受拉); $Q_{AC} = 60$ kN; $N_{AC} = 2.5$ kN

(e) $H_D = 20$ kN(←); $V_D = 10$ kN(↓); $M_{GD} = 40$ kN·m(内侧受拉)

(f) $M_{EA} = 840$ kN·m(内侧受拉); $Q_{EA} = 140$ kN

第 4 章　三铰拱与悬索结构

4.1　三铰拱的组成及受力特征

拱式结构系指杆的轴线为曲线，在竖向荷载作用下支座产生水平反力的结构。拱式结构形式有三铰拱、两铰拱和无铰拱等几种，如图 4-1 所示。其中三铰拱为静定结构，两铰拱及无铰拱为超静定结构。本章只讨论三铰拱。

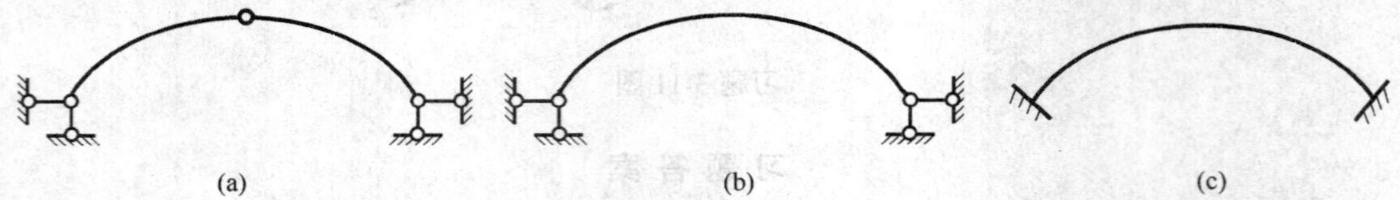

图 4-1　拱的结构形式计算

(a) 三铰拱；(b) 两铰拱；(c) 无铰拱。

拱式结构与梁式结构的区别，不仅在于外形不同，更重要的是在于水平反力的是否存在。因此，在竖向荷载作用下水平反力的存在是拱区别于梁的一个重要标志。水平反力通常称为水平推力（简称推力），所以也把拱结构称为推力结构。如图 4-2(a)所示的三铰拱结构，在竖向荷载作用下不仅有竖向反力 V_A、V_B，而且有水平反力 H_A、H_B。图 4-2(b)为曲梁结构，在竖向荷载作用下水平反力为零，这是曲梁与拱的不同之处。由于水平反力的作用，使拱的弯矩比承受同样荷载且具有同样跨度曲梁的弯矩小。拱的优点是自重轻，用料省，故可跨越较大的空间。同时拱主要承受压力，因此可以采用抗拉性能弱而抗压性能强的材料，如砖、石、混凝土等，但拱的构造比较复杂，施工费用高，且由于推力的作用需要有坚固的基础。

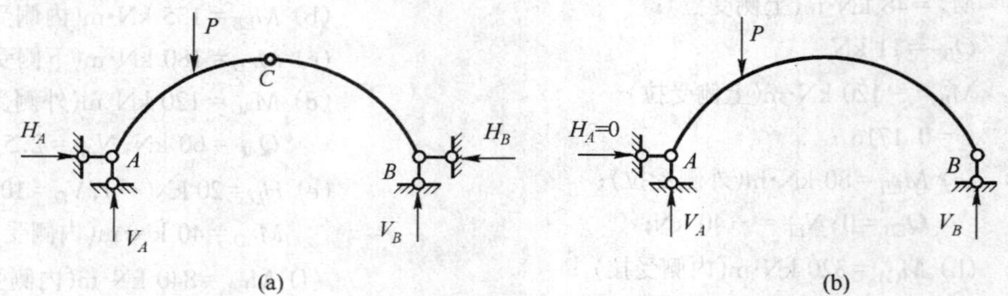

图 4-2　拱与曲梁的受力分析

(a) 拱结构；(b) 曲梁结构。

拱式结构的各部分名称如图 4-3 所示。拱的外轮廓线称为外缘，内轮廓线称为内缘。拱轴中间最高点称为拱顶，三铰拱的拱顶通常是布置中间铰的地方。拱的两端与支座联结处称为拱趾，两拱趾的水平距离 l 称为跨度。由拱顶到拱趾连线的竖向距离 f 称为拱高或矢高。拱高与跨度之比 f/l 称为高跨比。拱的主要性能与拱的高跨比有关，在工程中 f/l 值通常在 1～1.0 之间。拱的轴线常用抛物线和圆弧，有时也会采用悬链线。

三铰拱是一种静定拱式结构，在桥梁和屋盖中都得到应用。为了克服水平推力对支承结构（如墙、柱）的影响，常常在三铰拱支座间联结水平拉杆并将一固定铰支座设为可动铰支座，如图 4-4 所示。拉杆内所产生的拉力代替了支座的推力，支座在竖向荷载的作用下只产生竖向反力。由于这种结构的内部受力情况与一般的拱并无区别，故称为带拉杆的三铰拱。图 4-5 所示为工程中使用的装配式钢筋混凝土三铰拱。

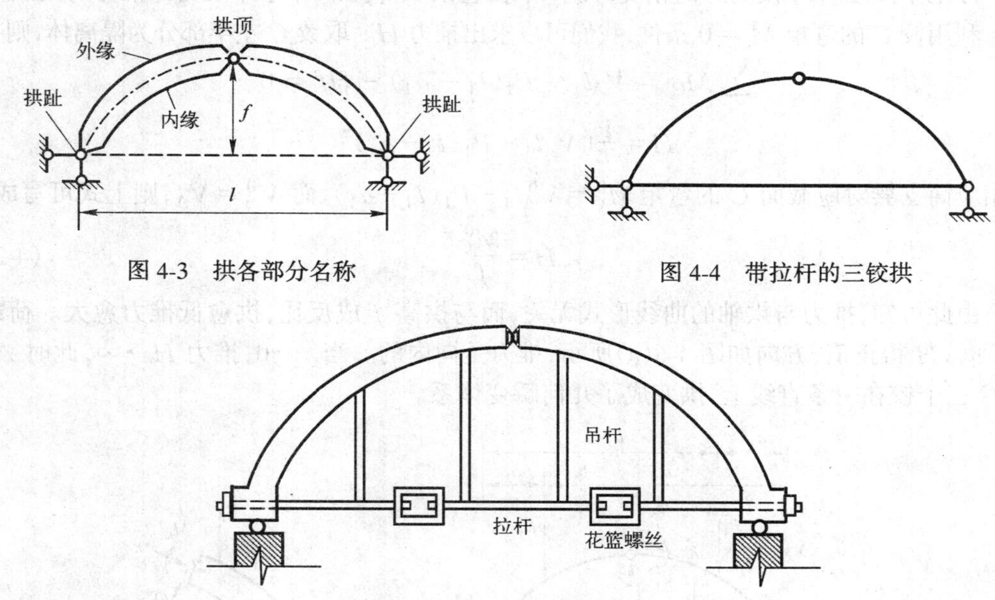

图 4-3　拱各部分名称

图 4-4　带拉杆的三铰拱

图 4-5　具有拉杆的装配式钢筋混凝土三铰拱示意图

4.2　三铰拱的内力计算

下面我们以图 4-6(a)所示的两拱趾在同一水平线上的三铰拱为例，讨论在竖向荷载作用下三铰拱的支座反力和内力的计算方法。并将拱与承受同样荷载且具有相同跨度的梁加以比较，用以说明拱的受力特性。

一、支座反力计算

三铰拱有四个支座反力 V_A、H_A、V_B、H_B，如图 4-6(a)所示，求解时需要四个方程。拱的整体有三个平衡方程，此外可利用铰 C 处弯矩为零的条件建立第四个静力平衡方程。四个方程解四个未知反力，所以三铰拱是静定结构。考虑拱的整体平衡，由 $\Sigma M_B=0$ 和 $\Sigma M_A=0$，可求出拱的竖向反力

$$V_A=\frac{1}{l}(P_1b_1+P_2b_2)$$

$$V_B=\frac{1}{l}(P_1a_1+P_2a_2)$$

为了便于比较，我们在图 4-6(b)中画出一个简支梁，跨度和荷载都与三铰拱相同。因为荷载是竖向的，梁没有水平反力，只有竖向反力 V_A^0 和 V_B^0。简支梁的竖向反力 V_A^0 和 V_B^0 同样可分别由平衡方程 $\Sigma M_B=0$ 和 $\Sigma M_A=0$ 求出，且和拱的竖向反力完全相同。即

$$V_A = V_A^0$$
$$V_B = V_B^0 \tag{4-1}$$

由拱的整体平衡方程 $\Sigma X = 0$,得

$$H_A = H_B = H$$

A、B 两点的水平反力方向相反,大小相等,且以 H 表示两个水平反力即推力的大小。

利用铰 C 的弯矩 $M_C = 0$ 条件,我们可以求出推力 H。取铰 C 左半部分为隔离体,则有

$$\sum M_C = V_A l_1 - P_1(l_1 - a_1) - Hf = 0$$

即

$$H = \frac{1}{f}[V_A l_1 - P_1(l_1 - a_1)]$$

而相应简支梁对应截面 C 的弯矩 $M_C^0 = V_A^0 l_1 - P_1(l_1 - a_1)$,而 $V_A^0 = V_A$,则上式可写成

$$H = \frac{M_C^0}{f} \tag{4-2}$$

由此可知,推力与拱轴的曲线形式无关,而与拱高 f 成反比,拱愈低推力愈大。荷载向下时,H 得正值,方向如图 4-6(a)所示,推力是向内的。当 $f \to 0$,推力 $H \to \infty$,此时 A、B、C 三个铰在一条直线上,拱变成了几何瞬变体系。

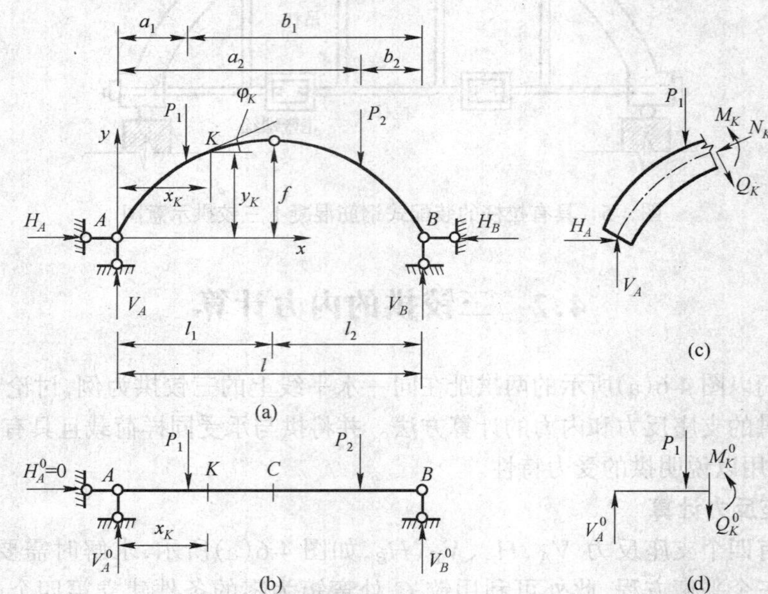

图 4-6 三铰拱与简支梁计算简图及隔离体图

(a) 三铰拱计算简图;(b) 简支梁计算简图;(c) 拱的隔离体图;(d) 梁的隔离体图。

二、内力计算

取与拱轴线的切线成正交的任一横截面 K(图 4-6(a)),且设该截面形心坐标为(x_K, y_K),截面处拱轴切线与 x 轴的夹角 φ_K。在图示坐标系中,规定 φ_K 在左半拱为正,右半拱为负。取截面 K 左部分为隔离体,该截面的内力为弯矩 M_K、剪力 Q_K、轴力 N_K(图 4-6(c)),且规定弯矩以拱的内侧纤维受拉为正,剪力使截面两侧的隔离体有顺时针转动趋势时为正,轴力以压力为正,如图所示。在计算中,我们利用简支梁相应截面 K 的弯矩 M_K^0 和剪力 Q_K^0(图 4-6(d))进行对比。

1. 弯矩的计算

由如图 4-6(c)所示的拱的隔离体平衡,利用弯矩计算法则,得

$$M_K = [V_A x_K - P(x_K - a_1)] - H y_K$$

相应的简支梁 K 截面处的弯矩为

$$M_K^0 = V_A^0 x_K - P(x_K - a_1)$$

代入上式得

$$M_K = M_K^0 - H y_K \tag{4-3}$$

从式(4-3)可知,由于水平推力的存在,使拱的截面的弯矩小于相应简支梁截面的弯矩。

2. 剪力的计算

三铰拱任一截面 K 的剪力等于该截面一侧所有外力在该截面切线方向上的投影代数和。由图 4-6(c)知

$$Q_K = V_A\cos\varphi_K - P_1\cos\varphi_K - H\sin\varphi_K = (V_A - P_1)\cos\varphi_K - H\sin\varphi_K$$

而相应简支梁对应截面的剪力为

$$Q_K^0 = V_A^0 - P_1 = V_A - P_1$$

代入上式得

$$Q_K = Q_K^0\cos\varphi_K - H\sin\varphi_K \tag{4-4}$$

3. 轴力的计算

同理,三铰拱任一截面 K 的轴力等于该截面一侧所有外力在该截面法线(或轴线切线)方向上的投影代数和。由于拱主要承受压力,故规定拱的轴力以压力为正,反之为负。由图 4-6(c)得

$$N_K = V_A\sin\varphi_K - P_1\sin\varphi_K + H\cos\varphi_K = (V_A - P_1)\sin\varphi_K + H\cos\varphi_K$$

即

$$N_K = Q_K^0\sin\varphi_K + H\cos\varphi_K \tag{4-5}$$

利用式(4-3)、式(4-4)、式(4-5)可计算三铰拱中任一截面上的内力。对于拱的内力图可给出若干截面的位置,分别求出各截面的内力,然后在水平基线标出各截面内力值,用曲线连接各点,标出正负即得内力图。

从以上分析可知拱的受力特点如下。

(1) 在竖向荷载作用下,拱存在水平反力,即推力。

(2) 由于推力的存在,三铰拱截面上的弯矩比相应简支梁的弯矩小。弯矩的降低,使拱能更充分地发挥材料的作用。

(3) 在竖向荷载作用下,拱的截面上存在着较大轴力,且一般为压力。因而拱便于利用抗压性能好而抗拉性能差的材料,如砖、石、混凝土等。由于推力的出现,三铰洪的基础比梁的基础要大。因此,用拱作屋顶时,都使用有拉杆的三铰拱,以减少对墙(或柱)的推力。

例 4-1 试作如图 4-7(a)所示三铰拱的内力图。拱轴为一抛物线,坐标原点取 A 支座,其方程为 $y=\dfrac{4f}{l^2}(l-x)x$。

解: 计算支座反力

由式(4-1)、式(4-2)可得

$$V_A = V_A^0 = \frac{20\times6\times9+100\times3}{12} = 115(\text{kN})$$

$$V_B = V_B^0 = \frac{20\times6\times3+100\times9}{12} = 105(\text{kN})$$

$$H = \frac{M_C^0}{f} = \frac{105\times6-100\times3}{4} = 82.5(\text{kN})$$

由于拱的内力方程比较复杂,直接按方程作图非常困难。一般作法是将拱跨等分若干等分,按式(4-3)、式(4-4)及式(4-5)计算各等分点对应的拱轴截面上的的内力,然后用描点的方法画出这些内力值,再连以曲线即得所求的内力图。对于本题我们将拱跨分成八等分,分别计算出各等分点处截面上的内力值,并根据这些数值作出内力图。

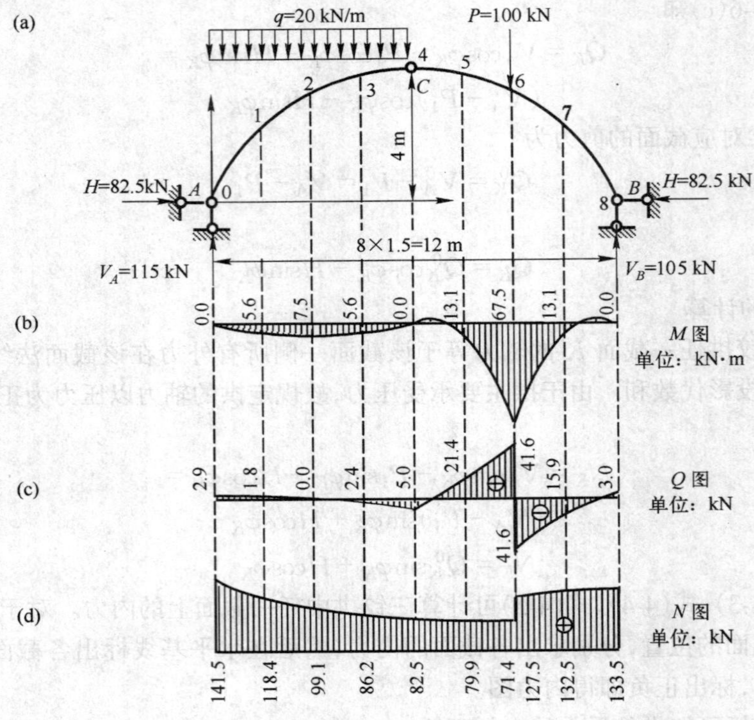

图 4-7 三铰拱的内力图

(a) 三铰拱计算简图;(b) 弯矩图;(c) 剪力图;(d) 轴力图。

为了说明计算方法,现取距 A 支座 3 m 处的截面 2 为例。此时,$x_2 = 3$ m,由拱轴方程可得

$$y_2 = \frac{4f}{l^2}(l-x_2)x_2 = \frac{4\times4}{12^2}(12-3)\times3 = 3(\text{m})$$

$$\tan\varphi_2 = \frac{\mathrm{d}y}{\mathrm{d}x}\bigg|_{x_2} = \frac{4f}{l}\left(1-\frac{2x_2}{l}\right) = \frac{4\times4}{12}\left(1-\frac{2\times3}{12}\right) = 0.66$$

$$\varphi_2 = 33°42', \quad \sin\varphi_2 = 0.555, \quad \cos\varphi_2 = 0.832$$

根据式(4-3)、式(4-4)及式(4-5)计算出

$$M_2 = M_2^0 - Hy_2 = 115\times 3 - \frac{1}{2}\times 20\times 3^2 - 82.2\times 3 = 7.5\ \text{kN·m}$$
$$Q_2 = Q_2^0\cos\varphi_2 - H\sin\varphi_2 = (115-20\times 3)0.832 - 82.5\times 0.555 = 0$$
$$N_2 = N_2^0\sin\varphi_2 + H\cos\varphi_2 = (115-20\times 3)0.555 + 82.5\times 0.832 = 99.1\ \text{kN}$$

其他截面的内力计算同上。对于 6 截面由于集中力作用在该处，相应简支梁在该处剪力图发生突变，其值为集中力数值。同样，拱的剪力图及轴力图在该处均发生突变。所以需要分别计算 6 截面以左和以右截面上的剪力和轴力。各等分点处截面上的内力计算结果列于表 4-1 中。根据表中的数值作出的 M 图、Q 图、N 图如图 4-6(b)、(c)、(d)所示。

表 4-1　三铰拱的内力计算

拱轴分点	横坐标值	纵坐标值	$\tan\varphi$	$\sin\varphi$	$\cos\varphi$	Q^0	M/kN·m			Q/kN			N/kN		
							M^0	$-Hy$	M	$Q^0\cos\varphi$	$-H\sin\varphi$	Q	$Q^0\sin\varphi$	$H\cos\varphi$	N
0	0.0	0.0	1.333	0.80	0.60	115	0.0	0.0	0.0	68.9	−66.0	2.9	92.0	49.5	141.5
1	1.5	1.75	1.00	0.707	0.707	85	150.0	−144.0	5.6	60.1	−58.3	1.8	60.1	58.3	118.4
2	3.0	3.0	0.667	0.555	0.832	55	255.0	−247.5	7.5	45.8	−45.8	0.0	30.5	68.6	99.1
3	4.5	3.75	0.333	0.316	0.948	25	315.0	−309.4	5.6	23.4	−26.1	−2.4	7.9	78.3	86.2
4	6.0	4.0	0.0	0.00	1.00	−5	333.0	−330.0	0.0	−5	0.0	−5	0.0	82.5	82.5
5	7.5	3.75	−0.333	−0.316	0.948	−5	322.5	−309.4	13.1	−4.7	26.1	21.4	1.6	78.3	79.9
6左 6右	9.0	3.0	−0.667	−0.555	0.832	−5 −105	315.0	−247.5	67.5	−4.2 −87.4	45.8	41.6 −41.6	2.8 58.4	68.6	71.4 127.0
7	10.5	1.75	−1.00	−0.707	0.707	−105	157.5	−144.0	13.1	−74.2	58.3	−15.9	74.2	58.3	132.5
8	12.0	0.0	−1.333	−0.80	0.60	−105	0.0	0.0	0.0	−63.0	66.0	3.0	84.0	49.5	133.5

对于两铰趾不在同一水平线上的斜拱，其支座反力的计算不能直接应用式(4-1)和式(4-2)，必须利用整体平衡方程及左半拱或右半拱为隔离体的平衡方程联立求解，如图 4-8 所示。内力的计算方法的推导与前面推导相同，这里不再叙述。

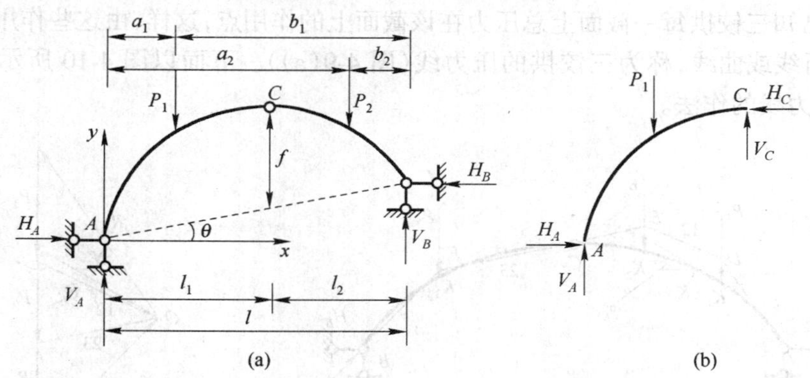

图 4-8　三铰斜拱计算简图及左半拱隔离体图

(a) 三铰斜拱计算简图；(b) 左半拱的隔离体图。

至于带拉杆的三铰拱，其支座反力只有三个，与对应的简支梁的反力完全相同，易于求得。然后截断拉杆拆开顶铰，取左半拱(或右半拱)为隔离体由 $\Sigma M_C = 0$ 即可求出拉杆内力。

4.3 三铰拱的合理拱轴

一、三铰拱的压力线

一般情况下,在荷载作用下,三铰拱任一截面 K 上存在 M_K、Q_K、N_K 三个内力分量,由力的合成定理,可知它们可合成一个合力 R_K,如图 4-9(b)所示。如果合力的作用点 O 取在截面(或截面的延伸面)上,则 O 点到截面形心距离 $e_O = M/N$。由于拱截面上的轴力多为压力,故此合力 R 常称为截面上的总压力。截面的合力可由该截面以左(或以右)的隔离体平衡来确定,等于一侧所有外力的合力。当 R_K 已经确定,则可由此合力确定该截面的弯矩、剪力、轴力:

$$M_K = R_K r_K$$

$$Q_K = R_K \sin\alpha_K$$

$$N_K = R_K \cos\alpha_K$$

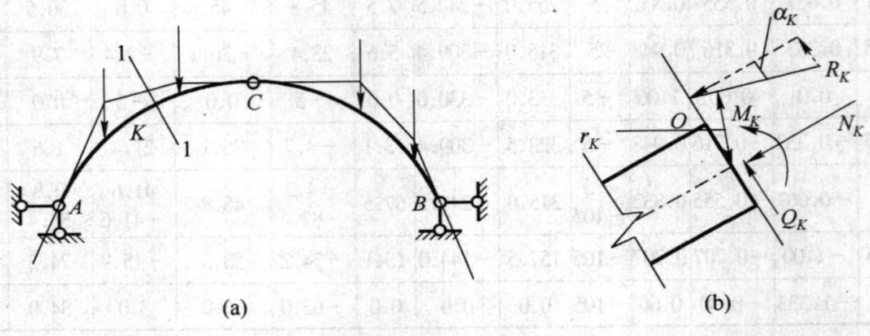

图 4-9 三铰拱的压力线和 K 截面内力与合力的示意图

(a) 三铰拱的压力线;(b) K 截面内力与合力。

式中,r_K 是由截面形心到合力 R_K 的垂直距离;α 为合力 R_K 与 K 截面拱轴切线的夹角。

如果已知三铰拱每一截面上总压力在该截面上的作用点,这样,由这些作用点连接而成的一条折线或曲线,称为三铰拱的压力线(图 4-9(a))。下面以图 4-10 所示三铰拱为例,说明压力线的作法。

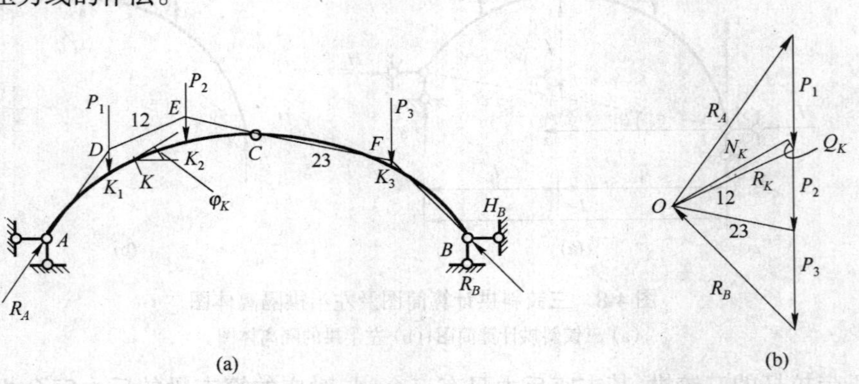

图 4-10 三铰拱的压力线作图方法

(a) 三铰拱的压力线——索多边形;(b) 力的多边形。

1．确定各截面合力的大小和方向

首先用数解法求出支座 A、B 的水平及竖向反力 H_A、V_A 及 H_B、V_B，并求出其合力 R_A 和 R_B。考虑三铰拱的整体平衡，由图解法的静力平衡条件可知，作用在结构上的所有反力 R_A、R_B 及荷载 P_1、P_2、P_3 必组成一闭合的力的多边形。现选定适当的比例尺，按 R_A、P_1、P_2、P_3、R_B 的顺序作力多边形。以 R_A、R_B 的交点 O 为极点，画出射线 12 和 23（由极点至力多边形顶点的连线称为射线）。则 R_A、R_B 及每一射线代表某一截面左边（或右边）所有外力的合力的大小和方向。例如，在拱的 AK_1 段中，任一截面左边只有一个外力 R_A，因此，射线 R_A 表示 AK_1 段中任一截面左边外力的合力（K_1、K_2、K_3 表示荷载 P_1、P_2、P_3 作用点的位置）。又如射线 12 表示 K_1K_2 段中任一截面左边所有外力 R_A 与 P_1 的合力，同时也代表该截面右边所有外力 P_2、P_3、R_B 的合力。总之，四个射线 R_A、12、23、R_B 分别表示 AK_1、K_1K_2、K_2K_3、K_3B 四段中任一截面所受的合力，即截面左边（或右边）所有外力的合力。显然，射线只表示合力的大小和方向，并不表示合力的作用线。如果我们再确定出该合力在三铰拱位置图上的作用线，便不难计算出内力。

2．确定各截面合力的作用线

由图 4-9(b)已经知道四个合力 R_A、12、23、R_B 的方向，如果再分别确定一个作用点，则每个合力的作用线就确定了。现参照图 4-9 说明作法如下。

首先，因为 R_A 通过支座 A，故由 A 点出发，作出力多边形图上 R_A 的平行线即为 R_A 的作用线；R_A 与 P_1 的作用线交于 D 点，从 D 点作 12 射线的平行线即为合力 12（R_A 与 P_1 的合力）的作用线。依此类推，合力 12 作用线与 P_2 交于 E 点，自 E 点作 23 射线的平行线即为合力 23 的作用线。最后，合力 23 的作用线与 P_3 交于 F 点，过此点作 R_B 的平行线，就是 R_B 的作用线。因铰 C 和铰支座 B 处，弯矩为零，在上述作图过程中，合力 23 的作用线应通过铰 C，R_B 的作用线应通过铰 B，这一点可以作为校核，用以检验作图是否准确。

以上各条作用线组成了一个多边形 $ADEFB$，称之为索多边形，其中每个边称为索线。索多边形的每一边，代表它以左（或以右）所有外力的合力的作用线，因此，索多边形又叫做合力多边形。又因以上各合力在拱的各个相应区段中所产生的轴力为压力，故也称为压力多边形或压力线，当拱上承受分布荷载时，可将分布荷载分段，每段范围内的均布荷载合成为一集中荷载。当然分段愈多，愈接近于实际情况。极限情形下，在分布荷载作用范围内的压力线即成为曲线。

有了压力线即可确定任一截面的内力。以截面 K 为例，截面左侧外力合力 R_K 的作用线由索多边形中 12 线表示，它的大小和方向由射线 12 确定；为求得截面 K 的剪力和轴力，可通过 K 点作拱轴的法线和切线，再将 12 射线沿 K 截面的法线和切线方向分解为两个分力，即得剪力 Q_K 和轴力 N_K（图 4-9）。截面 K 的弯矩等于合力 R_K 对截面形心 K 的力矩即 $M_K = R_K r_K$，r_K 为 K 点到索线 12 的垂直距离。

压力线在砖石及混凝土拱的设计中是很重要的概念。由于这些材料的抗拉强度低，通常要求截面上不出现拉应力，因此压力线不应超出截面的核心。如拱的截面为矩形，其截面核心高度为截面高度的三分之一，故压力线不应超出截面三等分后中段范围。

二、合理拱轴的概念

由上面分析可知，如果压力线与拱的轴线重合，则各截面形心到合力作用线的距离为零。因此,各截面的弯矩及剪力均为零,截面上只有轴力,拱处于均匀受压状态,这时材料的使用是最经济的。在固定荷载作用下使拱处于无弯矩状态的轴线称做合理拱轴线。

根据式(4-3)

$$M_K = M_K^0 - Hy_K$$

当拱轴为合理拱轴时,按定义有

$$M = M^0 - Hy = 0$$

由此得

$$y = \frac{M^0}{H} \tag{4-6}$$

式(4-6)表明,在竖向荷裁作用下,三铰拱的合理拱轴的竖标 y 与简支梁的弯矩成正比。当拱上所受荷载已知时,只需求出相应简支梁的弯矩方程,除以 H,即可得到三铰拱的合理拱轴的轴线方程。

例 4-2 试求如图 4-11 所示对称三铰拱在竖向荷载 q 作用下的合理拱轴。

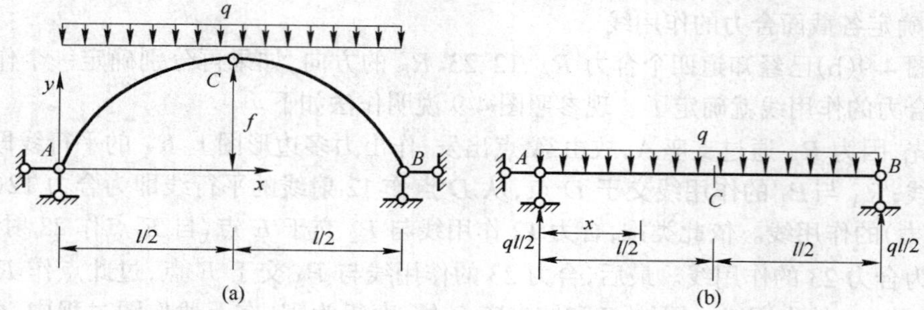

图 4-11 三铰拱与相应简支梁计算简图

(a) 三铰拱计算简图;(b) 相应简支梁计算简图。

解: 作出相应简支梁如图 4-11(b)所示,其弯矩方程为

$$M^0 = \frac{1}{2}qlx - \frac{1}{2}qx^2 = \frac{1}{2}qx(l-x)$$

由式(4-3)求出推力 H 为

$$H = \frac{M_C^0}{f} = \frac{ql^2}{8f}$$

则由式(4-6)得出该三铰拱的合理拱轴的轴线方程为

$$y = \frac{\frac{1}{2}qx(l-x)}{\frac{ql^2}{8f}} = \frac{4f}{l^2}(l-x)x$$

由此可知,在竖向均布荷载作用下,三铰拱的合理拱轴的轴线是一抛物线。

例 4-3 设在三铰拱的上面填土,填土表面为一水平面,试求在填土重力作用下三铰拱的合理拱轴。设填土的容重为 γ,拱所受的竖向分布荷载为 $q = q_C + \gamma y$,如图 4-12 所示。

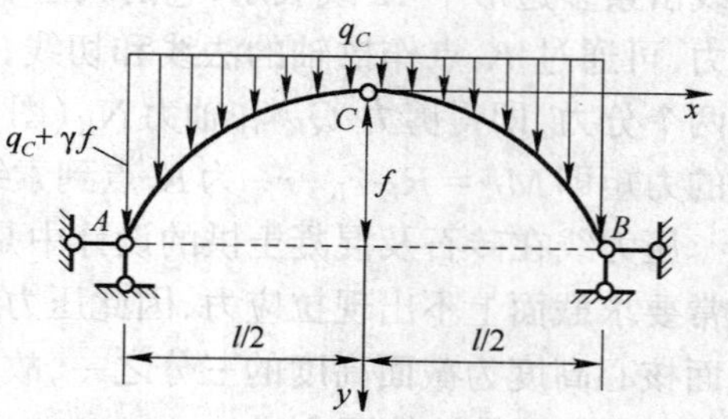

图 4-12 填土重量作用下的三铰拱

解: 本题由于荷载集度 q 随拱轴线纵坐标而变,而 y 尚属未知,故相应简支梁的弯矩方程亦无法事先写出,因而不能由式(4-6)直接求出该三铰拱的合理拱轴的轴线方程。为此,将式(4-6)对 x 微分两次,得

$$-\frac{d^2 y}{dx^2}=\frac{1}{H}\frac{d^2 M_0}{dx^2}$$

注意到 q 向下为正,与 M^0 规定的方向一致,故

$$\frac{d^2 M^0}{dx^2}=q$$

所以
$$\frac{d^2 y}{dx^2}=\frac{q}{H}$$

这就是在竖向分布荷载作用下拱合理拱轴的轴线的微分方程。将 $q=q_C+\gamma y$ 代入上式,则有

$$\frac{d^2 y}{dx^2}-\frac{\gamma}{H}y=\frac{q_C}{H}$$

该微分方程的解答可用双曲函数表示:

$$y=A\operatorname{ch}\sqrt{\frac{\gamma}{H}}x+B\operatorname{sh}\sqrt{\frac{\gamma}{H}}x-\frac{q_C}{\gamma}$$

式中两个常数 A 和 B 可由边界条件确定如下:

在 $x=0$ 处, $y=0$,得 $\qquad A=\frac{q_C}{\gamma}$

在 $x=0$ 处, $\frac{dy}{dx}=0$,得 $\qquad B=0$

代入后有

$$y=\frac{q_C}{\gamma}\left(\operatorname{ch}\sqrt{\frac{\gamma}{H}}x-1\right)$$

上式表明:在填土重力作用下,三铰拱的合理拱轴的轴线为一悬链线。

在实际工程中,同一结构往往要受到各种不同荷载的作用,而对应不同的荷载就有不同的合理轴线。因此根据某一固定荷载所确定的合理轴线并不能保证拱在各种荷载作用下都处于无弯矩状态。在设计中应当尽可能地使拱的受力状态接近无弯矩状态。通常是以主要荷载作用下的合理轴线作为拱的轴线。这样,在一般荷载作用下拱产生弯矩不会太大。

*4.4 悬 索

悬索结构是柔性的,一般是不能抵抗弯矩。因此可认为索的任一点处弯矩为零,所以对索进行分析时,只需要由静力学平衡方程即可解决。

首先,我们考虑一条承受一系列集中荷载的索,如图 4-13 所示。索的自重假定可以忽略不计, A、B 两处的反力的水平和竖向分量以图中所示方向为正。由平衡方程 $\Sigma X=0$ 及整体结构的平衡方程 $\Sigma X=0$。我们发现,在竖向荷载情况下

$$H_A=H_B=H$$

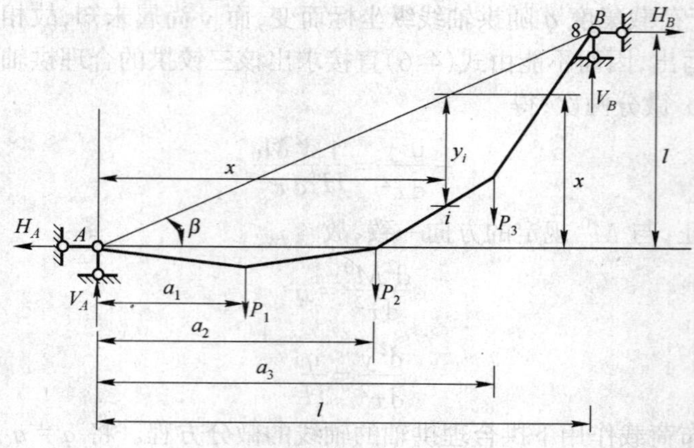

图 4-13　悬索计算简图

其中，H 表示索内力的水平分量，是一常数。

由整体平衡方程 $\Sigma M_B=0$，即

$$Hl\tan\beta+V_A l-P_1(l-a_1)-P_2(l-a_2)-P_3(l-a_3)=0$$

$$V_A=\frac{P_1(l-a_1)+P_2(l-a_2)+P_3(l-a_3)}{l}-H\tan\beta \tag{4-7}$$

若再取悬索上某点，例如图 4-13 中的 i 点，则该点以左所有的力对该点的力矩之和等于零，即

$$H(x\tan\beta-y_i)+V_A x-P_1(x-a_1)-P_2(x-a_2)=0$$

式中，x 是描写 i 点的位置值；y_i 从是从 i 点到联结索的 A、B 两个支点的直线（称为索之弦）的竖向距离。令 $M_P=P_1(x-a_1)+P_2(x-a_2)$，并将式(4-7)代入可得

$$H(x\tan\beta-y_i)+\frac{x}{l}\sum_{j=1}^{3}P_j(l-a_j)-Hx\tan\beta-M_P=0$$

整理得

$$Hy_i=\frac{x}{l}\sum_{j=1}^{3}P_j(l-a_j)-M_P \tag{4-8}$$

现考虑相应简支梁，即把同一组荷载作用在一根有相同跨度 l 的简支梁上，如图 4-14 所示。由整体平衡方程 $\Sigma M_B=0$，得

$$V_A^0=\frac{1}{l}[P_1(l-a_1)+P_2(l-a_2)+P_3(l-a_3)]=\frac{1}{l}\sum_{j=1}^{3}P_j(l-a_j)$$

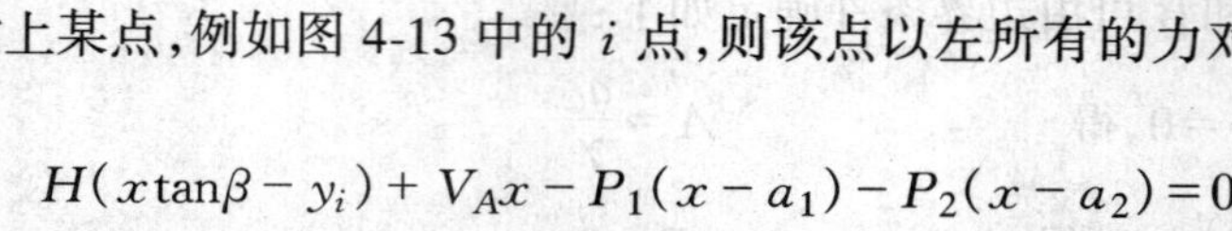

图 4-14　与悬索相应的简支梁计算简图

与 i 点对应简支梁截面的弯矩为

$$M_i^0=V_A^0x-P_1(x-a_1)-P_2(x-a_2)=\frac{x}{l}\sum P_j(l-a_j)-M_P$$

即
$$M_i^0 = \frac{x}{l}\sum P_j(l - a_j) - M_P$$

比较式(4-8)与上式,可知

$$Hy_i = M_i^0 \tag{4-9}$$

由此说明:一承受竖向荷载的悬索,其内力的水平分量与其上任一点到索之弦的竖向距离的乘积,等于相应的简支梁在该点的弯矩。下面将在例题中叙述悬索具体的计算方法。

例 4-4 对于图 4-15(a)所示的承受竖向荷裁的悬索结构,试求其 A 点的支座反力,索 AD 内的最大拉力及索 DE 内的拉力,并求距离 d_C。

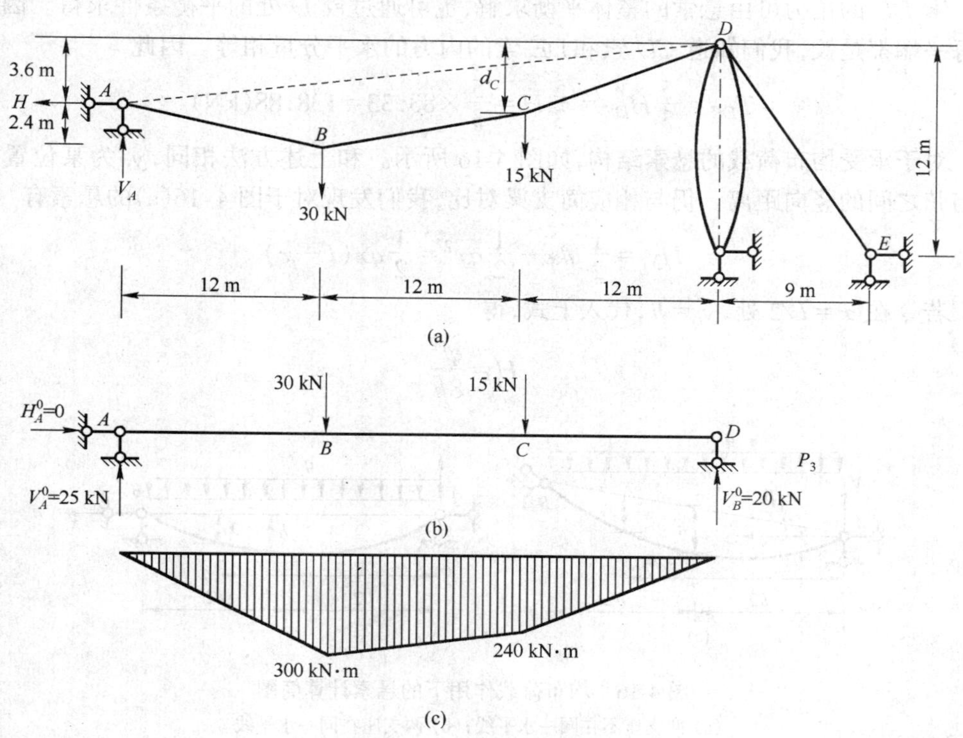

图 4-15 悬索与相应的简支梁计算简图

(a) 悬索;(b) 简支梁;(c) 简支梁的弯矩图。

解: 作相应简支梁,并作出弯矩图如图 4-15(b)、(c)所示。从图 4-15(a)中可以得出,悬索上 B 点到弦的竖向距离是 3.6 m,对应简支梁截面弯矩为 300 kN·m,由式(4-9)得

$$3.6H = 300$$
$$H = 83.33(\text{kN})$$

即 A 支座水平反力为 83.33 kN。由 $M_B = 0$ 得 A 支座的竖向反力 V_A:

$$V_A 12 - H2.4 = 0$$
$$V_A = 0.2H = 16.67(\text{kN})$$

求距离 d_C,首先要算出距离 y_C,即从索上的 C 点到索之弦的竖向距离。根据对应简支梁 C 截面弯矩,由式(4-9)得

$$83.33y_C = 240$$

$$y_C = 2.88(\mathrm{m})$$

根据悬索结构的已知尺寸,则

$$d_C = 2.88 + 1.2 = 4.08(\mathrm{m})$$

在 AD 这样的索内,由于从 A 到 D 内力的水平分量是常量,所以其最大拉力将出现在内力的竖向分量为最大的截面。由截面法可知,CD 段的截面上内力的竖向分量 $V_{CD} = 45 - 16.67 = 28.33(\mathrm{kN})$。因此,出现于 CD 段的截面上的最大拉力

$$T_{\max} = \sqrt{H_{CD}^2 + V_{CD}^2} = \sqrt{83.33^2 + 28.33^2} = 88.01(\mathrm{kN})$$

索 DE 的拉力可由悬索的整体平衡求解,也可通过铰 D 处的平衡条件求得。因为塔的每一端都是铰,我们知道 CD 索和 DE 索的内力的水平分量相等。因此

$$T_{DE} = \frac{5}{3} H_{DE} = \frac{5}{3} H = \frac{5}{3} \times 83.33 = 138.88(\mathrm{kN})$$

对于承受均布荷载的悬索结构,如图 4-16 所示。和上述方法相同,y_i 为某位置 x 处索与弦之间的竖向距离。仍与相应简支梁对比,我们发现对于图 4-16(a)的悬索有

$$Hy_i = \frac{1}{2} qlx - \frac{1}{2} qx^2 = \frac{1}{2} qx(l - x)$$

若令在 $x = l/2$ 处,$y_i = h$,代入上式,得

$$H = \frac{ql^2}{8h}$$

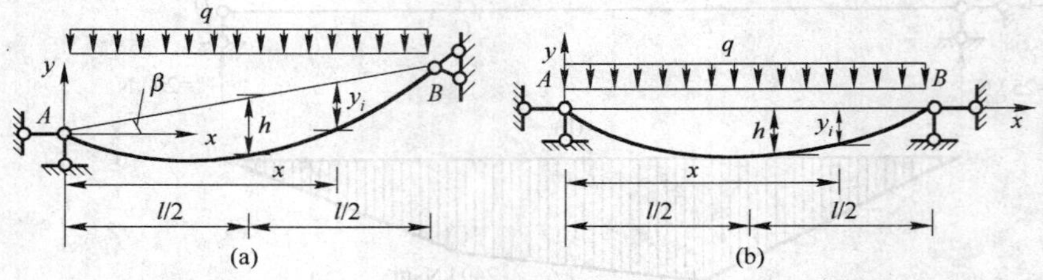

图 4-16 均布荷载作用下的悬索计算简图

(a) 两支座不在同一水平线;(b) 两支座在同一水平线。

即索内力的水平分量。竖向距离 h 代表索的垂度。可以看出,当索上荷载给定时,垂度减小相当于 H 增大,因而索内的拉力也增大。而索内拉力可用前面集中荷载情况下的相同步骤求得。上面关于 H 的表达式不论索之弦是倾斜还是水平都是适用的。利用上述的 H 的表达式,则 y_i 的表达式可写为

$$y_i = \frac{4h}{l^2}(lx - x^2) \tag{4-10}$$

由此式可看出,承受均布荷载的索,其形状为一抛物线。

如果由坐标原点取在左支座,y 坐标表示索的形状函数则由图 4-16(a)得出

$$y = x\tan\beta - y_i$$

将式(4-10)代入

$$y = \frac{4hx}{l^2}(x - l) + x\tan\beta \tag{4-11}$$

当两支座在同一水平线上，$\beta=0$，有

$$y=\frac{4hx}{l^2}(x-l) \tag{4-12}$$

在考虑诸如索的自重之类的沿索长分布的重力时，分布荷载的集度可表示为按每单位索长荷载的大小，由此得到的索形是悬链线。

为了推导悬链线的方程，考虑图 4-17(a)所示的悬索。索上的荷载为 q，为每单位索长的重量，xOy 坐标系的原点设在于索的最低点，则 a、b 分别为 O 点到两端支座的水平距离。索的垂度可用 A 支座竖向距离 d_A 或 B 支座竖向距离 d_B 表示。

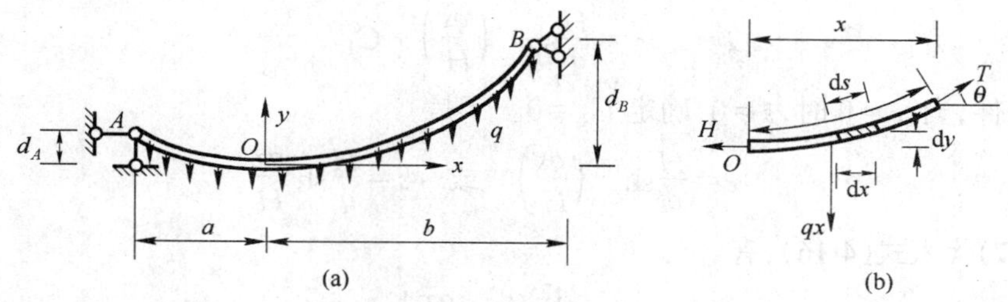

图 4-17 沿索长分布的均布荷载作用下的悬索计算简图

(a) 计算简图；(b) x 段隔离体图。

考虑长度为 s 的索段如图 4-17(b)所示，由平衡方程

$$\sum F_x = 0, \quad -H + T\cos\theta = 0$$

$$T=\frac{H}{\cos\theta} \tag{4-13}$$

由

$$\sum F_y = 0, \quad -qs + T\sin\theta = 0$$

将式(4-13)代入，有

$$H\left(\frac{\sin\theta}{\cos\theta}\right)=qs \tag{4-14}$$

在图 4-17(b)中，索段上有

$$\frac{\mathrm{d}y}{\mathrm{d}x}=\tan\theta=\frac{\sin\theta}{\cos\theta} \tag{4-15}$$

则由式(4-14)得

$$\frac{\mathrm{d}y}{\mathrm{d}x}=\frac{qs}{H} \tag{4-16}$$

由图 4-17(b)中在索段上的微元可知

$$\mathrm{d}s^2=\mathrm{d}x^2+\mathrm{d}y^2$$

改写为

$$\mathrm{d}y^2=\left(\mathrm{d}x\,\frac{\mathrm{d}s}{\mathrm{d}x}\right)^2-\mathrm{d}x^2$$

于是有

$$\frac{\mathrm{d}y}{\mathrm{d}x}=\sqrt{\left(\frac{\mathrm{d}s}{\mathrm{d}x}\right)^2-1}$$

将上式代入式(4-16)，有

$$\sqrt{\left(\frac{\mathrm{d}s}{\mathrm{d}x}\right)^2-1}=\frac{qs}{H}$$

整理后得

$$\frac{\mathrm{d}s}{\mathrm{d}x}\sqrt{1+\left(\frac{q}{H}\right)^2 s^2}\frac{\mathrm{d}y}{\mathrm{d}x}=\sqrt{\left(\frac{\mathrm{d}s}{\mathrm{d}x}\right)^2-1}$$

或

$$\mathrm{d}x=\frac{\mathrm{d}s}{\sqrt{1+(q/H)^2 s^2}}$$

对上式进行积分

$$x=\frac{H}{q}\mathrm{sh}^{-1}\left(\frac{qs}{H}\right)+C_1$$

由边界条件,当 $x=0$ 时,$s=0$,确定 $C_1=0$。于是

$$x=\frac{H}{q}\mathrm{sh}^{-1}\left(\frac{qs}{H}\right) \quad \text{或} \quad s=\frac{H}{q}\mathrm{sh}\,\frac{qx}{H} \tag{4-17}$$

将式(4-17)代入式(4-16),有

$$\frac{\mathrm{d}y}{\mathrm{d}x}=\mathrm{sh}\,\frac{qx}{H}$$

积分得

$$y=\frac{H}{q}\mathrm{ch}\,\frac{qx}{H}+C_2$$

当 $x=0$ 时,$y=0$,得 $C_2=-H/q$,所以

$$y=\frac{H}{q}\left(\mathrm{ch}\,\frac{qx}{H}-1\right) \tag{4-18}$$

这就是悬链线的索形方程。

对于索的内力计算可由图 4-17(b)平衡确定。利用三力平衡条件即

$$T^2=H^2+q^2s^2$$

并将式(4-17)代入,有

$$T^2=H^2\left(1+\mathrm{sh}^2\,\frac{qx}{H}\right)$$

利用双曲函数的性质

$$\mathrm{sh}^2 u+\mathrm{ch}^2 u=1$$

得出索的内力计算公式

$$T=H\mathrm{ch}\,\frac{qx}{H} \tag{4-19}$$

或根据式(4-18)得

$$T=H+qy \tag{4-20}$$

由式(4-20)可知,索内拉力随竖向距离 y 增大而增大,在最高支点处达到最大值。

由于悬链线问题的求解涉及到双曲函数,不能直接给出计算结果,需要采用试算法。通常借助于计算器或计算机进行反复试算。下面通过例题阐明这些方程的应用。

例 4-5 图 4-18 所示索在其 1.85 kN/m 的自重作用下自由悬挂着。其中 $d_A=60$ m,$d_B=100$ m 和 $l=400$ m,点 O 是索的最低点。在视索为悬链线的前提下,试求索内最大

拉力及索的长度,并确定水平距离 a 和 b。

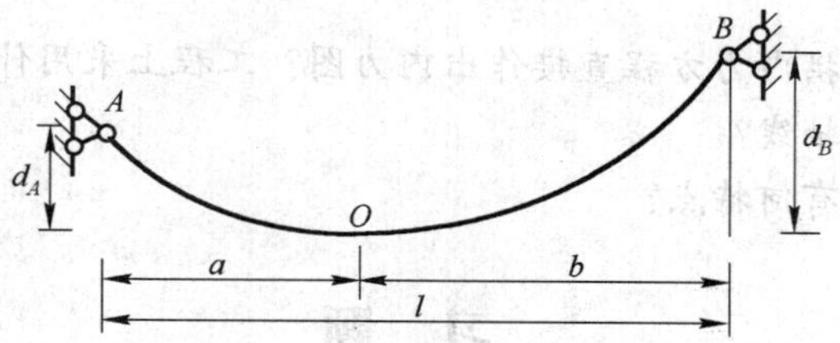

图 4-18　沿索长分布的均布荷载作用下的悬索

解: 首先确定索的内力的水平分量 H。用式(4-18)分别表示支座的 d_A 和 d_B,即

$$d_A=\frac{H}{q}\left(\operatorname{ch}\frac{qa}{H}-1\right),\quad d_B=\frac{H}{q}\left(\operatorname{ch}\frac{qb}{H}-1\right)$$

由此得

$$a=\frac{H}{q}\operatorname{ch}^{-1}\left(\frac{qd_A}{H}+1\right),\quad b=\frac{H}{q}\operatorname{ch}^{-1}\left(\frac{qd_B}{H}+1\right)\tag{4-21}$$

将两式相加,并注意到 $a+b=l$,有

$$\frac{ql}{H}=\operatorname{ch}^{-1}\left(\frac{qd_A}{H}+1\right)+\operatorname{ch}^{-1}\left(\frac{qd_B}{H}+1\right)$$

改写为

$$\frac{ql}{H}-\operatorname{ch}^{-1}\left(\frac{qd_A}{H}+1\right)-\operatorname{ch}^{-1}\left(\frac{qd_B}{H}+1\right)=0\tag{4-22}$$

即为 H 的求解方程。代入各已知值,则有

$$\frac{1.85\times400}{H}-\operatorname{ch}^{-1}\left(\frac{1.85\times60}{H}+1\right)-\operatorname{ch}^{-1}\left(\frac{1.85\times100}{H}+1\right)=0$$

经过反复试算,有

$$H=439.4(\text{kN})$$

索的最大拉力在 B 支座处,由式(4-19)求出

$$T_{\max}=T_B=H+qd_B=439.4+1.85\times100=678.4(\text{kN})$$

求出 H 后,由式(4-21)可得 $a=175.7$ m、$b=224.3$ m。并校核 $a+b=400$ m $=l$,计算正确。

为了计算索长,可分为 OA 段和 OB 段分别计算。由式(4-17)得

$$s_{OA}=\frac{H}{q}\operatorname{sh}\frac{qa}{H}=\frac{493.4}{1.85}\operatorname{sh}\frac{1.85\times175.7}{493.4}=188.7(\text{m})$$

$$s_{OB}=\frac{H}{q}\operatorname{sh}\frac{qb}{H}=\frac{493.4}{1.85}\operatorname{sh}\frac{1.85\times224.3}{493.4}=251.7(\text{m})$$

索的总长

$$s=s_{OA}+s_{OB}=440.4\text{ m}$$

复习思考题

1. 拱的受力情况和内力计算与梁和刚架有何异同?

2. 在非竖向荷载作用下,如何计算三铰拱的反力和内力? 能否使用式(4-1)和式(4-2)?

3. 能否根据三铰拱内力方程直接作出内力图? 工程上采用什么方法?

4. 什么是合理拱轴线?

5. 悬索结构受力有何特点?

习　题

习题 4-1　求图示拱结构的反力。

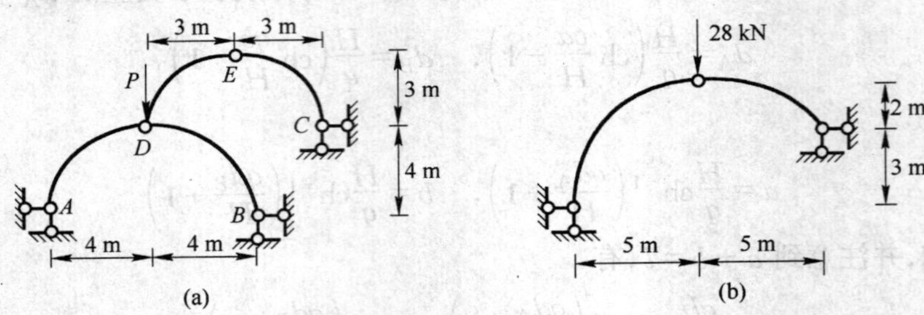

习题 4-1 图

习题 4-2　图示半圆弧三铰拱,求 K 截面的弯矩。

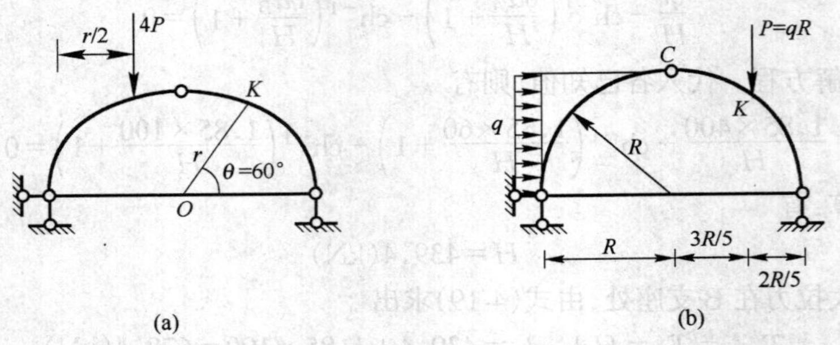

习题 4-2 图

习题 4-3　求图示三铰拱中拉杆的轴力。

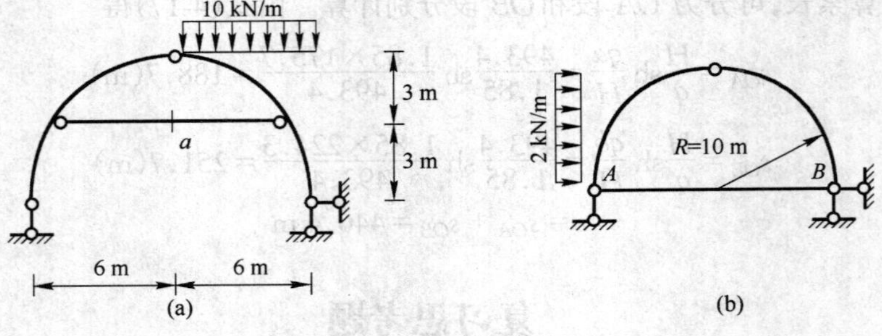

习题 4-3 图

习题 4-4　求图示抛物线三铰拱支反力，并作内力图。已知拱轴线方程为 $y=\frac{4f}{l^2}\times x(l-x)$。

习题 4-5　试求承受三角形分布荷载的拱的合理轴线方程。

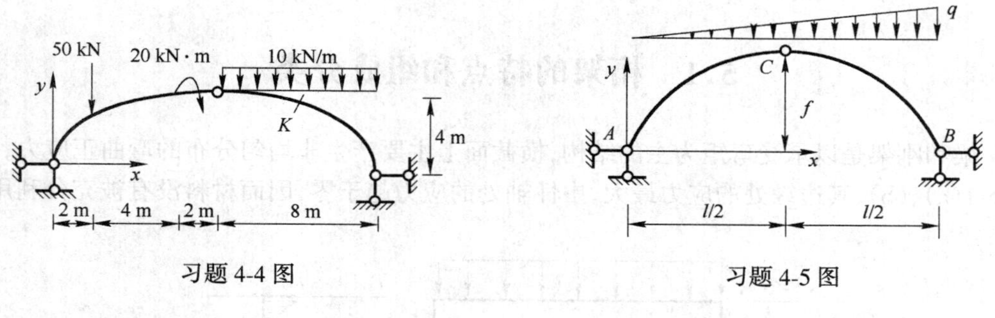

习题 4-4 图　　　　习题 4-5 图

习题答案

习题 4-1　(a) $V_B=P/2(\uparrow), H_B=P/2(\leftarrow)$

(b) $H=20$ kN, $V_A=20$ kN$(\uparrow)$, $V_B=8$ kN$(\uparrow)$

习题 4-2　(a) $(1-\sqrt{3})Pr/2$

(b) $M_K=\frac{3}{50}qR^2$(内侧受拉)

习题 4-3　(a) $N_A=30$ kN

(b) $N_{AB}=-15$ kN

习题 4-4　集中荷载作用点处：

$N_{左}=+71.25$ kN, $N_{右}=+41.25$ kN,

$Q_{左}=+14.5$ kN, $Q_{右}=-25.55$ kN,

$M=79.375$ kN·m

习题 4-5　$y=\frac{8f}{3l^2}\left(lx-\frac{x^3}{l}\right)$

第 5 章　静定桁架和组合结构

5.1　桁架的特点和组成分类

梁和刚架是以承受弯矩为主的结构，横截面上主要产生非均匀分布的弯曲正应力，如图 5-1(a)、(b)，其边缘处的应力最大，中性轴处的应力趋于零，因而材料没有被充分利用。

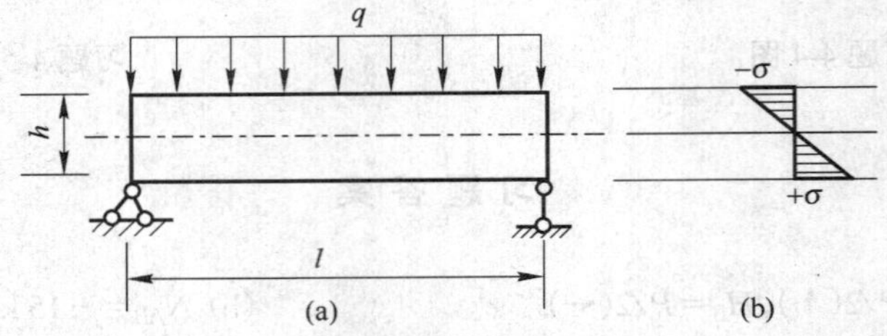

图 5-1　简支梁应力分布图

(a) 简支梁及所受荷载；(b) 应力分布图。

桁架是由杆件组成的格构式体系，实际工程中的桁架一般都是空间桁架，但是其中有很多可以分解为平面桁架进行分析，为了简化计算，选取既能反映结构的主要受力性能，而又便于计算的计算简图。通常对实际桁架的计算简图常采用如下的假定。

(1) 各杆在两端用绝对光滑的理想铰相互联结。

(2) 各杆的轴线都是直线，且位于同一个平面内并且通过铰的几何中心。

(3) 全部荷载和支座反力都作用在铰结点上，并在桁架的平面内。

满足上述假定，我们将其称之为理想平面桁架。图 5-2(a)为实际工程中的钢筋混凝土屋架，图 5-2(b)为这一桁架的计算简图。

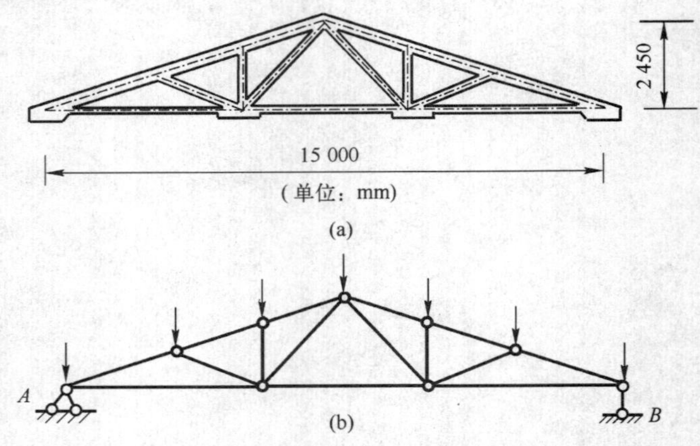

图 5-2　屋架示意图

(a) 钢筋混凝土屋架；(b) 屋架计算简图。

此时桁架的各杆将只承受轴力的作用,杆件截面上的应力是均匀分布的,可以同时达到容许值,材料能得到充分利用。与同跨度的梁相比,桁架具有节省材料、自重轻等优点,因此,桁架是大跨度结构常用的一种结构形式。

实际的桁架并不完全符合上述理想假定。例如,钢桁架的结点是铆接或者是焊接的,钢筋混凝土构件的结点是浇注在一起的,这些结点都具有一定的刚性;其次,各杆轴线不可能绝对平直,在结点处各杆也不一定完全汇交于一点;再有,杆件的自重、外荷载等也常常不是作用在结点上的,等等。但试验和工程实践证明,在一般工程中,这些因素对桁架的影响是次要的。通常把理想平面桁架求出的内力称为主内力,由于实际受力情况与上述假定不相符而产生的附加内力称为次内力。次内力一般可以忽略不计。

桁架的杆件,依其所在位置的不同,可以分为弦杆和腹杆两类。弦杆又可以分为上弦杆和下弦杆,腹杆又可以分为斜杆和竖杆。弦杆上相邻两个结点间的区段称为节间,其间距 d 称为节间长度。两支座间的水平距离 l 称为跨度。支座联线至桁架最高点的距离 H 称为桁高。各个部分名称如图 5-3 所示。

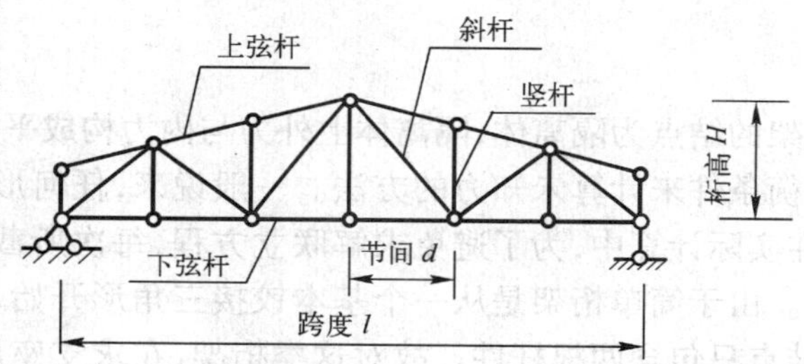

图 5-3 桁架各个部分名称

静定平面桁架的类型很多,根据不同特征,可分为如下几类。

1. 按桁架的外形分类

按外形不同,桁架可分为平行弦桁架(图 5-4(a))、三角形桁架(图 5-4(b))、折弦桁架(图 5-4(c))和梯形桁架(图 5-3)等。

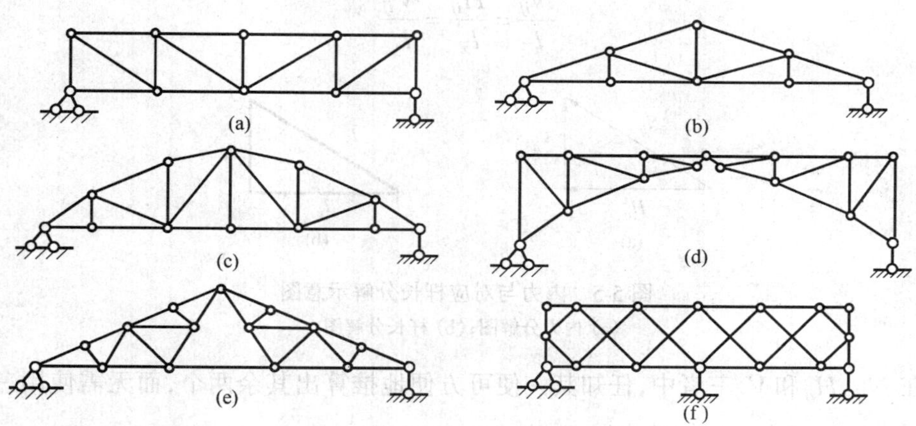

图 5-4 静定平面桁架示意图

(a)、(b)、(c) 简单桁架;(d)、(e) 联合桁架;(f) 复杂桁架。

2. 按受竖向荷载作用时有没有支座推力分类

按受竖向荷载作用时有没有支座推力，桁架可分为梁式桁架[即无推力桁架(图 5-3，图 5-4(a)、(b)、(c)]和拱式桁架(图 5-4(d))。

3. 按几何组成分类

简单桁架：由一个基本铰结三角形开始，依次增加二元体而组成的桁架(图 5-3，图 5-4(a)、(b)、(c))。

联合桁架：由若干简单桁架按照几何不变体系的简单组成规则相联结而构成的桁架(图 5-4(d)、(e))。

复杂桁架：不是按照上述两种方式组成的桁架(图 5-4(f))。

5.2 静定平面桁架的计算

用数解法计算静定平面桁架，包括结点法、截面法以及结点法与截面法的联合应用，下面分别加以介绍。

一、结点法

结点法是截取桁架的结点为隔离体，隔离体上外力与内力构成平面汇交力系，利用平面汇交力系的两个平衡条件来计算未知力的方法。一般说来，任何形式的静定桁架都可以用结点法求解，但在实际计算中，为了避免求解联立方程，每次所截取的结点上未知力的个数不宜超过两个。由于简单桁架是从一个基本铰接三角形开始，依次增加二元体所组成的，其最后一个结点只包含两根杆件。故对这类桁架，在求支座反力后(有时不必求反力)，可以从最后结点开始，反其组成顺序，逐结点向前计算，作用各隔离体上的未知力都不会超过两个，最终可以求得桁架全部杆件的内力。

在桁架的内力分析中，经常需要把斜杆的内力 N_{ij} 分解为水平分力 H_{ij} 和竖向分力 V_{ij} (图 5-5(a))。而斜杆的长度为 l，在水平和竖直方向的投影长度分别为 l_x 和 l_y (图 5-5(b))。由三角形的比例关系，可知

$$\frac{N_{ij}}{l}=\frac{H_{ij}}{l_x}=\frac{V_{ij}}{l_y}$$

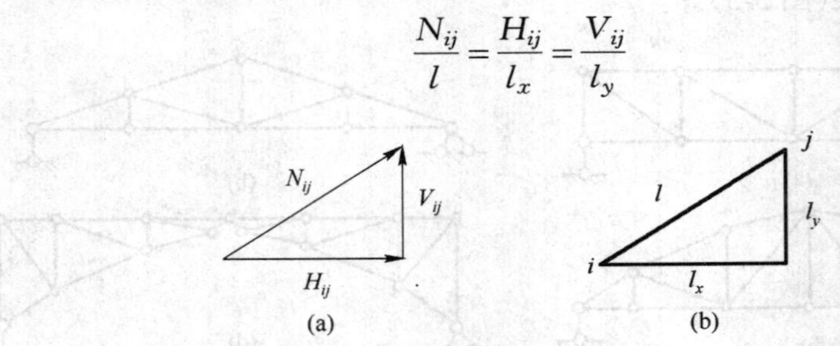

图 5-5 内力与对应杆长分解示意图

(a) 内力分解图；(b) 杆长分解图。

这样，在 N_{ij}、H_{ij} 和 V_{ij} 三者中，任知其一便可方便地推算出其余两个，而无需使用三角函数。

在计算过程中，通常是先假设杆件的未知轴力为拉力。计算结果为正值时，表示轴力确是拉力；如果求出的是负值，表示杆件的轴力是压力。

例 5-1 如图 5-6(a)所示为一施工托架的计算简图,是简单桁架。求所示荷载作用下各杆件的轴力。

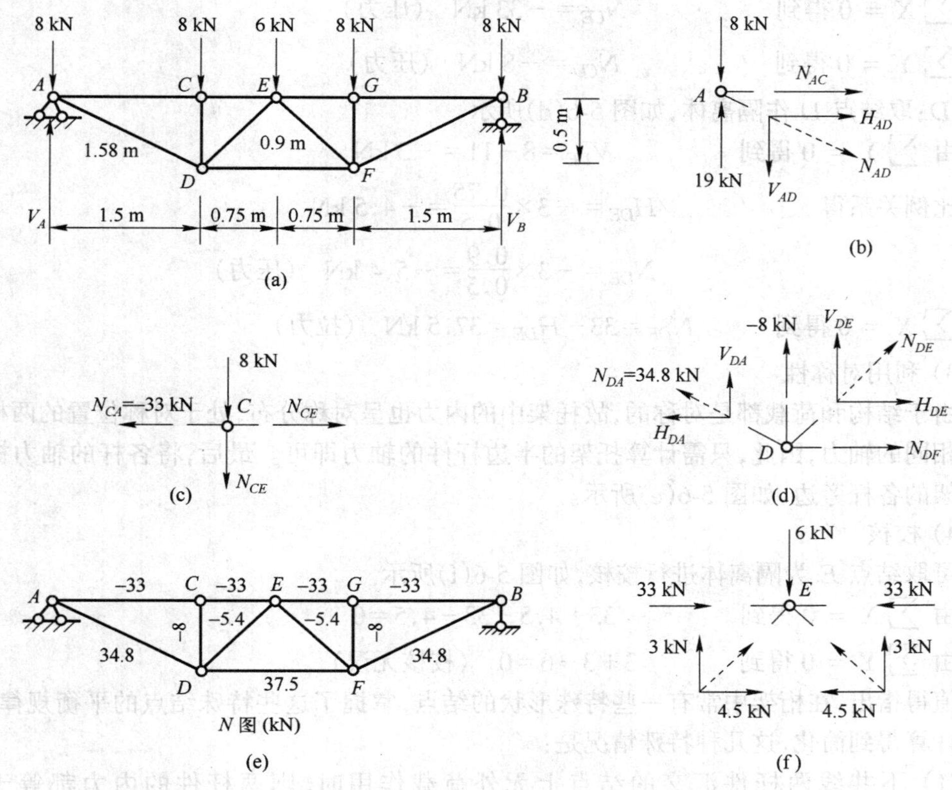

图 5-6 结点法计算桁架内力示例

(a) 桁架及所受荷载;(b) A 结点受力图;(c) C 结点受力图;(d) D 结点受力图;(e) 最后轴力图;(f) E 结点校核图。

解: 1) 计算支座反力

$$H_A = 0$$

$$V_A = V_B = 19\ \text{kN}(\uparrow)$$

2) 计算各杆的内力

此简单桁架的几何组成顺序可看作:在刚片 BGF 上依次增加二元体得到 E、D、C、A 结点,因此结点求解的顺序为 A、C、D、E、F、G。这样可以使每个结点隔离体上的未知力不超过两个。一个简单桁架往往可以按照不同的结点顺序组成,这时,用结点法求解时也可以按照不同顺序来截取结点。

结点 A:取结点 A 作隔离体,如图 5-6(b)所示。

由 $\sum Y = 0$ 得到 $\quad 19 - 8 - V_{AD} = 0 \quad V_{AD} = 11\ \text{kN}$

利用比例关系 $\quad H_{AD} = 11 \times \dfrac{1.5}{0.5} = 33\ \text{kN}$

$$N_{AD} = 11 \times \frac{1.58}{0.5} = 34.8\ \text{kN} \quad (\text{拉力})$$

由 $\sum X=0$ 得到　　　$N_{AC}+H_{AD}=0$　$N_{AC}=-33\ \text{kN}$　（压力）

结点 C:取结点 C 作隔离体,如图 5-6(c)所示。

$\sum X=0$ 得到　　　$N_{CE}=-33\ \text{kN}$　（压力）

$\sum Y=0$ 得到　　　$N_{CD}=-8\ \text{kN}$　（压力）

结点 D:取结点 D 作隔离体,如图 5-6(d)所示。

由 $\sum Y=0$ 得到　　　$V_{DE}=8-11=-3\ \text{kN}$

利用比例关系得　　　$H_{DE}=-3\times\dfrac{0.75}{0.5}=-4.5\ \text{kN}$

$$N_{DE}=-3\times\frac{0.9}{0.5}=-5.4\ \text{kN}\quad(\text{压力})$$

$\sum X=0$ 得到　　　$N_{DF}=33-H_{DE}=37.5\ \text{kN}$　（拉力）

3) 利用对称性

由于结构和荷载都是对称的,故托架中的内力也呈对称分布,处于对称位置的两根杆具有相同的轴力,因此,只需计算托架的半边杆件的轴力即可。最后,将各杆的轴力标注在桁架的各杆旁边,如图 5-6(e)所示。

4) 校核

可取结点 E 为隔离体进行校核,如图 5-6(f)所示。

由 $\sum X=0$ 得到　　　$33+4.5-33-4.5=0$

由 $\sum Y=0$ 得到　　　$3+3-6=0$　（校核无误）

值得指出,在桁架中常有一些特殊形状的结点,掌握了这些特殊结点的平衡规律,常可使计算得到简化,这几种特殊情况是:

(1) 不共线两杆件汇交的结点上无外荷载作用时,则两杆件的内力都等于零(图 5-7(a))。内力为零的杆件称为零杆。

(2) 三杆汇交的结点上无外荷载作用时,若其中两根杆在同一直线上,则共线的两根杆件的内力大小相等且性质相同(指同时受拉或者受压),而第三根杆件的内力则等于零(图 5-7(b))。

(3) 四杆汇交的结点上无荷载作用时,若其中两杆在同一条直线上,而另外两杆在另一条直线上,则在同一直线上的两根杆件的内力大小相等且性质相同(图 5-7(c))。

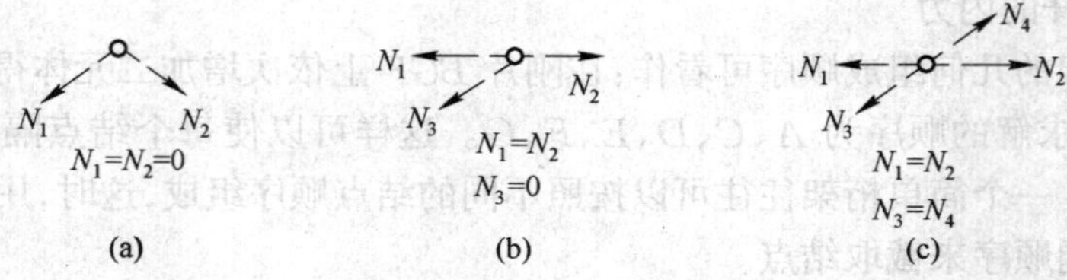

图 5-7　几种特殊形状的结点

(a) 两杆结点无外荷载;(b) 三杆结点无外荷载;(c) 四杆结点无外荷载。

上述各条结论均可根据结点投影平衡方程得出,读者可以自行进行证明。

例 5-2　试用结点法计算如图 5-8(a)所示桁架的各杆内力。

解: 此桁架是简单桁架,其几何组成顺序可看作:从刚片 ABC 开始(包括基础在内),

依次增加二元体得到 D、E、F、G、H 结点。

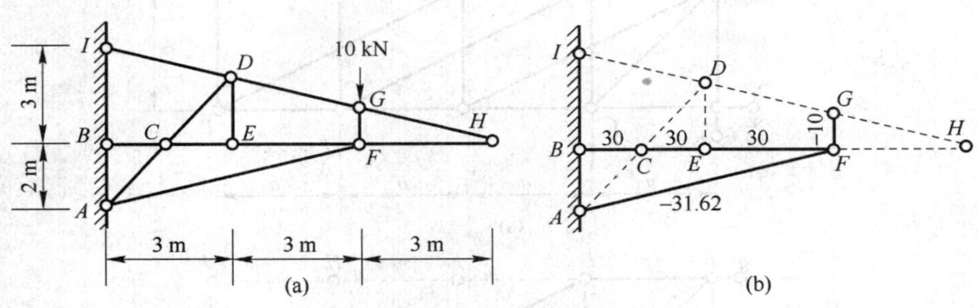

图 5-8　结点法计算桁架内力示例

(a) 桁架及所受荷载；(b) 零杆及轴力图。

1）判断零杆

结点 H 为两杆的结点，且无荷载的作用。由结点平衡的特殊情况(1)可知

$$N_{HG}=N_{HF}=0$$

结点 G 为三杆结点，但有荷载作用，为四力汇交。由结点平衡的特殊情况(3)可知

$$N_{GD}=N_{GH}=0$$

$$N_{GF}=-10\ \text{kN}$$

结点 E 为三杆结点，且无荷载的作用。由结点平衡的特殊情况(2)可知

$$N_{ED}=0$$

$$N_{EC}=N_{EF}$$

结点 D 已知 $N_{DE}=N_{DG}=0$。由结点平衡的特殊情况(1)可知

$$N_{DI}=N_{DC}=0$$

结点 C 为四杆结点，且无荷载作用。由结点平衡的特殊情况(3)可知

$$N_{CA}=N_{CD}=0$$

$$N_{CB}=N_{CE}$$

2）计算其余各杆内力

结点 F：由 $\sum Y=0$ 得到　　$V_{FA}=N_{FG}=-10\ \text{kN}$

利用比例关系　　$\dfrac{N_{FA}}{2\sqrt{10}}=\dfrac{H_{FA}}{6}=\dfrac{V_{FA}}{2}$

可得　　$N_{FA}=\sqrt{10}\,V_{FA}=-31.62\ \text{kN}$ （压力）

$$H_{FA}=3V_{FA}=-30\ \text{kN}$$

由 $\sum X=0$ 得到　　$N_{FE}=-H_{FA}=30\ \text{kN}$ （拉力）

因此　　$N_{CE}=N_{CB}=30\ \text{kN}$ （拉力）

各杆内力如图 5-8(b)所示，图中虚线所示的杆件为零杆。

例 5-3　试用结点法计算如图 5-9(a)所示桁架各杆的内力。

解：首先判断零杆；运用结点平衡的特殊情况所得到的结论可知，图 5-9(b)中虚线所示的各杆皆为零杆。

然后依次取 G、E、D、C、B、A 各结点为隔离体，同上例题的作法，不难求出非零杆的内力以及支座反力，计算结果示于图 5-9(b)。

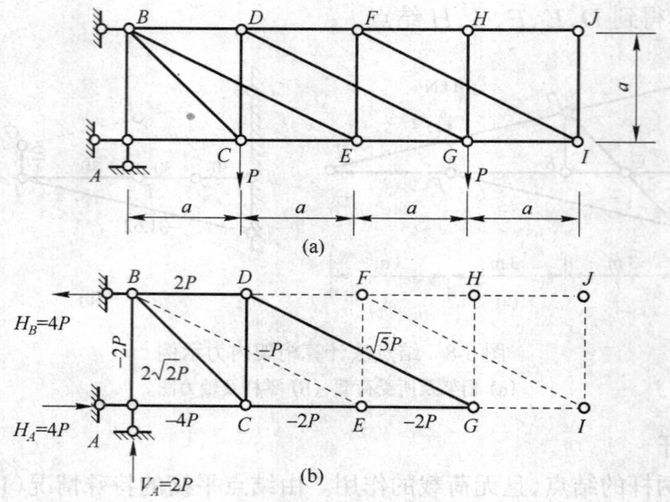

图 5-9 结点法计算桁架内力示例

(a) 桁架及所受荷载；(b) 零杆及轴力图。

二、截面法

利用结点法可以求解任意静定桁架的内力，对于简单桁架可按照组成相反顺序用结点法将所有杆件的内力求解出来。但是在实际工程中，如果只需要确定少数杆件的内力或者是用结点法必须求解联立方程时(如联合桁架)，一般不用结点法，而采用截面法确定某些指定杆的内力。

所谓的截面法是用截面截取桁架两个结点以上的部分作为隔离体，利用平面一般力系的平衡方程来计算未知力的方法。由于平面一般力系的平衡方程只有三个，所以在选取截面时，应该尽量使隔离体中包含的未知力数目不超过三个，以便直接解出这些未知力。根据所选用平衡方程的不同，截面法可以分为力矩方程法和投影方程法。

1. 力矩方程法

力矩方程法是给作用在隔离体上的力系建立力矩平衡方程以计算轴力的方法。要达到计算简便的目的，关键是选取合理的力矩中心。

以图 5-10(a)所示的桁架为例，设支座反力已经求出，现要求 DE、DF 和 CF 三杆的内力。为此，用截面Ⅰ－Ⅰ截取隔离体，如图 5-10(c)所示，建立平衡方程时，应尽量使每一个方程只包含一个未知力。例如，求上弦杆 DE 的内力 N_{DE} 时，欲达到这一要求，可取另外两杆件 DF 和 CF 的交点 F 为矩心，为了避免计算 DE 杆的力臂 r_1，可将 N_{DE} 在结点 E 处分解为两个分力：H_{DE} 和 V_{DE}。

由 $\sum M_F = 0$ 有 $\qquad H_{DE} \times h_2 + V_A \times 2d - P_1 \times d = 0$

得到

$$H_{DE} = -\frac{V_A \times 2d - P_1 \times d}{h_2} = -\frac{M_F^0}{h_2} \tag{5-1}$$

式中，M_F^0 为位于Ⅰ－Ⅰ截面以左桁架的荷载和反力对结点 F 的力矩代数和，即是与此桁架同跨度、同荷载的简支梁 F 截面(图 5-10(b))相应的弯矩。已知 H_{DE} 后，利用比例关系即可求出 N_{DE}。因为 M_F^0 为正，所以式(5-1)等号右侧的负号表示 N_{DE} 为压力。

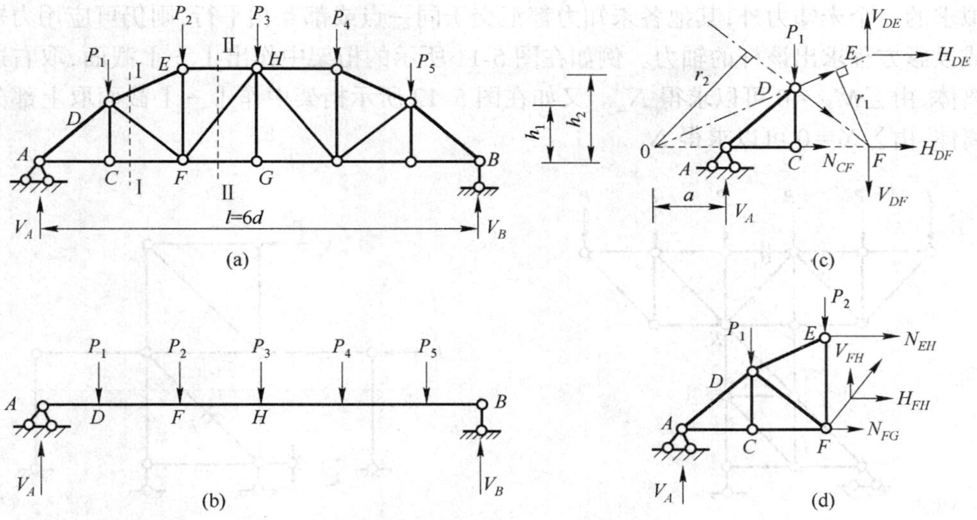

图 5-10　截面法求解指定杆内力示意图

(a) 桁架及所受荷载;(b) 相应同跨度简支梁;

(c) Ⅰ－Ⅰ截面左边隔离体;(d) Ⅱ－Ⅱ截面左边隔离体。

同理,求下弦杆 CF 的内力 N_{CF} 时,应取 DE 杆和 DF 杆的交点 D 为矩心。

由 $\sum M_D = 0$ 有 $\quad N_{CF} \times h_1 - V_A \times d = 0$

$$N_{CF} = \frac{V_A \times d}{h_1} = \frac{M_D^0}{h_1} \tag{5-2}$$

式中,M_D^0 为相应简支梁 D 截面的弯矩。因 M_D^0 为正,故 N_{CF} 为拉力。

求斜杆 DF 的内力 N_{DF} 时,可取 DE 杆和 CF 杆的轴线的延长线的交点 O 为矩心。同样为避免求力臂 r_2,将 N_{DF} 在结点 F 分解为 V_{DF} 和 H_{DF}。

由 $\sum M_0 = 0$ 得 $\quad V_{DF} \times (a+2d) - V_A \times a + P_1 \times (a+d) = 0$

$$V_{DF} = \frac{V_A \times a - P_1 \times (a+d)}{a+2d} \tag{5-3}$$

式(5-3)右侧分子的正负号,亦即斜杆 DF 的拉压性质,取决于荷载的分布情况。

2．投影方程法

仍以图 5-10(a)所示的桁架为例。欲求斜杆 FH 的内力 N_{FH} 时,可作Ⅱ－Ⅱ截面,并取其左边的部分为隔离体(图 5-10(d)),因上下弦杆都在水平方向,若选取垂直于弦杆的竖轴作为投影轴。在其投影方程中便只含有未知力 N_{FH},将 N_{FH} 分解后,

由 $\sum Y = 0$ 有 $\quad V_{FH} + V_A - P_1 - P_2 = 0$

$$V_{FH} = -(V_A - P_1 - P_2) = -Q_{F-H}^0$$

式中,Q_{F-H}^0 为相应简支梁在 $F-H$ 区间的剪力。此剪力的正负号与荷载的分布情况有关,故斜杆 FH 的拉、压性质就要视荷载而定。已知 V_{FH} 后,利用比例关系就不难计算出 N_{FH} 了。

以上我们是针对所截取的隔离体上有三个未知轴力,且它们不交于一点也不互相平行的情况来讨论的。在某些情况下,若所截取得轴力为未知的杆件数虽多于三个,但是除

了拟求的一个未知力外,其他各未知力都汇交于同一点或都互相平行,则仍可应用力矩方程或投影方程求出该杆的轴力。例如在图 5-11 所示的桁架中作出Ⅰ-Ⅰ截面,取右边为隔离体,由$\sum M_K=0$可以求得N_a。又如在图 5-12 所示桁架中作Ⅰ-Ⅰ截面取上部分为隔离体,由$\sum X=0$可以求得N_b。

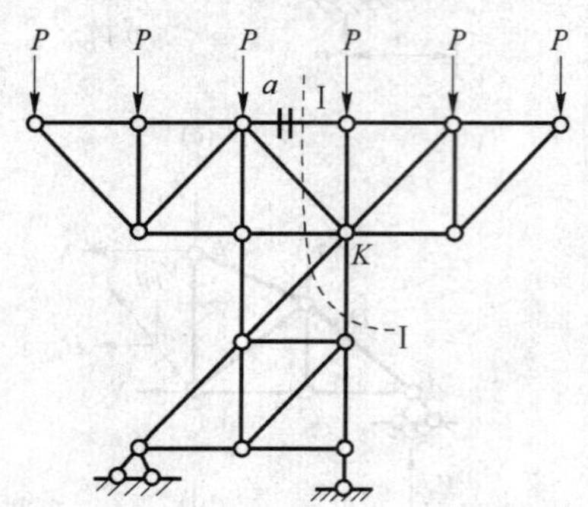

图 5-11 桁架内力求解方法示意图

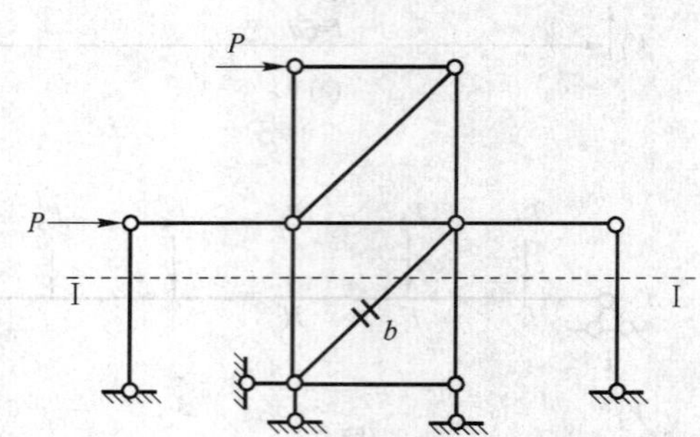

图 5-12 桁架内力求解方法示意图

三、结点法与截面法的联合应用

结点法和截面法是计算桁架内力的两种通用方法。实际计算时,这两种方法常是联合应用的。对于简单桁架,通常用结点法可以方便地求出所有杆件的内力,而对于联合桁架单独用结点法求解会遇到困难,需先用截面法求出相关杆件的内力,然后再用结点法计算其余杆件的内力。如图 5-13(a)所示的联合桁架,无论从哪一个结点开始计算都包含三个未知力,不能直接用结点法求解。此时如作Ⅰ-Ⅰ截面,以其左半部(或右半部)为隔离体,利用$\sum M_C=0$,求出 AB 杆的内力 N_{AB},而后再对其进行计算便无困难了。又如图 5-13(b)所示的联合桁架,可作Ⅰ-Ⅰ截面,取其上半部分为隔离体,利用$\sum X=0$求出 EF 杆内力 N_{EF}后,再利用结点法计算两个铰结三角形各杆的内力。

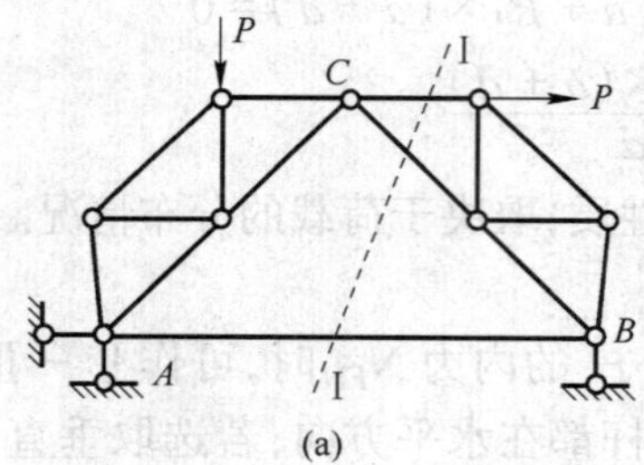

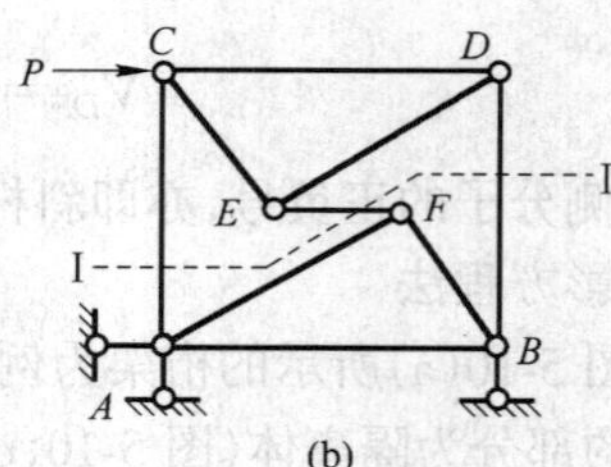

图 5-13 桁架内力求解示意图

联合应用截面法和结点法解题与单独使用截面法类似,所作截面可以各种各样,即可挺直也可弯曲,既可竖直或倾斜也可水平,有时甚至可以做成闭合截面。如图 5-14(a)所示为一联合桁架,三角形 ABC 为基本部分,中间三角形为附属部分。可作如图所示的闭合截面Ⅰ,取中间部分为隔离体如图 5-14(b)所示,通过对任意两杆交点取矩的三个力矩方程,可以求出联结链杆 a、b、c 的内力,而后再计算两个铰结三角形的内力。

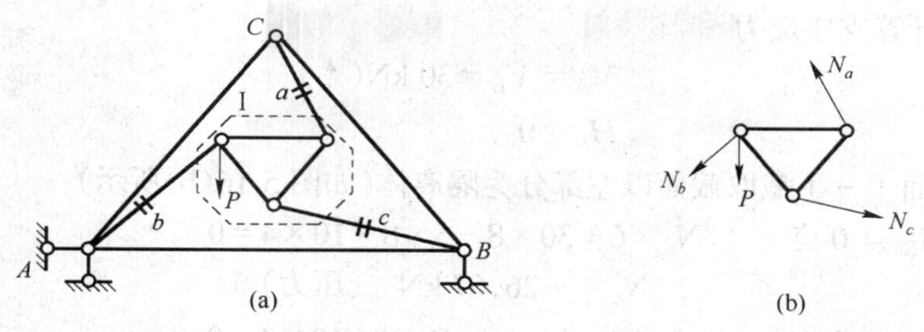

图 5-14　桁架内力求解示意图

(a) 桁架及所受荷载；(b) 取闭合截面Ⅰ为隔离体。

图 5-15(a)为一联合桁架，它由两个简单桁架 ADE 和 BCF 用 a、b、c 三根链杆联结而成。如能求出三根联结链杆的轴力 N_a、N_b、N_c，则可利用结点法求得全部各杆轴力。为此截断 a、b、c 三根链杆，取出 BCF 简单桁架作为研究对象，如图 5-15(b)所示，由 $\sum X=0$ 求得 N_c，由 $\sum M_B=0$ 求得 N_a，再由 $\sum M_C=0$ 求得 N_b。

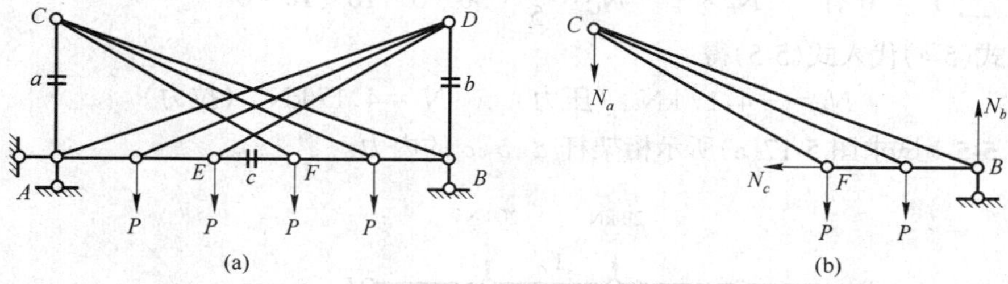

图 5-15　桁架内力求解示意图

(a) 桁架及所受荷载；(b) BCF 隔离体。

例 5-4　试求如图 5-16(a)所示桁架中杆 a、b、c、d 的内力。

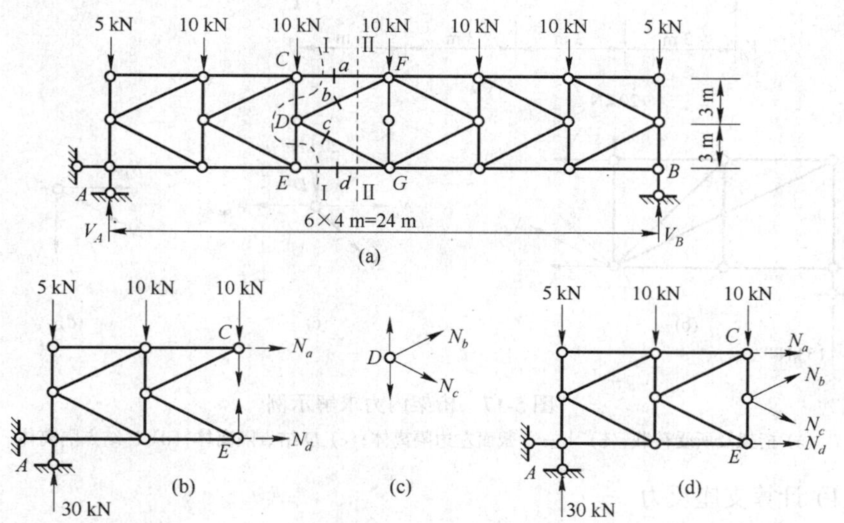

图 5-16　桁架内力求解示例

(a) 桁架及所受荷载；(b) Ⅰ－Ⅰ截面左边隔离体；

(c) D 结点隔离体；(d) Ⅱ－Ⅱ截面左边隔离体。

解: 1) 计算支座反力

$$V_A = V_B = 30\ \text{kN}(\uparrow)$$

$$H_A = 0$$

2) 用截面Ⅰ－Ⅰ截取截面以左部分为隔离体(如图 5-16(b)所示)

由 $\sum M_E = 0$ 有　　$N_a \times 6 + 30 \times 8 - 5 \times 8 - 10 \times 4 = 0$

$$N_a = -26.67\ \text{kN}\quad(压力)$$

由 $\sum M_C = 0$ 有　　$N_d \times 6 - 30 \times 8 + 5 \times 8 + 10 \times 4 = 0$

得

$$N_d = 26.67\ \text{kN}\quad(拉力)$$

3) 以结点 D 为隔离体(如图 5-16(c)所示)。

由 $\sum X = 0$ 有　　$N_b = -N_C$　　(5-4)

可知 b、c 杆的内力等值性质相反。

4) 用截面Ⅱ－Ⅱ截取截面以左的部分为隔离体(如图 5-16(d)所示)

由 $\sum Y = 0$ 有　　$N_b \times \frac{3}{5} - N_C \times \frac{3}{5} + 30 - 5 - 10 - 10 = 0$　　(5-5)

将式(5-4)代入式(5-5)得

$$N_b = -4.17\ \text{kN}\quad(压力)\qquad N_c = 4.17\ \text{kN}\quad(拉力)$$

例 5-5　试求图 5-17(a)所示桁架杆 a、b、c 的内力。

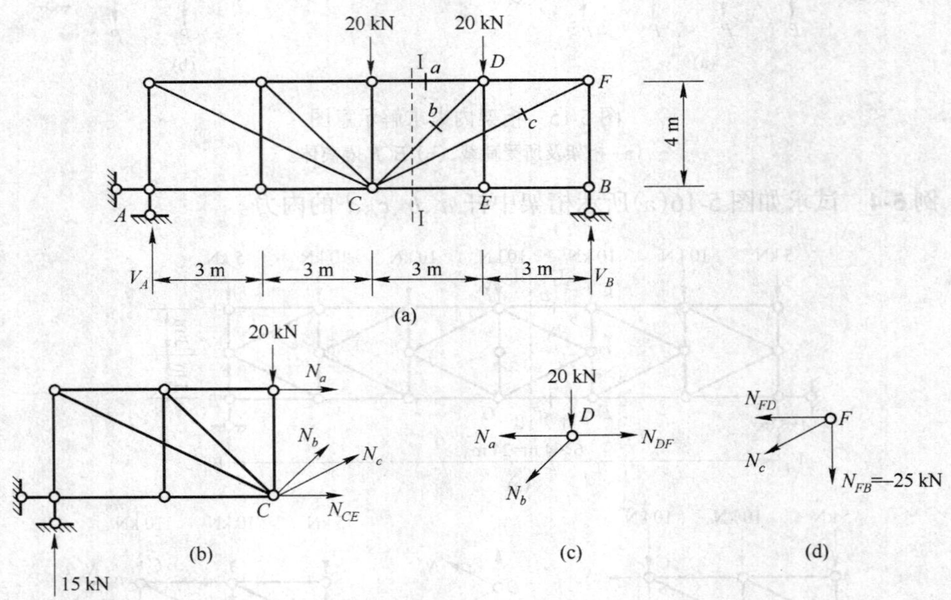

图 5-17　桁架内力求解示例

(a) 桁架及所受荷载;(b) Ⅰ－Ⅰ截面左边隔离体;(c) D 结点隔离体;(d) F 结点隔离体。

解:1) 计算支座反力

$$V_A = 15\ \text{kN}\quad(\uparrow)\qquad V_B = 25\ \text{kN}\quad(\uparrow)$$

2) 用Ⅰ－Ⅰ截面截取截面以左的部分为隔离体(如图 5-17(b)所示)

由 $\sum M_C = 0$ 有　　$N_a \times 4 + 15 \times 6 = 0$

$$N_a = -22.5 \text{ kN} \quad (\text{压力})$$

3）经判断杆 ED、EB、EC 均为零杆

取结点 D 为隔离体，如图 5-17(c)所示。

由 $\sum Y = 0$ 有 $\qquad N_b \times \frac{4}{5} + 20 = 0$

$$N_b = -20 \times \frac{5}{4} = -25 \text{ kN} \quad (\text{压力})$$

4）取结点 F 为隔离体(如图 5-17(d)所示)

由结点 B 的平衡条件可知 $N_{FB} = -25$ kN （压力）

对 F 结点，由 $\sum Y = 0$ 有 $\qquad N_C \times \frac{4}{\sqrt{6^2+4^2}} - 25 = 0$

$$N_C = 25 \times \frac{7.21}{4} = 45.06 \text{ kN} \quad (\text{拉力})$$

5.3 静定组合结构的计算

组合结构是由只承受轴力的二力杆和承受弯矩、剪力、轴力的梁式杆所组成。图 5-18(a)为下撑式五角形屋架，其计算简图如图 5-18(b)所示。图 5-19 为施工时采用的临时撑架，它们都是组合结构。

组合结构受力分析的特点是先求出二力杆中的内力，并将其作用于梁式杆上，再计算梁式杆的弯矩、剪力、轴力。计算二力杆的内力与分析桁架的内力一样，可以用结点法及截面法。但需注意，如果二力杆的一端与梁式杆相联结，则不能不加分辨地引用上节所讲述的关于结点平衡特殊情况的结论来判定二力杆的内力。如图 5-19 中的 C 结点，由于 AC、CB 不是二力杆，因此不能认为 CD 杆是零杆。

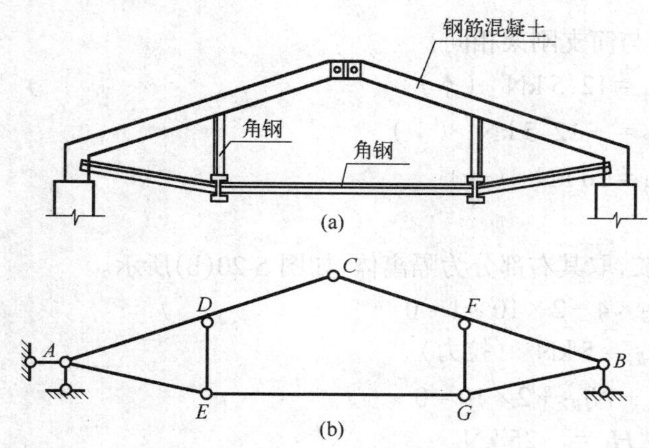

图 5-18 组合结构示意图

(a) 下撑式五角形屋架；(b) 下撑式五角形屋架计算简图。

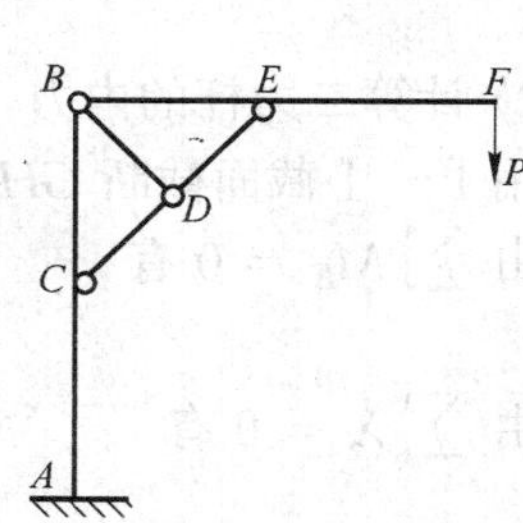

图 5-19 临时撑杆组合结构示意图

组合结构由于在梁式杆上装置了若干个二力杆，故可使梁式杆的弯矩减小，从而达到了节约材料及增加刚度的目的。梁式杆及二力杆还可采用不同材料，如梁式杆用钢筋混凝土，二力杆用钢材制作。

例 5-6 试求如图 5-20(a)所示静定组合结构中二力杆的轴力并绘出梁式杆的弯矩图。

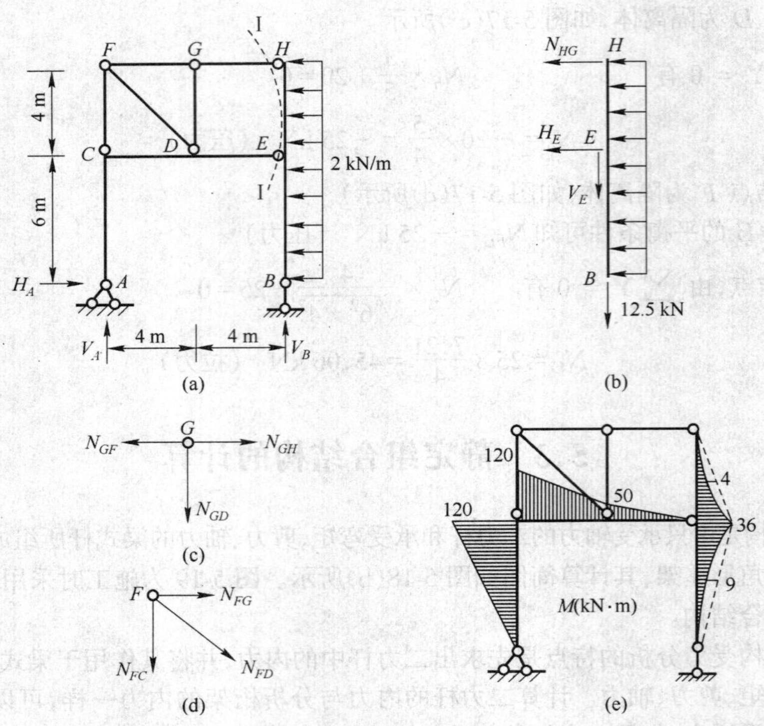

图 5-20 组合结构内力计算示例

(a) 组合结构及所受荷载;(b) Ⅰ-Ⅰ截面右边隔离体;(c) G 结点隔离体;

(d) F 结点隔离体;(e) 梁式杆弯矩图。

解: 1) 计算支座反力(反力计算与简支刚架相同)

$$V_A = 12.5\ \text{kN}\quad (\uparrow)$$

$$V_B = -12.5\ \text{kN}\quad (\downarrow)$$

$$H_A = 20\ \text{kN}\quad (\rightarrow)$$

2) 计算二力杆的内力

用Ⅰ-Ⅰ截面截断 GH 杆和 E 铰,取其右部分为隔离体,如图 5-20(b)所示。

由 $\sum M_E = 0$ 有 $\qquad N_{HG} \times 4 - 2 \times 10 \times 1 = 0$

$$N_{HG} = 5\ \text{kN}\quad (\text{拉力})$$

由 $\sum X = 0$ 有 $\qquad H_E + N_{HG} + 2 \times 10 = 0$

$$H_E = -25\ \text{kN}$$

由 $\sum Y = 0$ 有 $\qquad V_E + 12.5 = 0$

$$V_E = -12.5\ \text{kN}$$

由 G 结点(图 5-20(c))的平衡条件可知

$$N_{GD} = 0$$

$$N_{GF} = 5\ \text{kN}\quad (\text{拉力})$$

由 F 结点(图 5-20(d))的平衡条件可知

$$N_{FD} = -5\sqrt{2}\ \text{kN} \quad (压力)$$

$$N_{FC} = 5\ \text{kN} \quad (拉力)$$

将 E 铰处求出的约束力 V_E、H_E 分别作用在梁式杆上即可绘出梁式杆的 M 图(图 5-20(e))。

例 5-7 试求如图 5-21(a)所示静定组合结构中二力杆的轴力并绘出梁式杆的弯矩图。

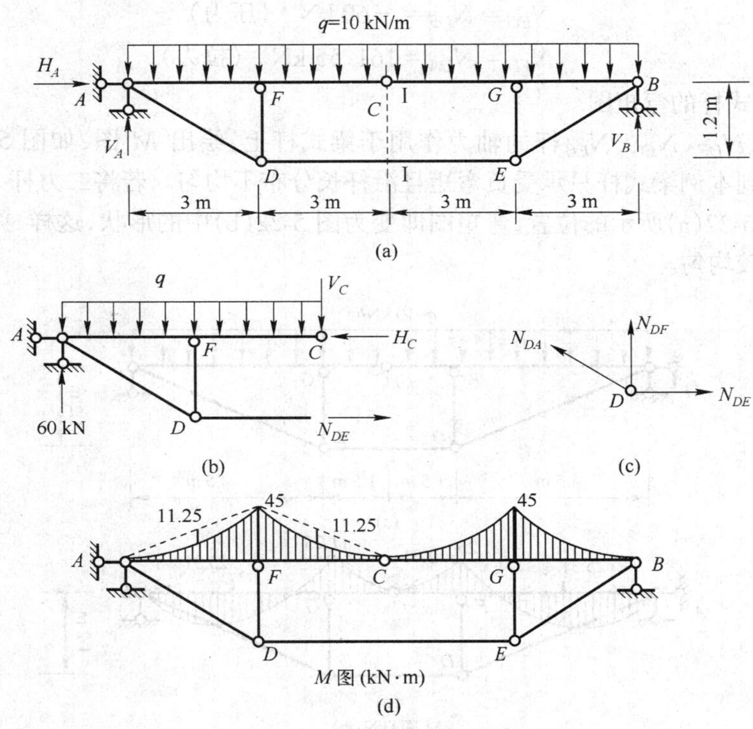

图 5-21 组合结构内力计算示例

(a) 组合结构及所受荷载;(b) Ⅰ-Ⅰ截面左边隔离体;(c) D 结点隔离体;(d) 梁式杆弯矩图。

解: 1) 计算支座反力

以整体为研究对象,可求得

$$H_A = 0$$

$$V_A = V_B = 60\ \text{kN} \quad (\uparrow)$$

2) 计算二力杆轴力

因 $H_A = 0$,故可利用结构及受力情况的对称性质,只计算左半边结构的内力。用Ⅰ-Ⅰ截面截断 DE 杆及 C 铰,取其左半部分为隔离体,如图 5-21(b)所示。

由 $\sum M_C = 0$ 有 $\quad N_{DE} \times 1.2 - 60 \times 6 + 10 \times 6 \times 3 = 0$

$$N_{DE} = 150\ \text{kN} \quad (拉力)$$

以结点 D 为隔离体，如图 5-21(c)所示。

由 $\sum X = 0$ 解得 $H_{DA} = 150\ \text{kN}$，再利用比例关系得

$$V_{DA} = \frac{1.2}{3} H_{DA} = 60\ \text{kN}$$

$$N_{DA} = \frac{\sqrt{3^2 + 1.2^2}}{3} H_{DA} = 161.55\ \text{kN} \quad (\text{拉力})$$

由 $\sum Y = 0$ 得 $\qquad N_{DF} = -V_{DA} = -60\ \text{kN} \quad (\text{压力})$

利用结构的对称性可知

$$N_{EG} = N_{DF} = -60\ \text{kN} \quad (\text{压力})$$

$$N_{EB} = N_{DA} = 161.55\ \text{kN} \quad (\text{拉力})$$

3) 绘梁式杆的弯矩图

将 N_{DA}、N_{DF}、N_{EG}、N_{EB} 杆的轴力作用于梁式杆上，绘出 M 图，如图 5-21(d)所示。从弯矩图看到本例梁式杆只承受负弯矩且沿杆长分布不均匀。若将二力杆 FD、GE 的位置移动到图 5-22(a)所示的位置，弯矩图即变为图 5-22(b)中的形状，这样，梁式杆上的弯矩分布便比较均匀。

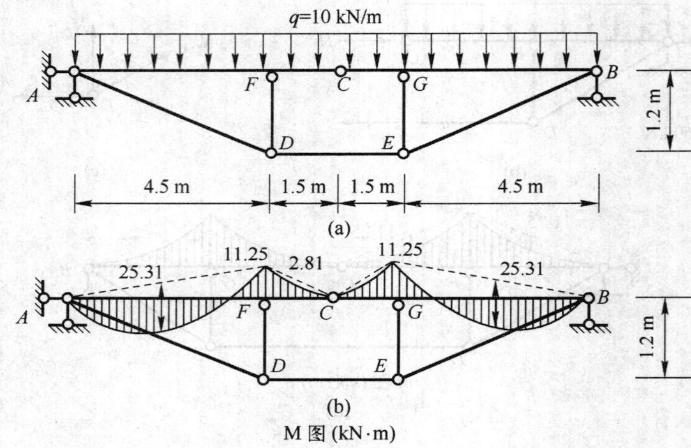

图 5-22 组合结构内力计算示例

(a) 组合结构及所受荷载；(b) 梁式杆弯矩图。

*5.4 静定空间桁架的计算

一、空间桁架计算简图的基本假定

前面已经介绍的平面桁架只是一种经过简化了的计算图。但是作为承重结构用的桁架都是空间桁架。例如，一般工业厂房的屋盖是由若干个平面桁架彼此用系杆和屋面板联结而成的空间体系(图 1-11)。但在竖向荷载作用时，我们可以近似地不考虑单片桁架之间的联系，而把它们看作是平面桁架进行计算。

在实际工程中还有一类具有明显空间特征的桁架，不能简化为平面桁架来计算，属于这类空间桁架的例子有网架结构、起重机塔架、飞机骨架等。

与平面桁架类似,分析空间桁架所取的计算简图仍然有下列三条基本假定。

(1) 联结杆件之间的球形铰是理想铰。

(2) 所有荷载均作用于结点上。

(3) 杆件平直。

由于以上的假定,因此杆件均为二力杆。

二、空间桁架的几何组成

空间桁架的结点为球形铰结点,联结球形铰的杆件可以绕通过铰中心的任意轴线转动。与平面桁架一样,两端由铰连接的直杆称为链杆。

空间桁架由结点和链杆组成。每一个结点在空间有三个自由度,而每一个链杆或支座处的每一个支杆相当于一个约束。因此,空间桁架的计算自由度 W 的计算公式为

$$W=3j-b-b_0$$

式中,j 为结点数;b 为链杆数;b_0 为支座处的支杆数。如果 $W>0$,则体系为可变的。如果体系是几何不变,且无多余约束的空间桁架,则必有 $W=0$。

组成几何不变空间桁架的最简单规则,是从一个平面三角形或者从基础开始,依次用三根不在同一平面内的链杆固定一个新结点。因为三角形是几何不变的,三根不共面的链杆在空间可以固定一点,所以得到的仍是一个几何不变、且无多余约束的整体。因此,这样依次增加结点组成的空间桁架是几何不变、且无多余约束的,称为简单桁架。如图 5-23 所示为简单桁架的例子,都是按照 1,2,3,…的次序依次增加结点组成的。

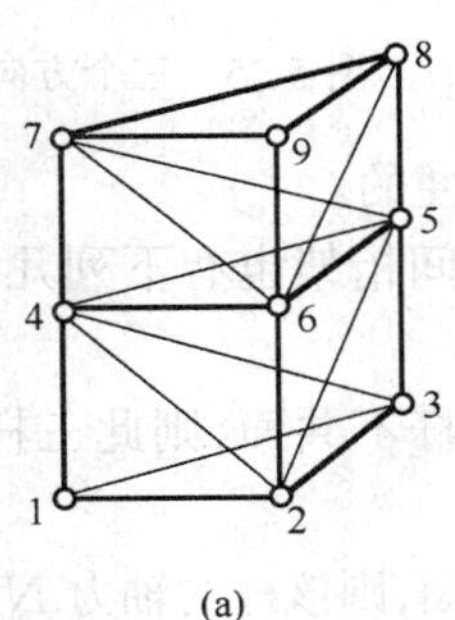

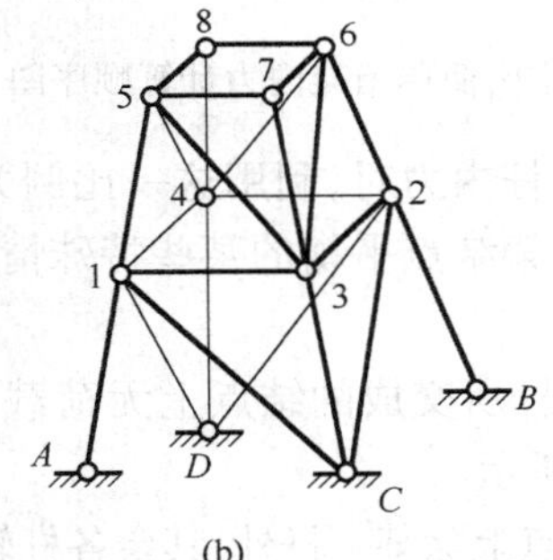

图 5-23 空间简单桁架

与平面桁架类似,按照几何构造的特点,空间桁架也可以分为简单桁架、联合桁架和复杂桁架三种。联合桁架也是由简单桁架连接而成的。联合桁架和复杂桁架的几何构造比较复杂,可以首先求其计算自由度,在计算自由度等于零的条件下,再用零载法判定其几何不变性。

三、空间桁架的计算方法

与平面桁架一样,空间桁架的内力以及支座反力仍可由结点法以及截面法求解。下面具体说明这两种方法。

1. 结点法

结点法是截取结点为隔离体,结点上外力、内力构成空间汇交力系。每个结点有三个平衡条件:

$$\sum X=0,\quad \sum Y=0,\quad \sum Z=0$$

简单桁架每个结点处新增加的未知力不超过三个,故可用结点法求解出全部内力。计算时所取结点的次序,应与组成桁架时增加结点的次序相反。如图 5-24 所示的简单桁架,可先取结点 3,求出杆 3-A、杆 3-1、杆 3-2 这三根杆的轴力,再依次取结点 2 和结点 1,求出杆 2-A、杆 2-1、杆 2-C 和杆 1-A、杆 1-B、杆 1-C 的轴力。

计算内力时,为了避免使用三角函数,常将杆件的轴力 N 分解为沿直角坐标轴 x、y、z 三个方向的分力 X、Y、Z。以 l 表示任一杆 AB 的长度,其在坐标轴 x、y、z 三个方向的投影为 l_x、l_y、l_z,如图 5-25 所示,则轴力及其分力与杆长及其投影之间存在着下列比例关系:

$$\frac{X}{l_x}=\frac{Y}{l_y}=\frac{Z}{l_z}=\frac{N}{l}$$

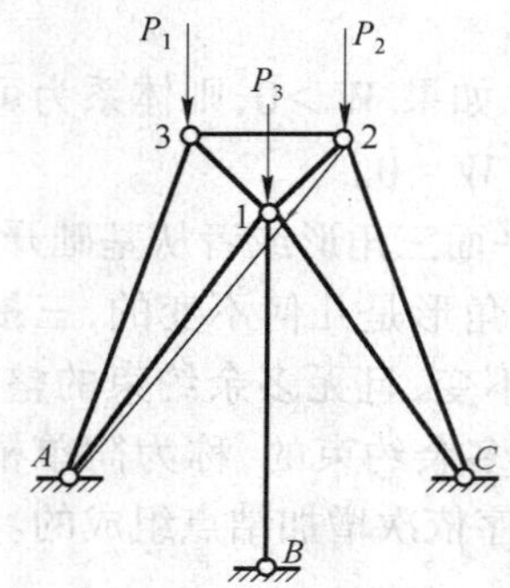

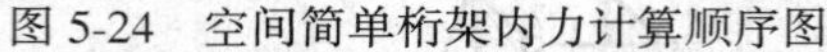

图 5-24　空间简单桁架内力计算顺序图

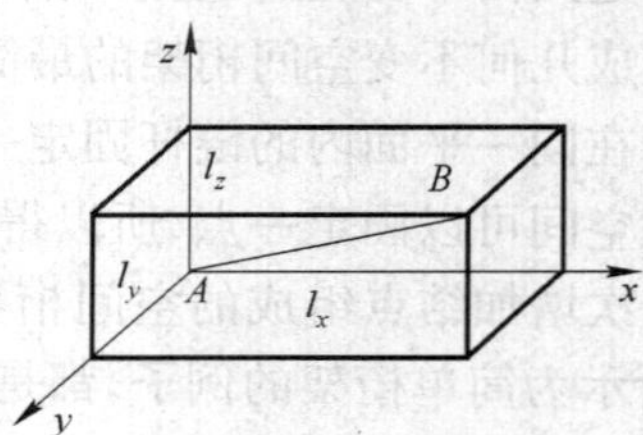

图 5-25　三个方向的投影

在计算各杆内力时,利用这一比例关系将是很方便的。

与平面桁架结点平衡的某些特殊情况相类似,空间桁架也有下列几种结点平衡的特殊情况。

(1) 由三杆所交成的结点上无荷载作用时,若三杆不共面,则此三杆的轴力均为零,如图 5-26(a)所示。

(2) 若结点上除某一杆外,其余各杆轴力与荷载共面,则该杆的轴力 $N=0$,如图 5-26(b)所示。

(3) 如果荷载 P 与某一杆件的轴力共线,而其余各杆轴力同在另一个平面内,则 $N=P$,如图 5-26(c)所示。

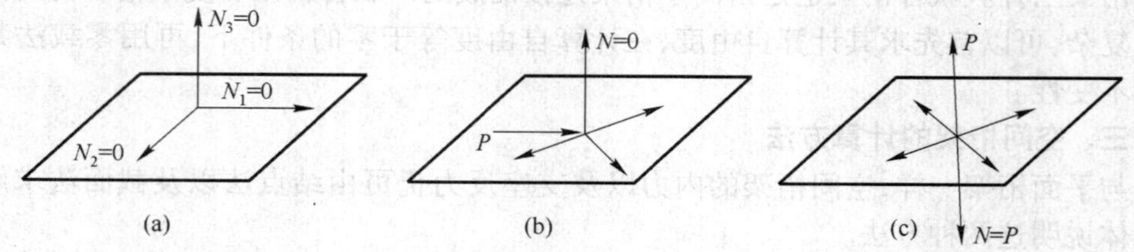

图 5-26　结点平衡的特殊情况

(a) 三杆不共面的结点上无荷载;(b) 除某一杆外,其余各杆与荷载共面;

(c) 一杆和荷载共线,其余各杆共面。

利用以上几点结论，预先判断出零杆或者某些特殊杆的内力，可使下面的计算更为简便。

2．截面法

截面法是用一个截面截取桁架上的一部分（包括两个以上的结点）作为隔离体，建立求解未知轴力的平衡方程。每个隔离体有六个平衡条件，即

$$\sum X = 0,\qquad \sum Y = 0,\qquad \sum Z = 0$$

$$\sum M_X = 0,\qquad \sum M_Y = 0,\qquad \sum M_Z = 0$$

若截面有六个未知力，便可由六个平衡方程联立求解。但在建立平衡方程时，投影轴与力矩轴应加以选择，尽量使计算工作得到简化。例如若能作一直线，令其与大多数未知的内力相交或者互相平行，则以该直线为力矩轴写出力矩方程式，常可使计算简化许多。因为当力的作用线与力矩轴平行或相交时，力对该轴的力矩为零。因此用截面法解题时，力矩轴的合理选择将成为解题的关键。

下面举例说明结点法以及截面法的应用。

例 5-8　试求如图 5-27(a)所示空间桁架中各杆的内力。

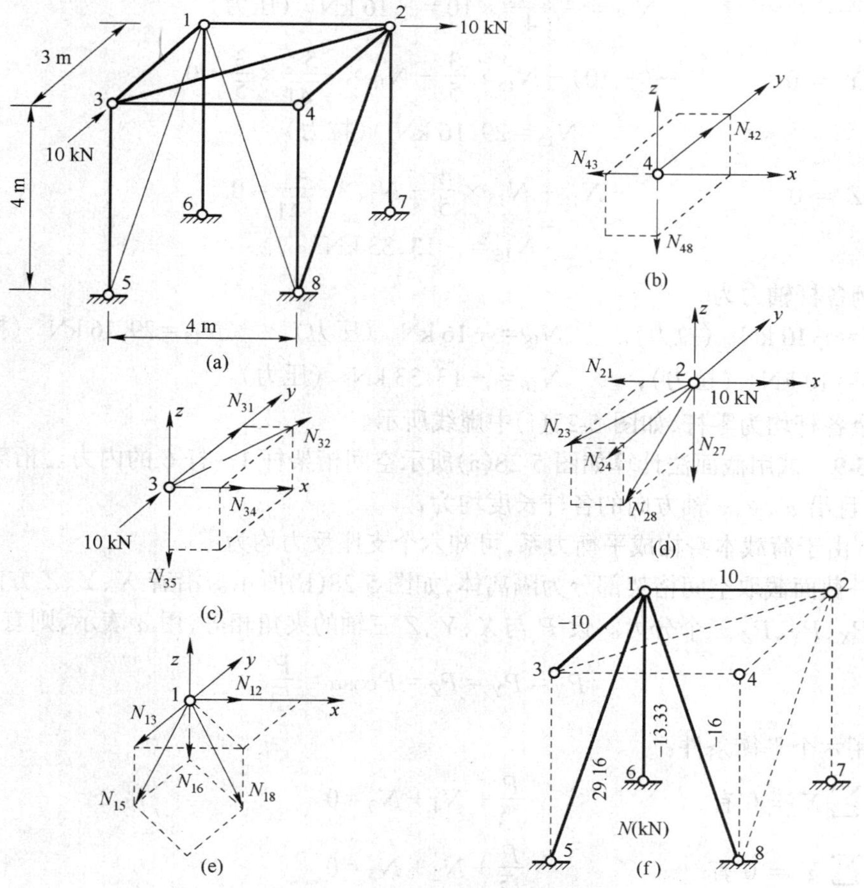

图 5-27　空间桁架内力求解示例

(a) 空间桁架及所受荷载；(b) 4 结点；(c) 3 结点；(d) 2 结点；(e) 1 结点；(f) 最后内力图。

解: 本例桁架是由基础出发,按照1-2-3-4的顺序依次用三根链杆联结出一个结点而构成的,故为一简单桁架。与以上顺序相反,我们逐点取隔离体进行计算。

结点4的隔离体(图5-27(b))上无外荷载的作用,由讨论节点平衡特殊情况时的结论可知

$$N_{43}=N_{42}=N_{48}=0$$

从结点3(图5-27(c))可以看出,由于荷载以及杆1-3、杆3-2、杆3-4在同一平面内,只有杆3-5与此平面垂直,故

$$N_{35}=0$$

另外,由于杆1-3与荷载 P 共线,杆3-2在另一方向,又已知 $N_{43}=0$,故 $N_{32}=0$,$N_{31}=-10\ \mathrm{kN}$(图5-27(c))。

由结点2的隔离体(图5-27(d)),根据平衡条件可以求得

$$N_{21}=10\ \mathrm{kN},\quad N_{28}=N_{27}=0$$

最后,取结点1为隔离体(图5-27(e)),分别建立三个投影方程:

$\sum X=0$
$$N_{18}\times\frac{5}{\sqrt{41}}\times\frac{4}{5}+10=0$$

$$N_{18}=-\frac{\sqrt{41}}{4}\times10=-16\ \mathrm{kN}\quad(\text{压力})$$

$\sum Y=0$
$$-(-10)-N_{15}\times\frac{3}{5}-N_{18}\times\frac{5}{\sqrt{41}}\times\frac{3}{5}=0$$

$$N_{15}=29.16\ \mathrm{kN}\quad(\text{拉力})$$

$\sum Z=0$
$$-N_{16}-N_{15}\times\frac{4}{5}-N_{18}\times\frac{4}{\sqrt{41}}=0$$

$$N_{16}=-13.33\ \mathrm{kN}$$

本例各杆轴力为

$N_{13}=-10\ \mathrm{kN}$ (拉力), $N_{18}=-16\ \mathrm{kN}$ (压力), $N_{15}=29.16\ \mathrm{kN}$ (拉力),
$N_{12}=10\ \mathrm{kN}$ (拉力), $N_{16}=-13.33\ \mathrm{kN}$ (压力)。

其余各杆均为零杆,如图5-27(f)中虚线所示。

例5-9 试用截面法计算如图5-28(a)所示空间桁架杆1~杆6的内力。桁架外形为立方体,且沿 x、y、z 轴方向的各杆长度均为 l。

解: 由于荷载本身构成平衡力系,可知六个支座反力均为零。

用一截面截取空间桁架部分为隔离体,如图5-28(b)所示。沿着 X、Y、Z 方向特将 P 分解为 P_X、P_Y、P_Z 三个分力。设 P 与 X、Y、Z 三轴的夹角相等,用 α 表示,则有

$$P_X=P_Y=P_Z=P\cos\alpha=\frac{P}{\sqrt{3}}$$

利用六个平衡条件:

由 $\sum X=0$ 有
$$\frac{P}{\sqrt{3}}+N_4+N_3=0$$

由 $\sum Y=0$ 有
$$\frac{P}{\sqrt{3}}+N_2+N_5=0$$

由 $\sum Z=0$ 有
$$\frac{P}{\sqrt{3}}+N_1+N_6=0$$

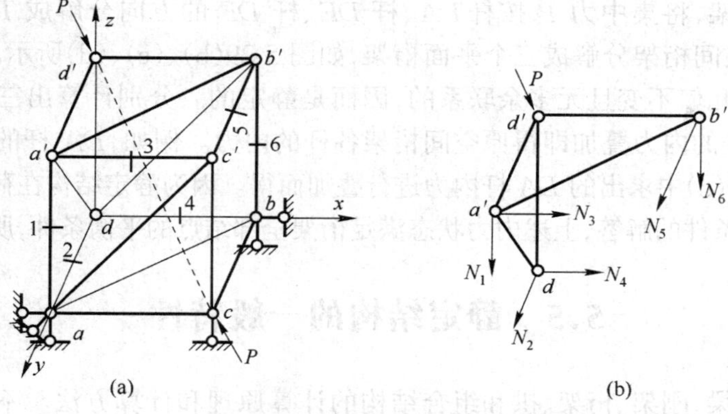

图 5-28 空间桁架内力求解示例

(a) 空架桁架及所受荷载;(b) 部分隔离体。

由 $\sum M_{aa'}=0$ 有 $\quad \dfrac{\sqrt{3}}{3}Pl+N_4\times l+N_5\times l=0$

由 $\sum M_{a'c'}=0$ 有 $\quad \dfrac{\sqrt{3}}{3}Pl+N_2\times l+N_6\times l=0$

由 $\sum M_{a'd'}=0$ 有 $\quad N_4\times l+N_6\times l=0$

联立求解上面的方程,得

$$N_1=N_2=N_3=N_4=N_5=N_6=-\frac{\sqrt{3}}{6}P \quad (\text{压力})$$

四、可以分解成平面桁架计算的空间桁架

实际工程中有一类静定空间桁架,它们的组成情况可以分解为若干平面桁架,且每个平面桁架本身是几何不变,且无多余约束的。因此可将荷载也分解到各个平面上去,然后解算各个平面桁架,最后再将相应杆的内力叠加即可求得原空间桁架的内力。如图 5-29

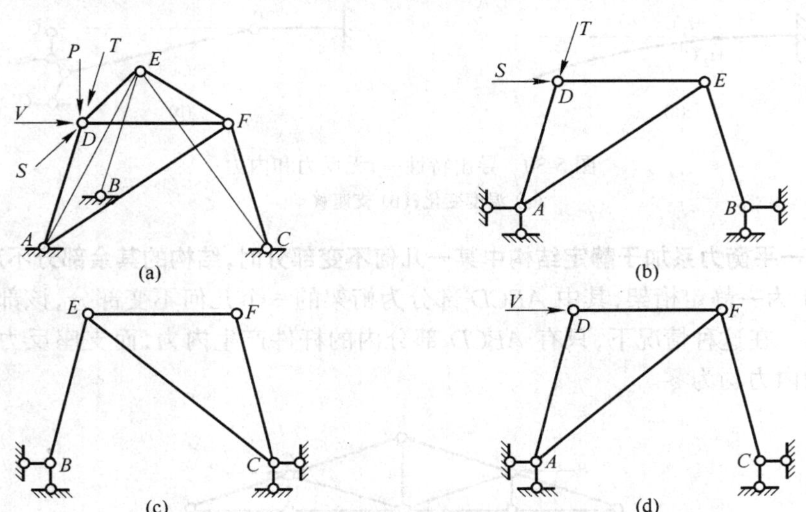

图 5-29 可以分解成平面桁架的空间桁架计算简图

(a) 空间桁架;(b) 平面桁架;(c) 平面桁架;(d) 平面桁架。

所示为一空间桁架，将集中力 P 按杆 DA、杆 DE、杆 DF 的方向分解成 T、S、V 三个分力。同时，将原空间桁架分解成三个平面桁架，如图 5-29(b)、(c)、(d)所示。不难看出，每个平面桁架都是几何不变且无多余联系的，因而是静定的。分别计算出三个平面桁架的内力，再将相应杆的内力叠加即得原空间桁架各杆的内力。例如，DA 杆的内力就是由图 5-29(b)与图 5-29(d)中求出的 DA 杆内力进行叠加而得。因为静定结构在荷载作用下只能有一组满足平衡条件的解答，上述内力状态满足桁架全部结点的平衡条件，所以是真实的。

5.5 静定结构的一般特性

以上讨论了梁、刚架、桁架、拱和组合结构的计算原理和计算方法。不同形式的结构可以有不同的组成方式，具有不同的受力情况，但是以下两点是静定结构的基本特征：①几何不变且无多余约束是静定结构的几何组成特征；②满足平衡条件的反力和内力解答的惟一性是静定结构的基本静力特征。也就是说，静定结构没有多余约束，其全部反力和内力单凭静力平衡条件就可以完全确定，并且解答是惟一的。根据静定结构解答的惟一性这一基本特征，可导出静定结构的以下几个特征。

一、温度变化、支座移动以及制造误差等非荷载因素不会引起内力

如图 5-30(a)所示悬臂梁，若其上下部的温度分别升高 t_1 和 t_2，(设 $t_1 > t_2$)，则梁将产生自由的伸长和弯曲变形，但是由于没有荷载的作用，由平衡条件可知，梁的反力和内力均为零。又如图 5-31(b)所示静定梁，其 C 支座发生了沉降，由于 B 点为不动铰，故 BC 杆随之将绕着 B 铰做自由的转动和移动。同样，由于荷载为零，其反力和内力也均为零。实际上，当荷载为零时，零内力状态能够满足结构所有各部分的平衡条件，对于静定结构，这就是惟一的解答。因此可以断定除荷载外其他任何因素均不引起静定结构的反力和内力。

图 5-30　导出特性一，无反力和内力

(a) 温度变化；(b) 支座移动。

二、将一平衡力系加于静定结构中某一几何不变部分时，结构的其余部分不产生内力

图 5-31 为一静定桁架，其中 $ABCD$ 部分为桁架的一个几何不变部分，该部分作用有一平衡力系。在这种情况下，只有 $ABCD$ 部分内的杆件产生内力，而支座反力以及其余部分杆件的内力均为零。

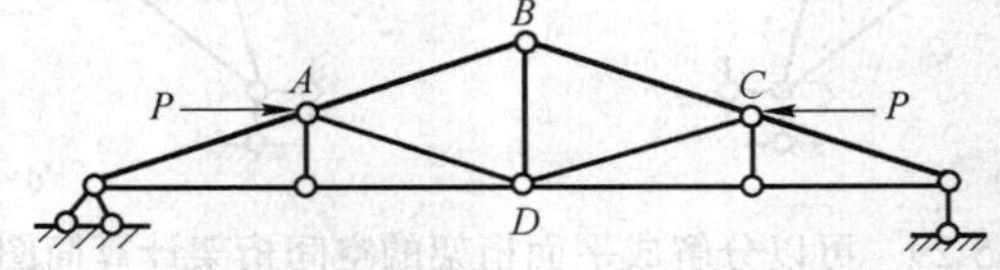

图 5-31　导出特性二，仅部分受力

又如图 5-32(a)所示,有平衡力系作用在几何不变部分 BD 上,由分析可知除 BD 部分外,其余部分均不受力。结构的弯矩图如图中阴影线所示。这种情形实际上具有普遍性。因为当平衡力系作用于静定结构的任何本身几何不变部分上时,若设想其余部分均不受力而将它们撤去,则所剩部分由于本身是几何不变的,在平衡力系作用下,仍能独立地保持平衡。而所去部分的零内力状态也与其零荷载相平衡。这样,结构上各个部分的平衡条件都得到满足。根据静力解答的惟一性可知,这样的内力状态就是惟一的正确答案。

当平衡力系所作用的部分本身不是几何不变部分时,则上述结论一般不能适用。例如图 5-32(b)所示,平衡力系作用于 DBE 部分。若设想其余部分不受力而将它们撤去,则所剩部分是几何可变的,不能承受图示荷载的作用而保持平衡。因此,设想其余部分不受力是错误的。

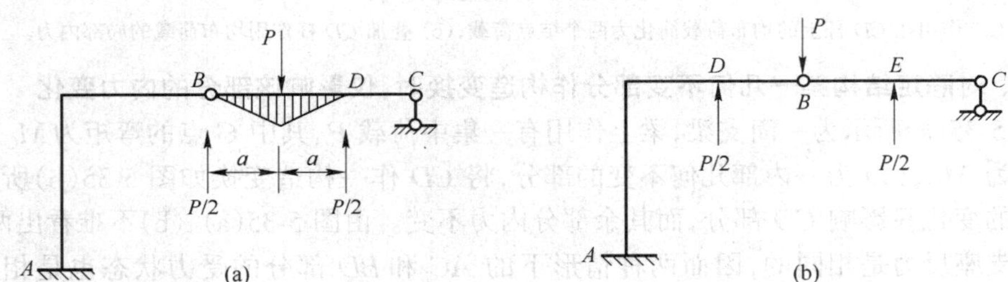

图 5-32　特性二,适用条件

(a) 平衡力系作用在几何不变部分;(b) 平衡力系作用在几何可变部分。

三、对静定结构某一几何不变部分上的荷载作等效变换时,仅影响该部分的内力变化

如图 5-33(a)所示静定刚架,附属部分上的一段梁 AB 是几何不变的。在 AB 的中点 C 作用一集中荷载 P,现将该荷载等效变换如图 5-33(b)所示,则除 AB 段内力重新分布外,整个刚架其余部分的内力和支座反力均保持不变。为说明这一特性,取图 5-33(c)所示的平衡力系作用于 AB 部分,根据前述特性二可知,结构其余部分的内力为零。将图 5-33(c)与图 5-33(b)所示的结构叠加就得到 5-33(a)所示的结构。由此可见,当计算除 AB 段以外的结构其余部分的内力和支座反力时,图 5-33(a)和图 5-33(b)中的荷载是完全等效的。

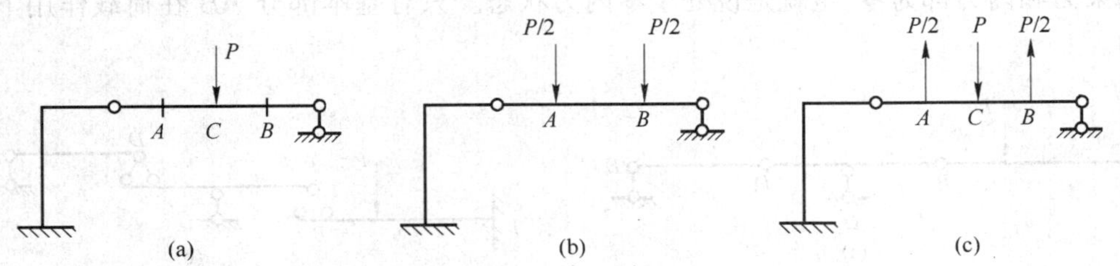

图 5-33　导出特性三,仅影响 AB 部分内力变化

(a) 有一集中力 P 作用;(b) 关于集中力 P 等效变换;(c) AB 区段的平衡力系。

按照上述分析,计算图 5-34(a)所示的分布荷载作用下桁架内力时,首先将承载上弦杆的分布荷载等效地集中于两端的结点上,即先用作用在结点上的等效集中荷载代替原分布荷载计算桁架各杆轴力，然后再叠加上如图 5-34(b)所示的原承载上弦杆在分布荷载作用下的局部内力，此时可将该上弦杆看作是在分布荷载作用下的简支梁。

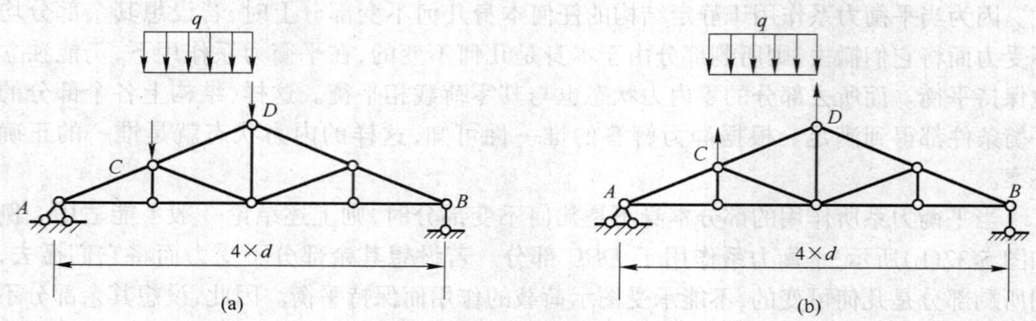

图 5-34　特性三的利用

(a) 作用在 CD 杆上的均布荷载简化为两个结点荷载；(b) 叠加 CD 杆作用均布荷载的局部内力。

四、对静定结构某一几何不变部分作构造变换时，仅影响该部分的内力变化

图 5-35(a)所示为一简支梁，梁上作用有一集中荷载 P，其中 C 点的弯矩为 M_C，D 点的弯矩为 M_D，CD 为一内部几何不变的部分，将 CD 作一构造变换如图 5-35(b)所示，其内力图的变化只影响 CD 部分，而其余部分内力不变。由图 5-35(a)、(b)不难看出两种情形下的支座反力是相同的，因而两种情形下的 AC 和 BD 部分的受力状态也是相同的。经过构造变换后，受影响的只有 CD 部分。

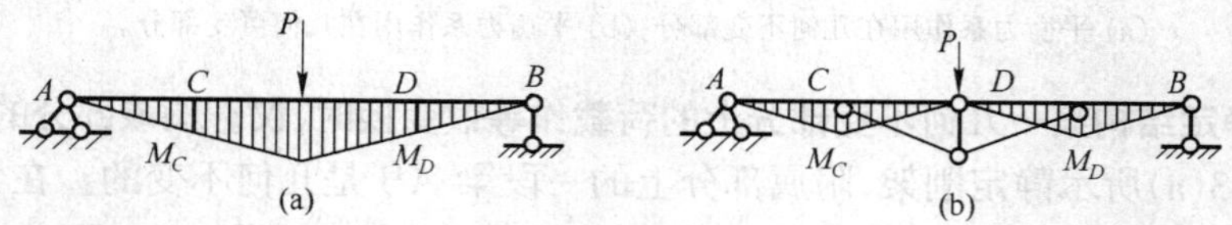

图 5-35　导出特性四，仅影响 CD 部分内力变化

(a) 未作构造变换前；(b) 作构造变换后。

五、具有基本部分和附属部分的结构，当仅基本部分承受荷载时，附属部分不受力

图 5-36(a)所示为一多跨的静定梁，当荷载只作用在基本部分 AB 区段时，其余部分不受力。由层次图(图 5-36(b))可以看出，附属部分 DE 和 BCD 由于无外荷载作用，它们的约束力和内力都为零，也就是说处于零内力状态。只有基本部分 AB 在荷载作用下有内力。

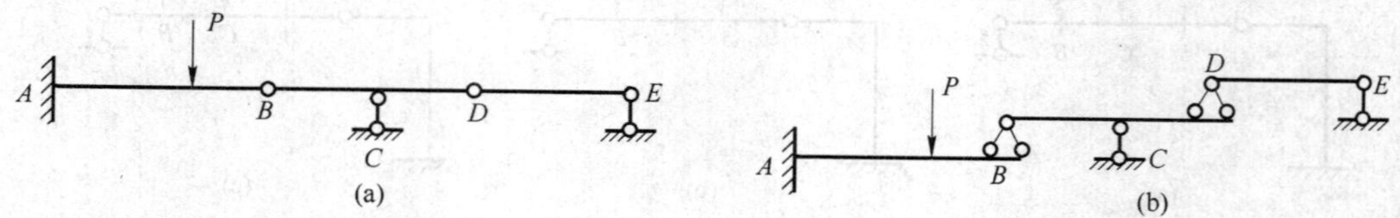

图 5-36　导出特性五，仅 AB 杆受力

(a) 多跨静定梁及所受荷载；(b) 层次图。

上述为静定结构的一些特性，它们都是以满足平衡条件的反力和内力解答的惟一性为依据的。熟练地掌握这些特性可使分析计算工作得到简化。

复习思考题

1. 理想桁架的计算简图作了哪些假设？它与实际的桁架有哪些区别？

2. 为什么结点法最适合于求解简单桁架？

3. 在桁架计算中，为了避免求解联立方程，可采用哪些方法？

4. 组合结构内力计算的特点是什么？计算组合结构时一般采取怎样的步骤？

5. 图 5-37 所示空间桁架中，有五根支座链杆所在的两个平面是互相平行的，求第六根链杆反力时，应怎样运用平衡方程最为简便？

6. 空间桁架在什么情况下可以分解为平面桁架进行计算？

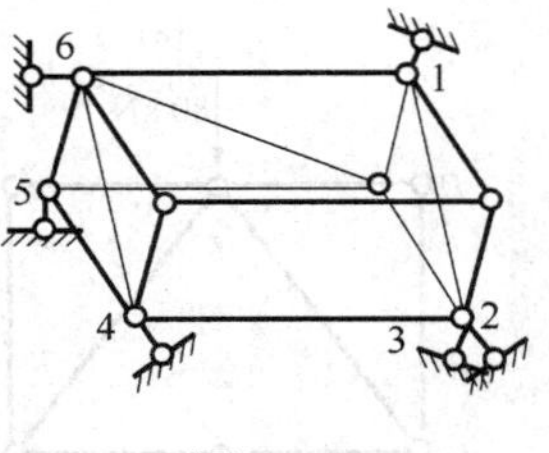

图 5-37

习 题

习题 5-1　判断下图所示桁架是简单桁架，还是联合桁架、复杂桁架，并指出桁架中内力为零的杆件。

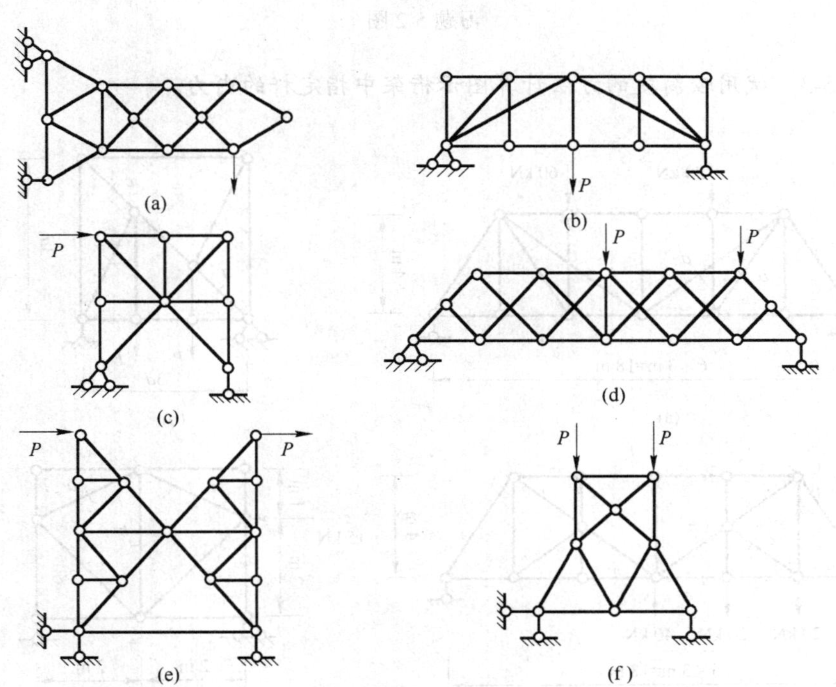

习题 5-1 图

习题 5-2　试用结点法或截面法计算图示各杆件的内力。

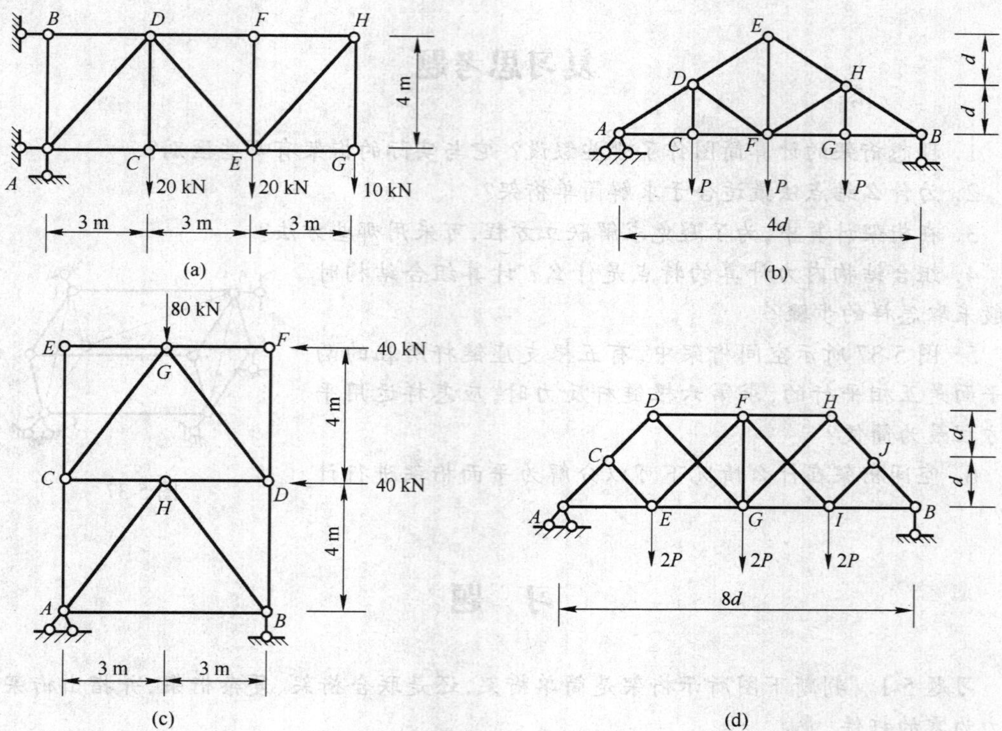

习题 5-2 图

习题 5-3　试用较简捷的方法计算图示桁架中指定杆的内力。

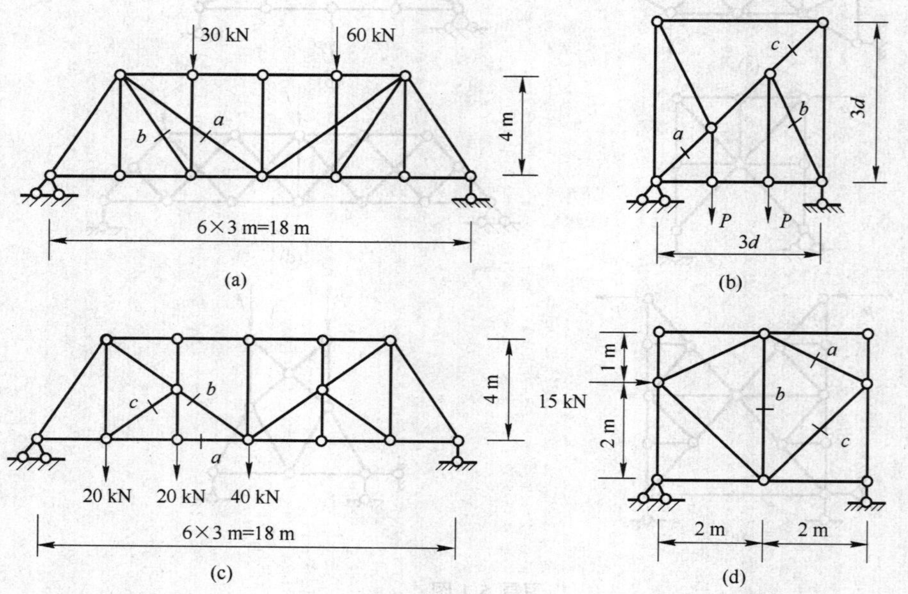

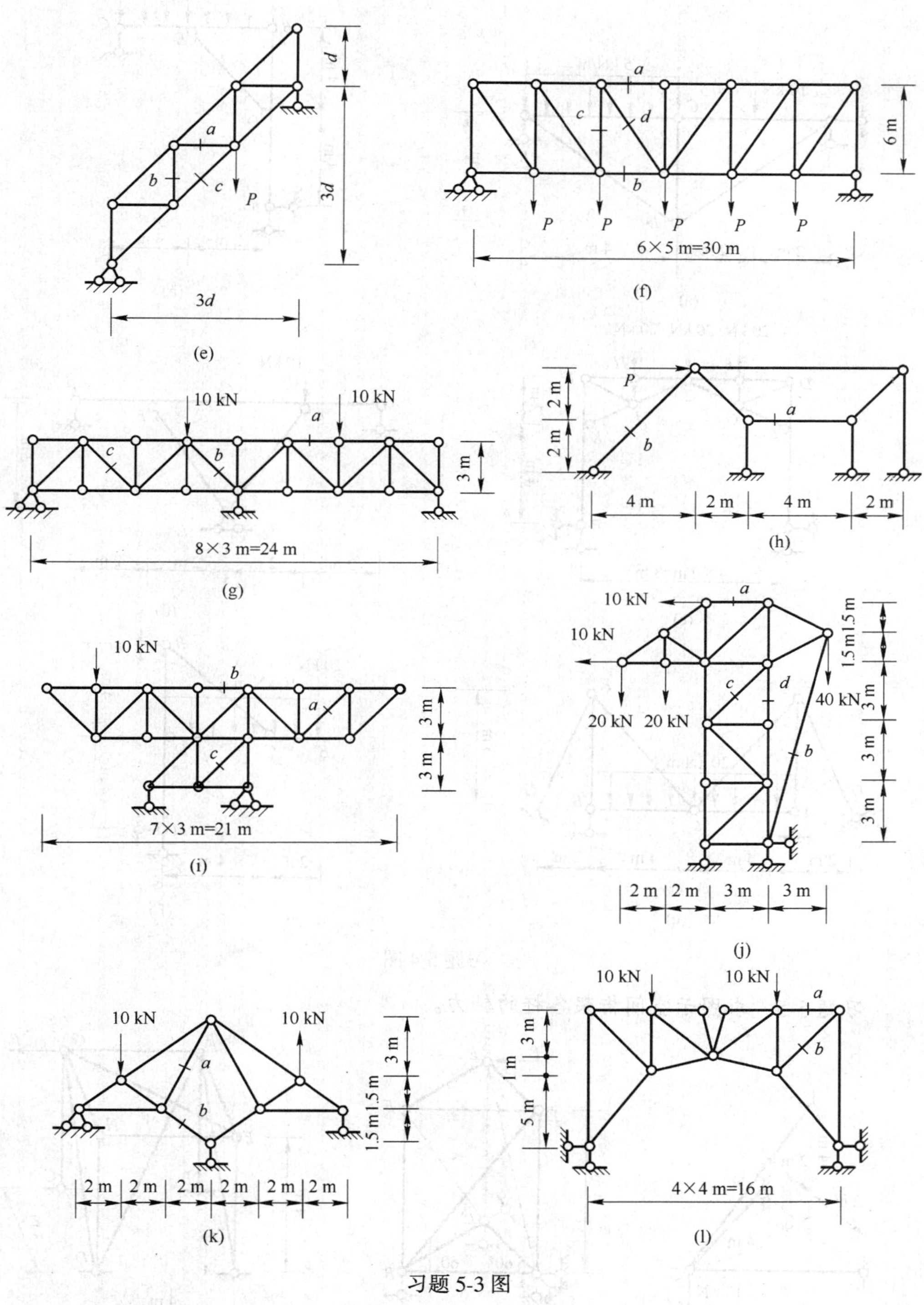

习题 5-3 图

习题 5-4　试求图示组合结构中各链杆的轴力，并绘制受弯杆件的弯矩图。

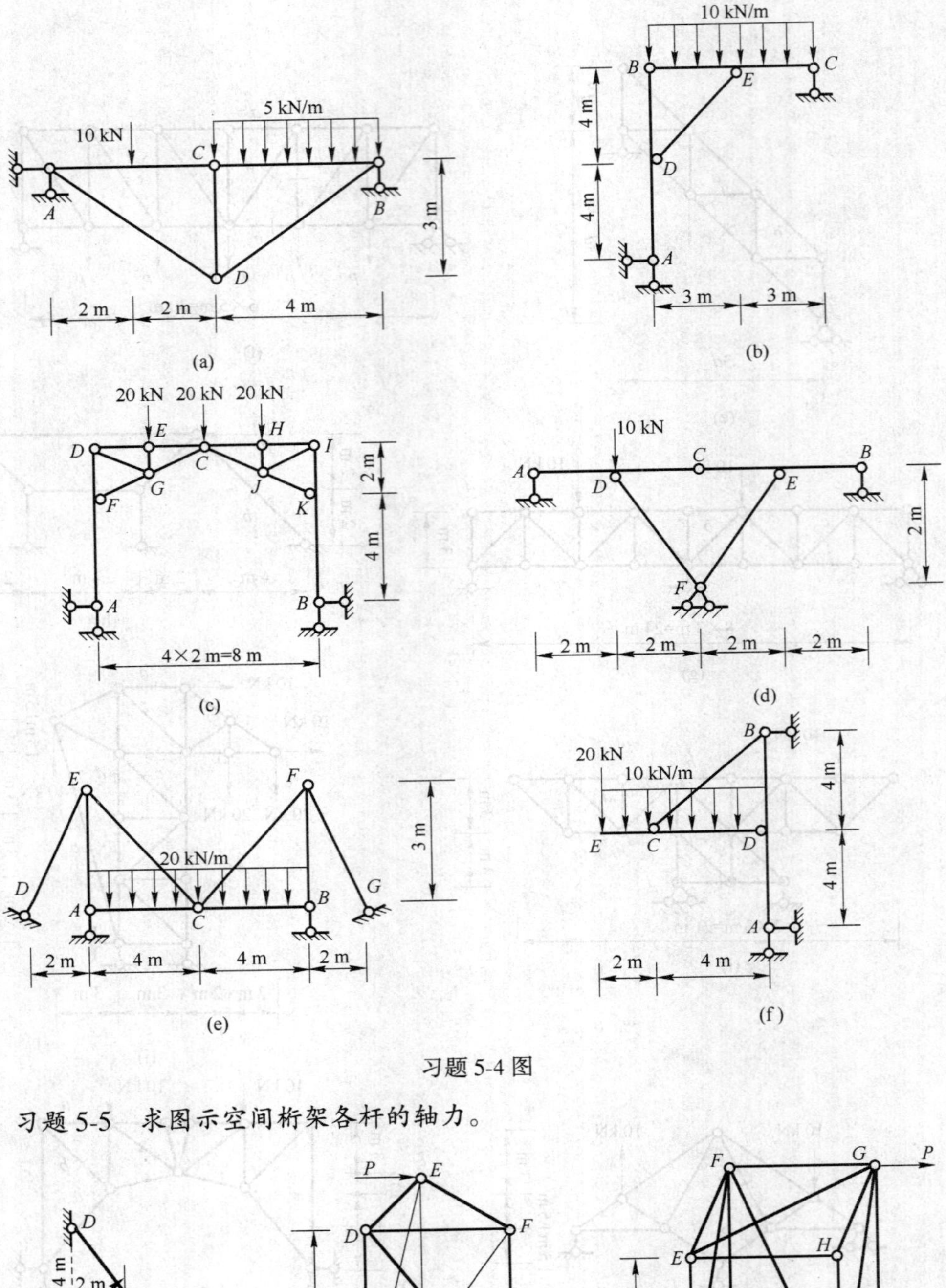

(a)　(b)

(c)　(d)

(e)　(f)

习题 5-4 图

习题 5-5　求图示空间桁架各杆的轴力。

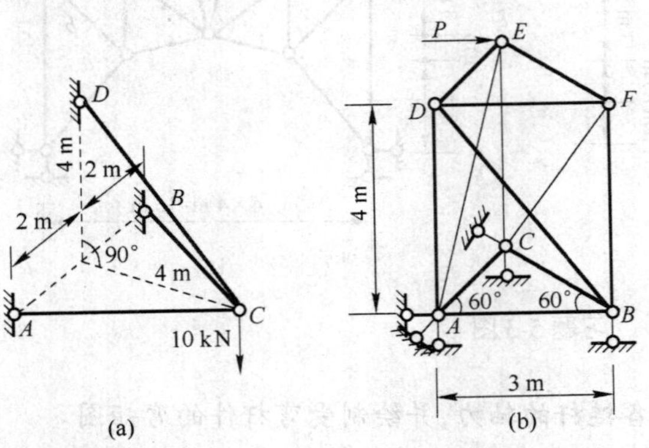

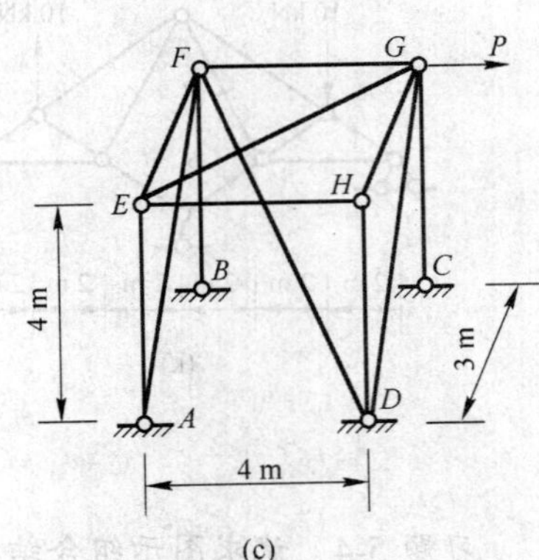

习题 5-5 图

习 题 答 案

习题 5-1 (a)、(c)、(d)、(f)简单桁架;(b)、(e)联合桁架

习题 5-2 (a) $N_{DE}=37.5$ kN; $N_{FH}=7.5$ kN

(b) $N_{DE}=-\sqrt{2}P$; $N_{CF}=1.5P$

(c) $N_{DB}=-13.33$ kN;

$N_{GC}=-83.33$ kN

(d) $N_{FG}=-4P$

习题 5-3 (a) $N_a=18.03$ kN; $N_b=37.5$ kN

(b) $N_a=-\dfrac{\sqrt{2}}{3}P$; $N_b=-\dfrac{\sqrt{5}}{3}P$;

$N_c=\dfrac{\sqrt{2}}{3}P$

(c) $N_a=52.5$ kN; $N_b=18.03$ kN

(d) $N_a=-5.59$ kN; $N_b=5$ kN

(e) $N_a=\dfrac{1}{3}P$; $N_b=-\dfrac{1}{3}P$;

$N_c=\dfrac{\sqrt{2}}{3}P$

(f) $N_a=-3.75P$; $N_b=3.33P$;

$N_c=-0.5P$; $N_d=0.65P$

(g) $N_a=-20$ kN; $N_b=-2.5\sqrt{2}$ kN;

$N_c=7.5\sqrt{2}$ kN

(h) $N_a=-P$; $N_b=\sqrt{2}P$

(i) $N_a=0$; $N_b=20$ kN;

$N_c=21.2$ kN

(j) $N_a=50$ kN; $N_b=12.13$ kN

(k) $N_a=5.47$ kN; $N_b=0$

(l) $N_a=-1.67$ kN

习题 5-4 (a) $N_{AD}=12.5$ kN

(b) $N_{ED}=0$;

$M_{EC}=45$ kN·m(下侧受拉)

(c) $N_{KJ}=-44.69$ kN;

$M_{KB}=53.32$ kN·m(外侧受拉)

(d) $N_{DF}=N_{EF}=-5\sqrt{2}$ kN;

$V_A=2.5$ kN(↑);

$V_B=2.5$ kN(↓)

(e) $Q_{AC}=40$ kN; $N_{AE}=-80$ kN

(f) $N_{CB}=75\sqrt{2}$ kN;

$M_{DA}=150$ kN·m(外侧受拉)

习题 5-5 (a) $N_{CD}=14.15$ kN;

$N_{AC}=-5.6$ kN

(b) $N_{BF}=N_{CE}=-1.33P$

(c) $N_{HE}=N_{HD}=N_{HG}=0$;

$N_{EA}=N_{EF}=N_{EG}=0$;

$N_{FD}=-\dfrac{\sqrt{41}}{4}P$; $N_{FA}=\dfrac{5}{4}P$

第 6 章　结构的位移计算

6.1　概　述

一、结构的位移

结构在外荷载作用下，将会产生形状和尺寸的改变，这种改变称为变形。由于变形时结构上各点的位置将会发生改变，包括横截面上各点位置的移动和横截面的转动，这些移动和转动称为结构的位移。

如图 6-1 所示的刚架，在荷载作用下发生如虚线所示的变形，截面的形心 A 点沿某一方向移到了 A' 点，则线段 AA' 称为 A 点的线位移，用 Δ_A 表示，将 Δ_A 沿水平方向和竖直方向分解为两个分量，分别用 Δ_{AH} 和 Δ_{AV} 表示，分别称为 A 点的水平线位移和竖向线位移。此外，截面 A 还转动了一个角度，称为 A 截面的角位移，用 φ_A 表示。

除荷载外，其他因素如温度改变、支座移动、材料收缩、制造误差等，虽然不一定使结构产生应力和应变，但一般来说都会使结构产生位移。如图 6-2 所示的简支梁，在下侧温度升高的情况下发生如图中虚线所示的变形。此时，C 点移到了 C' 点，即 C 点的线位移为 CC'，同时，C 截面还转动了一个角度 φ_C，这就是 C 截面的角位移。

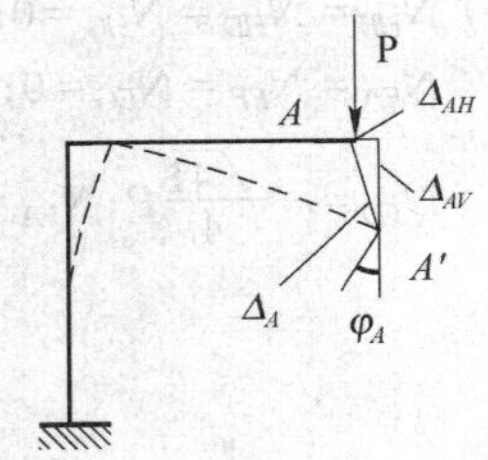

图 6-1　刚架的变形和位移

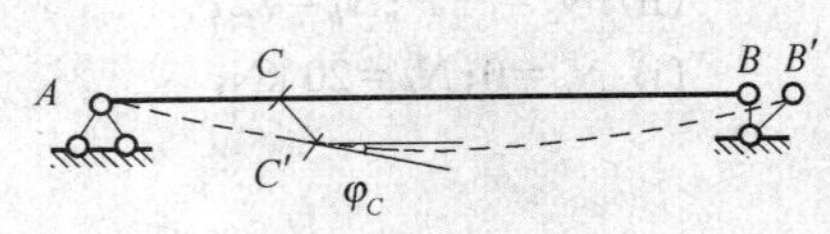

图 6-2　简支梁的变形和位移

上述所讲的位移均为绝对位移。除此之外，还有相对位移。如图 6-3 所示的刚架，在荷载作用下，发生如虚线所示的变形。截面 A、B 的角位移分别为 φ_A、φ_B，它们的和 $\varphi_{AB}=\varphi_A+\varphi_B$ 就称为 A、B 两截面的相对角位移；同样，C、D 两点的线位移分别为 Δ_C 和 Δ_D，则它们的和 $\Delta_{CD}=\Delta_C+\Delta_D$ 就称为 C、D 两点的相对线位移。

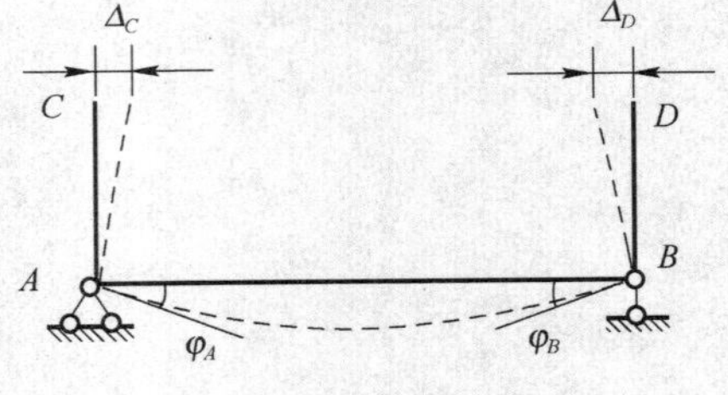

图 6-3　刚架的相对位移

上述各种位移无论是线位移或是角位移，无论是绝对位移或是相对位移，都将统称为广义位移。

二、计算结构位移的目的

计算结构位移的目的之一就是为了校核结构的刚度。在结构设计中，除了必须满足结构强度的条件外,还必须满足结构的刚度条件。即保证结构在使用过程中不发生过大的变形,保证其变形不超过规范所允许的限值。例如,在混凝土规范中规定,吊车梁的挠度最大值不得超过跨度的 1/600。在铁路工程技术规范中规定,在竖向静活荷载作用下桥梁的最大挠度值,钢板梁不得超过跨度的 1/700,等等。

其次,为分析超静定结构打下基础。因为超静定结构的内力仅用静力平衡条件是不能完全确定的,必须要考虑变形条件,也就是通过计算结构的位移来建立变形条件。

此外,在结构的制作、施工、养护、架设等过程中,也常常需要预先知道结构的位移,以便采取相应的措施,确保施工安全和拼装就位。

还有,在结构的动力计算和稳定计算中,也需要计算结构的位移。可见,结构的位移计算在工程上具有重要的意义。

三、计算结构位移的假定

在计算结构的位移时,为了使计算简化,常采用如下的假定。

(1) 结构的材料服从虎克定律,即应力与应变成线性关系。

(2) 结构的变形很小,以致不影响荷载的作用,即在变形后的平衡方程式中,可以忽略结构的变形,而仍然应用结构变形前的几何尺寸;同时由于变形微小,变形与位移成线性关系。

(3) 结构各处的联结是无摩擦的。

满足上述条件的理想化的结构体系,就称为线性弹性体系或线性变形体系。在计算位移时可以应用叠加原理。

6.2 虚功原理

一、功、实功、虚功

力 P 作用在物体上,使物体产生了位移,则力 P 就在位移上做了功,其做功的大小可用下式计算:

$$T = \int P \cdot \mathrm{coa}\alpha \mathrm{d}s \tag{6-1}$$

式中,α 为力 P 的方向与作用点位移方向的夹角,$\mathrm{d}s$ 为位移微段。

如果 P 为常量,作用点总位移为 D,则力 P 所做的功为

$$T = PD\cos\alpha = P\Delta \tag{6-2}$$

式中,Δ 为总位移 D 在力 P 作用线方向上的投影,称为与力 P 相对应的位移。

对于其他形式的力或力系所作的功,也常用两个因子的乘积表示,为方便起见,将其中与力相应的因子称为广义力,与位移相应的因子称广义位移。例如,如果力 P 为作用在结构某一截面的外力偶 M,则广义位移为该截面所发生的相应角位移 φ,该力偶做功即为:$T = M\varphi$。如果力 P 为作用在结构上的一对力偶 M,则广义位移为两个作用面发生的相对角位移 φ_{AB},则这对力偶所做的功为 $T = M\varphi_{AB}$。

力学中的静荷载通常为变力,即从零逐渐开始增加的。如图 6-4(a)所示的简支梁,承受荷载 P 作用。荷载从零逐渐增加到 P 值。作用点处的位移从零逐渐增加到 Δ 值。由于我们研究的是线性变形体系,荷载与位移成正比关系,即荷载 P 与位移 Δ 之间的关系可

用图 6-4(b)中的直线关系表示。设在加载过程中,当 $P=P_y$ 时,相应的位移为 y,当荷载从 P_y 增加到$(P_y+\mathrm{d}P)$时,相应的位移为$(y+\mathrm{d}y)$,则在荷载由 O 增加至P 的过程中,力所做的功可用下式表示:

$$T=\int \mathrm{d}T=\int_0^{\Delta}\frac{P}{\Delta}y\mathrm{d}y=\frac{1}{2}P\Delta \tag{6-3}$$

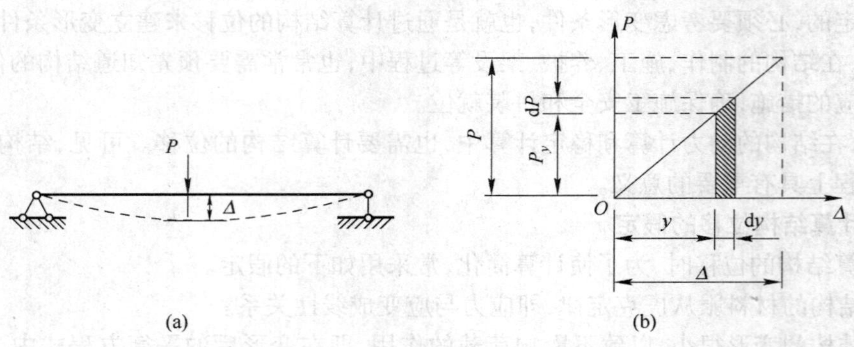

图 6-4　简支梁及其荷载与位移的关系
(a) 简支梁的变形;(b) 荷载与位移的关系。

在上例中,力与位移之间存在直接的依赖关系,位移是由于力直接引起的。像这样力在自身所引起的位移上做功,就称为实功。对线性变形体系,若 P 为变力,则实功即等于力与其相应位移的乘积,再乘以 1/2。

力除了在自身所引起的位移上做功外,还存在一种情况,即力与位移之间没有直接的关系,位移是由其他的因素产生的,这时候力所做的功称为虚功。如图 6-5(a)所示的简支梁,在梁上 1 点处作用一集中力 P,设该梁由于与 P 无关的原因(如其他荷载作用、温度变化、支座沉降等)发生了变形,如图 6-5(b)所示,设 1 点处的位移为 Δ,则乘积 $P\Delta$ 就称为力P 在位移Δ 上所做的虚功。由图 6-5(a)、图 6-5(b)可知,虚功中的力与位移分别属于同一体系中两个不同的状态,与力有关的状态称为力状态或第一状态(图 6-5(a)),与位移有关的状态称位移状态或第二状态(图 6-5(b))。这两种状态彼此独立无关。

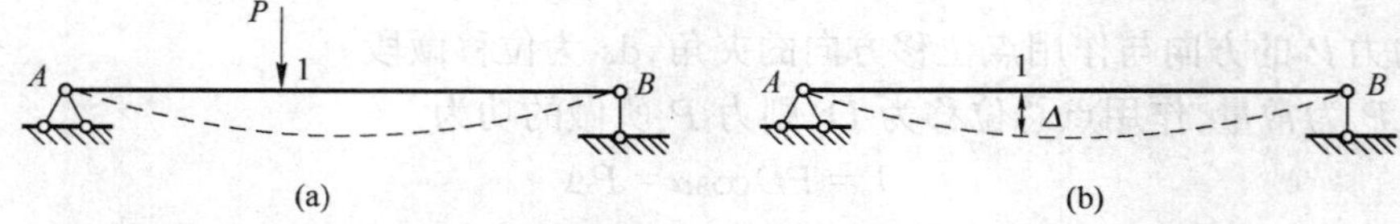

图 6-5　虚功中两种彼此无关的状态
(a) 力状态; (b) 位移状态。

二、刚体虚功原理

在理论力学中已经讨论过质点系的虚位移原理,即:一个具有理想约束的质点系在外力作用下处于平衡的充分必要条件是质点系所受各力在任何虚位移过程中所做的虚功之和恒等于零。所谓虚位移是指为约束条件所允许的任意微小位移。所谓理想约束是指其约束反力在虚位移上所做的功恒等于零的约束,例如光滑铰结、刚性链杆等。对于刚体而言,任意两点之间的距离保持不变,相当于任意两点间有刚性链杆相连。因此,刚体是具有理想约束的质点系，刚体内力在刚体虚位移上所做的功恒等于零，故刚体的虚功原理可表述如下。

刚体在外力作用下处于平衡的充分必要条件是：对于任意微小的虚位移，外力所做的虚功之和恒等于零。

在应用虚功原理时，由于体系中力系与位移是彼此独立无关的，因此，可以把位移看作是虚设的，也可以把力系看作是虚设的。这种虚设可以按照我们的目的而虚设。如果研究某种实际状态下的位移，则力状态需要虚设，此时的力称为虚力，虚设力系应该满足结构的平衡条件。如果研究某种实际状态的未知力，则位移状态需要虚设，此时的位移称为虚位移，它应该满足结构的变形协调条件。

三、变形体的虚功原理

变形体的虚功原理是力学中的一个基本原理，结构力学中计算位移的方法是以虚功原理为基础的。刚体体系的虚功原理是变形体虚功原理的特殊形式。

变形体的虚功原理可表述如下。

设变形体在力系作用下处于平衡状态，又设变形体由于其他原因产生符合约束条件的微小连续变形，则体系上所有外力在位移上所作外虚功 T 恒等于各个微段上的内力在微段变形上所做的内虚功 V。或者简单地说，外力虚功等于变形虚功（虚应变能）。即

$$T = V \tag{6-4}$$

下面先讨论变形体为单个杆件的情况，然后推广到杆件结构的一般情况。

1. 变形体虚功方程的应用条件

变形体虚功方程的应用条件，也就是体系的力状态的力系和位移状态的位移应满足的条件。其中力系应满足平衡条件，位移应满足变形协调条件。下面对这两方面加以说明。

图 6-6(a)所示为一直杆 AB，其上作用有横向分布荷载 $q(s)$、轴向分布荷载 $p(s)$、分布力偶 $m(s)$，A 端外力为 M_A、N_A、Q_A，B 端外力为 M_B、N_B、Q_B。在这些力共同作用下，直杆 AB 处于平衡状态。从 AB 杆中取一微段 ds，其受力情况如图 6-6(b)所示，利用平衡条件，对微段的截面内力 M、N、Q 与分布荷载 p、q、m 之间应满足下列平衡微分方程。

$$\left.\begin{aligned} &\mathrm{d}N + p(s)\mathrm{d}s = 0 \\ &\mathrm{d}Q + q(s)\mathrm{d}s = 0 \\ &\mathrm{d}M + Q\mathrm{d}s + m(s)\mathrm{d}s = 0 \end{aligned}\right\} \tag{6-5}$$

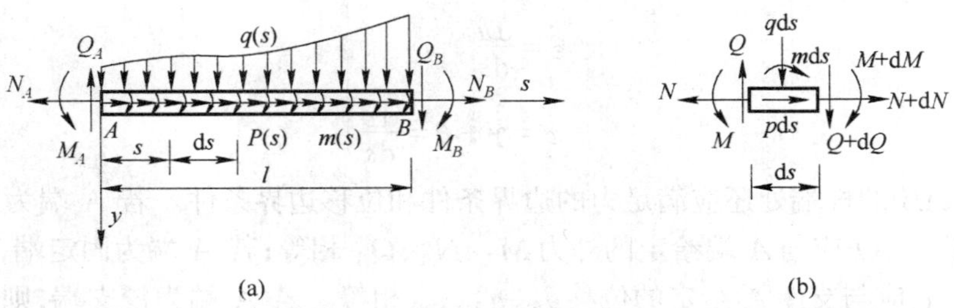

图 6-6　杆所受的荷载及微段受力图

(a) 杆所受的荷载；(b) 微段受力图。

设杆 AB 由于某种原因产生了微小变形，如图 6-7(a)所示，对任意一个截面的位移可用角位移 θ、截面形心的轴向位移 u 和横向位移 v 表示。以 φ 表示杆轴切线方向的角位移，则 φ 可由下式得出：

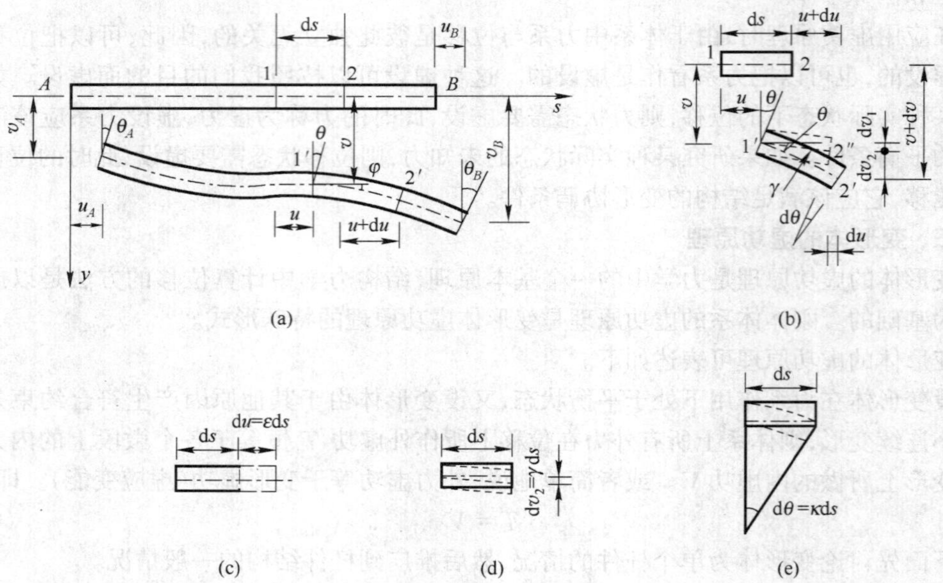

图 6-7 杆的变形及微段变形图

(a) 杆的变形及位移；(b) 微段变形图；(c) 微段轴向变形；(d) 微段剪切变形；(e) 微段弯曲变形。

$$\varphi=\frac{dv}{ds} \tag{6-6}$$

现从杆件 AB 中取一长度为 ds 的微段 12，其变形后移动到 1′2′(图 6-7(b))。设想以截面 1 为准，微段发生刚体位移而移到位置 1′2″。然后使微段产生轴向变形(图 6-7(c))、剪切变形(图 6-7(d))和弯曲变形(图 6-7(e))，分别用轴线的线应变 ε(以伸长为正)、横截面的剪切角 γ(以 s、y 轴正向之间的夹角变小为正)和轴线的曲率 κ(以向上凸为正)表示。则位移分量与应变分量之间应满足下列变形协调条件：

$$\left.\begin{aligned}\kappa&=\frac{d\theta}{ds}\\ \varepsilon&=\frac{du}{ds}\\ \varphi&=\gamma+\theta=\frac{dv}{ds}\end{aligned}\right\} \tag{6-7}$$

在杆件 AB 的杆端处还应满足力的边界条件和位移边界条件。若 A 端为自由端，则 A 截面的 M、N、Q 应与 A 端给定的外力 M_A、N_A、Q_A 相等；若 A 端为固定端，则 A 截面的位移 θ、u、v 应与支座 A 给定的位移 θ_A、u_A、v_A 相等。若 A 端为铰支端，则 A 截面的 M、u、v 应与 A 端给定的 M_A、u_A、v_A 相等。

2．变形体虚功方程

假设图 6-6 所示的 AB 杆件，在外荷载作用下处于静力平衡状态为力状态，图 6-7 所

示的 AB 杆件,其变形状态为位移状态,则力状态的外力在位移状态的位移上所做的虚功为

$$T = (M_B\theta_B + N_B u_B + Q_B v_B) - (M_A\theta_A + N_A u_A + Q_A v_A) + \int_A^B (pu + qv + m\theta)\mathrm{d}s \tag{6-8}$$

式中,前两项为杆端力所做的虚功,第三项为分布荷载所做的虚功。

如图 6-6(b)所示的 AB 杆件上的微段 $\mathrm{d}s$,其两侧面的应力合力在如图 6-7(b)所示的微段的变形上所做的虚功为

$$\mathrm{d}V = N\varepsilon\mathrm{d}s + Q\gamma\mathrm{d}s + M\mathrm{d}\theta = (N\varepsilon + Q\gamma + M\kappa)\mathrm{d}s$$

则 AB 杆件的虚变形功为

$$V = \int_A^B (N\varepsilon + Q\gamma + M\kappa)\mathrm{d}s \tag{6-9}$$

由式(6-4)得变形体的虚功方程为

$$(N_B u_B + Q_B v_B + M_B\theta_B) - (N_A u_A + Q_A v_A + M_A\theta_A) + \int_A^B (pu + qv + m\theta)\mathrm{d}s = \int_A^B (N\varepsilon + Q\gamma + M\kappa)\mathrm{d}s \tag{6-10}$$

3. 变形体虚功方程的推导

由平衡微分方程式(6-5),知下式成立:

$$\int_A^B [(\mathrm{d}N + p\mathrm{d}s)u + (\mathrm{d}Q + q\mathrm{d}s)v + (\mathrm{d}M + Q\mathrm{d}s + m\mathrm{d}s)\theta] = 0$$

将上式改写成

$$\int_A^B (u\mathrm{d}N + v\mathrm{d}Q + \theta\mathrm{d}M) + \int_A^B (pu + qv + Q\theta + m\theta)\mathrm{d}s = 0 \tag{a}$$

由于 $\mathrm{d}(uN + vQ + \theta M) = u\mathrm{d}N + v\mathrm{d}Q + \theta\mathrm{d}M + (N\mathrm{d}u + Q\mathrm{d}v + M\mathrm{d}\theta)$

即 $u\mathrm{d}N + v\mathrm{d}Q + \theta\mathrm{d}M = \mathrm{d}(uN + vQ + \theta M) - (N\mathrm{d}u + Q\mathrm{d}v + M\mathrm{d}\theta)$

代入式(a),得

$$[uN + vQ + \theta M]\Big|_A^B - \int_A^B (N\mathrm{d}u + Q\mathrm{d}v + M\mathrm{d}\theta) + \int_A^B (pu + qv + m\theta)\mathrm{d}s + \int_A^B Q\theta\mathrm{d}s = 0 \tag{b}$$

由式(6-7),知

$$\mathrm{d}\theta = \kappa\mathrm{d}s,\ \mathrm{d}u = \varepsilon\mathrm{d}s,\ \mathrm{d}v - \theta\mathrm{d}s = \gamma\mathrm{d}s$$

代入式(b),得

$$(N_B u_B + Q_B v_B + M_B\theta_B) - (N_A u_A + Q_A v_A + M_A\theta_A) + \int_A^B (pu + qv + m\theta)\mathrm{d}s = \int_A^B (N\varepsilon + Q\gamma + M\kappa)\mathrm{d}s$$

此即式(6-10),从而证明了虚功方程。

如果杆上除了分布荷载外,还有集中荷载,只须在式(6-10)中将外虚功 T 中计入集中荷载 P 所做的虚功 $P\Delta$ 即可。其中 Δ 为与 P 相应的位移。

现将虚功原理推广到一般杆件结构的情况。以图 6-8 所示的刚架为例，对结构中每一杆件应用虚功原理，然后进行叠加，即得到下式：

$$\sum\left[Nu+Qv+M\theta\right]_i^j+\sum\int_i^j(pu+qv+m\theta)\mathrm{d}s+\sum P\Delta=$$
$$\sum\int_i^j(N\varepsilon+Q\gamma+M\kappa)\mathrm{d}s$$

式中，等号左边为各杆杆端力和分布荷载所做的虚功。其中第一项为各杆杆端力所做的虚功，i、j 表示各杆件的杆端截面。对于图 6-8 所示刚架结构，杆端截面可分为两类。第一类是结构内部结点处的杆端截面，如 AB、BD、BC 杆件的截面 1、2、3，由于结构本身处于平衡状态，即结点 B 处于平衡，取 B 结点为隔离体时，作用于 B 点的各杆端力构成平衡力系，它们在结点位移上所做的虚功之和等于零。

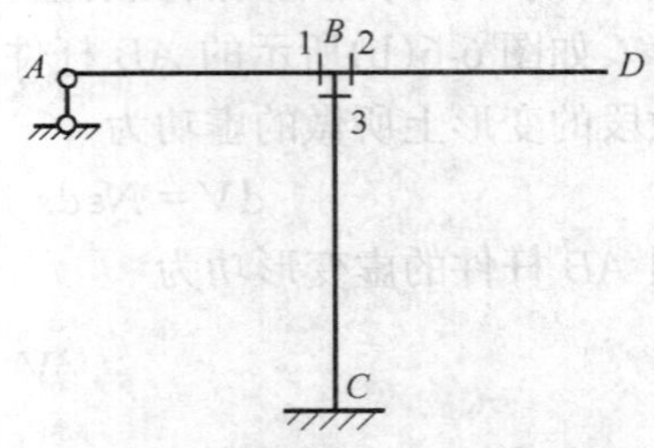

图 6-8　刚架结构的杆端截面

第二类杆端截面是结构的边界截面，如 A、C、D 截面，这些截面有的给定了位移，如 C 截面；有的给定了外力，如 D 截面；还有的既给定了位移，又给定了外力，如 A 截面，这些杆端力的虚功之和就是结构边界外力的虚功，包括边界荷载和支座反力的虚功。通常将边界荷载所做虚功与各杆集中荷载的虚功统一表示成：$\sum P\Delta$，Δ 是与 P 相应的位移；支座反力的虚功可表示成 $\sum R_kC_k$，R_k 是支座反力，C_k 是与 R_k 相应的支座位移，于是，可得到杆件结构虚功方程的一般形式：

$$\sum P\Delta+\sum R_kC_k+\sum\int(pu+qv+m\theta)\mathrm{d}s=\sum\int_i^j(N\varepsilon+Q\gamma+M\kappa)\mathrm{d}s \qquad (6\text{-}11)$$

若结构没有变形，即 ε、γ、θ 均为零，只有支座移动或转动而发生刚体位移，则虚功方程变为

$$T=0 \qquad (6\text{-}12)$$

这就是刚体的虚功原理。可见刚体的虚功原理是变形体虚功原理的一个特例。

四、虚功原理的两种应用形式

1. 虚位移原理

如果用虚功原理来求解某一体系的未知力，这时给定的实际状态为力状态，需要假设一个位移状态，即适当选择虚位移。这时的虚功原理称虚位移原理。下面举一简单例子加以说明。

如图 6-9(a)所示为一简支梁，梁上承受荷载 P，求简支梁 B 端的支座反力 X。

为了使虚功方程中包括未知力 X，在虚位移状态中应该有沿 X 方向的虚位移。为此，去掉与未知力 X 相应的约束，并以 X 代替其作用(图 6-9(b))，于是体系成为可绕 A 点转动的可变体系，承受外荷载 P、未知力 X 以及支座 A 的反力 V_A、H_A。选择与约束条件相符合的位移状态(图 6-9(c))，可建立虚功方程如下：

$$X\cdot\Delta_X-P\cdot\Delta_P=0 \qquad (6\text{-}13)$$

式中，Δ_X、Δ_P 为沿 X 和 P 方向的位移，且设与力的指向相同者为正。由图 6-9(c)可知，Δ_X、Δ_P 有如下的几何关系：

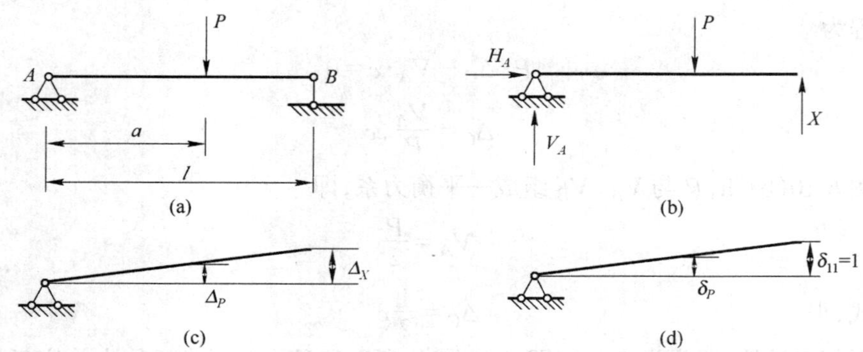

图 6-9　用虚位移原理求未知力

(a) 简支梁；(b) 力状态；(c) 虚位移状态；(d)虚单位位移状态。

$$\frac{\Delta_P}{\Delta_X}=\frac{a}{l}$$

代入式(6-13)，可得

$$X=P\cdot\frac{\Delta_P}{\Delta_X}=P\,\frac{a}{l}$$

由于所设的 Δ_X 的大小并不影响拟求的未知力 X 的数值，为了计算上的方便，设沿 X 方向上的位移为单位位移(图 6-9(d))，即 $\Delta_X=\delta_{11}=1$，则 $\Delta_P=\delta_P=\frac{a}{l}$，则式(6-13)可写为 $X\cdot 1-P\cdot\delta_P=0$，即

$$X=P\cdot\delta_P=P\,\frac{a}{l}$$

由上例可看出式(6-13)实际上是一力矩平衡方程：$\sum M_A=0$。因此，虚功方程形式上是功的方程，实际上就是平衡方程。通常将这种应用虚位移原理求未知力而沿该方向虚设一单位位移的方法称为单位位移法。单位位移法实际上是利用虚位移之间的几何关系来解决静力平衡问题。

2. 虚力原理

如果我们运用虚功原理求解某一体系的未知位移，则给定的实际状态为位移状态，根据所求的位移虚设一个力状态，这时的虚功原理称虚力原理。

如图 6-10(a)所示，简支梁支座 A 向下移动一已知距离 c，现求 C 点的竖向位移 Δ_{CV}。

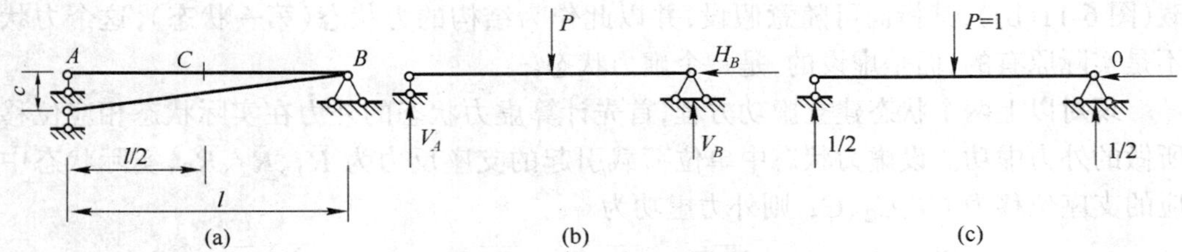

图 6-10　用虚力原理求位移

(a) 简支梁位移状态；(b) 虚力状态；(c) 单位力虚力状态。

为了使虚功方程出现未知位移 Δ_{CV}，在 C 点加一竖向外力 P，并以此作为力状态，则

虚功方程为

$$P \cdot \Delta_C - V_A \cdot c = 0$$

$$\Delta_C = \frac{V_A}{P} \cdot c$$

由图 6-10(b)知,P 与 V_A、V_B 组成一平衡力系,即

$$V_A = \frac{P}{2}$$

代入上式,得

$$\Delta_C = \frac{1}{2} c$$

为了便于计算,通常设 $P = 1$(图 6-10(c)),所以这种方法通常又称为单位荷载法。这种方法实际上是采用静力平衡方法来求解位移之间的几何关系。本章主要讨论用这种方法来计算结构的位移。

6.3 结构位移计算的一般公式 单位荷载法

设图 6-11(a)所示的刚架由于荷载、支座位移和温度变化等因素发生了变形,如图中虚线所示。现用虚功原理求任一截面 M 处沿任一指定方向 $K-K$ 上的位移 Δ_K。

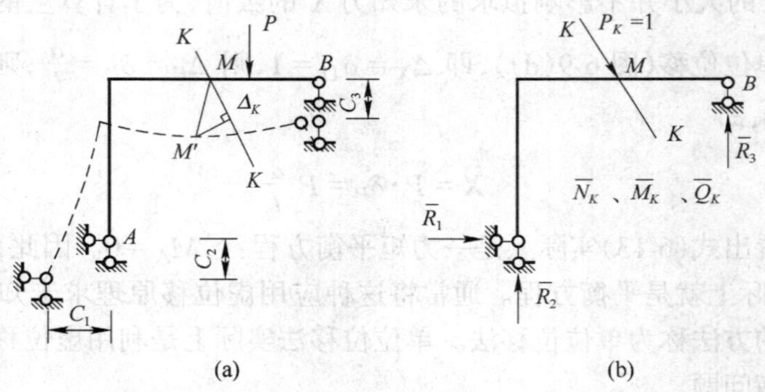

图 6-11 用单位荷载法计算位移的两种状态

(a) 位移状态;(b) 虚力状态。

要运用虚功原理,就需要两个状态:位移状态和力状态。取图 6-11(a)所示刚架的实际状态作为虚力原理的位移状态(第二状态),然后在 M 点沿着 $K-K$ 方向加一单位荷载(图 6-11(b)),其指向可随意假设,并以此作为结构的力状态(第一状态),这个力状态不是实际原有的,而是虚设的,是一个虚力状态。

现对以上两个状态建立虚功方程,首先计算虚力状态的外力在实际状态相应位移上所做的外力虚功。设虚力状态中单位荷载引起的支座反力为 $\overline{R}_1$、$\overline{R}_2$、$\overline{R}_3$,实际状态中相应的支座位移为 C_1、C_2、C_3,则外力虚功为

$$T = 1 \cdot \Delta_K + \overline{R_1} C_1 + \overline{R_2} C_2 + \overline{R_3} C_3 = \Delta_K + \sum \overline{R_i} C_i$$

然后计算虚力状态的内力在实际状态相应变形上所做的内力虚功,即变形虚功。设虚力状态中由单位荷载引起的微段的内力为 $\overline{N}_K$、$\overline{M}_K$、$\overline{Q}_K$,实际状态中微段相应的变形为 $\varepsilon \mathrm{d}s$、$\kappa \mathrm{d}s$、$\gamma \mathrm{d}s$,则变形虚功为

$$V = \sum \left(\int \overline{N}_K \varepsilon \mathrm{d}s + \int \overline{Q}_K \gamma \mathrm{d}s + \int \overline{M}_K \kappa \mathrm{d}s \right)$$

由虚功原理 $T = V$,得

$$\Delta_K + \sum \overline{R}_i C_i = \sum \left(\int \overline{N}_K \varepsilon \mathrm{d}s + \int \overline{Q}_K \gamma \mathrm{d}s + \int \overline{M}_K \kappa \mathrm{d}s \right)$$

即

$$\Delta_K = \sum \left(\int \overline{N}_K \varepsilon \mathrm{d}s + \int \overline{Q}_K \gamma \mathrm{d}s + \int \overline{M}_K \kappa \mathrm{d}s \right) - \sum \overline{R}_i C_i \tag{6-14}$$

这就是计算结构位移的一般公式。它可以用于计算静定结构或超静定平面杆件结构在荷载、支座移动等因素作用下而产生的位移,并且适用于弹性或非弹性材料的结构。

用式(6-14)不仅可以计算任一点的线位移,还可以计算角位移、相对位移等,也就是说,它可以计算任一广义位移。在力状态中所施加的单位荷载是与所求的广义位移相对应的广义力。下面举一些例子,说明广义位移和广义力之间的相应关系。

(1) 如图 6-12(a)、(b)所示,要求结构某点沿某一方向的线位移时,应在该点沿所求位移方向施加单位力。

(2) 如图 6-12(c)所示,若要求结构某截面的转角,应在该截面处加一单位力偶。

(3) 如图 6-12(d)、(e)所示,若要求结构上某两点的相对水平(竖向)位移,应在该两点处加一对方向相反的水平(竖向)单位力。

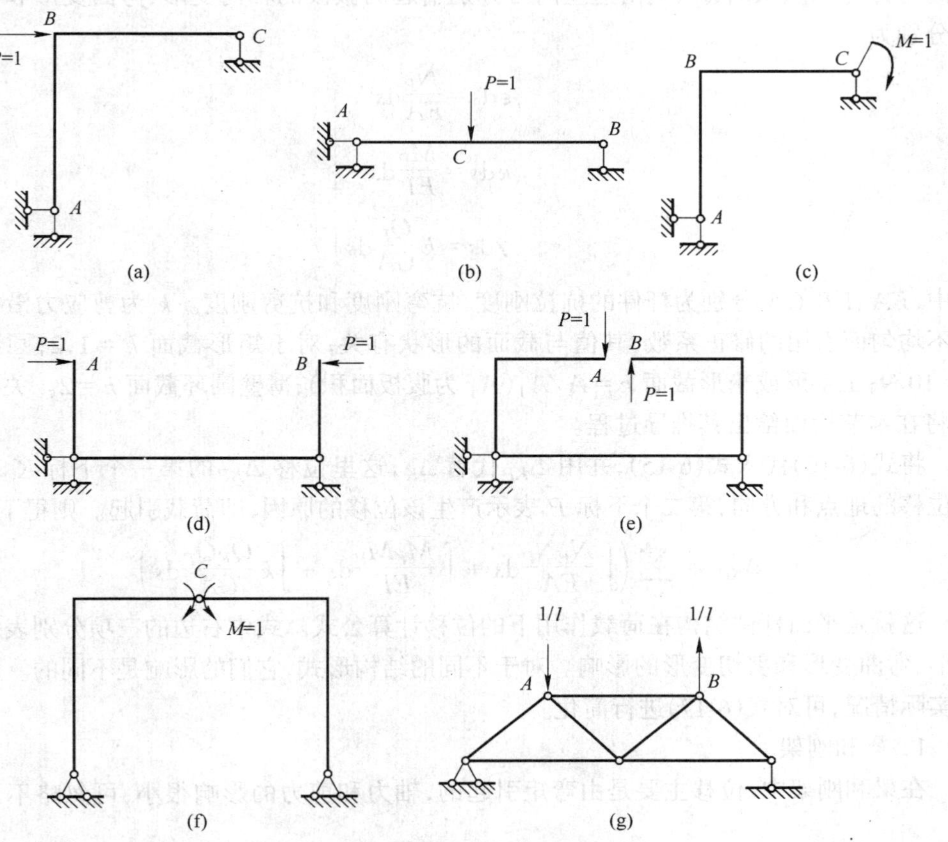

图 6-12 根据广义位移施加广义力的例子

(a) 求 Δ_{BH};(b) 求 Δ_{CA};(c) 求 φ_C;(d) 求 Δ_{AB};(e) 求 Δ_{AB};(f) 求 φ_C;(g) 求 φ_{AB}。

(4) 若要求结构上两个截面的相对角位移,应在该两截面处加两个方向相反的单位力偶。如图 6-12(f)所示为求铰 C 处左右截面的相对角位移。

(5) 若求桁架中某杆的角位移,由于桁架只承受轴力,可在该杆端加一对方向与杆件垂直、大小等于杆长的倒数而指向相反的集中力,如图 6-12(g)所示,为求 AB 杆的角位移。

6.4 荷载作用下静定结构的位移计算

本节讨论线弹性结构只在荷载作用下的位移计算。

由于结构只承受荷载作用,支座的位移为零,故式(6-14)中的 $\sum \overline{R}_i C_i$ 一项为零,因而位移计算公式为

$$\Delta_K = \sum \left(\int \overline{N}_K \varepsilon \mathrm{d}s + \int \overline{Q}_K \gamma \mathrm{d}s + \int \overline{M}_K \kappa \mathrm{d}s \right) \tag{6-15}$$

式中,$\overline{N}_K$、$\overline{Q}_K$、$\overline{M}_K$ 为虚拟状态下由单位荷载引起的微段的内力,$\varepsilon \mathrm{d}s$、$\gamma \mathrm{d}s$、$\kappa \mathrm{d}s$ 为实际状态下由荷载引起的微段的变形,可由材料力学的公式计算。假设实际状态下由荷载引起的内力为 N_P、M_P、Q_P,则由这些内力分别引起的微段的轴向变形、弯曲变形和剪切变形分别为

$$\left.\begin{aligned} \varepsilon \mathrm{d}s &= \frac{N_P}{EA}\mathrm{d}s \\ \kappa \mathrm{d}s &= \frac{M_P}{EI}\mathrm{d}s \\ \gamma \mathrm{d}s &= k\,\frac{Q_P}{GA}\mathrm{d}s \end{aligned}\right\} \tag{6-16}$$

式中,EA、EI、GA 分别为杆件的抗拉刚度、抗弯刚度和抗剪刚度。k 为剪应力沿截面分布不均匀而引用的修正系数,其值与截面的形状有关,对于矩形截面 $k = 1.2$;圆形截面 $k = 10/9$;工字形或箱形截面 $k = A/A_1$(A_1 为腹板面积);薄壁圆环截面 $k = 2$。关于系数 k,将在本节后面给出其推导过程。

将式(6-16)代入式(6-15),并用 Δ_{KP} 代替 Δ_K,这里位移 Δ_{KP} 的第一个下标 K 表示发生位移的地点和方向,第二个下标 P 表示产生该位移的原因,即荷载引起。则得下式:

$$\Delta_{KP} = \sum \left(\int \frac{\overline{N}_K N_P}{EA}\mathrm{d}s + \int \frac{\overline{M}_K M_P}{EI}\mathrm{d}s + \int k\,\frac{\overline{Q}_K Q_P}{GA}\mathrm{d}s \right) \tag{6-17}$$

这就是平面杆件结构在荷载作用下的位移计算公式。式中右边的三项分别表示拉伸变形、弯曲变形和剪切变形的影响。对于不同的结构形式,它们的影响是不同的。所以根据实际情况,可对式(6-17)进行简化。

1. 梁和刚架

在梁和刚架中,位移主要是由弯矩引起的,轴力和剪力的影响很小,可忽略不计。因此

$$\Delta_{KP} = \sum \int \frac{\overline{M}_K M_P}{EI}\mathrm{d}s \tag{6-18}$$

2. 桁架

桁架在结点荷载作用下各杆只产生轴力,而且各杆的 $\overline{N}_K$、N_P、EA 及杆长 l 一般均为常数,因此式(6-17)可简化为

$$\Delta_{KP} = \sum \frac{\overline{N}_K N_P l}{EA} \tag{6-19}$$

3. 组合结构

对其中受弯杆件可只考虑弯矩的影响,对链杆可只考虑轴力的影响,则式(6-17)可简化为

$$\Delta_{KP} = \sum \frac{\overline{N}_K N_P l}{EA} + \sum \int \frac{\overline{M}_K M_P}{EI} \mathrm{d}s \tag{6-20}$$

最后说明一下剪切变形中修正系数 k 的推导过程。式(6-15)中的第三项 $\overline{Q}_K \gamma \mathrm{d}s$ 是虚拟状态下的剪力在实际状态微段上的剪切变形所做的虚功。由于截面上剪应力分布是不均匀的(图 6-13(a)、(b)),所以上述微段上剪力所做的虚功 $\overline{Q}_K \gamma(y) \mathrm{d}s$ 应按下述积分式计算:

$$\overline{Q}_K \gamma(y) \mathrm{d}s = \int \bar{\tau}(y) \mathrm{d}A \cdot \gamma(y) \mathrm{d}s = \mathrm{d}s \int \bar{\tau}(y) \gamma(y) \mathrm{d}A \tag{6-21}$$

由材料力学可知

$$\bar{\tau}(y) = \frac{\overline{Q}_K S(y)}{I b(y)},\ \tau_P(y) = \frac{Q_P S(y)}{I b(y)},\ \gamma(y) = \frac{\tau}{G} = \frac{Q_P S(y)}{G I b(y)}$$

式中,$b(y)$为截面宽度,$S(y)$为该处以上(或以下)截面面积对中性轴的静矩(图 6-13(c)),代入式(6-21),则有

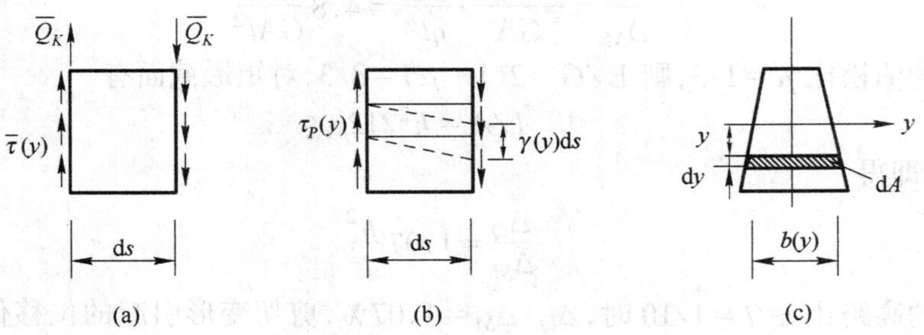

图 6-13 推导修正系数 k 的示意图

(a) 虚力状态;(b) 实际变形;(c) 横截面。

$$\overline{Q}_K \gamma \mathrm{d}s = \mathrm{d}s \int_A \frac{\overline{Q}_K Q_P S^2}{G I^2 b^2} \mathrm{d}A = \frac{\overline{Q}_K Q_P \mathrm{d}s}{GA} \cdot \frac{A}{I^2} \int_A \frac{S^2}{b^2} \mathrm{d}A = \frac{k \overline{Q}_K Q_P}{GA} \mathrm{d}s \tag{6-22}$$

式中

$$k = \frac{A}{I^2} \int_A \frac{S^2}{b^2} \mathrm{d}A \tag{6-23}$$

这就是剪应力分布不均匀的修正系数,它是一个只与截面形状有关的无量纲参数。

例 6-1 试求图 6-14(a)所示的悬臂梁自由端 A 的竖向位移,并将剪切变形和弯曲变形对位移的影响加以比较。设梁为矩形截面,截面高度为 h。

解:(1) 在 A 截面加一单位力作为虚拟状态(图 6-14(b)),并取 A 点为坐标原点,则梁的内力方程为

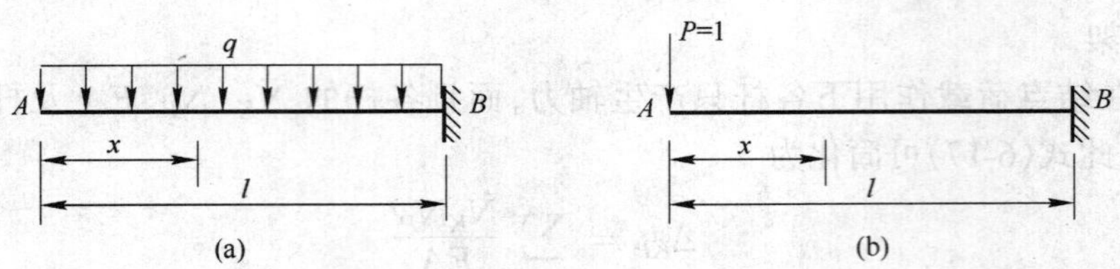

图 6-14　例 6－1 图

(a) 位移状态；(b) 虚拟状态。

$$\overline{M}_K = -x,\ \overline{N}_K = 0,\ \overline{Q}_K = -1$$

(2) 实际状态下内力方程为

$$M_P = -\frac{1}{2}qx^2,\ N_P = 0,\ Q_P = -qx$$

(3) 将上述内力方程代入式(6-14),得

$$\begin{aligned}\Delta_A &= \int_0^l \frac{\overline{M}_K M_P}{EI}\mathrm{d}s + \int_0^l \frac{\overline{N}_K N_P}{EA}\mathrm{d}s + \int_0^l k\,\frac{\overline{Q}_K Q_P}{GA}\mathrm{d}s \\ &= \frac{1}{EI}\int_0^l (-x)\left(-\frac{1}{2}qx^2\right)\mathrm{d}x + \frac{k}{GA}\int_0^l (-1)(-qx)\mathrm{d}x \\ &= \frac{ql^4}{8EI} + \frac{kql^2}{2GA}\end{aligned}$$

式中,第一项为弯曲变形引起的位移,第二项为剪切变形引起的位移。

令
$$\Delta_M = \frac{ql^4}{8EI},\ \Delta_Q = \frac{kql^2}{2GA} = \frac{0.6ql^2}{GA}$$

则
$$\frac{\Delta_Q}{\Delta_M} = \frac{0.6ql^2}{GA}\cdot\frac{8EI}{ql^4} = 4.8\,\frac{EI}{GAl^2}$$

设梁的泊松比 $\mu = 1/3$,则 $E/G = 2(1+\mu) = 8/3$,对矩形截面有

$$I/A = h^2/12$$

代入上式,即得

$$\frac{\Delta_Q}{\Delta_M} = 1.07\,\frac{h^2}{l^2}$$

当梁的高跨比 $h/l = 1/10$ 时,$\Delta_Q/\Delta_M = 1.07\%$,剪切变形引起的位移仅为弯曲影响的 1.07%。因此,对截面高度远小于跨度的梁来说,一般可不考虑剪切变形的影响。

例 6-2　试求图 6-15(a)所示刚架 B 点的水平位移 Δ_{BH},各杆材料相同,截面的 I 为常数。

解:(1) 在 B 点加一水平单位荷载作为虚拟状态(图 6-15(b)),并分别设各杆的 x 坐标如图所示。则各杆的内力方程为(以内侧受拉为正)

AB 段:$\overline{M}_K = x$

BC 段:$\overline{M}_K = x$

(2) 由实际荷载引起的内力方程分别为

AB 段:$M_P = qlx - \frac{1}{2}qx^2$

BC 段:$M_P = \frac{qlx}{2}$

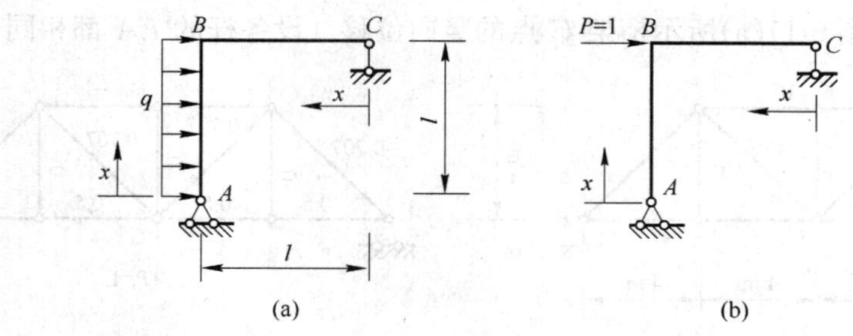

图 6-15　例 6-2 图
(a) 位移状态;(b) 虚拟状态。

(3) 代入式(6-18)得

$$\Delta_{BH} = \sum\int \frac{\overline{M}_K M_P}{EI}\mathrm{d}s$$

$$= \frac{1}{EI}\left[\int_0^l x\left(qlx - \frac{1}{2}qx^2\right)\mathrm{d}x + \int_0^l x\cdot\frac{qlx}{2}\mathrm{d}x\right] = \frac{3ql^4}{8EI}\quad(\rightarrow)$$

例 6-3　试求图 6-16(a)所示半径为 R 的等截面圆弧曲梁 B 点的水平位移。已知 EI 为常数。

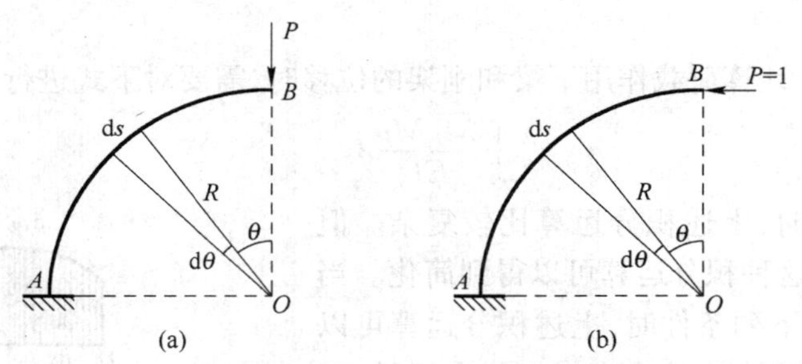

图 6-16　例 6-3 图
(a) 位移状态;(b) 虚拟状态。

解:取圆心 O 为坐标原点,在实际荷载作用下,内力方程为

$$M_P = -PR\sin\theta$$

在 B 点加一水平单位荷载作为虚拟状态(图 6-16(b)),其内力方程为

$$\overline{M}_K = R(1-\cos\theta)$$

代入式(6-18)得

$$\Delta_{Bx} = \sum\int\frac{\overline{M}_K M_P}{EI}\mathrm{d}s$$

$$= \frac{1}{EI}\int_0^{\frac{\pi}{2}}(-PR\sin\theta)\cdot R(1-\cos\theta)R\mathrm{d}\theta$$

$$= -\frac{PR^3}{EI}\left[\int_0^{\frac{\pi}{2}}\sin\theta\mathrm{d}\theta - \int_0^{\frac{\pi}{2}}\sin\theta\cos\theta\mathrm{d}\theta\right]$$

$$= -\frac{PR^3}{2EI}(\rightarrow)$$

例 6-4 试求图 6-17(a)所示桁架 C 点的竖向位移。设各杆的 EA 都相同。

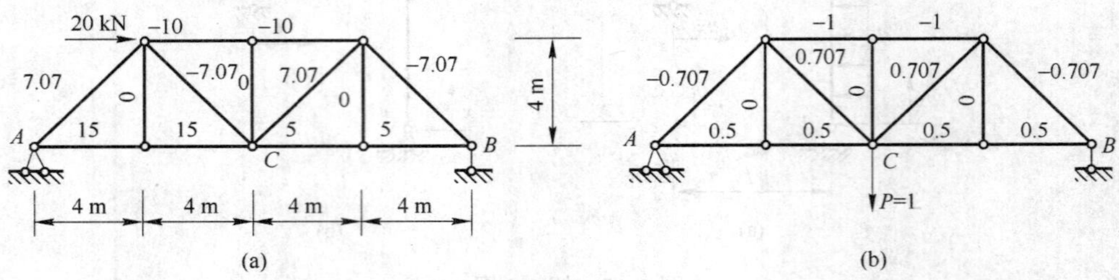

图 6-17 例 6-4 图

(a) 位移状态及内力(kN);(b) 虚拟状态及内力。

解:在 C 点加一竖向单位荷载(图 6-17(b)),并求出荷载以及单位荷载作用下各杆的轴力,将其标在图 6-17(a)、(b)中。由式(6-19),得

$$\Delta_{CV} = \sum \frac{N_P \overline{N}_K l}{EA} = \frac{160}{EA}(\downarrow)$$

6.5 图乘法

由 6.4 节可知,计算荷载作用下梁和刚架的位移时,需要对下式进行积分运算:

$$\int \frac{\overline{M}_K M_P}{EI} \mathrm{d}s$$

当荷载较复杂时,上述积分运算比较复杂。但是,在一定条件下,这种积分运算可以得到简化。当结构的各杆件满足下列条件时,上述积分运算可以用图乘法代替:① 杆的轴线为直线;② 沿杆长 EI 为常数;③ $\overline{M}_K$ 和 M_P 两个弯矩图中至少有一个是直线图形。

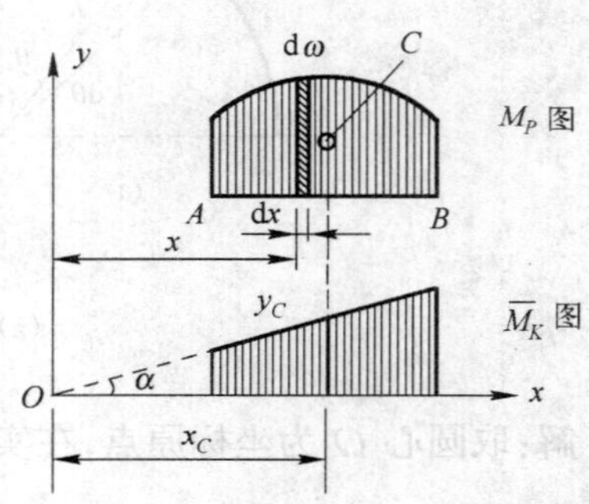

图 6-18 推导图乘法公式的图示

如图 6-18 所示为等截面直杆 AB 段上的两个弯矩图。设 $\overline{M}_K$ 图为一段直线,M_P 图为任意形状。AB 杆的抗弯刚度 EI 为一常数,则

$$\int \frac{\overline{M}_K M_P}{EI} \mathrm{d}s = \frac{1}{EI} \int \overline{M}_K M_P \mathrm{d}x \qquad (6\text{-}24)$$

以杆轴为 x 轴,以 $\overline{M}_K$ 图延长线与 x 轴的交点为坐标原点 O,$\overline{M}_K$ 图的倾角为 α,则

$$\overline{M}_K = x \cdot \tan\alpha$$

代入积分式,得

$$\int_A^B \overline{M}_K M_P \mathrm{d}x = \int_A^B x \cdot \tan\alpha \cdot M_P \mathrm{d}x = \tan\alpha \int_A^B x M_P \mathrm{d}x \qquad (6\text{-}25)$$

式中,$M_P\,\mathrm{d}x$ 可看作 M_P 图的微分面积 $\mathrm{d}\omega$,$x \cdot M_P \mathrm{d}x$ 为微分面积对 y 轴的静矩,则$\int x \cdot M_P \mathrm{d}x$ 即为整个 M_P 图的面积对 y 轴的静矩。根据合力矩定理,它应等于 M_P 图的面积 ω 乘以其形心 C 到 y 轴的距离 x_C,即

$$\int_A^B x \cdot M_P \mathrm{d}x = \int_A^B x \mathrm{d}\omega = \omega \cdot x_c$$

代入式(6-25),得

$$\int_A^B \overline{M}_K M_P \mathrm{d}x = \omega \cdot x_c \cdot \tan\alpha \tag{6-26}$$

由图可知,$x_C \cdot \tan\alpha = y_C$,$y_C$ 为 M_P 图的形心 C 处所对应的 $\overline{M}_K$ 图的竖标。则式(6-24)可写成

$$\frac{1}{EI}\int \overline{M}_K M_P \mathrm{d}x = \frac{\omega y_c}{EI}$$

可见,上述积分式等于一个弯矩图的面积 ω 乘以其形心所对应的另一个直线弯矩图的竖标 y_C,再除以 EI,这就是图乘法。

如果结构上各杆段均可图乘,则位移计算公式(6-18)可写成

$$\Delta_{KP} = \sum\int \frac{\overline{M}_K M_P}{EI}\mathrm{d}s = \sum \frac{\omega y_c}{EI} \tag{6-27}$$

应用图乘法时,要注意以下两点。

(1) 图乘法的应用条件:杆件为等截面直杆,两个弯矩图中至少有一个为直线图形,竖标 y_C 必须取自直线图形;

(2) 图乘法的正负规则:两个弯矩图在杆件的同一侧时,乘积 $\omega \cdot y_C$ 取正号,异侧取负号。

下面将几种常见图形的面积和形心位置列于图 6-19 中。注意抛物线图形中,各顶点处的切线应与基线平行。

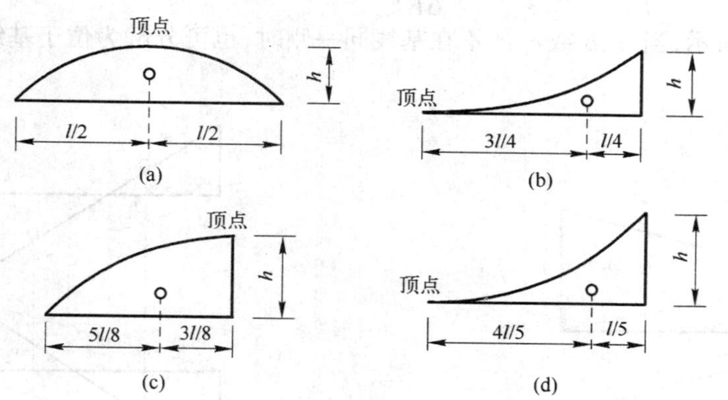

图 6-19　图形的面积及形心

(a) 二次抛物线 $\omega = 2lh/3$;(b) 二次抛物线 $\omega = lh/3$;
(c) 二次抛物线 $\omega = 2lh/3$;(d) 三次抛物线 $\omega = lh/4$。

应用图乘法时,应注意下列几个具体的问题。

(1) 如果两个图形都是直线图形,则竖标 y_c 可取自其中任一个图形。

(2) 如果一个弯矩图为曲线,另一个弯矩图是由几段直线组成,或当各杆段的截面不相等时,应分段考虑。如图 6-20 所示的情形,则有

$$\Delta = \frac{1}{EI}(\omega_1 y_1 + \omega_2 y_2 + \omega_3 y_3)$$

对于图 6-21 所示的情形，则有

$$\Delta = \frac{\omega_1 y_1}{EI_1} + \frac{\omega_2 y_2}{EI_2} + \frac{\omega_3 y_3}{EI_3}$$

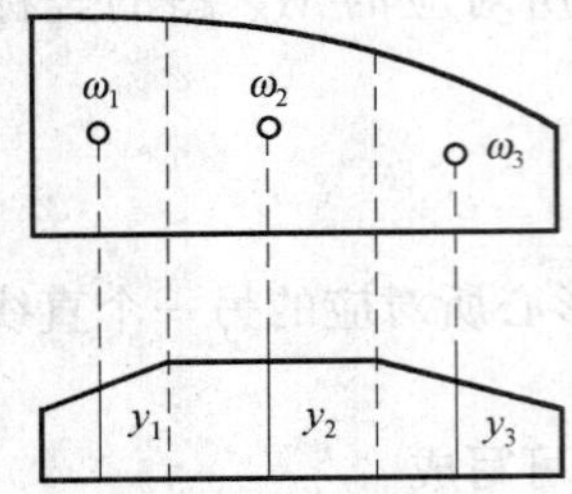

图 6-20　曲线图形与折线图形的图乘

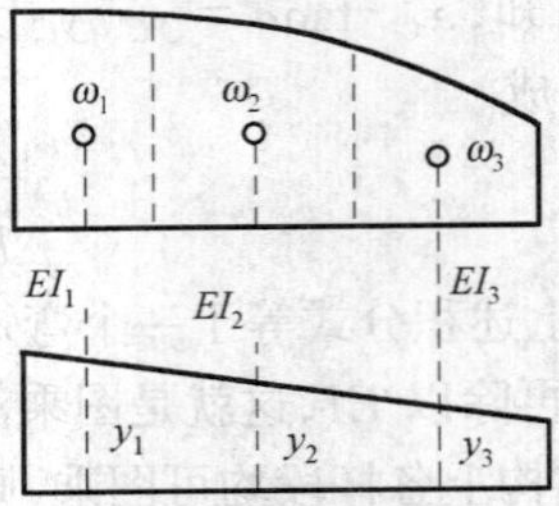

图 6-21　变截面的两弯矩图的图乘

(3) 如果图形比较复杂，则可将其分解为几个简单的图形来考虑。

例如图 6-22 两个弯矩图均为梯形，可以不用确定梯形面积的形心，而把其中一个图形分解为两个三角形(或一个矩形和一个三角形)，则

$$\frac{1}{EI}\int \overline{M}_K M_P \mathrm{d}x = \frac{1}{EI}(\omega_1 y_1 + \omega_2 y_2)$$

其中　$\omega_1 = \frac{al}{2}$，$\omega_2 = \frac{bl}{2}$，$y_1 = \frac{2}{3}c + \frac{1}{3}d$，$y_2 = \frac{1}{3}c + \frac{2}{3}d$

则　$$\frac{1}{EI}\int \overline{M}_K M_P \mathrm{d}x = \frac{l}{6EI}(2ac + 2bd + ad + bc)$$

如图 6-23 所示，当 a、b 或 c、d 不在基线同一侧时，也可分解为位于基线两侧的两个三角形，此时

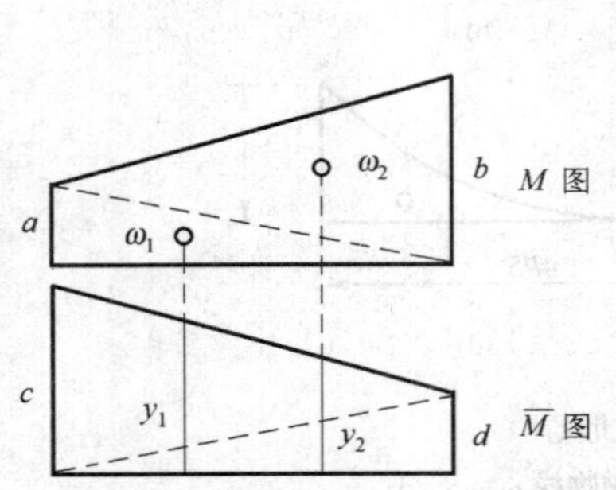

图 6-22　两梯形图形的图乘一

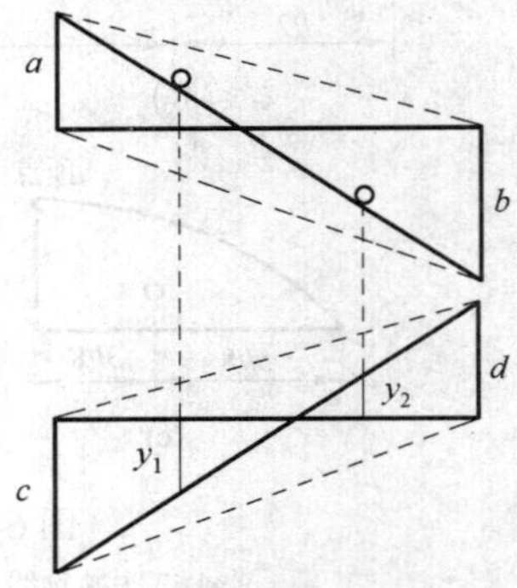

图 6-23　两梯形图形的图乘二

$$\omega_1 = \frac{al}{2},\ \omega_2 = \frac{bl}{2},\ y_1 = \frac{2}{3}c - \frac{1}{3}d,\ y_2 = \frac{2}{3}d - \frac{1}{3}c$$

则　$$\frac{1}{EI}\int \overline{M}_K M_P \mathrm{d}x = \frac{l}{6EI}(ad + bc - 2ac - 2bd)$$

图 6-24(a)所示为均布荷载作用下的 M_P 图，可以把它看作由两端弯矩 M_A、M_B 组成的梯形图和一个简支梁在均布荷载作用下的弯矩图叠加而成。将 M_P 图分解成直线的 M_P

图(图 6-24(b))和抛物线的 M_P 图(图 6-24(c)),再分别与 $\overline{M}_K$ 图图乘,即得所求结果。

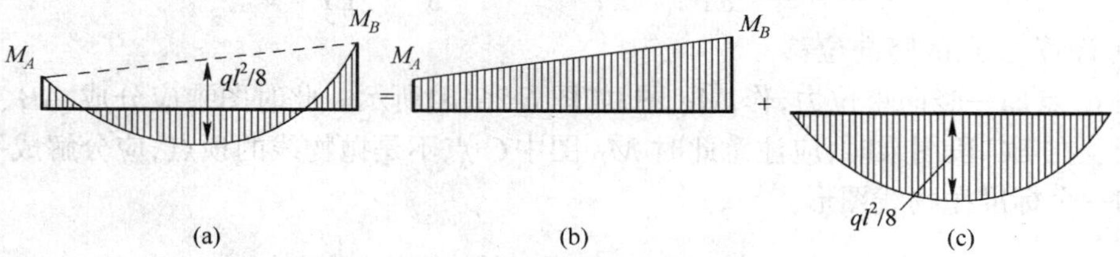

图 6-24 均布荷载作用下的弯矩图分解后的图乘

(a) M_P 图;(b) 直线的 M_P 图;(c) 抛物线的 M_P 图。

例 6-5 试用图乘法计算如图 6-25(a)所示的悬臂梁在均布荷载作用下自由端截面 B 的转角 φ_B 和竖向位移 Δ_{By},设 EI 为常数。

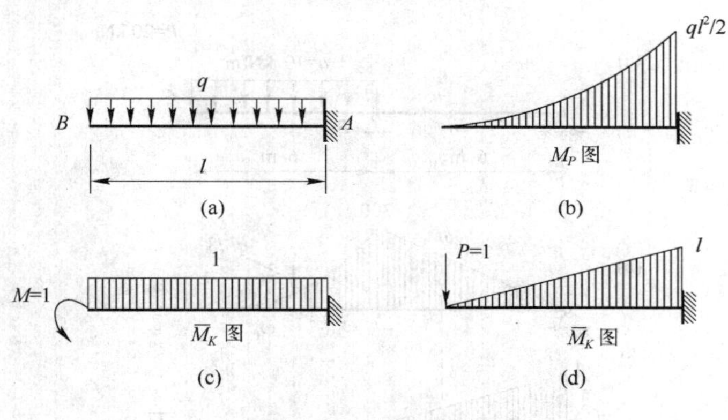

图 6-25 例 6-5 图

(a) 原结构;(b) 荷载作用下的弯矩图;

(c)、(d) 单位荷载作用下的弯矩图。

解:1) 计算 B 截面的转角

荷载作用下的 M_P 图和虚设单位力作用下的 $\overline{M}_K$ 图如图 6-25(b)、(c)所示。

$$\varphi_B = \int_0^l \frac{\overline{M}_K M_P}{EI}\mathrm{d}x = \frac{1}{EI}\omega y_c$$

$$= \frac{1}{EI}\left(\frac{1}{3}\times l\times\frac{1}{2}ql^2\times 1\right) = \frac{ql^3}{6EI}(\curvearrowright)$$

2) 计算 B 点的竖向位移

在 B 点加一竖向单位力,作 $\overline{M}_K$ 图,如图 6-25(d)所示。

$$\Delta_{By} = \frac{1}{EI}\left(\frac{1}{3}\times l\times\frac{1}{2}ql^2\times\frac{3}{4}l\right) = \frac{ql^4}{8EI}\quad(\downarrow)$$

例 6-6 用图乘法计算如图 6-26(a)所示外伸梁 A 截面的转角 φ_A 和 C 点的竖向位移 Δ_{Cy}。EI 为常数。

解:1) 计算 A 截面的转角

荷载作用下的 M_P 图和虚设单位力作用下的 $\overline{M}_K$ 图,如图 6-26(b)、(c)所示。

$$\omega = \frac{1}{2}\times 300\times 6 = 900,\ y = \frac{1}{3}$$

$$\varphi_A = \sum \frac{\omega y_C}{EI} = \frac{1}{EI} \times 900 \times \frac{1}{3} = \frac{300}{EI} \quad (\curvearrowleft)$$

2）计算 C 点的竖向位移

在 C 点加一竖向单位力，作 $\overline{M}_K$ 图，如图 6-26(d)所示。此时图乘应分成 AB、BC 两段进行。在 BC 段图乘时，应注意此时 M_P 图中 C 点不是抛物线的顶点，应分解成一个三角形和一个标准抛物线图形。

$$\omega_1 = \frac{2}{3} \times \frac{1}{8} \times 10 \times 6^2 \times 6 = 180, \; y_1 = \frac{1}{2} \times 6 = 3$$

$$\omega_2 = \frac{1}{2} \times 300 \times 6 = 900, \; y_2 = \frac{2}{3} \times 6 = 4$$

$$\Delta_{Cy} = \sum \frac{\omega y_C}{EI} = \frac{1}{EI} \times \left(-180 \times 3 + 900 \times 4 + \frac{1}{2} \times 6 \times 300 \times \frac{2}{3} \times 6\right) = \frac{6660}{EI} \quad (\downarrow)$$

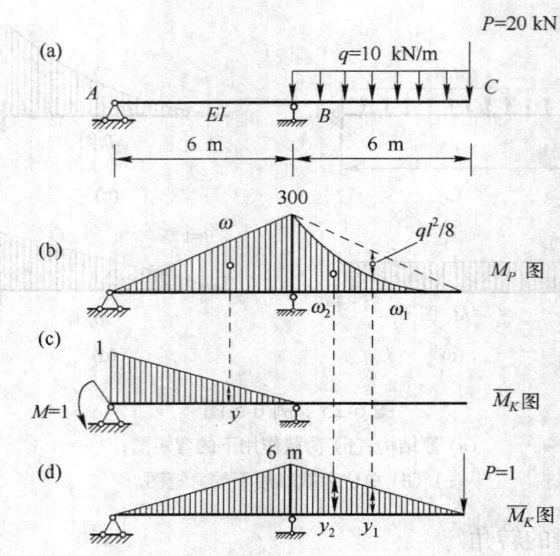

图 6-26 例 6-6 图

(*a*) 原结构；(*b*) 实际状态的 M_P 图(kN·m)；(c)、(d) 虚拟状态的 $\overline{M}_K$ 图。

例 6-7 试用图乘法计算如图 6-27(a)所示的悬臂刚架在图示荷载作用下自由端截面 C 的转角 φ_C 和竖向位移 Δ_{Cy}。设 EI 为常数，$q = 4$ kN/m，$P = 10$ kN。

解：1）计算 C 截面的转角

荷载作用下的 M_P 图和虚设单位力作用下的 $\overline{M}_K$ 图如图 6-27(b)、(c)所示。对 AB 段图乘时，将 M_P 图分解为一个梯形和一个标准抛物线。

$$\varphi_C = \frac{1}{EI}\left[\frac{1}{2} \times 6 \times 60 \times 1 + \frac{1}{2}(60 + 132) \times 6 \times 1 - \frac{2}{3} \times 6 \times 18 \times 1\right] = \frac{684}{EI} \quad (\curvearrowright)$$

2）计算 C 点的竖向位移

在 C 端加竖向单位力，并作出单位弯矩图(图 6-27(d))，将图 6-27(b)与图 6-27(d)图乘，得

$$\Delta_{Cy}=\frac{1}{EI}\left[\frac{1}{2}\times6\times60\times\frac{2}{3}\times6+\frac{1}{2}(60+132)\times6\times6-\frac{2}{3}\times6\times18\times6\right]=\frac{3744}{EI}\quad(\downarrow)$$

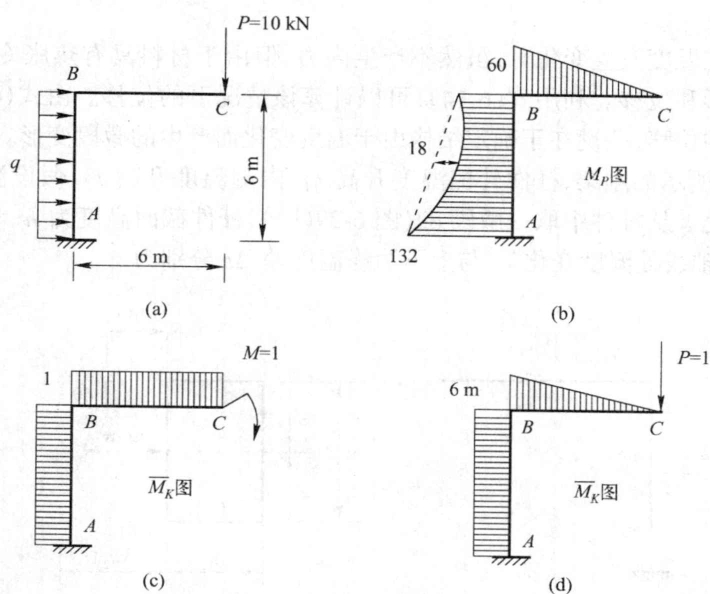

图 6-27 例 6-7 图

(a) 原结构;(b) 荷载作用下的弯矩图 M_p 图(kN·m);
(c)求 φ_C 的单位荷载弯矩图;(d) 求 Δ_{Cy}的单位荷载弯矩图。

例 6-8 如图 6-28(a)所示为一渡槽截面,EI = 常数,设槽内贮满水,试求 A、B 两点的相对水平位移。

解:水压荷载取 1 m 宽计算,槽底水压集度 $q=\gamma\cdot h\cdot1=10\ h$kN/m,荷载分布见图 6-28(a),并绘出水压荷载作用下的 M_P 图(图 6-28(b))。

在 A、B 两点加一对单位力(图 6-28(c)),并绘出弯矩图 $\overline{M}_K$ 图。

$$\Delta_{AB}=\sum\frac{\omega y_C}{EI}=\frac{1}{EI}\left(2\times\frac{1}{4}h\times\frac{qh^2}{6}\times\frac{4}{5}h+\frac{qh^2}{6}\times h\times l-\frac{2}{3}\times\frac{ql^2}{8}\times l\times h\right)$$

$$=\frac{10h^2}{EI}\left(\frac{h^3}{15}+\frac{lh^2}{6}-\frac{l^3}{12}\right)(\leftarrow\ \rightarrow)$$

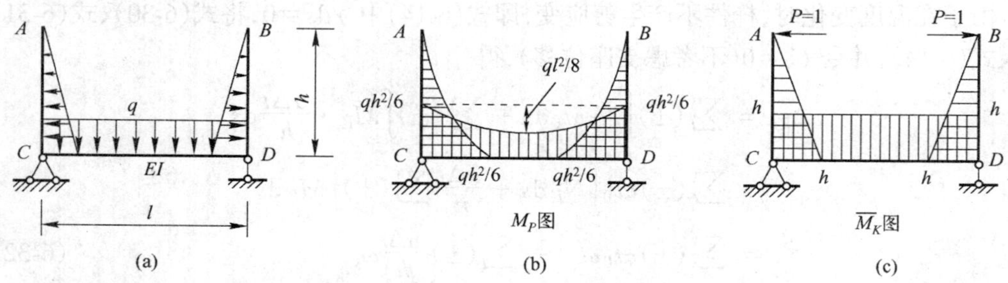

图 6-28 例 6-8 图

(a) 原结构;(b) 荷载作用下的弯矩 M_p 图(kN·m);(c) 单位荷载作用下的弯矩图(m)。

6.6 静定结构温度变化时的位移计算

静定结构在温度发生变化时,虽然不产生内力,但由于材料具有热胀冷缩的性质,会使结构产生变形和位移。利用式(6-14),可以计算该情况下的位移。由式(6-14)可知,计算温度变化时的位移,关键在于确定结构由于温度变化而产生的微段变形。

图 6-29(a)所示的刚架,杆件外侧温度升高 t_1,内侧温度升高 t_2,假设温度沿杆截面高度成直线变化。从杆件中取一微段 ds(图 6-29(b)),杆件截面高度为 h,材料线膨胀系数为 α,则杆件轴线处温度变化 t_0 与上下边缘温度差 Δt 分别为

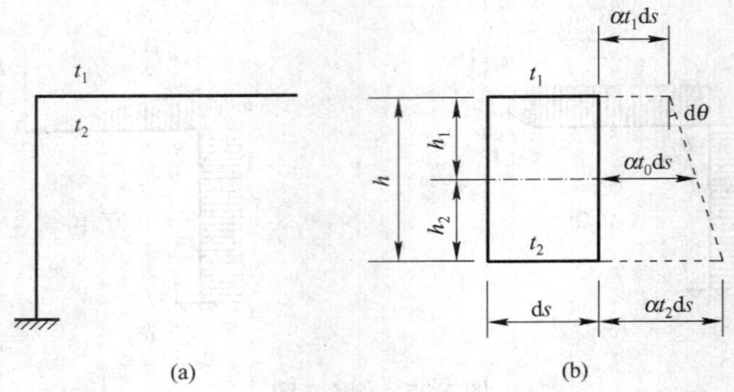

图 6-29 刚架的温度分布图
(a) 刚架的温度变化;(b) 微段的温度分布图。

$$t_0 = \frac{h_1 t_2 + h_2 t_1}{h} \tag{6-28}$$

$$\Delta t = t_2 - t_1 \tag{6-29}$$

式中,h_1、h_2 为轴线至上下边缘的距离。

则微段在杆轴线处的伸长即轴向变形为

$$\varepsilon \mathrm{d}s = \alpha t_0 \mathrm{d}s \tag{6-30}$$

而微段两个截面的相对转角为

$$\mathrm{d}\theta = \frac{\alpha \Delta t}{h}\mathrm{d}s \tag{6-31}$$

由于在温度变化时,杆件不产生剪应变,即式(6-14)中 $\gamma \mathrm{d}s = 0$,将式(6-30)、式(6-31)代入式(6-14),并令 $C_i = 0$(不考虑支座位移),得

$$\begin{aligned}\Delta_{Kt} &= \sum(\pm)\int \overline{N}_K \alpha t_0 \mathrm{d}s + \sum(\pm)\int \overline{M}_K \cdot \frac{\alpha \Delta t}{h}\mathrm{d}s \\ &= \sum(\pm)\alpha t_0 \int \overline{N}_K \mathrm{d}s + \frac{\alpha \Delta t}{h}\sum(\pm)\int \overline{M}_K \mathrm{d}s \\ &= \sum(\pm)\alpha t_0 \omega_{\overline{N}_K} + \sum(\pm)\frac{\alpha \Delta t}{h}\omega_{\overline{M}_K}\end{aligned} \tag{6-32}$$

式中,$\omega_{\overline{N}_K} = \int \overline{N}_K \mathrm{d}s$,$\omega_{\overline{M}_K} = \int \overline{M}_K \mathrm{d}s$ 分别表示杆件轴力 $\overline{N}_K$ 图和 $\overline{M}_K$ 图的面积。

在用式(6-32)计算位移时,应注意右边各项正负号的规定。当实际温度变形与虚内

力的变形一致时，其乘积为正，相反时为负。因此，对于温度变化，若规定 t_0 以升温为正，降温为负，则轴力 $\overline{N}_K$ 以拉力为正，压力为负，弯矩 $\overline{M}_K$ 应以使 t_2 边受拉者为正，反之为负。

对于梁和刚架，在计算温度变化所引起的位移时，一般不能略去轴向变形的影响。

对于桁架，在温度变化时，其计算公式为

$$\Delta_{Kt} = \pm \sum \overline{N}_K \alpha t_0 l \tag{6-33}$$

若计算桁架由于制造误差而引起的位移时，可按下式计算

$$\Delta_{Kt} = \sum \overline{N}_K \Delta l \tag{6-34}$$

式中 Δl 为杆长度的误差，以伸长为正，缩短为负。

例 6-9 如图 6-30(a)所示的刚架，内侧温度上升 16℃，外侧温度不变，截面高度 $h = 0.4$ m，$\alpha = 0.00001$，试求 B 点的水平位移。

解： 在 B 点加一单位水平力，绘出 $\overline{M}_K$ 图、$\overline{N}_K$ 图，如图 6-30(b)、(c)所示。

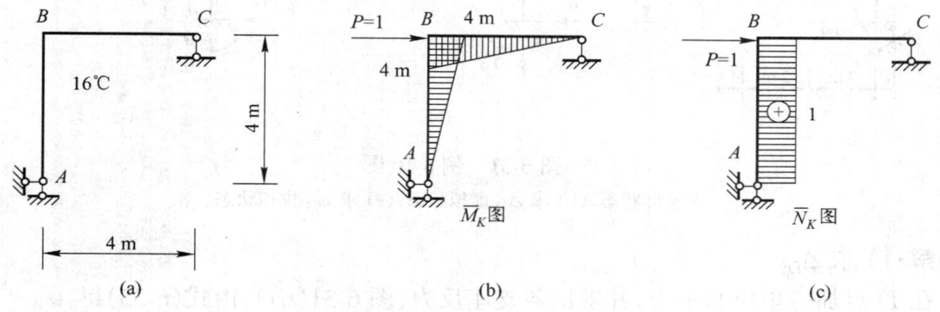

图 6-30 例 6-9 图

(a) 实际状态；(b) $\overline{M}_K$ 图；(c) $\overline{N}_K$ 图。

外侧温度变化 $t_1 = 0$℃，内侧温度变化 $t_2 = 16$℃，又因 $h_1 = h_2 = \frac{h}{2}$，所以有

$$t_0 = \frac{1}{2}(t_1 + t_2) = 8℃$$

$$\Delta t = t_2 - t_1 = 16℃$$

$$\omega_{\overline{N}_K} = 1 \times 4 = 4,\ \omega_{\overline{M}_K} = 2 \times \frac{1}{2} \times 4 \times 4 = 16$$

代入式(6-32)，并注意到温度变化引起的变形与虚设内力引起的变形一致，所以可得下式

$$\Delta_{Bx} = \sum \alpha t_0 \omega_{\overline{N}_K} + \frac{\alpha \Delta t}{h} \omega_{\overline{M}_K}$$

$$= 0.00001 \times 8 \times 4 + \frac{0.00001 \times 16}{0.4} \times 16 = 6.72 \times 10^{-3}(\mathrm{m})(\rightarrow)$$

6.7 静定结构支座移动时的位移计算

静定结构在支座发生位移时，结构内部不产生任何的内力和变形，所以此时结构的位移属于刚体位移，但仍可以用虚功原理来计算这种位移。由式(6-14)可知，$\varepsilon ds = 0$，

$\gamma ds=0, d\theta=0$,则得

$$\Delta_{KC}=-\sum \overline{R_i}C_i \tag{6-35}$$

这就是静定结构在支座移动时的位移计算公式。式中,C_i 为支座的实际位移;$\overline{R}_i$ 为虚拟状态下由单位荷载引起的支座反力。当 $\overline{R}_i$ 与实际支座位移 C_i 方向一致时,其乘积为正,相反时为负。

例 6-10 如图 6-31(a)所示的刚架,支座 A 水平位移 $a=0.02$ m,竖向位移 $b=0.03$ m,沿顺时针方向的转角 $\varphi=0.2$ rad。支座 C 竖向位移 $c=0.02$ m,求 D 点的竖向位移及杆 CD 的转角。

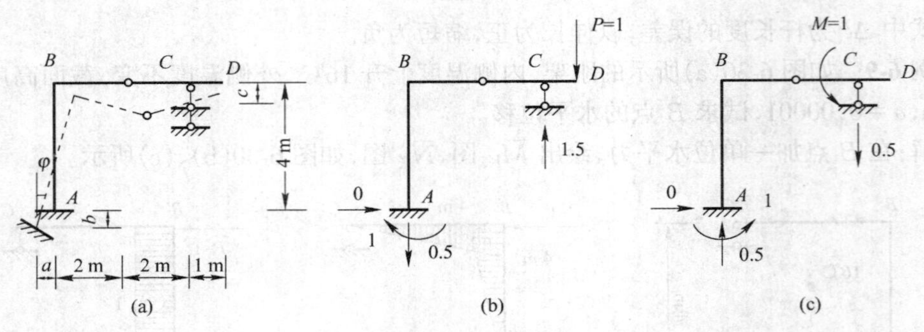

图 6-31 例 6-10 图

(a) 实际状态;(b) 求 Δ_{Dy}虚拟状态;(c) 求 φ_{CD}虚拟状态。

解:1) 求 Δ_{Dy}

在 D 点加一单位水平力,并求出各支座反力(图 6-31(b)),由式(6-35)得

$$\Delta_{Dy}=-\sum \overline{R_i}C_i=-(0.5\times0.03+1\times0.2-1.5\times0.02)=-0.185\ (\uparrow)$$

2) 求 φ_{CD}

在 CD 杆任一点加一单位力偶,并求出各支座反力(图 6-31(c)),由式(6-35)得

$$\varphi_{CD}=-\sum \overline{R_i}C_i=-(-0.5\times0.03-1\times0.2+0.5\times0.02)=0.205\ (\circlearrowright)$$

6.8 线弹性结构的互等定理

本节讨论线弹性结构的四个互等定理,它们都可以从虚功原理推导出来,其中最基本的是功的互等定理,在以后的章节中,经常要引用这些定理。互等定理应用的条件是:

(1) 材料处于弹性阶段,应力与应变成正比。

(2) 结构变形很小,不影响力的作用。

一、功的互等定理

如图 6-32 所示为同一线性变形体系的两种受力状态。在状态一(图 6-32(a))中,有任意横向荷载 P'作用,其位移用 Δ'表示,变形用 ε'、γ'、θ'表示,内力为 N'、M'、Q';在状态二(图 6-32(b))中,有任意横向荷载 P''作用,其位移用 Δ''表示,变形用 ε''、γ''、θ''表示,内力为 N'、M''、Q''。首先令第一状态的力系在第二状态的位移上做虚功,则虚功方程为

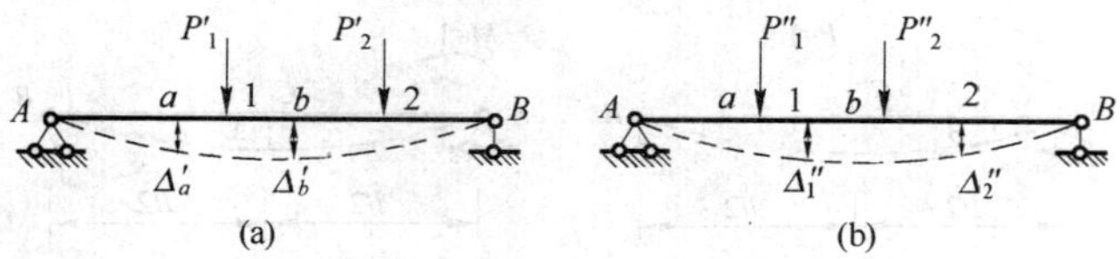

图 6-32　线性变形体系的两种受力状态

(a) 状态一;(b) 状态二。

$$W_{12}=\sum P'\Delta''=\sum\left(\int\frac{N'N''}{EA}\mathrm{d}s+\int\frac{M'M''}{EI}\mathrm{d}s+\int k\frac{Q'Q''}{GA}\mathrm{d}s\right) \tag{6-36}$$

然后令第二状态的力系在第一状态的位移上做虚功,则虚功方程为

$$W_{21}=\sum P''\Delta'=\sum\left(\int\frac{N''N'}{EA}\mathrm{d}s+\int\frac{M''M'}{EI}\mathrm{d}s+\int k\frac{Q''Q'}{GA}\mathrm{d}s\right) \tag{6-37}$$

由式(6-36)、式(6-37)可知,等号右边是相等的,因此左边也相等,所以有

$$\sum P'\Delta''=\sum P''\Delta'$$

这就是功的互等定理:在任一线性变形体系中,第一状态的外力在第二状态的位移上所做的功等于第二状态的外力在第一状态的位移上所做的功,用式子表示为

$$W_{12}=W_{21} \tag{6-38}$$

二、位移互等定理

如图 6-33 所示为同一线性变形体系的两种受力状态。第一状态(图 6-33(a))在 1 点处作用一单位力,引起的 2 点处的位移为 δ_{21},第二状态(图 6-33(b))在 2 点处作用一单位力,引起的 1 点处的位移为 δ_{12},注意这里位移 δ_{ij} 两个下标的含义。第一个下标 i 表示位移的地点和方向,即该位移是 P_i 作用点沿 P_i 方向上的位移,第二个下标 j 表示产生位移的原因,即该位移是由于 P_j 引起的。

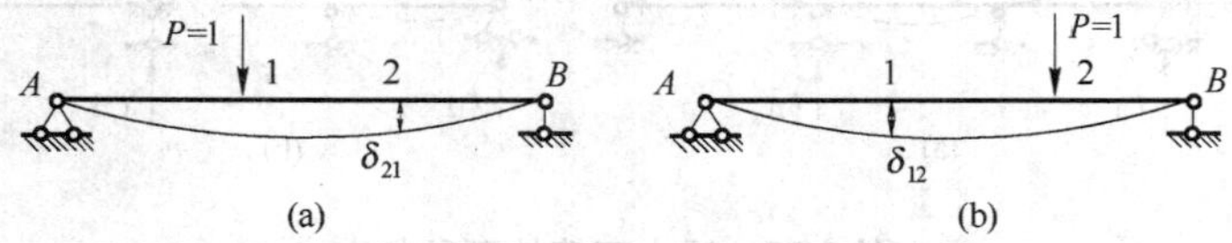

图 6-33　位移互等的两种状态

(a) 状态一;(b) 状态二。

对这两种状态,应用功的互等定理,由式(6-38)有

$$1\cdot\delta_{12}=1\cdot\delta_{21}$$

即

$$\delta_{12}=\delta_{21} \tag{6-39}$$

这就是位移互等定理,即:由单位力 P_2 引起的在 P_1 方向上的位移 δ_{12},等于由单位力 P_1 引起的在 P_2 方向上的位移 δ_{21}。这里的单位力也可以是单位力偶,所以它是广义荷载,位移也就是相应的广义位移。

如图 6-34 所示为同一简支梁的两种状态。在图 6-34(a)中,C 点作用集中力引起的 A 截面的转角 $\theta_A=Pl^2/16EI$,令 $P=1$,则

$$\theta_A=\delta_{AC}=\frac{l^2}{16EI} \tag{6-40}$$

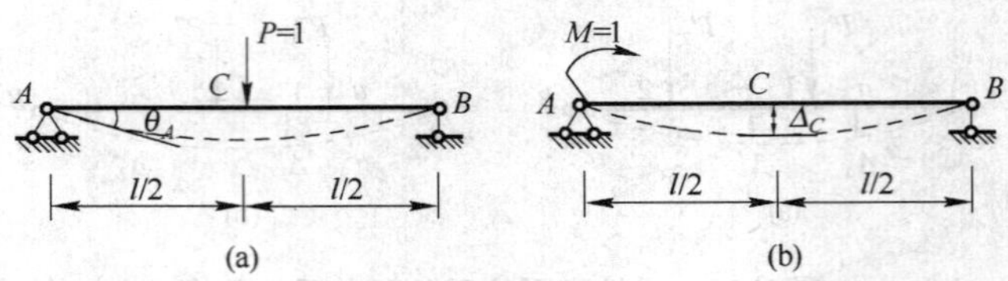

图 6-34　$\delta_{AC}=\delta_{CA}$的例子

(a) 状态一;(b) 状态二。

在图 6-34(b)中, A 端作用集中力偶引起的 C 点的竖向位移 $\Delta_C = Ml^2/16EI$,令 $M=1$,则

$$\Delta_C=\delta_{CA}=\frac{l^2}{16EI} \tag{6-41}$$

由式(6-40)、式(6-41)可知,$\theta_A=\Delta_C$,即 $\delta_{AC}=\delta_{CA}$,这正是位移互等定理,二者不仅大小相等,量纲也相同。

三、反力互等定理

这个定理也是功的互等定理的一个特殊情况。如图 6-35(a)中为第一状态,此时支座 1 发生单位位移 Δ_1,支座 1 和支座 2 的反力分别为 r_{11}和 r_{21},图 6-35(b)为同一体系的第二状态,此时支座 2 发生单位位移 Δ_2,在支座 1 和支座 2 中产生的反力分别为 r_{12}和 r_{22},这里反力 r_{ij}的两个下标中,第一个下标 i 表示反力是与支座位移Δ_i 相对应的,第二个下标 j 表示反力是由支座位移Δ_j 引起的,对该两状态应用功的互等定理,则得

$$r_{11}\times 0+r_{21}\times 1=r_{12}\times 1+r_{22}\times 0$$

即

$$r_{21}=r_{12} \tag{6-42}$$

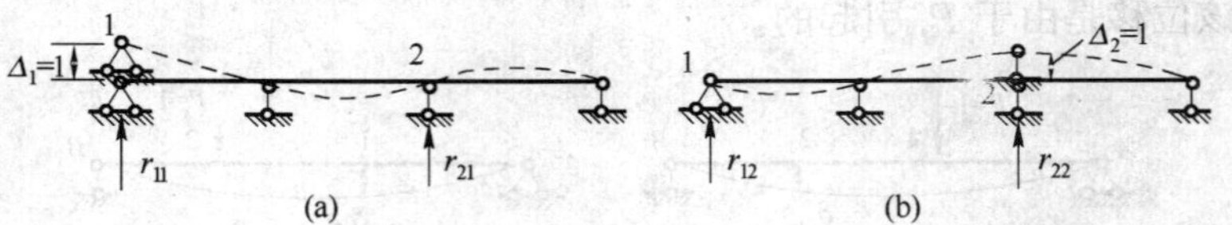

图 6-35　反力互等的两种状态

(a) 状态一;(b) 状态二。

这就是反力互等定理。即:支座 1 发生单位位移所引起的支座 2 的反力,等于支座 2 发生单位位移所引起的支座 1 的反力,而且量纲也相同。这一定理适用于体系中任何两个支座上的反力。但应注意反力与位移在做功的关系上应相对应,即力对应于线位移,力偶对应于角位移。

四、反力位移互等定理

这个定理是功的互等定理的又一特殊情况。它说明一个状态的反力与另一状态的位移具有互等关系。如图 6-36(a)所示,在单位荷载 $P_2=1$ 的作用下,支座 1 的反力偶为 r_{12},在图 6-36(b)中,为同一体系当支座 1 发生单位转角 $\varphi_1=1$ 时,P_2 作用点处沿其方向的位移为 δ_{21},对这两种状态应用功的互等定理,有

$$r_{12}\cdot\varphi_1+P_2\cdot\delta_{21}=0$$

因 $\varphi_1=1,P_2=1$,所以有

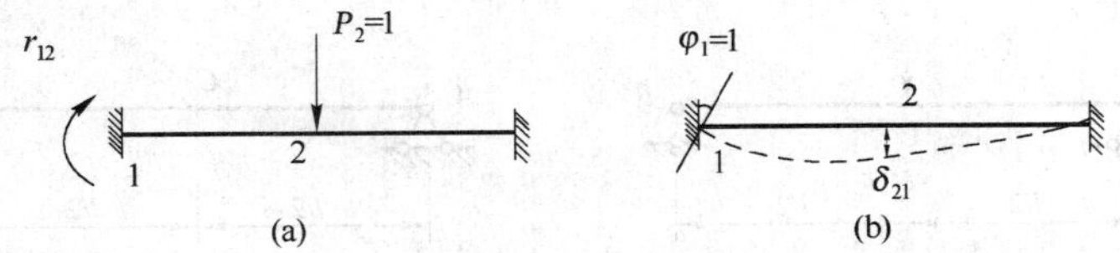

图 6-36 反力位移互等的两种状态
(a) 状态一;(b) 状态二。

$$r_{12}=-\delta_{21} \tag{6-43}$$

这就是反力位移互等定理。即:单位力所引起的某一支座的反力,等于该支座发生单位位移时所引起的单位力作用点沿其方向的位移,且符号相反,量纲相同。

复习思考题

1. 虚功原理对弹性体、非弹性体以及刚体是否都适用?它的适用条件是什么?
2. 结构中各杆件均无内力,则整个结构就没有变形,从而就没有位移,这种说法是否正确?为什么?
3. 对弹性体系虚功与实功相比,有什么特点?
4. 静定结构的位移与杆件的拉伸刚度 EA、弯曲刚度 EI 有什么关系?
5. 静定结构在温度变化、支座移动等因素作用下,是否会产生内力?是否会产生变形?
6. 图乘法对等截面的拱结构是否适用?对变截面杆件是否适用?
7. 图乘法计算位移时,正负号怎样确定?
8. 计算静定结构在温度变化引起的位移时,如何确定式中各项的正负号?
9. 反力互等定理是否可用于静定结构?这时会得出什么结论?
10. 互等定理只适用于线性变形体系,这种说法是否正确?

习 题

习题 6-1 试用单位荷载法计算图示梁端的竖向位移和转角。设 $EI=$常数,并忽略剪切变形的影响。

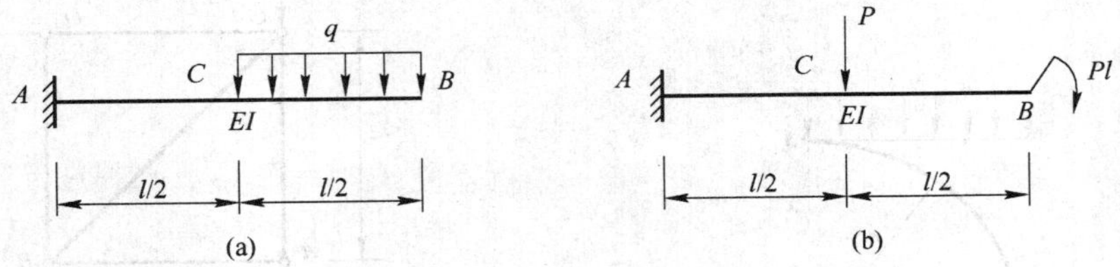

习题 6-1 图

习题 6-2 试用单位荷载法计算图示梁 C 点的竖向位移和 A 截面的转角。设 $EI=$常数。

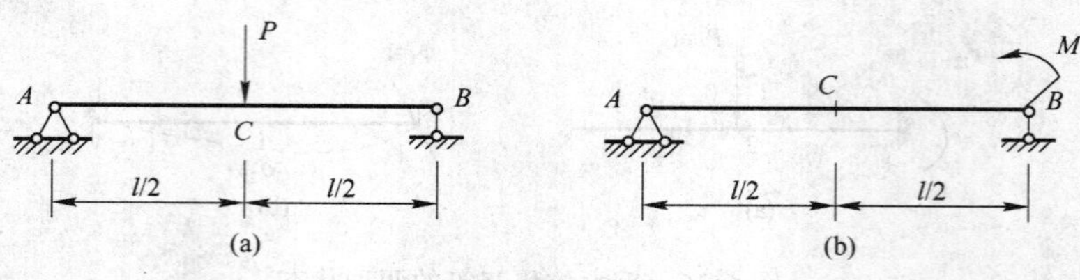

习题 6-2 图

习题 6-3　求图示梁 C 点的竖向位移和 A 截面的转角。设 $EI=$ 常数。

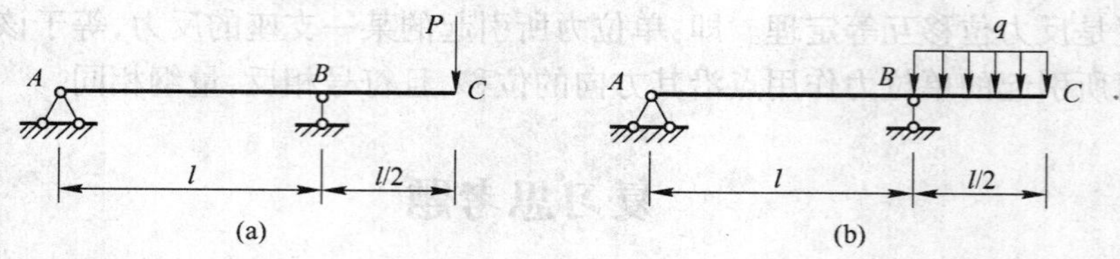

习题 6-3 图

习题 6-4　求图示刚架 C 点的水平位移和 A 截面的转角。设 $EI=$ 常数。

习题 6-5　求图示结构 B 点的水平位移。设 $EI=$ 常数，梁轴线方程为 $y=\frac{4f}{l^2}x(l-x)$。

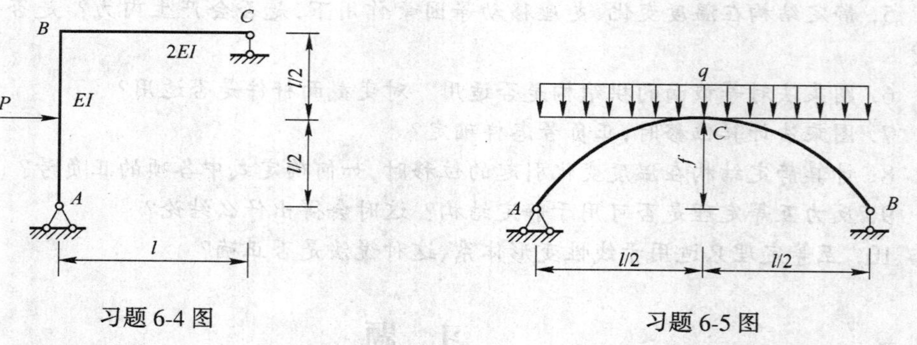

习题 6-4 图　　　　习题 6-5 图

习题 6-6　求图示曲梁 A 点的水平位移、竖向位移及 A 截面转角。设 $EI=$ 常数。

习题 6-7　求图示桁架 D 点的水平位移。设各杆 $EA=$ 常数。

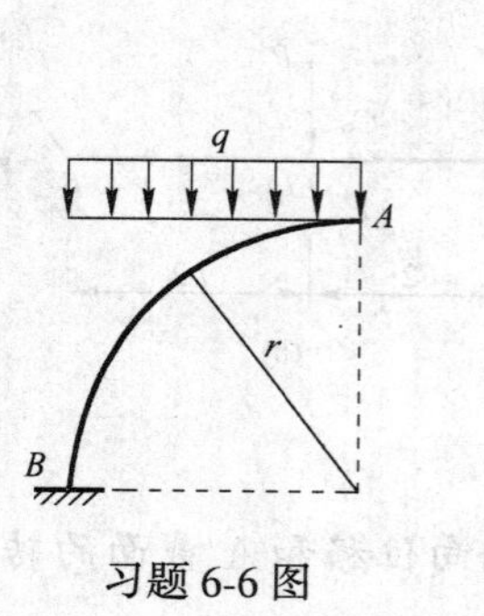

习题 6-6 图

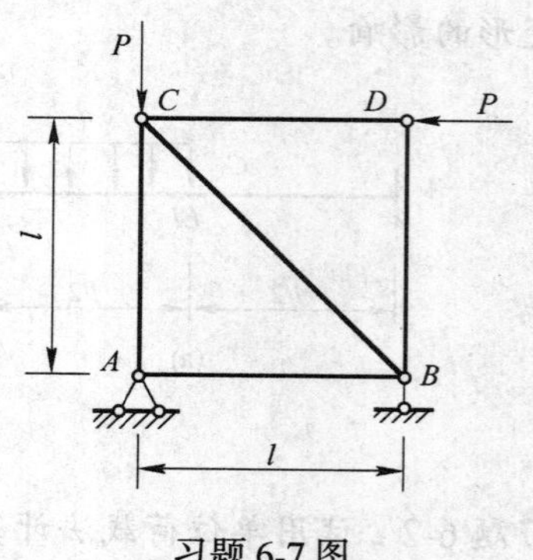

习题 6-7 图

习题 6-8　用图乘法求图示梁 C 点的竖向位移及 B 截面的转角。EI = 常数。

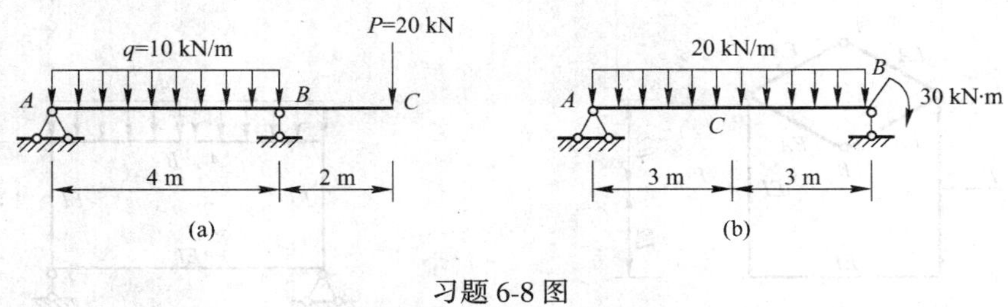

习题 6-8 图

习题 6-9　用图乘法求图(a)梁中 C 点的竖向位移和图(b)梁中 B 截面的转角。EI = 常数。

习题 6-10　用图乘法求图示刚架 C 点的竖向位移。EI = 常数。

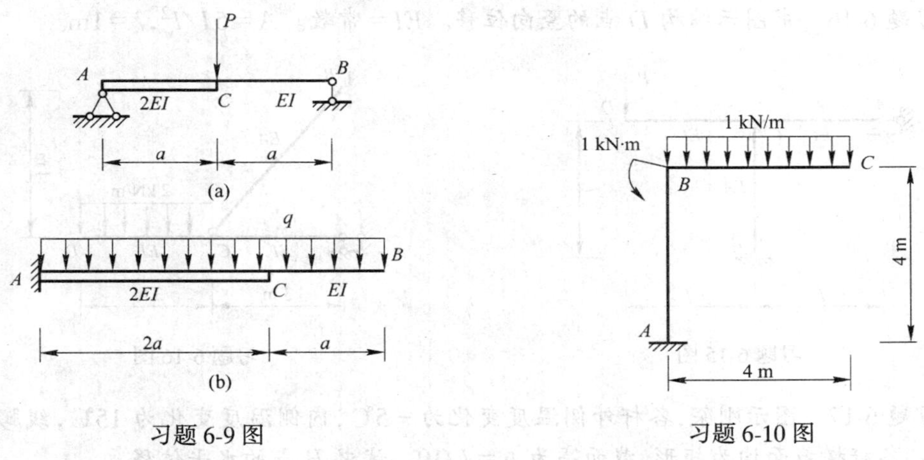

习题 6-9 图　　习题 6-10 图

习题 6.11　用图乘法求图示刚架 A 点的水平位移。EI = 常数。

习题 6.12　用图乘法求图示刚架 C 两侧截面的相对转角。EI = 常数。

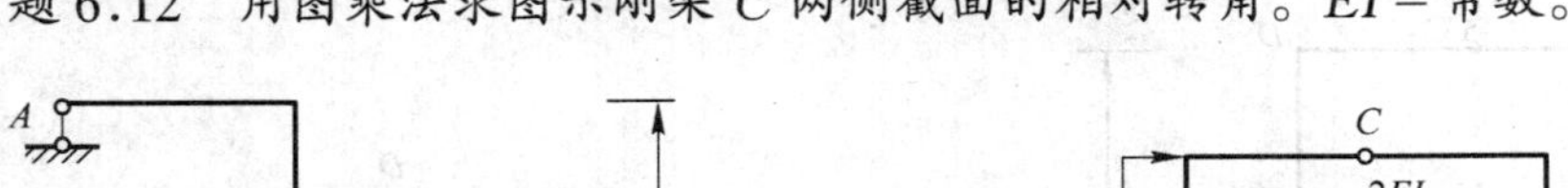

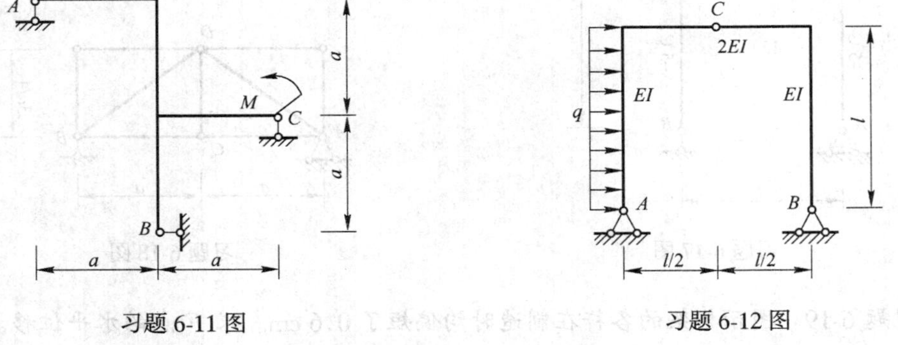

习题 6-11 图　　习题 6-12 图

习题 6-13　求图示结构 A、B 两点距离的改变。EI = 常数，各杆截面相同。

习题 6-14　求图示结构 A、B 两点相对水平位移。EI = 常数。

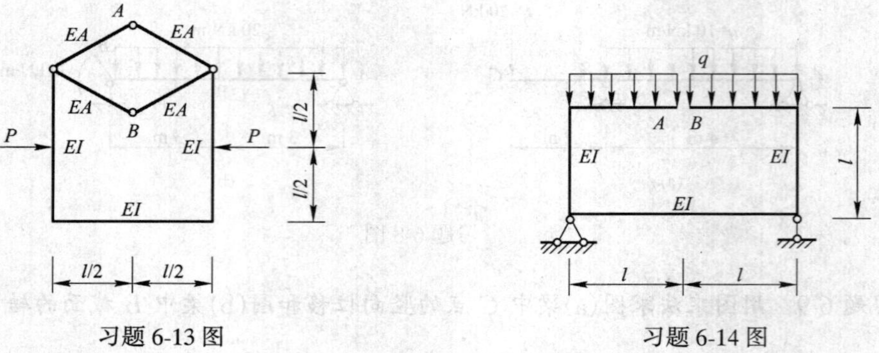

习题 6-13 图　　习题 6-14 图

习题 6-15　求图示结构 D 点的竖向位移。EI = 常数。$A = I/10l^2$。

习题 6-16　求图示结构 D 点的竖向位移。EI = 常数。$A = 5I/l^2, l = 1\text{m}$。

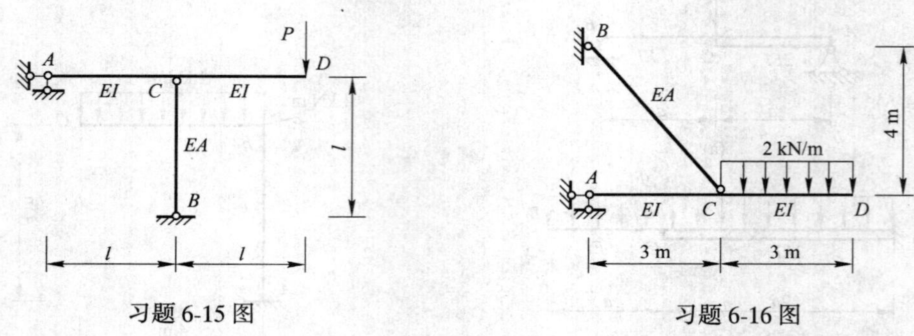

习题 6-15 图　　习题 6-16 图

习题 6-17　图示刚架，各杆外侧温度变化为 $-5℃$，内侧温度变化为 $15℃$，线膨胀系数为 α，各杆横截面均为矩形，截面高为 $h = l/10$。试求 B 点的水平位移。

习题 6-18　图示桁架，AD 杆、AC 杆温度升高 $t℃$，求 C 点的竖向位移。

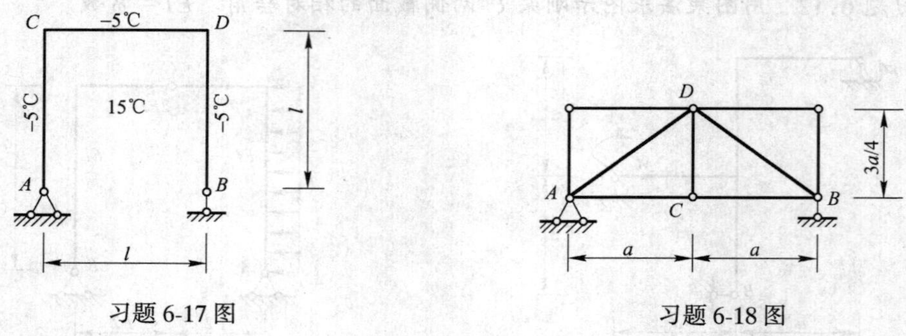

习题 6-17 图　　习题 6-18 图

习题 6-19　图示桁架的各杆在制造时均偏短了 0.6 cm。求 F 点的水平位移。

习题 6-20　图示三铰刚架中，B 支座水平位移 $a = 0.04$ m，竖向位移 $b = 0.06$ m，试求 A 端的转角。

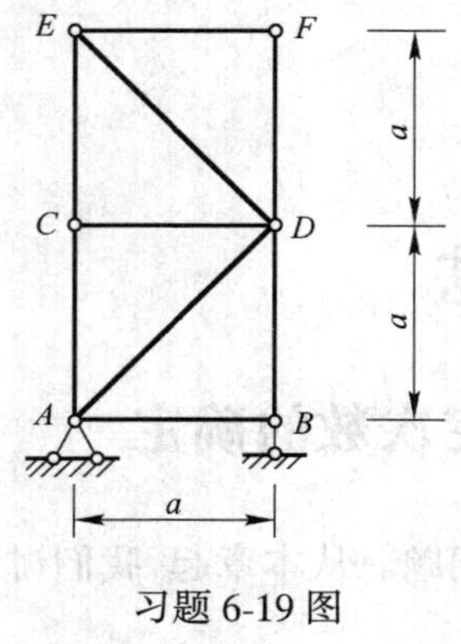

习题 6-19 图

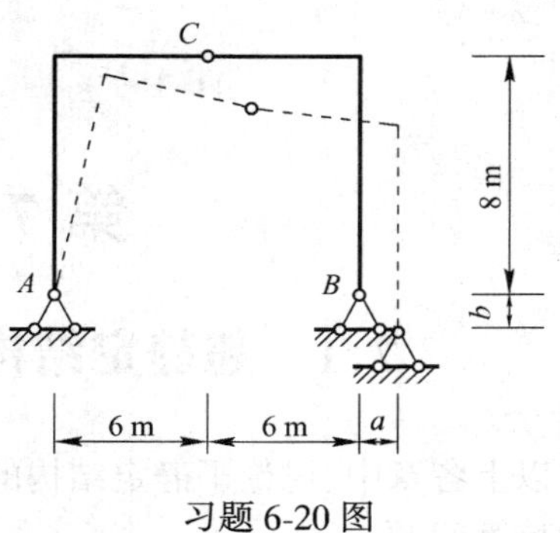

习题 6-20 图

习 题 答 案

习题 6-1 (a) $\Delta_{BV}=\dfrac{41ql^4}{384EI}(\downarrow)$，$\varphi_B=\dfrac{7ql^3}{48EI}(\circlearrowright)$

(b) $\Delta_{BV}=\dfrac{29Pl^3}{48EI}(\downarrow)$，$\varphi_B=\dfrac{9Pl^2}{8EI}(\circlearrowright)$

习题 6-2 (a) $\Delta_{CV}=\dfrac{Pl^3}{48EI}(\downarrow)$，$\varphi_A=\dfrac{Pl^2}{16EI}(\circlearrowright)$

(b) $\Delta_{CV}=\dfrac{Ml^2}{16EI}(\downarrow)$，$\varphi_A=\dfrac{Ml}{6EI}(\circlearrowright)$

习题 6-3 (a) $\Delta_{CV}=\dfrac{Pl^3}{8EI}(\downarrow)$，$\varphi_A=\dfrac{Pl^2}{12EI}(\circlearrowleft)$

(b) $\Delta_{CV}=\dfrac{11ql^4}{384EI}(\downarrow)$，$\varphi_A=\dfrac{ql^3}{48EI}(\circlearrowleft)$

习题 6-4 $\Delta_{CH}=\dfrac{5Pl^3}{16EI}(\rightarrow)$，$\varphi_A=\dfrac{11Pl^2}{24EI}(\circlearrowright)$

习题 6-5 $\Delta_{BH}=\dfrac{qfl^3}{15EI}(\rightarrow)$

习题 6-6 $\Delta_{AH}=\dfrac{qr^4}{24EI}(3\pi-4)\ (\rightarrow)$，$\Delta_{AV}=\dfrac{qr^4}{3EI}(\downarrow)$，$\varphi_A=\dfrac{\pi qr^3}{8EI}(\circlearrowright)$

习题 6-7 $\Delta_{DH}=\dfrac{Pl}{EA}(4+2\sqrt{2})(\leftarrow)$

习题 6-8 (a) $\Delta_{CV}=\dfrac{320}{3EI}(\downarrow)$，$\varphi_B=\dfrac{80}{3EI}(\circlearrowright)$

(b) $\Delta_{CV}=\dfrac{270}{EI}(\downarrow)$，$\varphi_B=\dfrac{120}{EI}(\circlearrowright)$

习题 6-9 (a) $\Delta_{CV}=\dfrac{Pa^3}{8EI}(\downarrow)$，(b) $\varphi_B=\dfrac{7qa^3}{3EI}(\circlearrowright)$

习题 6-10 $\Delta_{CV}=\dfrac{144}{EI}(\downarrow)$

习题 6-11 $\Delta_{AH}=\dfrac{Ma^2}{12EI}(\leftarrow)$

习题 6-12 $\varphi_C=\dfrac{ql^3}{24EI}(\circlearrowright\circlearrowleft)$

习题 6-13 $\Delta_{AB}=\dfrac{17\sqrt{3}Pl^3}{24EI}(\updownarrow)$

习题 6-14 $\Delta_{AB}=\dfrac{3ql^4}{2EI}(\rightarrow\leftarrow)$

习题 6-15 $\Delta_{DV}=\dfrac{122Pl^3}{3EI}(\downarrow)$

习题 6-16 $\Delta_{DV}=\dfrac{603}{8EI}(\downarrow)$

习题 6-17 $\Delta_{BH}=405\alpha l(\rightarrow)$

习题 6-18 $\Delta_{CV}=\dfrac{3}{8}\alpha ta(\uparrow)$

习题 6-19 $\Delta_{FH}=0.6\ \text{cm}(\leftarrow)$

习题 6-20 $\varphi_A=0.0075\text{rad}(\circlearrowright)$

第 7 章　力　法

7.1　超静定结构概念和超静定次数的确定

在以上各章中，讨论了静定结构的内力和位移计算问题。从本章起，我们讨论超静定结构的计算问题。

一、超静定结构的概念

前面已经指出，全部反力和内力完全可以由静力平衡条件确定的结构是静定结构。而超静定结构，其全部反力和内力仅凭静力平衡条件是不能确定或不能完全确定的；从几何组成角度讲，超静定结构虽然也是几何不变体系，但存在多余约束。例如图 7-1(a)所示的连续梁，我们可以将支座 A、支座 B 或支座 C 处的竖向链杆视为多余约束；显然，其支座反力仅凭静力平衡条件无法确定，因而也就不能求出其内力。又如图 7-2(a)所示的超静定桁架，虽然它们的支座反力和部分内力可以由静力平衡条件确定，但不能确定全部内力。这种内部有多余约束的结构也是超静定结构。

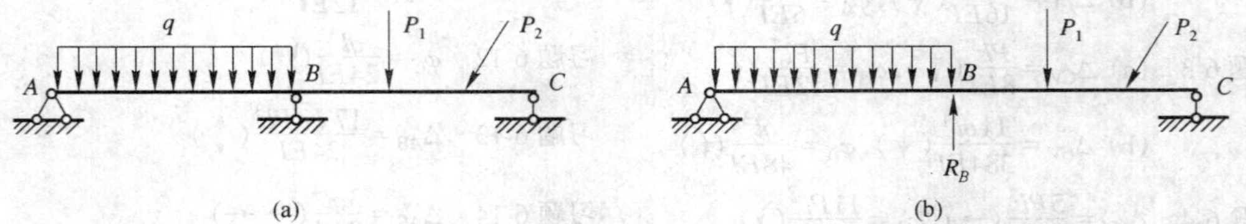

图 7-1　连续梁及相应静定结构
(a) 原超静定梁；(b) 相应静定梁。

由于静定结构是无多余约束的几何不变体系，所以，若去掉其任何一个约束，都将变为几何可变体系。而对超静定结构而言，当去掉其多余约束后，还能保持为几何不变体系。例如图 7-1(a)所示的连续梁，若去掉 B 支座处的竖向链杆，就得到图 7-1(b)所示的静定梁，是几何不变体系。为了便于读者与原超静定结构进行比较，在解除多余约束所得到的静定结构中，还标明了相应的多余约束力。本节在以下的类似各图中，也是这样处理的。对图 7-2(a)所示的桁架，若去掉跨中靠右支座处的两根下弦杆，可得到图 7-2(b)所示的静定桁架，它也是几何不变体系。所以，从保持结构几何不变性的角度而言，超静定结构是具有多余约束的结构。由以上两例可以看到，多余约束可以是外部的，也可以是内部的。多余约束中产生的力称为多余约束力，简称多余力。在图 7-1(b)中，如果认为支座 B 是多余约束，则反力 R_B 就是多余力。在图 7-2(b)中，如果认为跨中靠右支座处的两根下弦杆是多余约束，则内力 N_1、N_2 就是多余力。

综上所述，超静定结构的几何组成特征就在于有多余约束；而在静力方面的反映，则为具有多余力。

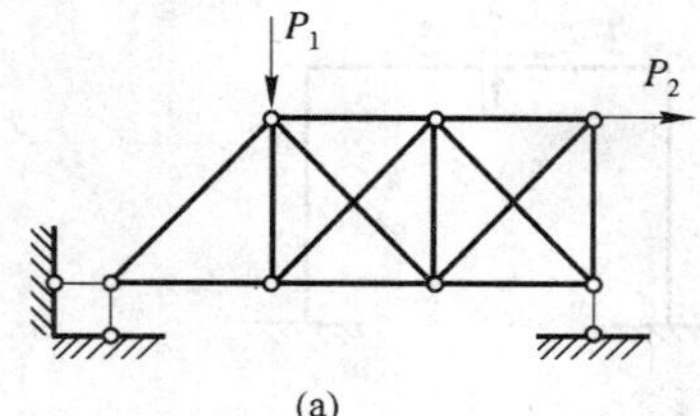

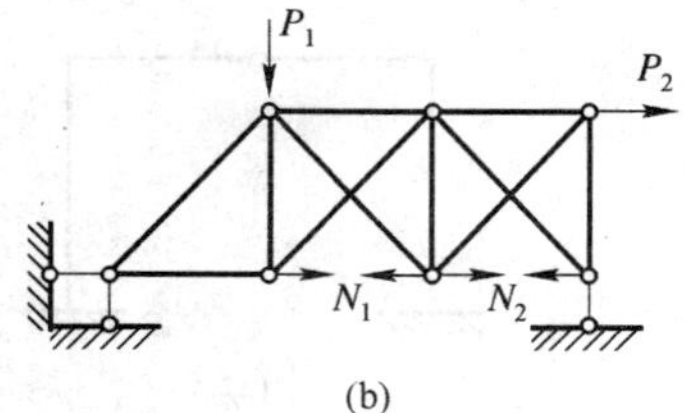

图 7-2　超静定桁架及相应静定结构

(a) 原超静定桁架；(b)相应静定桁架。

工程中常见的超静定结构的类型有：超静定梁(图 7-1(a))、超静定桁架(图 7-2(a))、超静定拱、超静定刚架及超静定组合结构(图 7-3(a)、(b)、(c))等。

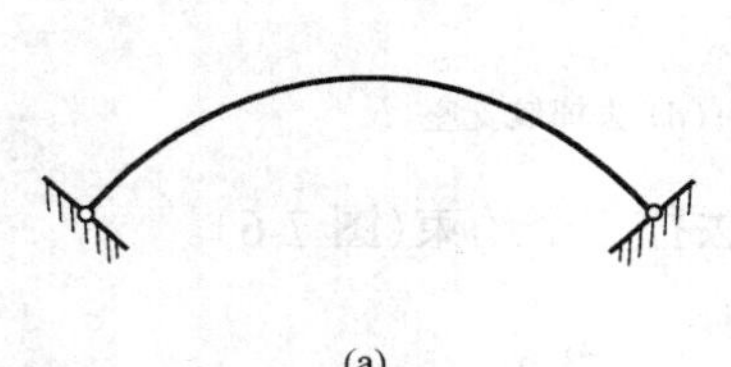

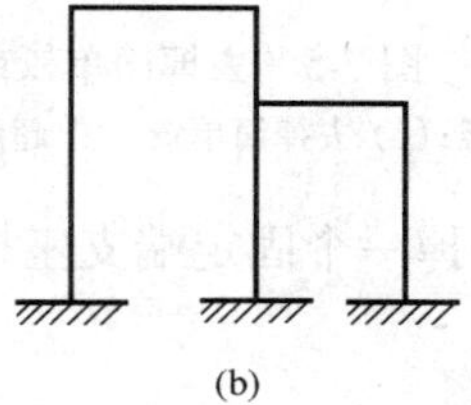

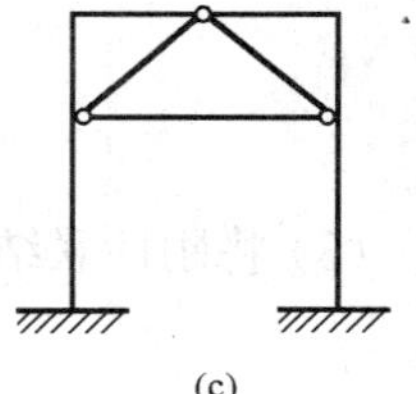

图 7-3　超静定结构举例

(a) 超静定拱；(b) 超静定刚架；(c) 超静定组合结构。

二、超静定次数的确定

当采用力法解超静定结构时，常将结构的多余约束或多余未知力的数目称为结构的超静定次数。判断超静定次数可以用去掉多余约束，使原结构变为静定结构的方法进行。简单概括为：解除原超静定结构的多余约束，使其变为静定结构，则去掉多余约束的数目即为原结构的超静定次数。

解除超静定结构多余约束的方式通常有以下几种。

(1) 切断一根链杆或去掉一根链杆支承相当于去掉一个约束(图 7-4)。

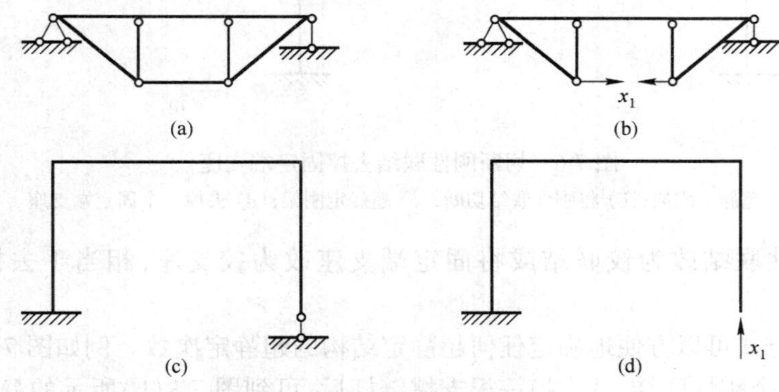

图 7-4　切断或去掉链杆

(a) 超静定组合结构；(b) 切断一根链杆；(c) 超静定刚架；(d) 去掉一根链杆支承。

(2) 去掉一个简单铰或去掉一个铰支座相当于去掉两个约束(图 7-5)。

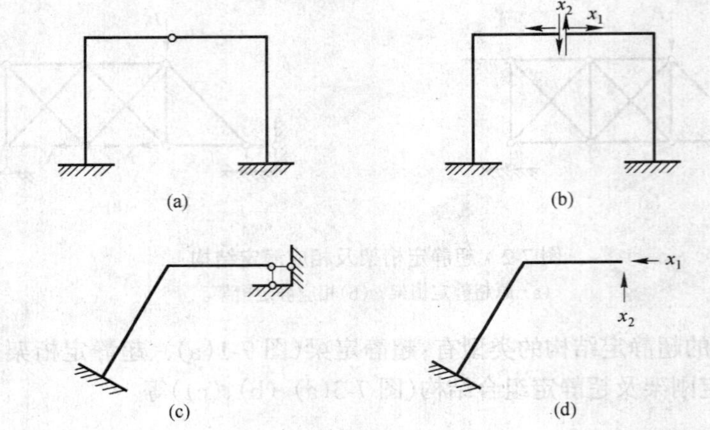

图 7-5　去掉简单铰或铰支座

(a) 超静定刚架；(b) 去掉简单铰；(c) 超静定刚架；(d) 去掉铰支座。

(3) 将刚性联结切断或去掉一个固定端支座相当于去掉三个约束(图 7-6)。

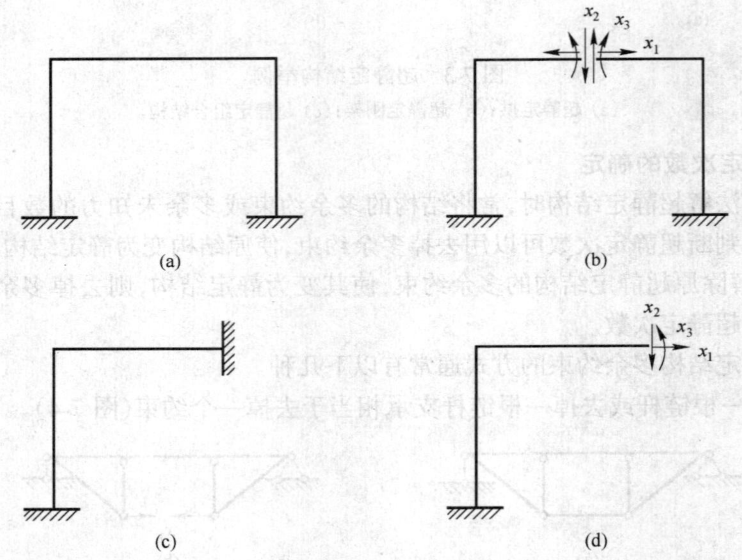

图 7-6　切断刚性联结去掉固定端支座

(a) 超静定刚架；(b) 将刚性联结切断；(c) 超静定刚架；(d) 去掉一个固定端支座。

(4) 将刚性联结改为铰联结或将固定端支座改为铰支座，相当于去掉一个约束(图 7-7)。

应用以上方式可以方便地确定任何超静定结构的超静定次数。例如图 7-8(a)所示的结构，在切断一个刚性联结，并去掉一根支撑链杆后，可到图 7-8(b)所示的静定结构。所以原结构为四次超静定结构，或者说原结构的超静定次数为四。

对于一个超静定结构可以采取不同的方式去掉多余约束，而得到不同的静定结构，但无论采用哪种方式，结构的超静定次数是唯一的。例如对于图 7-8(a)所示的超静定结构，还可以按图 7-8(c)或图 7-8(d)的方式去掉多余约束。

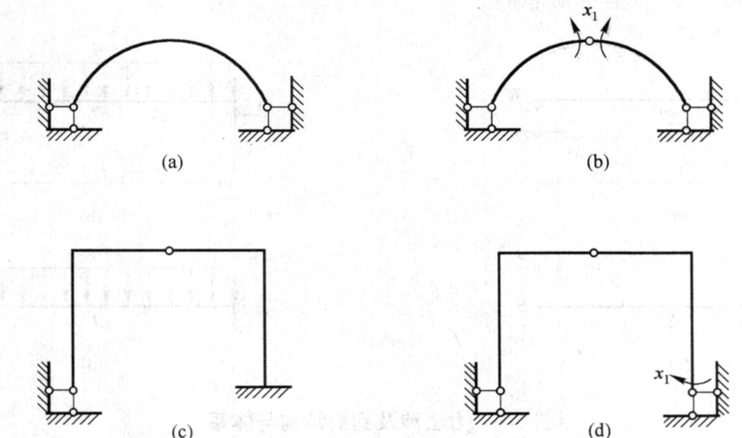

图 7-7　刚性联结改为铰联结或固定端支座改为铰支座

(a) 超静定拱;(b) 刚性联结改为铰联结;(c) 超静定刚架;(d) 固定端支座改为铰支座。

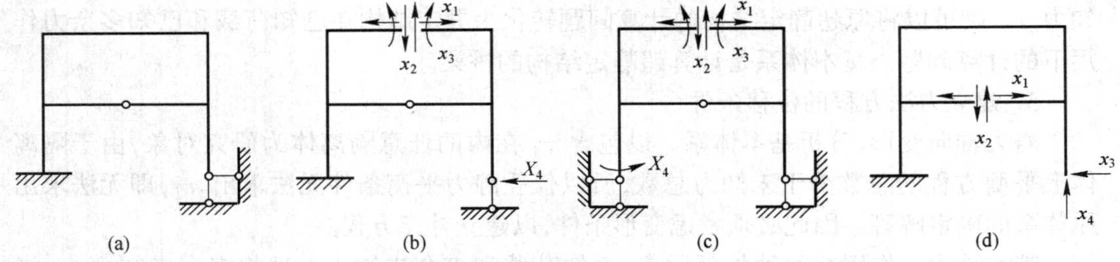

图 7-8　超静定刚架及相应的静定结构

(a) 四次超静定结构;(b) 静定结构Ⅰ;(c) 静定结构Ⅱ;(d) 静定结构Ⅲ。

7.2　力法原理和力法方程

计算超静定结构时,根据计算途径的不同,可以有两种不同的基本方法。当以超静定结构中的多余未知力作为基本未知数求解时,称为力法;当以超静定结构中的某些位移作为基本未知数求解时,称为位移法。除力法和位移法两种基本方法之外,还有力矩分配法、混合法、结构矩阵分析方法等,但它们都是从力法和位移法这两种基本方法演变而来的。

一、力法原理

1. 基本概念

图 7-9(a)所示的梁为一次超静定结构,称其为原结构。当梁上作用有荷载时,荷载连同原结构一起称为原体系(图 7-9(b))。如果把原结构的 B 支座作为多余约束去掉,则得到如图 7-9(c)所示的相对于原结构而言的基本结构。当基本结构上作用有原荷载和代替原体系中多余约束的多余未知力 x_1 时,可得到与原体系等价的基本体系(图 7-9(d))。

原结构、原体系、基本结构和基本体系这四者之间彼此联系,又互不相同。它们是建立力法方程过程中涉及到的基本概念。

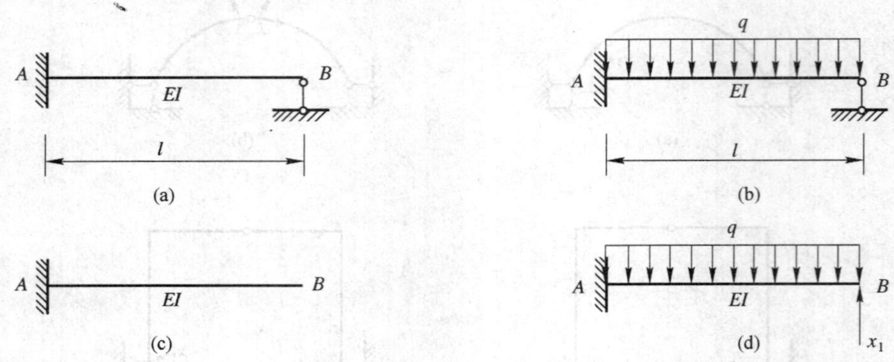

图 7-9 力法涉及到的结构与体系

(a) 原结构;(b) 原体系;(c) 基本结构;(d) 基本体系。

2. 解题思路

求解原体系中的内力,可从分析基本体系入手。只要设法求出基本体系中的多余未知力 x_1,则可以将原超静定结构的计算问题转化为静定结构在已知荷载和已知多余力作用下的计算问题。基本体系是计算超静定结构的桥梁。

3. 建立力法方程的位移条件

略去轴向变形,分析基本体系。以包含 x_1 在内的任意隔离体为研究对象,由于隔离体上平衡方程的总数少于未知力总数,所以仅凭静力平衡条件无法求出 x_1,即无法求出原体系的确定解答。因此必须考虑变形条件,以建立补充方程。

基本结构上作用有两种外部因素:已知荷载和多余未知力。现将多余未知力 x_1 视为作用在基本结构上的荷载对基本体系进行分析。在已知荷载保持不变的情况下,如果 x_1 过大,则梁的 B 端上翘;过小,则 B 端下垂。只有当 x_1 与原体系中 B 支座的约束反力相等时,B 端的位移才能与原体系中 B 点的竖向位移相等。换言之,为了使基本体系与原体系等价,必须保证在 x_1 与原荷载的共同作用下,基本体系中 B 点的竖向位移与原体系中 B 点的竖向位移相同。原体系中 B 支座无竖向位移,故基本体系中 B 点的竖向位移(用 Δ_1 表示)应该等于零,即

$$\Delta_1 = 0 \tag{7-1}$$

这就是用来确定 x_1 的位移条件。

Δ_1 是基本结构在荷载与多余未知力 x_1 共同作用下,沿 x_1 方向的总位移,即图 7-10(a)中的 B 点的竖向位移。设以 Δ_{11} 和 Δ_{1P} 分别表示多余力 x_1 和荷载 q 单独作用在基本结构上时,B 点沿 x_1 方向上的位移(图 7-10(b)、(c)),其符号都以沿假定的 x_1 方向为正,下标的意义与第 6 章所规定的相同,即第一个下标表示位移的地点和方向,第二个下标表示产生位移的原因。根据线变形条件下的叠加原理,式(7-1)可写为

$$\Delta_1 = \Delta_{11} + \Delta_{1P} = 0 \tag{7-2}$$

为了求出多余未知力 x_1,可先求出单位力 $\overline{x} = 1$ 作用下 B 点沿 x_1 方向的位移 δ_{11},进而 $\Delta_{11} = \delta_{11} \cdot x_1$,于是,式(7-2)可写为

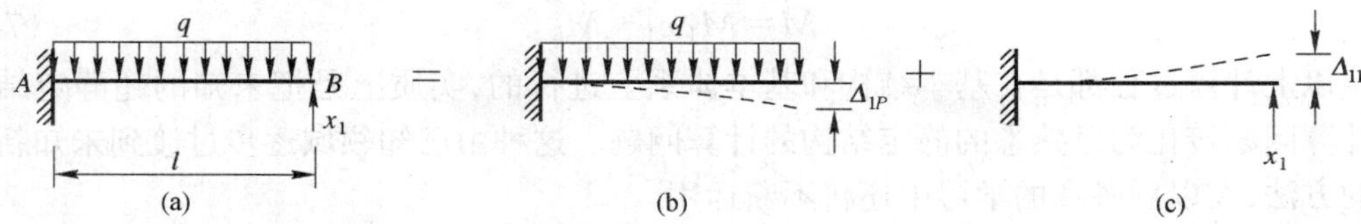

图 7-10　力法涉及到的结构与体系

(a) 基本体系；(b) 荷载引起的位移；(c) 多余力引起的位移。

$$\delta_{11}x_1+\Delta_{1P}=0 \tag{7-3}$$

由于 δ_{11}和 Δ_{1P}都是静定结构在已知力作用下的位移，可以用第 6 章所介绍的方法求得。因此多余力 x_1 便可以由上式解出。式(7-3)称为力法方程，其实质是以多余未知力表示的位移条件。

为计算 δ_{11}和 Δ_{1P}，可分别绘出基本结构在 $\overline{x_1}=1$ 和外荷载作用下的弯矩图 $\overline{M}_1$ 图和 M_P 图(图 7-11(a)、(b))，然后用图乘法计算这些位移。计算 δ_{11}可用 $\overline{M}_1$ 图乘 $\overline{M}_1$ 图，或称 $\overline{M}_1$ 图自乘：

$$\delta_{11}=\sum\int\frac{\overline{M}_1^2}{EI}\mathrm{d}s=\frac{1}{EI}\times\frac{l\times l}{2}\times\frac{2l}{3}=\frac{l^3}{3EI}$$

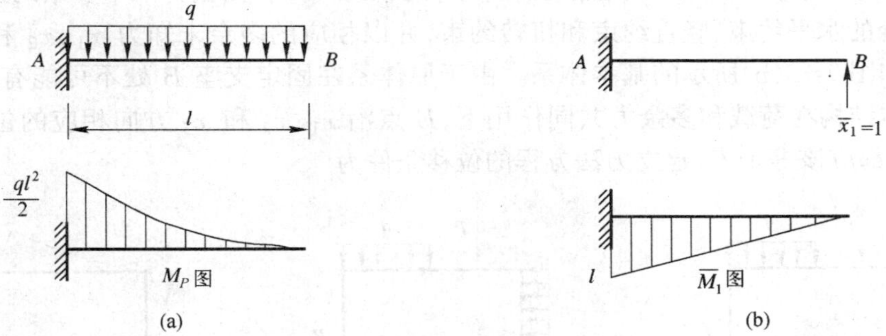

图 7-11　荷载及单位力作用情况

(a) 荷载作用及弯矩图；(b) 单位力作用及弯矩图。

计算 Δ_{11}可用 $\overline{M}_1$ 图与 M_P 图相乘：

$$\Delta_{1P}=\sum\int\frac{\overline{M}_1M_P}{EI}\mathrm{d}s=-\frac{1}{EI}\left(\frac{1}{3}\times\frac{ql^2}{2}\times l\right)\times\frac{3l}{4}=-\frac{ql^4}{8EI}$$

将 δ_{11}和 Δ_{1P}代入式(7-3)，可求得

$$x_1=-\frac{\Delta_{1P}}{\delta_{11}}=\frac{ql^4}{8EI}\cdot\frac{3EI}{l^3}=\frac{3}{8}ql$$

求得的多余未知力 x_1 为正号，说明 x_1 的实际方向与假设方向相同，即向上。求得多余力后，就可以利用基本体系的平衡条件，求得原结构的内力和支座反力。原结构的支座反力、弯矩图、剪力图如图 7-12 所示。也可以利用已绘出的 $\overline{M}_1$ 图与 M_P 图按叠加法绘出 M 图，即将 $\overline{M}_1$ 图的竖标乘以 x_1，再与 M_P 图的竖标相加：

$$M = \overline{M}_1 x_1 + M_P \tag{7-4}$$

以上计算过程都是在基本结构和基本体系上进行的,实质上是把未知的超静定结构的计算问题转化为已熟悉的静定结构的计算问题。这种由已知领域逐步过渡到未知新领域的方法,在以后各章的学习中还将不断运用。

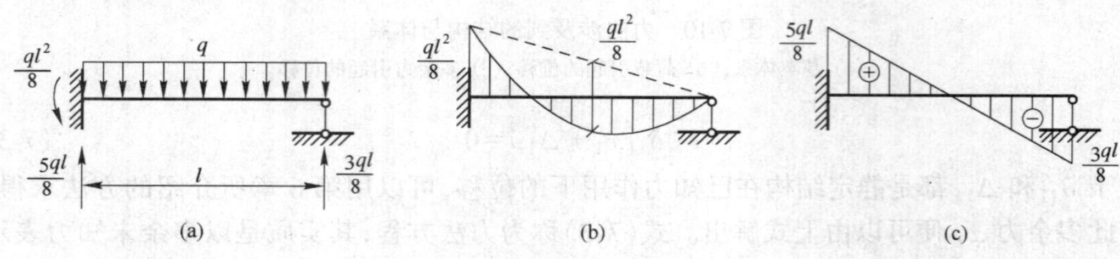

图 7-12 结构的反力与内力图

(a) 反力;(b) 弯矩图;(c) 剪力图。

二、力法的典型方程

以上以一个简单的例子介绍了力法的基本概念。可以看出,用力法计算超静定结构的关键,在于根据去掉多余约束处的位移条件,建立求解多余未知力的补充方程。对于多次超静定结构,其计算原理也基本相同。

如图 7-13(a)所示为三次超静定刚架。用力法计算时,需去掉三个多余约束。设去掉 B 支座处的水平约束、竖直约束和扭转约束,并以相应的多余未知力 x_1、x_2 和 x_3 代替,则得到如图 7-13(b)所示的基本体系。由于原体系在固定支座 B 处不可能有任何位移,因此基本结构在荷载和多余力共同作用下,B 点沿 x_1、x_2 和 x_3 方向相应的位移 Δ_1、Δ_2 和 Δ_3 也都应该等于零,建立力法方程的位移条件为

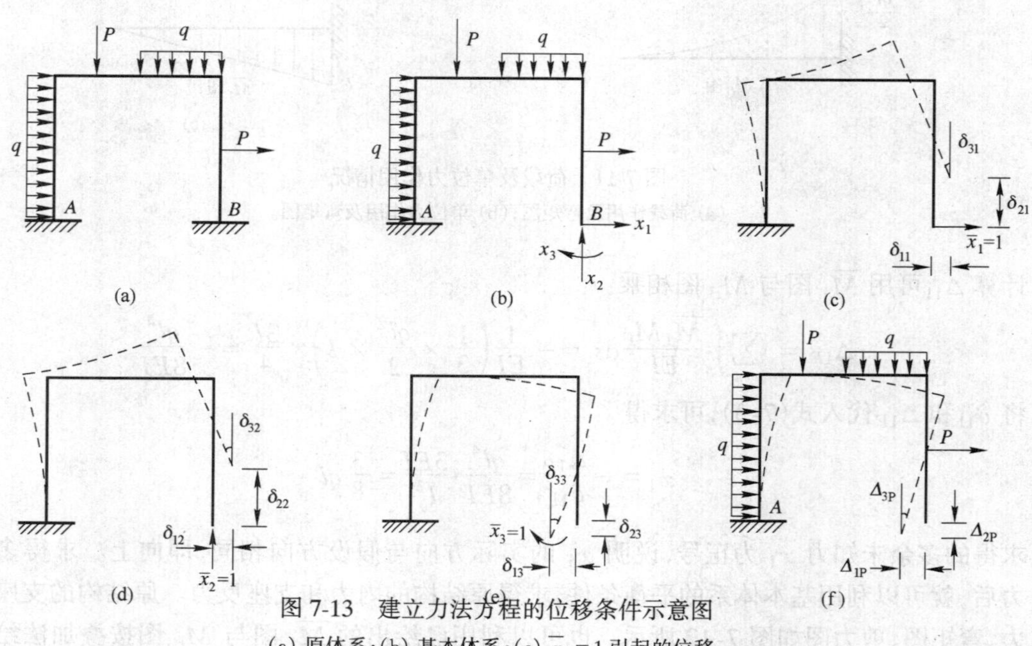

图 7-13 建立力法方程的位移条件示意图

(a) 原体系;(b) 基本体系;(c) $\overline{x}_1=1$ 引起的位移;

(d) $\overline{x}_2=1$ 引起的位移;(e) $\overline{x}_3=1$ 引起的位移;(f) 外荷载引起的位移。

$$\left.\begin{array}{l}\Delta_1=0\\ \Delta_2=0\\ \Delta_3=0\end{array}\right\}$$

设各单位多余未知力 $\overline{x}_1=1$、$\overline{x}_2=1$、$\overline{x}_3=1$ 和荷载分别作用于基本结构上时，B 点沿 x_1 方向的位移分别为 δ_{11}、δ_{12}、δ_{13} 和 Δ_{1P}，沿 x_2 方向的位移分别为 δ_{21}、δ_{22}、δ_{23} 和 Δ_{2P}，沿 x_3 方向的位移分别为 δ_{31}、δ_{32}、δ_{33} 和 Δ_{3P}，参阅图 7-13(c)、(d)、(e)、(f)，根据叠加原理，上述位移条件可写为

$$\left.\begin{array}{l}\Delta_1=\delta_{11}x_1+\delta_{12}x_2+\delta_{13}x_3+\Delta_{1P}=0\\ \Delta_2=\delta_{21}x_1+\delta_{22}x_2+\delta_{23}x_3+\Delta_{2P}=0\\ \Delta_3=\delta_{31}x_1+\delta_{32}x_2+\delta_{33}x_3+\Delta_{3P}=0\end{array}\right\} \tag{7-5}$$

解方程组(7-5)，便可求得 x_1、x_2 和 x_3。

对于 n 次超静定结构，则有 n 个多余未知力，而每一个多余未知力都对应着一个多余约束，相应地也就有一个位移条件，故可建立 n 个方程，从而解出 n 个多余未知力。当原体系上各个多余未知力作用处的位移均为零时，可写出 n 元一次方程组

$$\left.\begin{array}{l}\delta_{11}x_1+\delta_{12}x_2+\cdots+\delta_{1i}x_i+\cdots+\delta_{1n}x_n+\Delta_{1P}=0\\ \delta_{21}x_1+\delta_{22}x_2+\cdots+\delta_{2i}x_i+\cdots+\delta_{2n}x_n+\Delta_{2P}=0\\ \cdots\cdots\cdots\cdots\cdots\cdots\cdots\cdots\cdots\cdots\cdots\cdots\\ \delta_{i1}x_1+\delta_{i2}x_2+\cdots+\delta_{ii}x_i+\cdots+\delta_{in}x_n+\Delta_{iP}=0\\ \cdots\cdots\cdots\cdots\cdots\cdots\cdots\cdots\cdots\cdots\cdots\cdots\\ \delta_{n1}x_1+\delta_{n2}x_2+\cdots+\delta_{ni}x_i+\cdots+\delta_{nn}x_n+\Delta_{nP}=0\end{array}\right\} \tag{7-6}$$

当原体系中沿某多余未知力方向的位移不为零时，则基本体系中沿该多余未知力方向的位移应与原体系中相应的位移相等。式(7-6)就是力法方程的一般形式，常称为力法的典型方程。

力法方程中，主对角线上的系数 δ_{ii} 称为主系数，它是单位力 $\overline{x}_i=1$ 单独作用时，引起的沿其自身方向的位移，其值恒为正，且不会等于零。位于主对角线两侧的系数 δ_{ij} 称为副系数，它是单位力 $\overline{x}_j=1$ 单独作用时，引起的 x_i 方向的位移。δ_{ii} 和 δ_{ij} 统称为柔度系数。各式左侧最后一项 Δ_{iP} 称为自由项，它是外荷载单独作用时，引起的 x_i 方向的位移。副系数和自由项的值可正、可负，或者为零。根据位移互等定理，有

$$\delta_{ij}=\delta_{ji}$$

它表明力法方程中位于主对角线两侧对称位置的两个副系数是相等的。

典型方程中的柔度系数和自由项，都是基本结构在已知力作用下的位移，可用第 6 章所介绍的方法求得。解方程求得多余力 $x_i(i=1,2,\cdots,n)$ 后，可按以下叠加公式求出弯矩：

$$M=\overline{M}_1x_1+\overline{M}_2x_2+\cdots+\overline{M}_nx_n+M_P \tag{7-7}$$

进一步根据平衡条件求得剪力和轴力。

7.3 用力法计算超静定梁和刚架

一、超静定梁的计算

1. 用力法计算超静定结构的步骤

根据上节分析,用力法计算超静定结构的步骤归纳如下。

(1) 去掉原体系的多余约束,选取力法基本体系。

(2) 根据基本体系去掉多余约束处的位移条件建立力法方程。

(3) 求力法方程中的柔度系数和自由项(计算超静定梁和刚架时,应绘出基本结构在单位力作用下的弯矩图和荷载作用下的弯矩图,或写出弯矩表达式)。

(4) 解力法方程,求多余未知力。

(5) 求出多余力后,由基本体系按静定结构的分析方法绘出原体系的内力图。

2. 超静定梁的计算

在第3章介绍了单跨及多跨静定梁的计算,现在讨论超静定梁的计算问题。对于刚性支承上的连续梁,用第9章所述的力矩分配法计算最为简便。单跨超静定梁的计算是位移法的基础,也是本章讨论的重点之一。

例 7-1 试作如图 7-14(a)所示梁的弯矩图。设 B 端弹簧支座的弹簧刚度系数为 k,梁抗弯刚度 EI 为常数。

解:此梁是一次超静定结构。用力法计算时,可取不同的基本体系。由于基本体系不同,力法方程亦应作相应变化。对应于图 7-14(b)、(c)和(d)所示的三种基本体系,力法方程分别为式(7-8)~式(7-10)。

$$\delta_{11}x_1+\Delta_{1P}+\Delta_{1C}=0 \tag{7-8}$$

$$\delta_{11}x_1+\Delta_{1P}=-\frac{x_1}{k} \tag{7-9}$$

$$\delta_{11}x_1+\Delta_{1P}=0 \tag{7-10}$$

在式(7-8)中,Δ_{1C}表示由于弹簧支座 B 移动而引起的沿 x_1 方向的位移,计算 δ_{11}和Δ_{1P}时仅考虑梁弯曲变形对 A 截面转角的影响。在式(7-10)中,计算 δ_{11}时,应同时考虑梁弯曲变形和弹簧变形对弹簧断口处相对位移的影响。比较以上三种解法,显然取基本体系二计算起来较为方便。

作基本结构的单位弯矩图($\overline{M}_1$ 图)和荷载弯矩图($\overline{M}_P$ 图),如图 7-14(e)、(f)所示。利用图乘法求得

$$\delta_{11}=\frac{l^3}{3EI},\Delta_{1P}=-\frac{Pa^2(3l-a)}{6EI}$$

将以上各值代入相应的力法方程(式(7-9)),解得

$$x_1=\frac{Pa^3\left(1+\dfrac{3b}{2a}\right)}{l^3\left(1+\dfrac{3EI}{kl^3}\right)}$$

分析上式,多余力 x_1 的值与抗弯刚度 EI 对弹簧刚度 k 的比值$\frac{EI}{k}$有关。当 $k\to\infty$时

$$x_1{}' = \frac{Pa^3\left(1+\dfrac{3b}{2a}\right)}{l^3} = \frac{Pa^2(2l+b)}{2l^3}$$

此时，B 端相当于刚性支承的情形（第 8 章表 8-2，编号 8）。当 $k=0$ 时，B 端多余力 $x''_1=0$。此时，B 端相当于自由端，即完全柔性支承情形。一般情况下，B 端多余力在 x'_1 和 x''_1 之间变化。

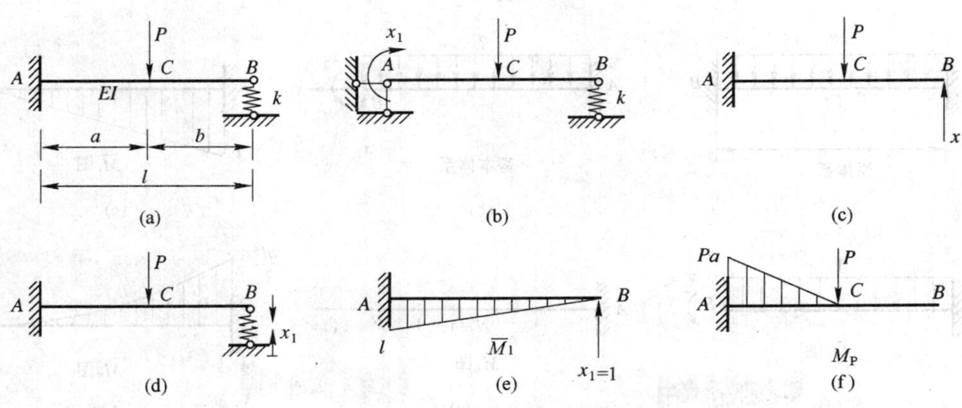

图 7-14　例题 7-1 图

(a) 原体系；(b) 基本体系一；(c) 基本体系二；(d) 基本体系三；(e) $\overline{M}_1$ 图；(f) M_P 图 。

求得 x_1 后，根据 $M=x_1\overline{M}_1+M_P$ 作出弯矩图，如图 7-15 所示。图中

$$M_A=\frac{Pa}{l^2}\left(\frac{\dfrac{3EI}{kl}+\dfrac{ab}{2}+b^2}{1+\dfrac{3EI}{kl^3}}\right), M_C=\frac{Pa^3b\left(1+\dfrac{3b}{2a}\right)}{l^3\left(l+\dfrac{3EI}{kl^3}\right)}$$

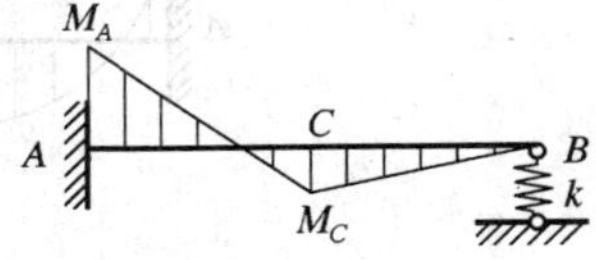

图 7-15　例题 7-1 最后弯矩图

例 7-2　试分析如图 7-16(a)所示超静定梁。设 EI 为常数。

解：此梁为三次超静定结构。取基本体系如图 7-16(b)所示。根据支座 B 处位移为零的条件，建立力法方程：

$$\left.\begin{aligned}\delta_{11}x_1+\delta_{12}x_2+\delta_{13}x_3+\Delta_{1P}=0\\ \delta_{21}x_1+\delta_{22}x_2+\delta_{23}x_3+\Delta_{2P}=0\\ \delta_{31}x_1+\delta_{32}x_2+\delta_{33}x_3+\Delta_{3P}=0\end{aligned}\right\}$$

由于力法方程中的柔度系数和自由项都是基本结构的位移，即静定结构的位移，因此，用力法计算超静定梁和刚架时，通常忽略剪力和轴力对位移的影响，而只考虑弯矩的影响。作基本结构的单位弯矩图和荷载弯矩图，如图 7-16(c)、(d)、(e)、(f)所示。

利用图乘法求得

$$\delta_{11}=\frac{1}{EI}\left(\frac{1}{2}l\times l\times\frac{2}{3}l\right)=\frac{l^3}{3EI}$$

$$\delta_{12}=\delta_{21}=-\frac{1}{EI}\left(\frac{l}{2}\times l\times 1\right)=-\frac{l^2}{2EI}$$

$$\delta_{22}=\frac{1}{EI}(l\times 1\times 1)=\frac{l}{EI}$$

$$\delta_{13}=\delta_{31}=\delta_{23}=\delta_{32}=0$$

$$\Delta_{1P}=-\frac{1}{EI}\left(\frac{1}{3}l\times\frac{ql^2}{2}\times\frac{3l}{4}\right)=-\frac{ql^4}{8EI}$$

$$\Delta_{2P}=\frac{1}{EI}\left(\frac{1}{3}l\times\frac{ql^2}{2}\times 1\right)=\frac{ql^3}{6EI}$$

$$\Delta_{3P}=0$$

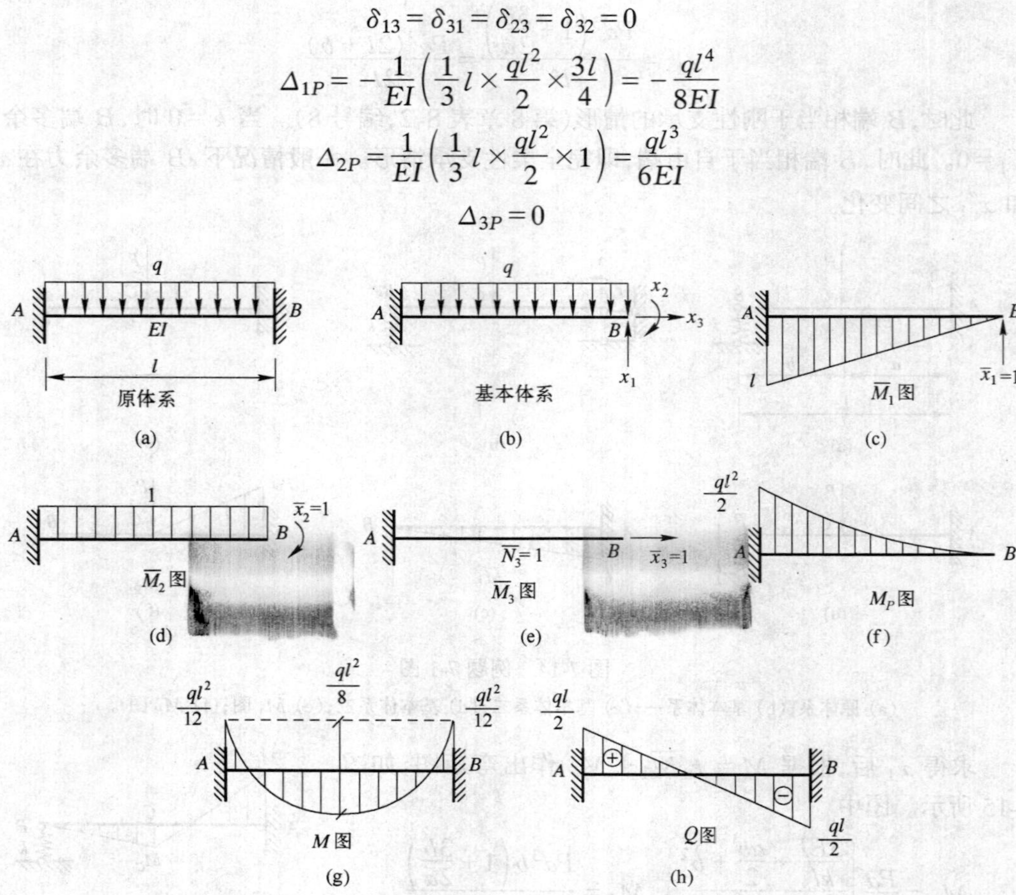

图 7-16 例题 7-2

(a) 原体系;(b) 基本体系;(c) 基本结构受 $\overline{x}_1=1$ 作用;(d) 基本结构受 $\overline{x}_2=1$ 作用;(e) 基本结构受 $\overline{x}_3=1$ 作用;(f) 基本结构受荷载作用;(g) M 图;(h) Q 图。

计算 δ_{33}时,因为弯矩 $\overline{M}_3=0$,这时要考虑轴力对位移的影响,即

$$\delta_{33}=\int\frac{\overline{M}_3^2}{EI}\mathrm{d}s+\int\frac{\overline{N}_3^2}{EA}\mathrm{d}x=0+\frac{l}{EA}=\frac{l}{EA}$$

将以上柔度系数和自由项代入力法方程,得

$$\left.\begin{aligned}&\frac{l^3}{3EI}x_1-\frac{l^2}{2EI}x_2-\frac{ql^4}{8EI}=0\\&-\frac{l^2}{2EI}x_1+\frac{l}{EI}x_2+\frac{ql^3}{6EI}=0\\&\frac{l}{EA}\times x_3+0=0\end{aligned}\right\}$$

解方程,求得

$$x_1=\frac{1}{2}ql,\ x_2=\frac{1}{12}ql^2,\ x_3=0$$

x_3 等于零表明两端固定梁在垂直于梁轴线的荷载作用下,支座不产生水平反力。因此,

本题可简化为只需求两个多余未知力的问题,力法方程可直接写为

$$\left.\begin{aligned}\delta_{11}x_1+\delta_{12}x_2+\Delta_{1P}=0\\ \delta_{21}x_1+\delta_{22}x_2+\Delta_{2P}=0\end{aligned}\right\}$$

最后弯矩图和剪力图如图 7-16(g)、(h)所示。

二、超静定刚架的计算

例 7-3 试分析如图 7-17(a)所示超静定刚架。绘制其内力图。

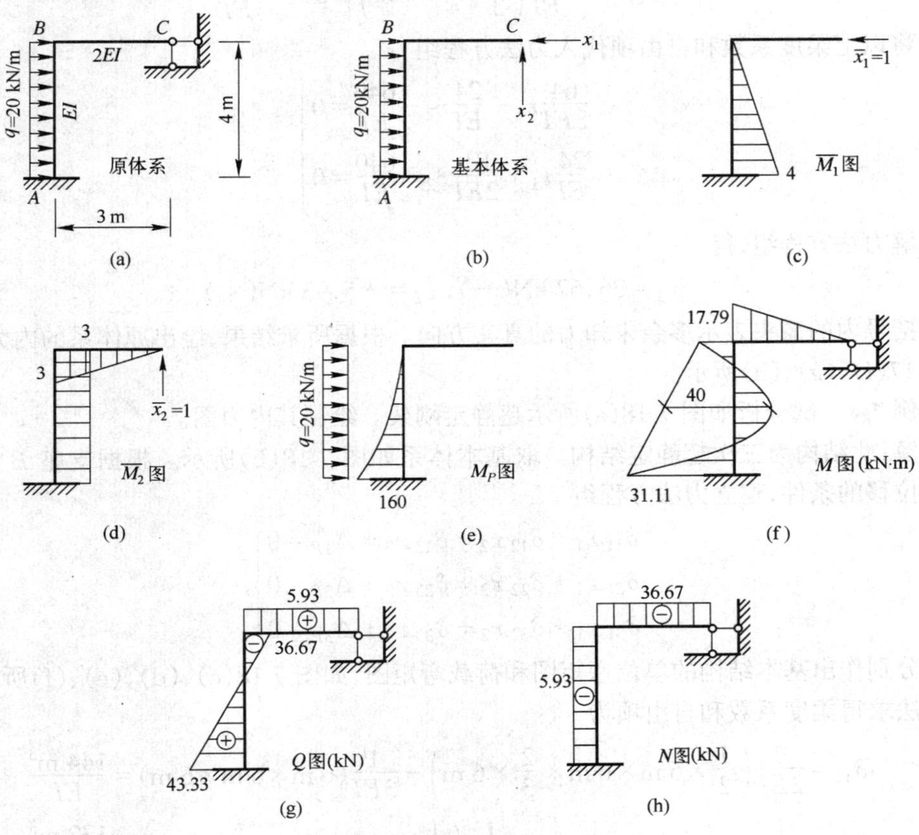

图 7-17 例题 7-3 图

(a) 原体系;(b) 基本体系;(c) 基本结构受 $\overline{x}_1=1$ 作用;(d) 基本结构受 $\overline{x}_2=1$ 作用;(e) 基本结构受荷载作用;(f) M 图;(g) Q 图;(h) N 图。

解:此结构为二次超静定结构。取基本体系如图 7-17(b)所示。根据支座 C 处水平及竖直方向位移均为零的条件,建立力法方程组

$$\left.\begin{aligned}\delta_{11}x_1+\delta_{12}x_2+\Delta_{1P}=0\\ \delta_{21}x_1+\delta_{22}x_2+\Delta_{2P}=0\end{aligned}\right\}$$

分别作出基本结构的单位弯矩图和荷载弯矩图,如图 7-17(c)、(d)、(e)所示。用图乘法求得柔度系数和自由项为

$$\delta_{11}=\frac{1}{EI}\left(\frac{1}{2}\times4\times4\right)\times\left(\frac{2}{3}\times4\right)=\frac{64}{3EI}$$

$$\delta_{22}=\frac{1}{2EI}\left[\left(\frac{1}{2}\times3\times3\right)\times\left(\frac{2}{3}\times3\right)\right]+\frac{1}{EI}[(3\times4)\times3]=\frac{81}{2EI}$$

$$\delta_{12}=\delta_{21}=\frac{1}{EI}\left(\frac{1}{2}\times4\times4\right)\times3=\frac{24}{EI}$$

$$\Delta_{1P}=-\frac{1}{EI}\left(\frac{1}{3}\times4\times160\right)\times\left(\frac{3}{4}\times4\right)=-\frac{640}{EI}$$

$$\Delta_{2P}=-\frac{1}{EI}\left(\frac{1}{3}\times4\times160\right)\times3=-\frac{640}{EI}$$

将以上柔度系数和自由项代入力法方程组

$$\left.\begin{aligned}\frac{64}{3EI}x_1+\frac{24}{EI}x_2-\frac{640}{EI}=0\\ \frac{24}{EI}x_1+\frac{81}{2EI}x_2-\frac{640}{EI}=0\end{aligned}\right\}$$

解力法方程组,得

$$x_1=36.67\text{ kN}(\leftarrow),\ x_2=-5.93\text{ kN}(\downarrow)$$

括号内的箭头表示多余未知力的真实方向。根据所求结果,绘出原体系的内力图,如图 7-17(f)、(g)、(h)所示。

例 7-4 试分析如图 7-18(a)所示超静定刚架。绘制其内力图。

解:此结构为三次超静定结构。取基本体系如图 7-18(b)所示。根据支座 B 处不能产生位移的条件,建立力法方程组

$$\left.\begin{aligned}\delta_{11}x_1+\delta_{12}x_2+\delta_{13}x_3+\Delta_{1P}=0\\ \delta_{21}x_1+\delta_{22}x_2+\delta_{23}x_3+\Delta_{2P}=0\\ \delta_{31}x_1+\delta_{32}x_2+\delta_{33}x_3+\Delta_{3P}=0\end{aligned}\right\}$$

分别作出基本结构的单位弯矩图和荷载弯矩图,如图 7-18(c)、(d)、(e)、(f)所示。用图乘法求得柔度系数和自由项为

$$\delta_{11}=\frac{2}{2EI}\left(\frac{1}{2}\times6\text{ m}\times6\text{ m}\times\frac{2}{3}\times6\text{ m}\right)+\frac{1}{3EI}(6\text{ m}\times6\text{ m}\times6\text{ m})=\frac{144\text{ m}^3}{EI}$$

$$\delta_{22}=\frac{1}{2EI}(6\text{ m}\times6\text{ m}\times6\text{ m})+\frac{1}{3EI}\left(\frac{1}{2}\times6\text{ m}\times6\text{ m}\times\frac{2}{3}\times6\text{ m}\right)=\frac{132\text{ m}^3}{EI}$$

$$\delta_{33}=\frac{2}{2EI}(1\times6\text{ m}\times1)+\frac{1}{3EI}(1\times6\text{ m}\times1)=\frac{8\text{ m}}{EI}$$

$$\delta_{12}=\delta_{21}=-\frac{1}{2EI}\left(\frac{1}{2}\times6\text{ m}\times6\text{ m}\times6\text{ m}\right)-\frac{1}{3EI}\left(\frac{1}{2}\times6\text{ m}\times6\text{ m}\times6\text{ m}\right)=-\frac{90\text{ m}^3}{EI}$$

$$\delta_{13}=\delta_{31}=-\frac{2}{2EI}\left(\frac{1}{2}\times6\text{ m}\times6\text{ m}\times1\right)-\frac{1}{3EI}(6\text{ m}\times6\text{ m}\times1)=-\frac{30\text{ m}^2}{EI}$$

$$\delta_{23}=\delta_{32}=\frac{1}{2EI}(6\text{ m}\times6\text{ m}\times1)+\frac{1}{3EI}\left(\frac{1}{2}\times6\text{ m}\times6\text{ m}\times1\right)=\frac{24\text{ m}^2}{EI}$$

$$\Delta_{1P}=\frac{1}{2EI}\left(\frac{1}{3}\times126\text{ kN}\cdot\text{m}\times6\text{ m}\times\frac{1}{4}\times6\text{ m}\right)=\frac{189\text{ kN}\cdot\text{m}^3}{EI}$$

$$\Delta_{2P}=-\frac{1}{2EI}\left(\frac{1}{3}\times126\text{ kN}\cdot\text{m}\times6\text{ m}\times6\text{ m}\right)=-\frac{756\text{ kN}\cdot\text{m}^3}{EI}$$

$$\Delta_{3P}=-\frac{1}{2EI}\left(\frac{1}{3}\times126\ \text{kN}\cdot\text{m}\times6\ \text{m}\times1\right)=-\frac{126\ \text{kN}\cdot\text{m}^2}{EI}$$

将以上各系数和自由项代入力法方程组，化简后得

$$\left.\begin{aligned}24x_1-15x_2-5x_3+31.5=0\\-15x_1+22x_2+4x_3-126=0\\-5x_1+4x_2+\frac{4}{3}x_3-21=0\end{aligned}\right\}$$

解力法方程组得

$$x_1=9.0\ \text{kN},x_2=6.3\ \text{kN},x_3=30.6\ \text{kN}\cdot\text{m}$$

刚架的最后内力图如图 7-18(g)、(h)、(i)所示。

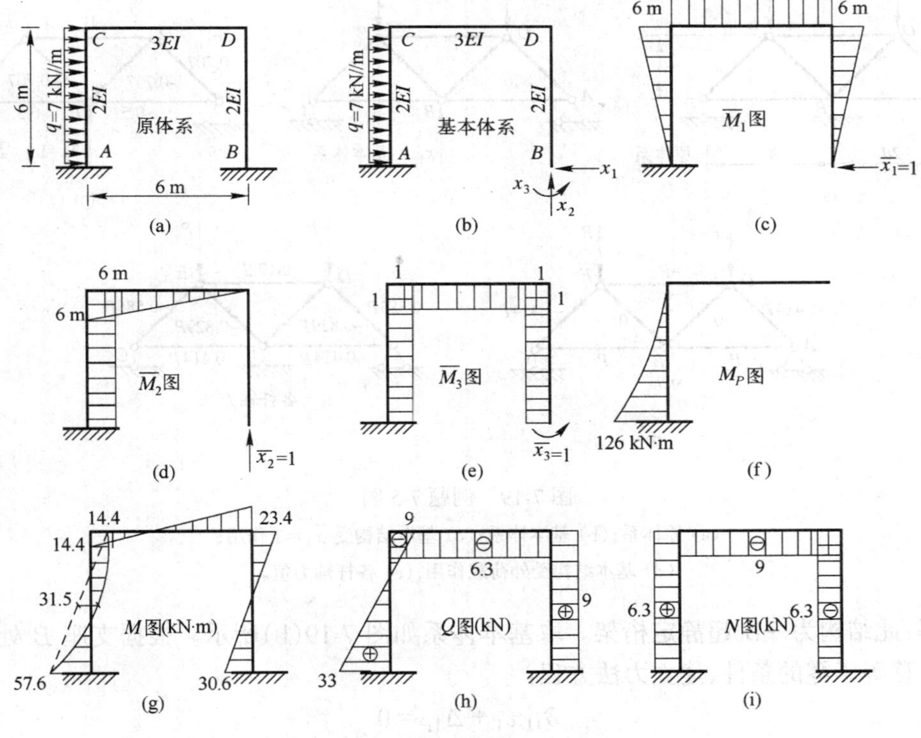

图 7-18 例题 7-4 图

(a) 原体系；(b) 基本体系；(c) 基本结构受 $\overline{x}_1=1$ 作用；(d) 基本结构受 $\overline{x}_2=1$ 作用；(e) 基本结构受 $\overline{x}_3=1$ 作用；(f) 基本结构受荷载作用；(g) M 图；(h) Q 图；(i) N 图。

7.4 用力法计算超静定桁架和组合结构

一、超静定桁架的计算

用力法计算超静定桁架的原理和步骤与计算超静定梁和超静定刚架基本相同。由于桁架一般只承受结点荷载，所以桁架中的各杆只产生轴力。力法方程中的柔度系数和自由项按下式计算：

$$\left.\begin{aligned}\delta_{ii} &= \sum \frac{\overline{N}_i^2}{EA}l \\ \delta_{ij} &= \sum \frac{\overline{N}_i\overline{N}_j}{EA}l \\ \Delta_{iP} &= \sum \frac{\overline{N}_i N_P}{EA}l\end{aligned}\right\} \tag{7-11}$$

当求出多余未知力 $x_i(i=1,2,\cdots,n)$后，桁架各杆的轴力按下式计算：

$$N = \overline{N}_1 x_1 + \overline{N}_2 x_2 + \cdots + \overline{N}_n x_n + N_P \tag{7-12}$$

例 7-5 试分析如图 7-19(a)所示超静定桁架。绘制其轴力图。

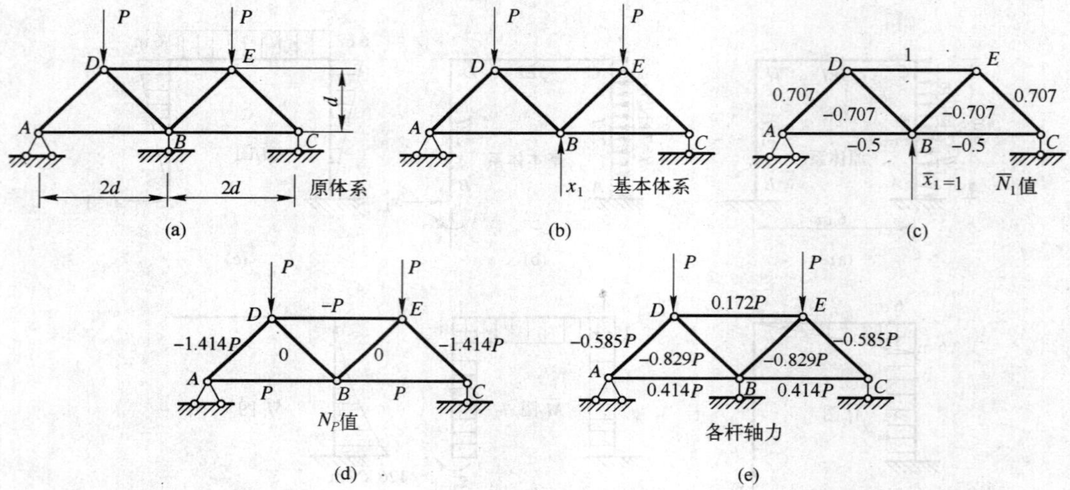

图 7-19 例题 7-5 图

(a) 原体系；(b) 基本体系；(c) 基本结构受 $\overline{x}_1=1$ 作用；
(d) 基本结构受外荷载作用；(e) 各杆轴力值。

解：此结构为一次超静定桁架。取基本体系如图 7-19(b)所示。根据支座 B 处竖直方向位移等于零的条件，建立力法方程：

$$\delta_{11}x_1 + \Delta_{1P} = 0$$

分别求出单位荷载作用在基本结构上的各杆轴力和外荷载作用在基本结构上的轴力，如图 7-19(c)、(d)所示。依式(7-11)计算：

$$\begin{aligned}\delta_{11} &= \sum\frac{\overline{N}_1^2}{EA}l \\ &= \frac{1}{EA}[(0.707)^2\times1.414d\times2+(-0.707)^2\times1.414d\times2 \\ &\quad +(-0.5)^2\times2d\times2+1^2\times2d] = 5.827d\end{aligned}$$

$$\begin{aligned}\Delta_{1P} = \sum\frac{\overline{N}_1 N_P}{EA} &= \frac{1}{EA}[0.707\times(-1.414P)\times1.414d\times2+1\times(-P)\times2d \\ &\quad +(-0.5\times P\times2d\times2)] = -6.827Pd\end{aligned}$$

将 δ_{11}、Δ_{1P}的计算结果代入力法方程,可求得 x_1:

$$x_1 = -\frac{\Delta_{1P}}{\delta_{11}} = \frac{6.827Pd}{5.827d} = 1.172P$$

按式(7-12)计算各杆轴力并将计算结果标在桁架计算简图上,如图 7-19(e)所示。

二、超静定组合结构的计算

组合结构是由梁式杆和链杆组成的结构。梁式杆既承受弯矩,也承受剪力和轴力;链杆只承受轴力。在计算位移时,对梁式杆通常可以略去剪力和轴力的影响,对链杆只考虑轴力的影响。

例 7-6 试分析图 7-20(a)所示组合结构。

解:此结构为一次超静定。切断 CD 杆取基本体系如图 7-20(b)所示。根据切口两侧截面沿杆轴方向相对位移等于零的条件,建立力法方程

$$\delta_{11}x_1 + \Delta_{1P} = 0$$

分别绘出单位荷载和外荷载作用在基本结构上的弯矩图,并求出各链杆中的轴力如图 7-20(c)、(d)所示。计算柔度系数和自由项

$$\begin{aligned}\delta_{11} &= \int \frac{\overline{M}_1^2}{E_1 I_1}\mathrm{d}s + \sum \frac{\overline{N}_1^2 l}{EA} \\ &= \frac{2}{E_1 I_1}\left(\frac{1}{2} \times \frac{l}{4} \times \frac{l}{2} \times \frac{2}{3} \times \frac{l}{4}\right) + \frac{(-1)^2 h}{E_2 A_2} + \frac{2\left(\frac{s}{2h}\right)^2 s}{E_3 A_3} \\ &= \frac{l^3}{48E_1 I_1} + \frac{h}{E_2 A_2} + \frac{s^3}{2h^2 E_3 A_3}\end{aligned}$$

$$\begin{aligned}\Delta_{1P} &= \int \frac{\overline{M}_1 M_P}{E_1 I_1}\mathrm{d}s + \sum \frac{\overline{N}_1 N_P l}{EA} \\ &= -\frac{2}{E_1 I_1}\left(\frac{2}{3} \times \frac{ql^2}{8} \times \frac{l}{2} \times \frac{5}{8} \times \frac{l}{4}\right) + 0 = -\frac{5ql^4}{384E_1 I_1}\end{aligned}$$

代入力法方程解得

$$x_1 = -\frac{\Delta_{1P}}{\delta_{11}} = \frac{\dfrac{5ql^4}{384E_1 I_1}}{\dfrac{l^3}{48E_1 I_1} + \dfrac{h}{E_2 A_2} + \dfrac{s^3}{2h^2 E_3 A_3}}$$

原结构 AB 梁的最后弯矩图和各链杆的轴力分别按下式计算:

$$M = x_1 \overline{M}_1 + M_P$$

$$N = x_1 \overline{N}_1 + N_P$$

分析以上结果:因为 $x_1\overline{M}_1$ 与 M_P 的符号相反,故叠加后 M 的数值将比 M_P 要小。这表明横梁由于下部链杆的支承,弯矩大为减小。如果链杆的截面很大,如 E_2A_2 和 E_3A_3 都趋于无穷大时,则 x_1趋于 $5ql/8$,即横梁的 M 图接近于两跨连续梁的 M 图。如果链杆的截面很小,如 E_2A_2 和 E_3A_3 都趋于零时,则 x_1 趋于零,即横梁的 M 图接近于简支梁的 M 图。

单层厂房往往采用排架结构。排架也属于组合结构。它由屋架(或屋面大梁)、柱和基础组成。柱与基础为刚性联结,屋架与柱顶则为铰联结。工程中常采用如下的近似计算方法。

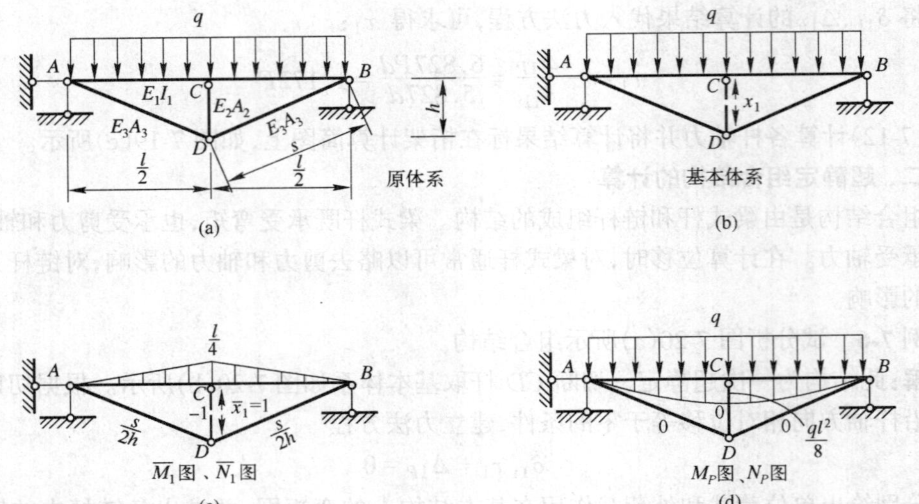

图 7-20 例题 7-6

(a) 原体系；(b) 基本体系；(c) 基本结构受 $\overline{x}_1=1$ 作用；(d) 基本结构受外荷载作用。

(1) 在屋面荷载作用下，屋架按桁架计算。有关桁架计算简图的选取及计算在前面的章节已作介绍。

(2) 当柱承受水平荷载时，屋架对柱顶只起联系作用，由于屋架在其平面内的刚度很大，所以在计算排架柱的内力时，可以不考虑桁架变形的影响，而用一根 $EA\rightarrow\infty$ 的链杆代替。例如某不等高排架的计算简图如图 7-21(a)所示。用力法分析时，一般以链杆作为多余约束，选用如图 7-21(b)所示的基本体系。

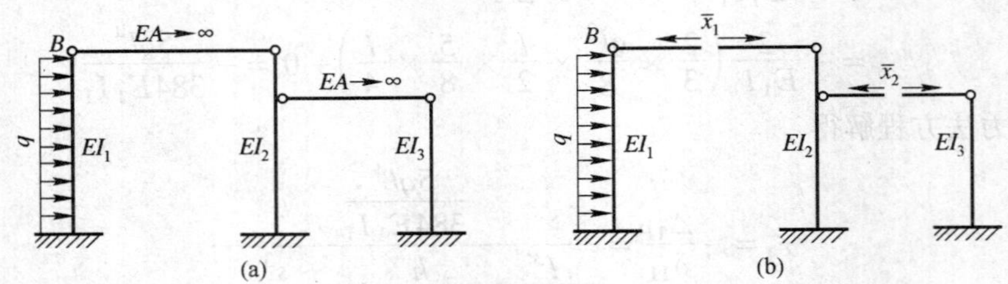

图 7-21 排架计算简图及基本体系

(a) 计算简图；(b) 基本体系。

7.5 两铰拱及系杆拱的计算

一、两铰拱的计算

超静定拱在工程中得到广泛应用。在建筑工程中，除采用落地式拱顶结构外，还采用带拉杆的拱式屋架。在桥梁工程中，历史上有著名的赵州石拱桥(图 7-22(a))。近年来，双曲拱桥也被广泛采用(图 7-22(b))。

两铰拱是一次超静定结构(图 7-23(a))。在竖向荷载作用下，当其支座发生竖向位移时并不引起内力，因此在地基可能发生较大不均匀沉降地区宜于采用。两铰拱的弯矩在

(a)

(b)

图 7-22　拱桥结构示例
(a) 赵州石拱桥；(b) 丹集线下河口双曲拱桥。

支座处等于零，向拱顶逐渐增大；因此在设计拱时，拱截面亦应由支座向拱顶逐渐增加。当跨度不大时，两铰拱也常设计成等截面的。

用力法计算超静定拱的原理和步骤仍如前所述。若拱轴曲率较大，则应考虑它对变形的影响。但通常拱的曲率都较小，计算结果表明，曲率的影响可以略去不计，仍可采用直杆的位移计算公式。下面讨论两铰拱的计算方法。

计算两铰拱时，通常去掉一个支座的水平约束，并以多余力 x_1 代替。图 7-23(a)、(b)所示为一两铰拱和相应的基本体系。由原体系在支座 B 处的水平位移等于零的条件，可以建立力法方程

$$\delta_{11}x_1+\Delta_{1P}=0$$

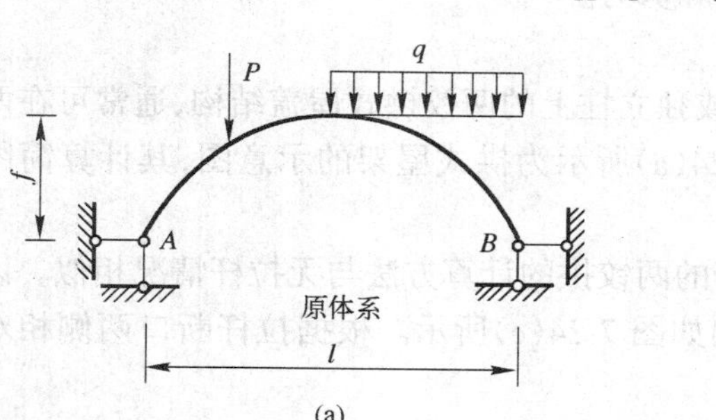

(a)

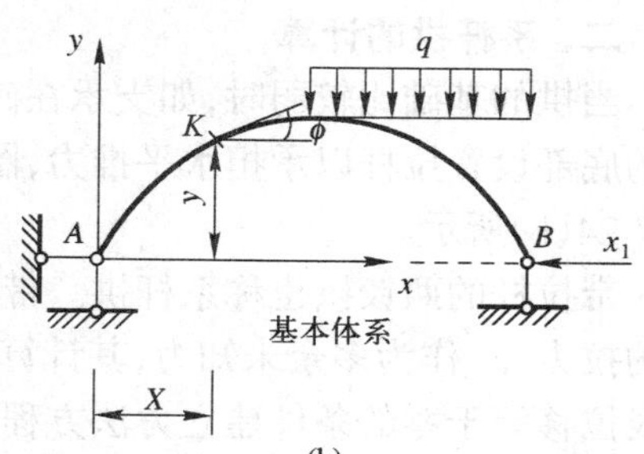

(b)

图 7-23　两铰拱及其基本体系
(a) 原体系；(b) 基本体系。

计算柔度系数和自由项时，一般可略去剪力影响，而轴力影响通常仅当拱高 f 小于跨度 l 的 1/3，拱的截面厚度 t 与跨度 l 之比小于 1/10 时，才在 δ_{11} 中予以考虑，因此有

$$\left.\begin{aligned}\delta_{11}&=\int\frac{\overline{M}_1^2}{EI}\mathrm{d}s+\int\frac{\overline{N}_1^2}{EA}\mathrm{d}s\\ \Delta_{1P}&=\int\frac{\overline{M}_1M_P}{EI}\mathrm{d}s\end{aligned}\right\}\tag{7-13}$$

设规定弯矩以使拱的内侧纤维受拉为正，轴力以使截面受压为正，取图 7-25(b)所示坐标系，则基本结构在多余力 $\overline{x}_1=1$ 作用下，任意截面的内力为

$$\overline{M}_1=-y,\overline{N}_1=\cos\phi\tag{7-14}$$

式中，y 为拱任意截面K 处的纵坐标；ϕ 为K 点处拱轴线的切线与 x 轴所成的夹角。

将式(7-14)代入式(7-13)得

$$\delta_{11}=\int\frac{y^2}{EI}\mathrm{d}s+\int\frac{\cos^2\phi}{EA}\mathrm{d}s$$

$$\Delta_{1P}=-\int\frac{yM_P}{EI}\mathrm{d}s$$

进而由力法方程可解得

$$x_1=-\frac{\Delta_{1P}}{\delta_{11}}=\frac{\int\frac{yM_P}{EI}\mathrm{d}s}{\int\frac{y^2}{EI}\mathrm{d}s+\int\frac{\cos^2\phi}{EA}\mathrm{d}s} \tag{7-15}$$

按上式计算 x_1 时，因拱轴为曲线，因而必须采用积分法计算。当拱轴线形状、截面变化规律较复杂时，直接积分会遇到困难。此时可应用近似的数值积分法，如：可应用高等数学的梯形公式或抛物线公式作数值求和。

对于只承受竖向荷载且两拱趾同高的两铰拱，当求得了水平推力 x_1 后，拱上任意截面处的弯矩、剪力和轴力均可用叠加法求得，即

$$\left.\begin{aligned}M&=M^0-Hy\\Q&=Q^0\cos\phi-H\sin\phi\\N&=Q^0\sin\phi+H\cos\phi\end{aligned}\right\} \tag{7-16}$$

式中，M^0、Q^0 分别表示相应简支梁的弯矩和剪力。

二、系杆拱的计算

当拱的基础比较弱时，如支承在砖墙或独立柱上的两铰拱式屋盖结构，通常可在两铰拱的底部设置拉杆以承担水平推力，图 7-24(a)所示为拱式屋架的示意图，其计算简图如图 7-24(b)所示。

带拉杆的两铰拱也称系杆拱。带拉杆的两铰拱的计算方法与无拉杆情况相似。以拉杆的拉力 x_1 作为多余未知力，其计算简图如图 7-24(c)所示。根据拉杆断口两侧相对水平线位移等于零的条件建立力法方程

$$\delta_{11}x_1+\Delta_{1P}=0$$

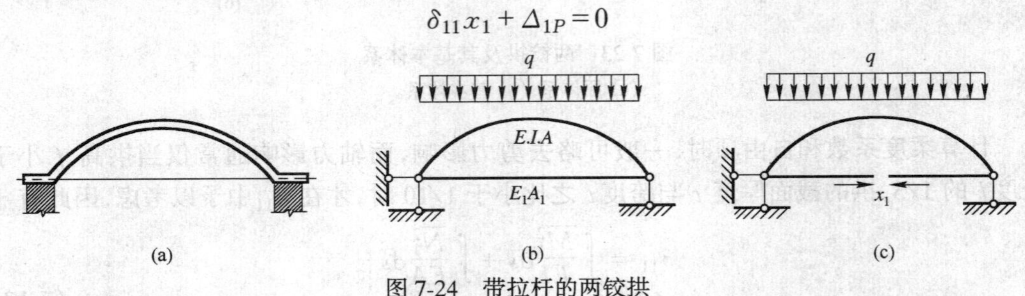

图 7-24　带拉杆的两铰拱

(a) 示意图；(b) 计算简算；(c) 基本体系。

式中自由项 Δ_{1P}的计算与无拉杆两铰拱的情况完全相同，系数 δ_{11}的计算则除拱本身的变形外，还须考虑拉杆轴向变形的影响。在单位力 $\overline{x}_1=1$ 作用下，拉杆由于轴向变形引起的相对位移为$\dfrac{l}{E_1A_1}$，其中 E_1、A_1 分别为拉杆的弹性模量和横截面面积。于是，多余

力 x_1 的计算公式为

$$x_1 = -\frac{\Delta_{1P}}{\delta_{11}} = \frac{\int \frac{yM_P}{EI}\mathrm{d}s}{\int \frac{y^2}{EI}\mathrm{d}s + \int \frac{\cos^2\phi}{EA}\mathrm{d}s + \frac{l}{E_1A_1}} \tag{7-17}$$

求出 x_1 后,可按式(7-16)计算拱的内力。

分析式(7-17):当拉杆的刚度 $E_1A_1 \to \infty$ 时,式(7-17)与无拉杆的计算式(7-15)完全一样;当拉杆的刚度 $E_1A_1 \to 0$ 时,则拱的推力将趋于零,此时该结构将变为曲梁,不再具有拱的特征。因此,在设计带拉杆的拱时,为了减小拱本身的弯矩,改善拱的受力状况,应适当加大拉杆的刚度。

此外,工程中有些系杆拱,其系杆颇为粗大,它不仅能承受轴力,而且能承受弯矩和剪力。因此在确定这一类系杆拱的计算简图时,应该按照拱圈与系杆二者抗弯刚度的相对大小来考虑。考察图 7-25(a)所示系杆拱,设拱圈与系杆材料相同,且拱圈的截面惯性矩为 I_a,系杆的截面惯性矩为 I_b,则可以有以下三种情况。

1. 柔性系杆刚性拱

此时系杆刚度甚小,例如$\frac{I_b}{I_a} = \frac{1}{80} \sim \frac{1}{100}$,故可以认为系杆只能承受轴力。其计算简图如图 7-25(b)所示,为一带拉杆的两铰拱,是一次超静定结构。

2. 刚性系杆柔性拱

此时拱圈刚度甚小,例如$\frac{I_b}{I_a} = 80 \sim 100$,故可以认为拱仅能承受轴力,系杆则可以承受弯矩和剪力。其计算简图如图 7-25(c)所示,为一带链杆拱杆的加劲梁,也是一次超静定结构。

3. 刚性系杆刚性拱

此时拱圈与系杆二者刚度相差不大,均能承受弯矩和剪力。吊杆通常刚度较小,可视为链杆。其计算简图如图 7-25(d)所示,为多次超静定结构。

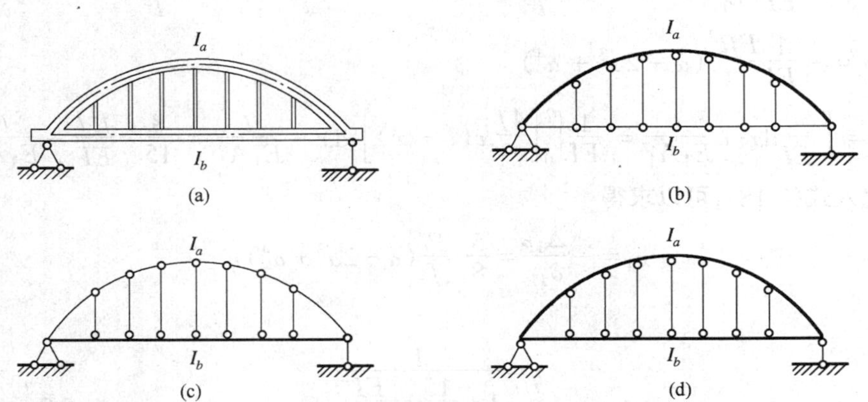

图 7-25　系杆拱及其计算简图

(a) 系杆拱;(b) 柔性系杆刚性拱;(c) 刚性系杆柔性拱;(d) 刚性系杆刚性拱。

例 7-7 试分析如图 7-26(a)所示带拉杆的等截面两铰拱，拱轴线为抛物线 $y=\frac{4f}{l^2}x(1-x)$。试求集中荷载 P 作用下拉杆的内力。

解：取基本结构如图 7-26(b)所示。为了便于计算，采用如下简化假设：① 忽略拱身内轴力对变形的影响，即只考虑弯曲变形；② 由于拱身较平，可近似地取 $ds=dx$。因此，式(7-17)简化为

$$x_1=-\frac{\Delta_{1P}}{\delta_{11}}=\frac{\int\frac{yM_P}{EI}dx}{\int\frac{y^2}{EI}dx+\frac{l}{E_1A_1}} \tag{7-18}$$

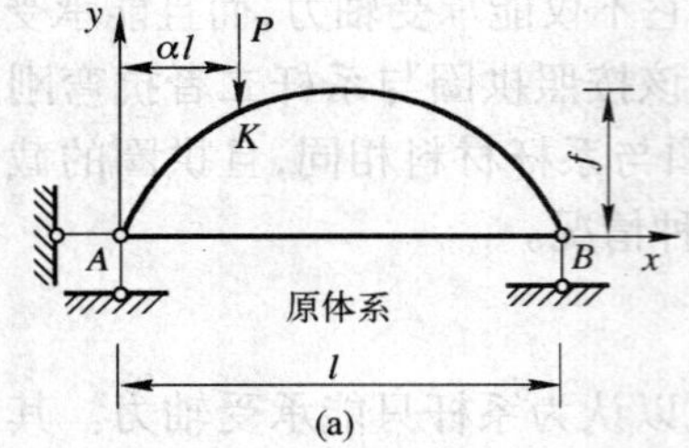

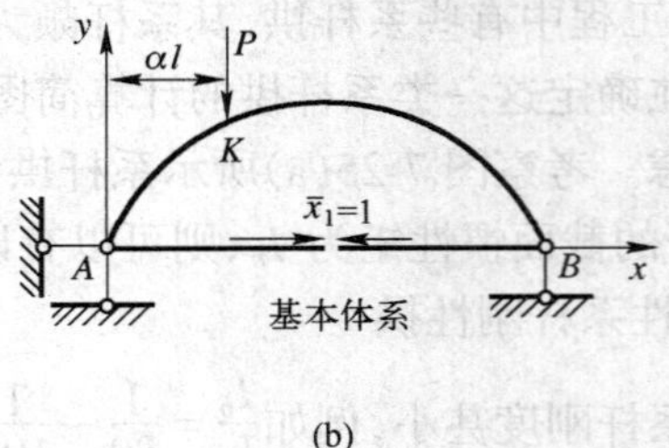

图 7-26 例题 7-7 图
(a) 原体系；(b) 基本体系。

在集中力 P 作用点 K 的两侧 M_P 的表达式不同，即

当 $0\leqslant x\leqslant\alpha_l$ 时，$M_P=P(1-\alpha)x$

当 $\alpha_l\leqslant x\leqslant\alpha_l$ 时，$M_P=P\alpha(l-x)$

故式(7-18)中的有关积分需分段计算

$$\begin{aligned}\Delta_{1P}&=-\int\frac{yM_P}{EI}dx\\&=-\frac{1}{EI}\left[\int_0^{\alpha l}P(1-\alpha)x\cdot\frac{4f}{l^2}x(l-x)dx+\int_{\alpha l}^{l}P\alpha(l-x)\frac{4f}{l^2}x(l-x)dx\right]\\&=-\frac{1}{EI}\frac{Pfl^2}{3}(\alpha-2\alpha^3+\alpha^4)\end{aligned}$$

$$\delta_{11}=\int\frac{y^2}{EI}dx+\frac{l}{E_1A_1}=\frac{1}{EI}\int_0^l\left[\frac{4f}{l^2}x(l-x)\right]^2dx+\frac{l}{E_1A_1}=\frac{8}{15}\cdot\frac{f^2l}{EI}+\frac{l}{E_1A_1}$$

将它们代入式(7-18)，可以求得

$$x_1=-\frac{\Delta_{1P}}{\delta_{11}}=\frac{5}{8}\cdot\frac{Pl}{f}(\alpha-2\alpha^3+\alpha^4)\eta$$

式中

$$\eta=\frac{1}{1+\frac{15}{8f^2}\cdot\frac{EI}{E_1A_1}}$$

从计算结果可以看出，拉杆中的拉力与荷载 P 成正比，而与拱的高跨比$\frac{f}{l}$成反比，即拱愈扁平，拉杆承受的拉力也愈大。

7.6 温度变化和支座移动时超静定结构的计算

由于超静定结构具有多余约束,因此,除荷载之外,温度变化、支座移动、制造误差等凡能使结构产生变形的因素,都会使结构产生内力,这是超静定结构的特征之一。

如前所述,用力法计算超静定结构时,要根据位移条件建立求解多余未知力的力法方程,即根据基本结构在外部因素和多余力的共同作用下,在去掉多余约束处的位移应与原体系的实际位移相符的条件建立力法方程。这里,外部因素不仅仅指荷载,还应包括温度变化、支座移动、制造误差等广义荷载,仅此而已。

一、温度变化时超静定结构的计算

考察如图 7-27 所示的超静定刚架,设刚架外侧的表面温度上升了 t_1℃,内侧的表面温度上升了 t_2℃,现在用力法计算其内力。

去掉支座 B 处的三个多余约束,以相应的多余未知力 x_1、x_2、x_3 代替,得到如图 7-27(b)所示的基本体系。设基本结构的 B 点由于温度改变,沿 x_1、x_2、x_3 方向产生的位移分别为 Δ_{1t}、Δ_{2t}、和 Δ_{3t}。它们可按第 6 章介绍的方法计算。

$$\Delta_{it} = \sum(\pm)\int \overline{N}_i \alpha t_0 \mathrm{d}s + \sum(\pm)\int \frac{\overline{M}_i \alpha \Delta t}{h}\mathrm{d}s \quad (i = 1,2,3) \tag{7-19}$$

若每一杆件沿其全长温度改变相同,且截面尺寸不变,则上式可改写为

$$\Delta_{it} = \sum(\pm)\alpha t_0 \omega_{\overline{N}_i} + \sum(\pm)\alpha\frac{\Delta t}{h}\omega_{\overline{M}_i} \quad (i = 1,2,3) \tag{7-20}$$

根据基本结构在多余力 x_1、x_2 和 x_3 以及温度改变的共同作用下,B 点位移应与原体系相同的条件,可以列出如下的力法方程

$$\left.\begin{aligned} \delta_{11}x_1 + \delta_{12}x_2 + \delta_{13}x_3 + \Delta_{1t} = 0 \\ \delta_{21}x_1 + \delta_{22}x_2 + \delta_{23}x_3 + \Delta_{2t} = 0 \\ \delta_{31}x_1 + \delta_{32}x_2 + \delta_{33}x_3 + \Delta_{3t} = 0 \end{aligned}\right\} \tag{7-21}$$

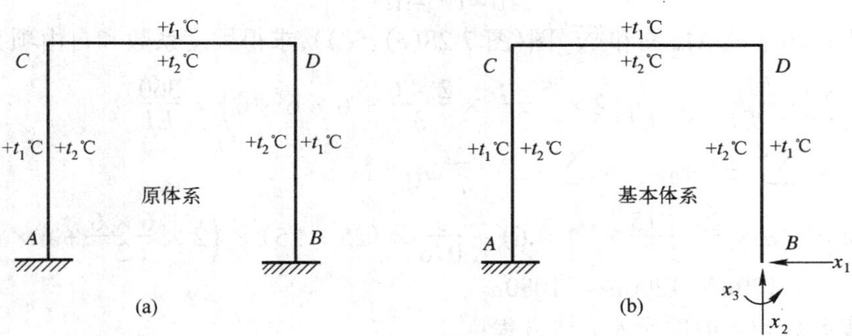

图 7-27 温度变化时超静定刚架的计算
(a) 原体系;(b) 基本体系。

上式中柔度系数的计算仍与以前所述相同,自由项则按式(7-19)或式(7-20)计算。由于基本结构是静定的,温度改变并不使其产生内力。因此由式(7-21)解出多余力 x_1、x_2 和 x_3 后,原体系的弯矩按下式计算

$$M=\overline{M}_1x_1+\overline{M}_2x_2+\overline{M}_3x_3 \tag{7-22}$$

求出弯矩后，剪力和轴力可通过取相应隔离体，利用平衡条件解出，且最后内力只与多余力有关。计算 n 次超静定结构由于温度引起的内力，方法与此相同。

例 7-8 如图 7-28(a)所示刚架外侧温度升高了 25℃，内侧温度升高了 15℃，试绘制其弯矩图并计算横梁中点的竖向位移。刚架 EI 等于常数，截面为矩形，其高度 $h=0.6$ m，材料线膨胀系数为 α。

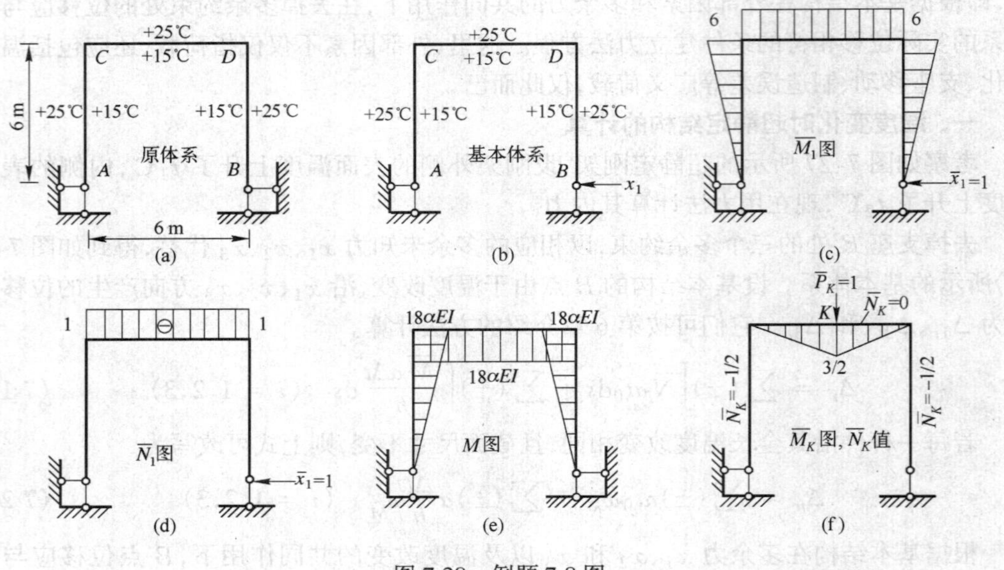

图 7-28 例题 7-8 图

(a) 原体系；(b) 基本体系；(c) 基本结构受 $\overline{x}_1=1$ 作用 $\overline{M}_1$ 图；

(d) 基本结构受 $\overline{x}_1=1$ 作用 $\overline{N}_1$ 图；(e) 最后弯矩图；(f) $\overline{M}_K$ 图、$\overline{N}_K$ 值。

解：这是一次超静定刚架，取如图 7-28(b)所示基本体系，相应力法方程为

$$\delta_{11}x_1+\Delta_{1t}=0$$

绘出单位力作用下的 $\overline{M}_1$ 图和 $\overline{N}_1$ 图(图 7-28(c)、(d))，求得柔度系数和自由项为

$$\delta_{11}=\sum\int\frac{\overline{M}_1^2\mathrm{d}s}{EI}=\frac{1}{EI}\left(2\times\frac{6\times6}{2}\times\frac{2\times6}{3}+6\times6\times6\right)=\frac{360}{EI}$$

$$\begin{aligned}\Delta_{1t}&=\sum(\pm)\alpha t_0\omega_{\overline{N}_1}+\sum(\pm)\frac{\alpha\Delta t}{h}\omega_{\overline{M}_1}\\&=-\alpha\times\frac{25\times15}{2}\times(1\times6)+\frac{\alpha}{0.6}\times(25-15)\times\left(2\times\frac{6\times6}{2}+6\times6\right)\\&=-120\alpha+1200\alpha=1080\alpha\end{aligned}$$

将柔度系数和自由项代入力法方程：

$$x_1=-\frac{\Delta_{1t}}{\delta_{11}}=-\frac{1080\alpha}{\dfrac{360}{EI}}=-3.00\alpha EI$$

最后弯矩图如图 7-28(e)所示。由计算结果可知，在温度变化影响下，超静定结构的内力与各杆刚度的绝对值有关，这与荷载作用下的情况是不同的。

为求横梁中点 K 的竖向位移，应在基本结构 K 点竖直方向加一虚拟单位力，作出

$\overline{M}_K$ 图并计算各杆轴力 $\overline{N}_K$(图 7-28(f)),然后由位移计算公式求得

$$\begin{aligned}\Delta_{KV} &= \sum\int\frac{\overline{M}_K M_P}{EI}\mathrm{d}s + \sum(\pm)\alpha t_0\omega_{\overline{N}_K} + \sum(\pm)\frac{\alpha\Delta t}{h}\omega_{\overline{M}_K} \\ &= \frac{1}{EI}\left(\frac{1}{2}\times 6\times\frac{3}{2}\times 18\alpha EI\right) - \alpha\times\frac{25+15}{2}\times 2\times\frac{1}{2}\times 6 - \frac{\alpha(25-15)}{0.6} \\ &\quad\times\left(\frac{1}{2}\times\frac{3}{2}\times 6\right) \\ &= 81\alpha - 120\alpha - 75\alpha = -114\alpha(\uparrow)\end{aligned}$$

二、支座移动时超静定结构的计算

超静定结构在支座移动情况下的内力计算原则上与前面所述类似,只是力法方程中自由项的计算有所不同。

如图 7-29(a)所示的连续梁,设其支座 B 下沉了 c_1,支座 C 下沉了 c_2。现考察三种选取基本结构的方案:方案Ⅰ是把产生移动的支座视为多余约束(图 7-29(b));方案Ⅱ是保留移动的支座,而把其他约束视为多余约束(图 7-29(c));方案Ⅲ是同时选取部分产生移动的支座和部分无移动支座作为多余约束(图 7-29(d))。针对不同方案,所列力法方程自然不同。上述三种方案所对应的力法方程依次如式(7-23)~式(7-25)所示。

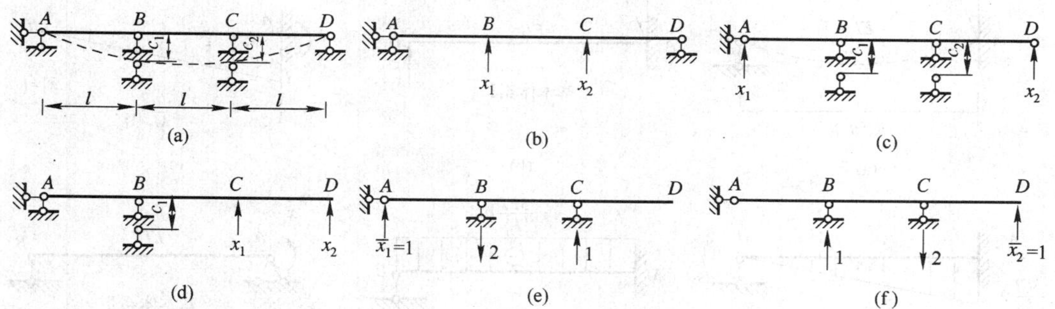

图 7-29 支座移动时连续梁的计算

(a) 原体系;(b) 基本体系方案Ⅰ;(c) 基本体系方案Ⅱ;
(d) 基本体系方案Ⅲ;(e) 基本体系方案Ⅱ求 Δ_{1C};(f) 基本体系方案Ⅱ求 Δ_{2C}。

$$\left.\begin{aligned}\delta_{11}x_1+\delta_{12}x_2&=-c_1\\ \delta_{21}x_1+\delta_{22}x_2&=-c_2\end{aligned}\right\}\tag{7-23}$$

$$\left.\begin{aligned}\delta_{11}x_1+\delta_{12}x_2+\Delta_{1C}&=0\\ \delta_{21}x_1+\delta_{22}x_2+\Delta_{2C}&=0\end{aligned}\right\}\tag{7-24}$$

$$\left.\begin{aligned}\delta_{11}x_1+\delta_{12}x_2+\Delta_{1C}&=-c_2\\ \delta_{21}x_1+\delta_{22}x_2+\Delta_{2C}&=0\end{aligned}\right\}\tag{7-25}$$

以上所列力法方程中的自由项 $\Delta_{ic}(i=1,2)$ 表示基本结构由于支座移动所引起的、沿多余力 x_i 方向相应的位移。该位移可按下式计算:

$$\Delta_{ic}=-\sum\overline{R}_iC_a$$

以基本体系方案Ⅱ为例(图 7-29(c)),其相应力法方程(式(7-24))中的自由项,可参照图 7-29(e)、(f)计算如下:

$$\Delta_{1c} = -(2\times c_1 - 1\times c_2) = c_2 - 2c_1$$

$$\Delta_{2c} = -(-1\times c_1 + 2\times c_2) = c_1 - 2c_2$$

柔度系数的计算和最后弯矩图的绘制与前面所述相同。因静定基本结构在支座移动下并不产生内力,故原体系的弯矩计算式为

$$M = \overline{M}_1 x_1 + \overline{M}_2 x_2$$

例 7-9 如图 7-30(a)所示为一单跨超静定梁,设固定支座 A 处发生转角 ϕ_A。试求梁的内力和支座反力。

解:选取基本体系如图 7-30(b)所示。根据原体系支座 B 处竖向位移等于零的位移条件,建立力法方程

$$\delta_{11} x_1 + \Delta_{1C} = 0$$

绘出 $\overline{M}_1$ 图如图 7-30(c)所示,相应的支座反力 $\overline{R}$ 也标在图中,由此求得

$$\delta_{11} = \frac{1}{EI}\left(\frac{1}{2}\times l\times l\times\frac{2}{3}\times l\right) = \frac{l^3}{3EI}$$

$$\Delta_{1C} = -\sum \overline{R}_i \cdot C_a = -(l\times\phi_A) = -l\phi_A$$

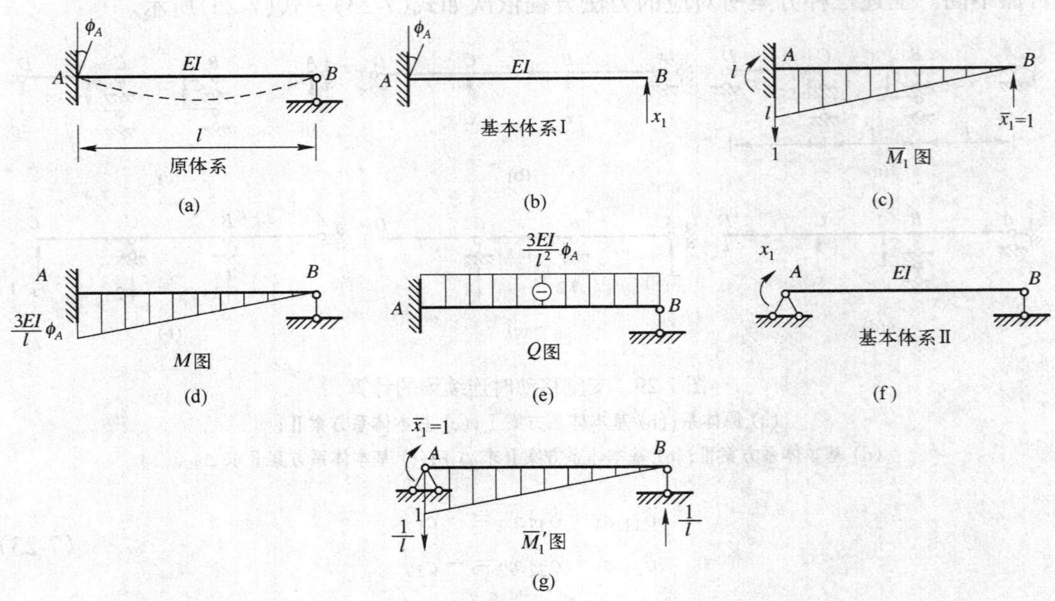

图 7-30 例题 7-9 图

(a) 原体系;(b) 基本体系方案Ⅰ;(c) 方案Ⅰ,$\overline{x}_1=1$ 单独作用;(d) 最后弯矩图;(e) 最后剪力图;(f) 基本体系方案Ⅱ;(g) 方案Ⅱ,$\overline{x}_1=1$ 单独作用。

代入力法方程,可求得

$$x_1 = -\frac{\Delta_{1c}}{\delta_{11}} = \frac{3EI}{l^2}\phi_A$$

所得结果为正,说明多余力的作用方向与图 7-30(b)中所设的方向相同。

根据 $M=\overline{M}_1 x_1$ 作出最后弯矩图如图7-30(d)所示,根据 M 图,由 AB 杆的平衡条件,可求得 Q_{AB} 和 Q_{BA},进而绘出该超静定结构的剪力图(图7-30(e))。梁的支座反力为

$$R_B = x_1 = \frac{3EI}{l^2}\phi_A(\uparrow)$$

$$R_A = -R_B = -\frac{3EI}{l^2}\phi_A(\downarrow)$$

$$M_A = \frac{3EI}{l}\phi_A(\subset)$$

如果选取基本结构Ⅱ如图 7-30(f)所示,则相应的力法方程为

$$\delta_{11}x_1 = \phi_A$$

绘出 $\overline{M}'_1$ 图并求出柔度系数

$$\delta_{11} = \frac{1}{EI}\left(\frac{1}{2}\times l\times 1\times\frac{2}{3}\right) = \frac{l}{3EI}$$

代入力法方程,解得

$$x_1 = \frac{3EI}{l}\phi_A$$

根据计算结果绘出的最后弯矩图和剪力图仍如图 7-30(d)、(e)所示。比较以上两种计算方法可以看出,虽然选取的基本体系不同,相应的力法方程形式也不同,但最后内力图是完全相同的。这表明超静定结构的计算结果与基本体系的选取形式无关,计算结果是唯一的。

三、制造误差时超静定结构的计算

超静定结构由于制造误差也会引起内力。考察如图 7-31(a)所示的桁架,CD 杆在制造时比准确长度短 2 cm,现将其拉伸安装。试求由此而引起的各杆内力。已知各杆 $EA = 7.68\times10^5$ kN。

分析此桁架时,可将该桁架的六根杆件中任意一根杆件视为多余约束,例如以 AD 杆作为多余约束,取基本结构如图 7-31(b)所示。力法方程为

$$\delta_{11}x + \Delta_{1\lambda} = 0$$

$\Delta_{1\lambda}$ 表示基本结构由于制造误差的原因所产生的沿 x_1 方向的位移。由虚功原理可以求得

$$\Delta_{1\lambda} = \sum \overline{N}_i e_i$$

式中,$\overline{N}_i$ 表示在多余力 $\bar{x}_1 = 1$ 作用下,基本结构中各杆的轴力,以拉力为正;e_i 表示各杆的制造误差,以比准确值偏大为正。对本题,参照图7-31(c)计算柔度系数和自由项为

$$\delta_{11} = \sum \frac{\overline{N}_1^2}{EA}l = \frac{1}{7.68\times10^5}\left[\left(-\frac{\sqrt{2}}{2}\right)^2\times3\times4 + (1)^2\times3\sqrt{2}\times2\right] = 1.886\times10^{-5}$$

$$\Delta_{1\lambda} = \sum\overline{N}_i e_i = \left(-\frac{\sqrt{2}}{2}\right)\times(-0.02) = 1.414\times10^{-2}$$

代入力法方程,解得

$$x_1 = -\frac{\Delta_{1\lambda}}{\delta_{11}} = -\frac{1.414\times10^{-2}}{1.886\times10^{-5}} = -750(\text{kN})$$

根据 $N = \overline{N}_1 x_1$ 计算出各杆轴力如图 7-31(d)所示。

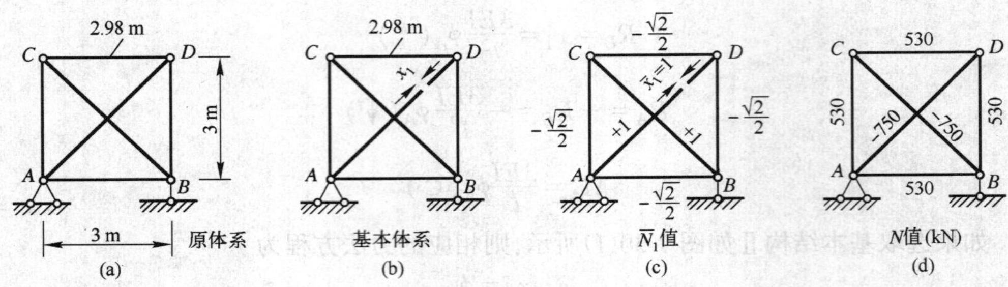

图 7-31　制造误差时超静定结构的计算

(a) 原体系；(b) 基本体系；(c) $\bar{x}_1=1$ 单独作用；(d) 最后轴力值。

7.7　对称结构的计算

在工程中，很多结构是对称的。利用对称性可以使对称结构的计算得到简化。

一、结构和荷载的对称性

1. 结构的对称性

所谓对称结构，是指结构的几何形状、支承情况、杆件的截面尺寸和弹性模量均对称于某一几何轴线的结构。也就是说，若将结构绕该轴线对折后，结构在轴线两边的部分将完全重合。该轴线称为结构的对称轴。如图 7-32(a)所示的刚架即为对称结构，它有一根竖向对称轴 $y\text{-}y$。如图 7-32(b)所示的封闭框格有两根对称轴 $x\text{-}x$、$y\text{-}y$。

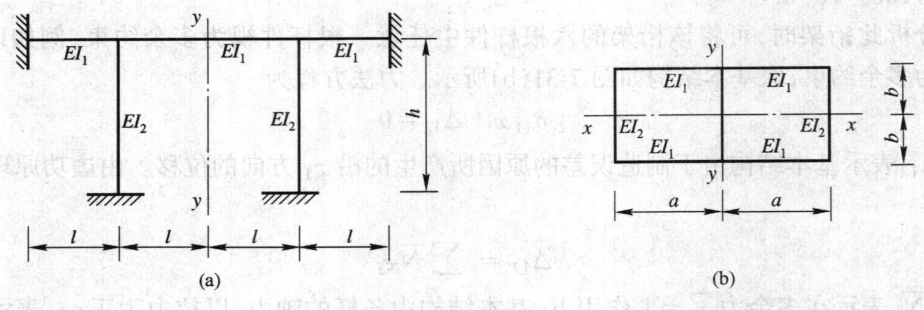

图 7-32　对称结构

(a) 有一个对称轴的结构；(b) 有两个对称轴的结构。

2. 对称荷载

为了简化计算，作用在对称结构上的荷载(图 7-33(a))一般可分解为对称荷载和反对称荷载。所谓对称荷载是指荷载绕对称轴对折后，左右两部分的荷载彼此重合，具有相同的作用点、相同的数值和相同的方向，如图 7-33(b)所示。

3. 反对称荷载

荷载绕对称轴对折后，左右两部分的荷载彼此重合，具有相同的作用点、相同的数值和相反的方向。如图 7-33(c)所示。

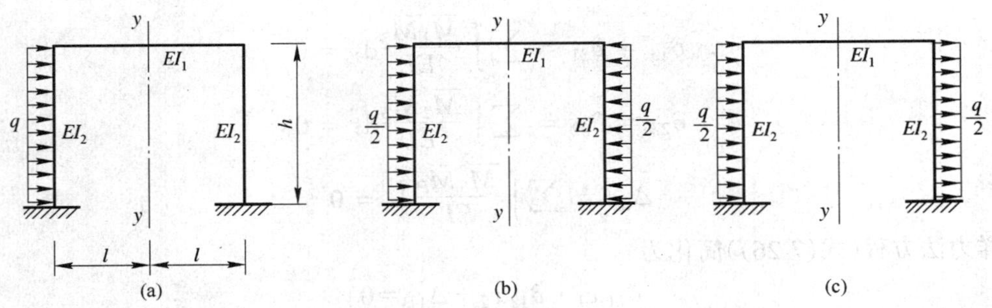

图 7-33　对称荷载与反对称荷载

(a) 一般荷载作用下的对称结构；(b) 对称荷载；(c) 反对称荷载。

二、对称结构承受对称荷载

考察如图 7-33(b)所示对称结构承受对称荷载的情况。选择对称的基本体系，并取对称力 x_1 和 x_2、反对称力 x_3 作为多余未知力(图 7-34(a))。相应的力法方程为

$$\left.\begin{aligned}\delta_{11}x_1+\delta_{12}x_2+\delta_{13}x_3+\Delta_{1P}=0\\ \delta_{21}x_1+\delta_{22}x_2+\delta_{23}x_3+\Delta_{2P}=0\\ \delta_{31}x_1+\delta_{32}x_2+\delta_{33}x_3+\Delta_{3P}=0\end{aligned}\right\}\tag{7-26}$$

作出单位弯矩图和荷载弯矩图如图 7-34(b)、(c)、(d)、(e)所示。由于对称多余力 x_1 和 x_2 的单位弯矩图及对称荷载作用下的弯矩图是对称的，相应的变形(图中虚线所示)也是对称的；而反对称多余力 x_3 的单位弯矩图是反对称的，相应的变形也是反对称的。因此，在计算力法方程的柔度系数和自由项时，对称的 $\overline{M}_1$ 图、$\overline{M}_2$ 图和 $\overline{M}_P$ 图与反对称的 $\overline{M}_3$ 图相乘时，其结果为零。即

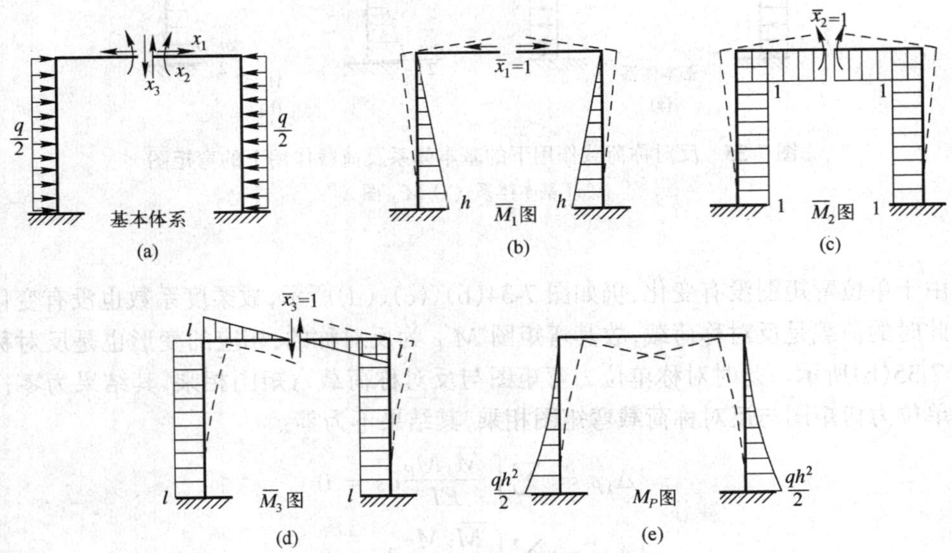

图 7-34　对称荷载作用下的基本体系及相应内力、变形图

(a) 基本体系；(b) $\overline{M}_1$ 图；(c) $\overline{M}_2$ 图；(d) $\overline{M}_3$ 图；(e) M_P 图。

$$\delta_{13} = \delta_{31} = \sum\int \frac{\overline{M}_1\overline{M}_3}{EI}\mathrm{d}s = 0$$

$$\delta_{23} = \delta_{32} = \sum\int \frac{\overline{M}_2\overline{M}_3}{EI}\mathrm{d}s = 0$$

$$\Delta_{3P} = \sum\int \frac{\overline{M}_3 M_P}{EI}\mathrm{d}s = 0$$

这样力法方程(式(7-26))简化为

$$\left.\begin{aligned}\delta_{11}x_1+\delta_{12}x_2+\Delta_{1P}=0\\ \delta_{21}x_1+\delta_{22}x_2+\Delta_{2P}=0\\ \delta_{33}x_3=0\end{aligned}\right\} \tag{7-27}$$

由式(7-27)的第三式可知,反对称多余力 $x_3=0$,只需用式(7-27)的前两式计算对称多余力 x_1 和 x_2 即可。

结论:对称结构在对称荷载作用下,只存在对称多余力,反对称多余力等于零;其变形是对称的。

三、对称结构承受反对称荷载

考察如图 7-33(c)所示对称结构承受反对称荷载的情况。选择对称的基本体系,并取对称力 x_1 和 x_2、反对称力 x_3 作为多余未知力(图 7-35(a))。相应的力法方程仍为式(7-26)。

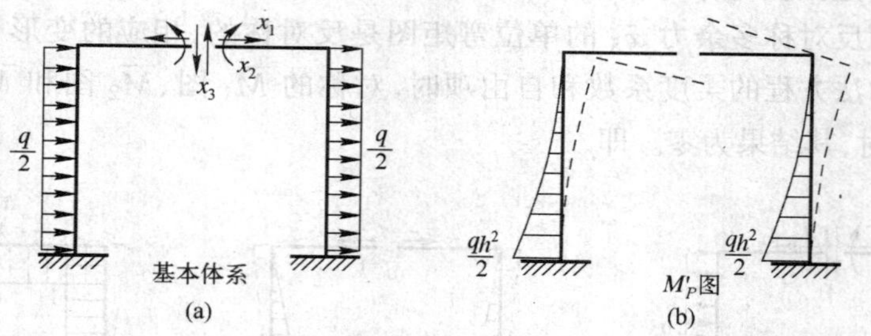

图 7-35 反对称荷载作用下的基本体系及荷载作用下的弯矩图

(a) 基本体系;(b) M'_P 图。

由于单位弯矩图没有变化,仍如图 7-34(b)、(c)、(d)所示,故柔度系数也没有变化;但由于此时的荷载是反对称荷载,故其弯矩图 M'_P 为反对称的,相应的变形也是反对称的,如图 7-35(b)所示。此时对称单位力弯矩图与反对称荷载弯矩图相乘,其结果为零;而反对称单位力弯矩图与反对称荷载弯矩图相乘,其结果不为零:

$$\Delta_{1P} = \sum\int \frac{\overline{M}_1 M_P}{EI}\mathrm{d}s = 0$$

$$\Delta_{2P} = \sum\int \frac{\overline{M}_2 M_P}{EI}\mathrm{d}s = 0$$

$$\Delta_{3P} = \sum\int \frac{\overline{M}_3 M_P}{EI}\mathrm{d}s \neq 0$$

这样力法方程(式(7-26))简化为

$$\left.\begin{aligned}\delta_{11}x_1+\delta_{12}x_2=0\\ \delta_{21}x_1+\delta_{22}x_2=0\\ \delta_{33}x_3+\Delta_{3P}=0\end{aligned}\right\}\tag{7-28}$$

由式(7-28)的前两式,并根据二元一次齐次方程组的性质,可知对称多余力 $x_1=x_2=0$。由第三式可求出反对称多余力 x_3。

结论:对称结构在反对称荷载作用下,只存在反对称多余力,对称多余力等于零;其变形是反对称的。

以上介绍了利用对称的基本体系计算对称结构的方法。当对称结构承受一般荷载时,如图 7-33(a)所示情况,我们可以将荷载分解成对称和反对称两组,如图 7-33(b)、(c)所示。分别计算上述两组荷载下的内力,而后将它们叠加,即可求得原结构的内力。这样做会使计算工作简化。

现在讨论对称结构的中柱恰好位于对称轴上的情况(图 7-36(a))。计算这类结构时,同样可以将荷载分为对称和反对称两组(图 7-36(b)、(c)),并根据支座反力的对称性,分别计算上述两组荷载下的内力,而后将它们叠加,即可求得原结构的内力。相应于上述对称和反对称两组情况的基本体系分别如图 7-36(d)、(e)所示,图中 x_1、x_2 为广义多余未知力;相应的力法方程为

$$\delta_{11}x_1+\Delta_{1P}=0$$
$$\delta_{22}x_2+\Delta_{2P}=0$$

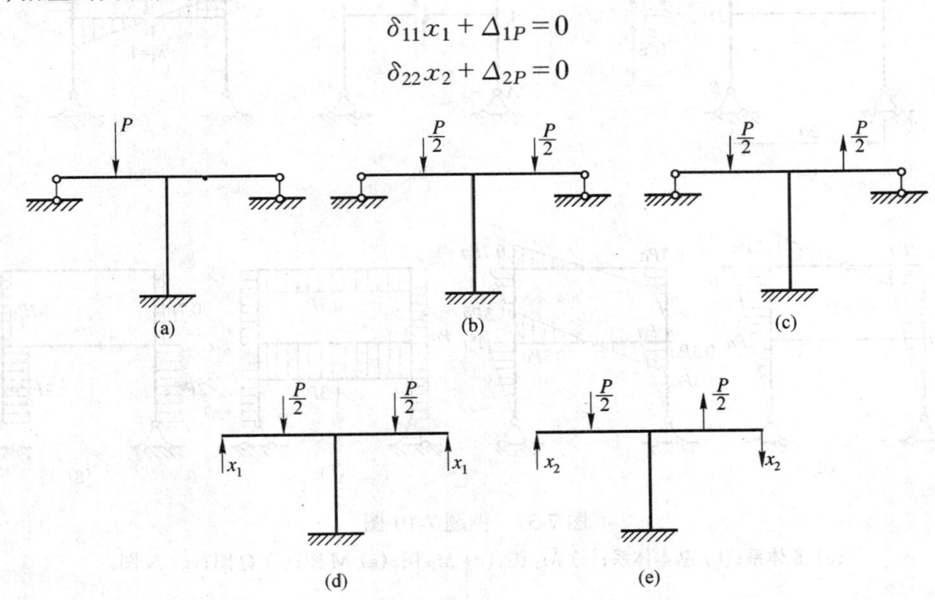

图 7-36 对称轴上有竖柱时对称性利用的例子

(a) 原体系;(b) 对称结构承受对称荷载;(c) 对称结构承受反对称荷载;
(d) 与图(b)相应的基本体系;(e) 与图(c)相应的基本体系。

式中,系数 $\delta_{ii}(i=1,2)$应理解为基本结构由于广义力 $\overline{x}_i=1$ 作用所引起的与广义力 $\overline{x}_i=1$ 相应的位移;$\Delta_{iP}(i=1,2)$应理解为基本结构由于外荷载作用所引起的与广义力 $\overline{x}_i=1$ 相应的位移。

例 7-10 试分析如图 7-37(a)所示刚架,绘出刚架内力图。已知各杆 EI 为常数。

解:此刚架为四次超静定对称架,承受反对称荷载作用。取对称形式的基本体系如图7-37(b)所示。因为对称结构在反对称荷载作用下,正对称多余未知力等于零,所以图中只绘出反对称多余力 x_1。力法方程为

$$\delta_{11}x_1+\Delta_{1P}=0$$

分别绘出 $\overline{M}_1$ 图和 M_P 图如图7-37(c)、(d)所示。柔度系数和自由项计算如下:

$$\delta_{11}=\frac{1}{EI}\left[\left(\frac{1}{2}\times a\times a\right)\times\left(\frac{2}{3}\times a\right)\times 4+(a\times a)\times a\times 2\right]=\frac{10a^3}{3EI}$$

$$\Delta_{1P}=\frac{1}{EI}\left[\left(\frac{1}{2}\times a\times a\right)\times\left(\frac{2}{3}\times 2aP\right)+(a\times a)\times\left(\frac{2Pa+Pa}{2}\right)\right]\times 2=\frac{13Pa^3}{3EI}$$

将 δ_{11}、Δ_{1P}代入力法方程,解得

$$x_1=-\frac{\Delta_{1P}}{\delta_{11}}=-\frac{13Pa^3}{3EI}\cdot\frac{3EI}{10a^3}=-1.3P$$

依 $M=\overline{M}_1x_1+M_P$ 绘出刚架的弯矩图,进而根据杆件和结点的平衡条件,绘出刚架的剪力图和轴力图,如图7-37(e)、(f)、(g)所示。

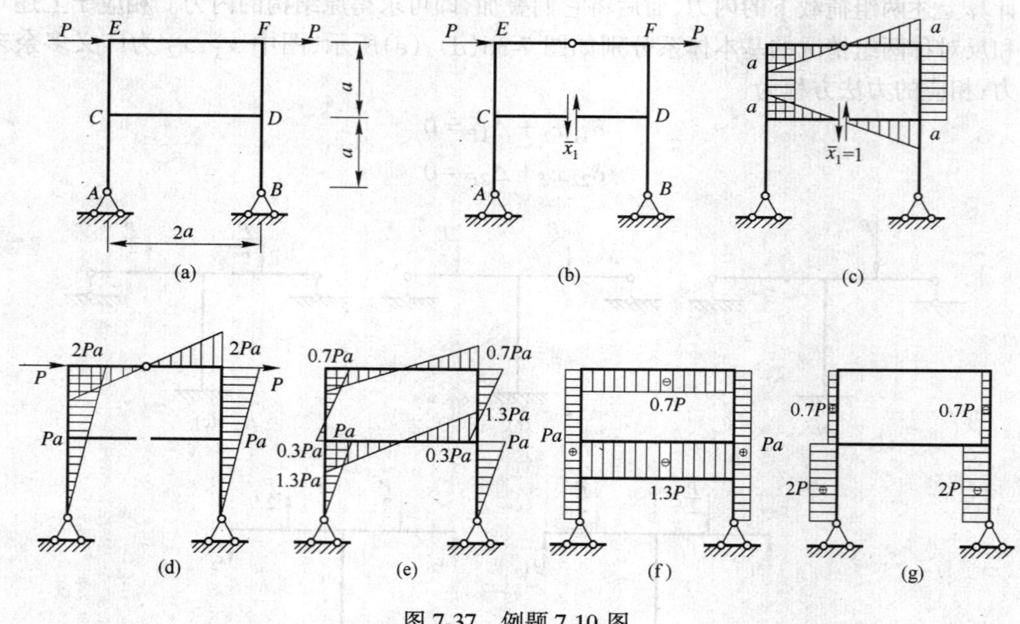

图7-37 例题7-10图

(a) 原体系;(b) 基本体系;(c) $\overline{M}_1$ 图;(d) M_P 图;(e) M 图;(f) Q 图;(g) N 图。

例7-11 试分析如图7-38(a)所示刚架,绘出刚架内力图。计算时略去剪力和轴力对变形的影响。

解:此刚架的支座反力是静定的,可由平衡条件求得,如图7-38(a)所示。将荷载以及支座反力分为对称和反对称两组,如图7-38(b)、(c)所示。图7-38(b)属于对称结构承受对称荷载情况,由于三根竖柱只承受沿杆轴方向局部自相平衡的作用力,且计算时略去剪力和轴力对变形的影响,所以除三根竖柱只存在轴力外,其他杆件不存在内力。在图7-38(c)中,以通过各竖柱中点的轴为对称轴,根据对称结构承受反对称荷载的特性,可取如图7-38(d)所示的基本体系计算,此时只有一个反对称多余力 x_1。力法方程为

$$\delta_{11}x_1+\Delta_{1P}=0$$

分别绘出 $\overline{M}_1$ 图和 M_P 图如图 7-38(e)、(f)所示。柔度系数和自由项计算如下：

$$\delta_{11}=\frac{4}{EI}\left[\left(\frac{1}{2}\times1.5\times1.5\right)\times\left(\frac{2}{3}\times1.5\right)+(1.5\times1.5)\right]=\frac{63}{2EI}$$

$$\Delta_{1P}=\frac{4}{EI}\left(\frac{1}{2}\times3\times45\times1.5\right)=\frac{405}{EI}$$

将 δ_{11}、Δ_{1P}代入力法方程，解得

$$x_1=-\frac{\Delta_{1P}}{\delta_{11}}=-\frac{405}{EI}\cdot\frac{2EI}{63}=-12.86\ (\text{kN})$$

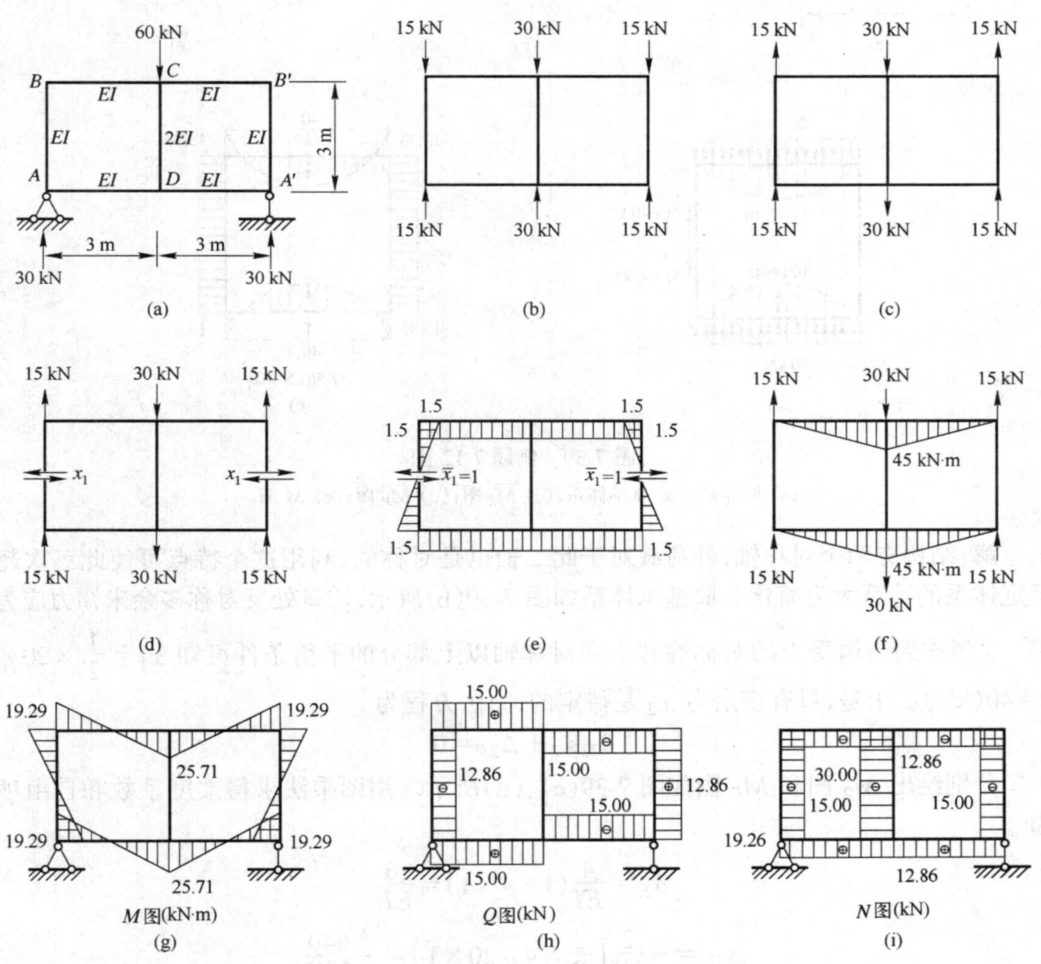

图 7-38 例题 7-11 图

(a) 原体系；(b) 对称荷载；(c) 反对称荷载；(d) 基本体系；

(e) $\overline{M}_1$ 图；(f) M_P 图；(g) M 图；(h) Q 图；(i) N 图。

依 $M=\overline{M}_1x_1+M_P$ 绘出刚架的弯矩图，进而根据杆件和结点的平衡条件，绘出刚架的剪力图和轴力图。原体系的弯矩图、剪力图和轴力图分别如图 7-38(g)、(h)、(i)所示；注意在绘制轴力图时，应同时叠加图 7-38(b)、(c)两种情况。

例 7-12 试分析如图 7-39(a)所示刚架，绘出刚架弯矩图。已知各杆 EI 为常数。

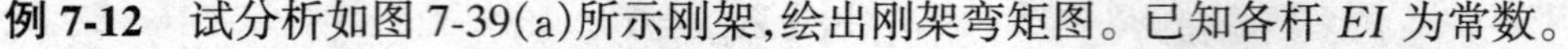

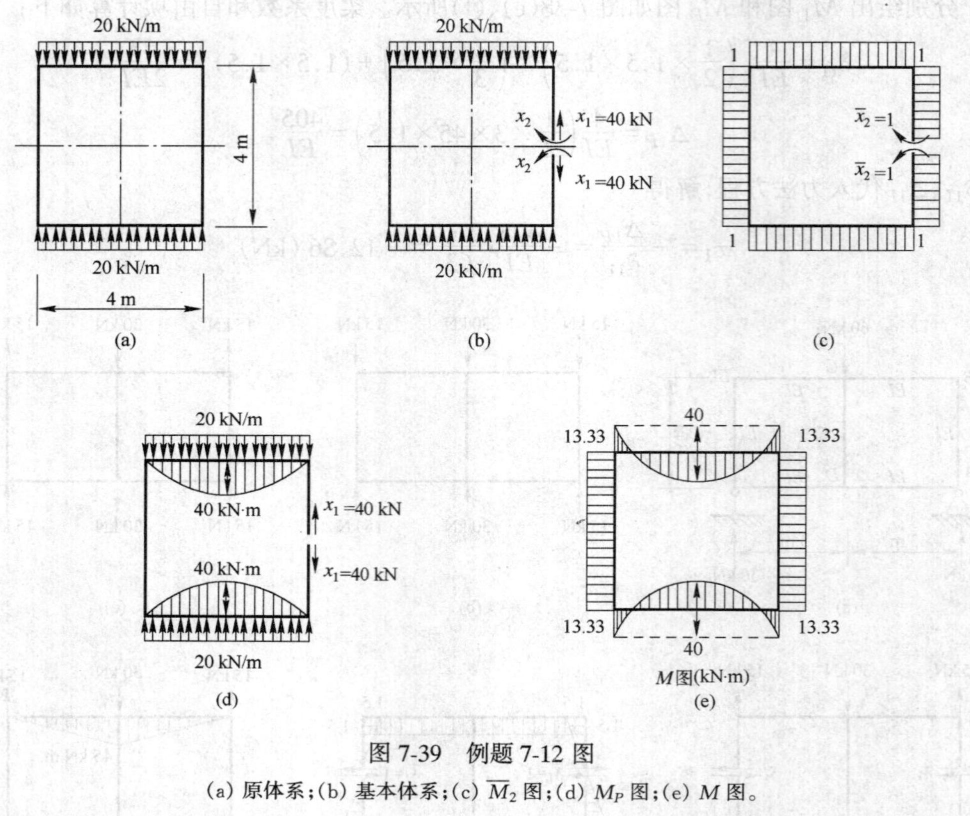

图 7-39　例题 7-12 图

(a) 原体系；(b) 基本体系；(c) $\overline{M}_2$ 图；(d) M_P 图；(e) M 图。

解:结构有两个对称轴，外荷载对于此二轴也是对称的，利用这个特点可使此三次超静定体系的计算大为简化。取基本体系如图 7-39(b)所示，切口处反对称多余未知力应为零。又考虑到结构受力的对称性和水平对称轴以上部分的平衡条件可知 $x_1=\frac{1}{2}\times 20\times 4=40(\mathrm{kN})$。于是，只有多余力 x_2 是待定的，力法方程为

$$\delta_{22}x_2+\Delta_{2P}=0$$

分别绘出 $\overline{M}_2$ 图和 M_P 图如图 7-39(c)、(d)所示。用图乘法求得柔度系数和自由项为

$$\delta_{22}=\frac{4}{EI}(1\times 4\times 1)=\frac{16}{EI}$$

$$\Delta_{2P}=-\frac{2}{EI}\left(\frac{2}{3}\times 4\times 20\times 1\right)=-\frac{640}{3EI}$$

将 δ_{22}、Δ_{2P}代入力法方程，解得

$$x_2=-\frac{\Delta_{2P}}{\delta_{22}}=\frac{640}{3EI}\cdot\frac{EI}{16}=13.33(\mathrm{kN\cdot m})$$

依 $M=\overline{M}_2x_2+M_P$ 绘出刚架的弯矩图如图 7-39(e)所示。

*7.8 弹性中心法的概念

弹性中心法是力法的一种简化计算方法。它适用于对称无铰拱、对称封闭刚架和封闭环形结构的计算。采用弹性中心法解题的基本思路为:对于上述结构,首先采用7.7节介绍的方法,即选用对称的基本结构,同时将荷载分解成对称和反对称两组,并建立相应的求解多余未知力的力法联立方程;通过增加刚臂并调整刚臂的长度,使力法方程中的副系数等于零,从而将求解联立方程的问题转化为求解若干个独立方程的问题。现在以如图7-40(a)所示对称无铰拱为例,说明弹性中心法的概念。

在拱顶切开,选用如图7-40(b)所示对称的基本体系,以拱顶的轴力 x_1、弯矩 x_2 和剪力 x_3 为多余未知力。由于 x_1 和 x_2 是对称未知力,x_3 是反对称未知力,因此,利用结构的对称性,力法方程简化为

$$\left.\begin{aligned}&\delta_{11}x_1+\delta_{12}x_2+\Delta_{1P}=0\\&\delta_{21}x_1+\delta_{22}x_2+\Delta_{2P}=0\\&\delta_{33}x_3+\Delta_{3P}=0\end{aligned}\right\}\tag{7-29}$$

该力法方程可分为两组:前两式为一组,只包含对称多余力,需解联立方程求解;第三式为独立的一元一次方程,用来求解反对称多余力。如果设法使 $\delta_{12}=\delta_{21}=0$,则力法方程可进一步简化为三个独立的一元一次方程:

$$\left.\begin{aligned}&\delta_{11}x_1+\Delta_{1P}=0\\&\delta_{22}x_2+\Delta_{2P}=0\\&\delta_{33}x_3+\Delta_{3P}=0\end{aligned}\right\}\tag{7-30}$$

那么,如何选取与式(7-30)相应的基本结构呢?换言之,如何改造基本结构,最终使 $\delta_{12}=\delta_{21}=0$,从而保证式(7-30)成立?通过增加刚臂并调整刚臂的长度,可达到上述目的。

首先在拱顶将无铰拱切开,然后在切口左右沿竖向各加上一个刚度为无穷大的链杆 CO 和 C_1O_1,可称其为刚臂,最后在端部把两个刚臂重新刚性地联结起来,如图7-40(c)所示。此时无论是拱顶断口两侧还是刚臂端点两侧均无相对移动和相对转动。这个带刚臂的无铰拱与原来的无铰拱是等价的,可以互相代替。

然后,取带刚臂无铰拱的基本体系。将带刚臂的无铰拱在 O 处切开,并以 x_1、x_2 和 x_3 作为断口处的三对多余未知力,如图7-40(d)所示。这个基本体系仍然是对称的,x_1 和 x_2 是对称未知力,x_3 是反对称未知力,相应的力法方程与式(7-29)相同。

现在需要确定刚臂的长度,也就是确定刚臂端点的 O 的位置,最终使副系数 $\delta_{12}=\delta_{21}=0$。因此可根据这个条件反过来推算 O 点的位置。为此,先写出副系数 δ_{12} 的计算式:

$$\delta_{12}=\delta_{21}=\int_A^B\frac{\overline{M}_1\overline{M}_2}{EI}\mathrm{d}s+\int_A^B\frac{k\overline{Q}_1\overline{Q}_2}{EI}\mathrm{d}s+\int_A^B\frac{\overline{N}_1\overline{N}_2}{EI}\mathrm{d}s\tag{7-31}$$

这个积分的范围只包括拱轴的全长,而不包括刚臂部分,因为刚臂为绝对刚性,其积分值等于零。

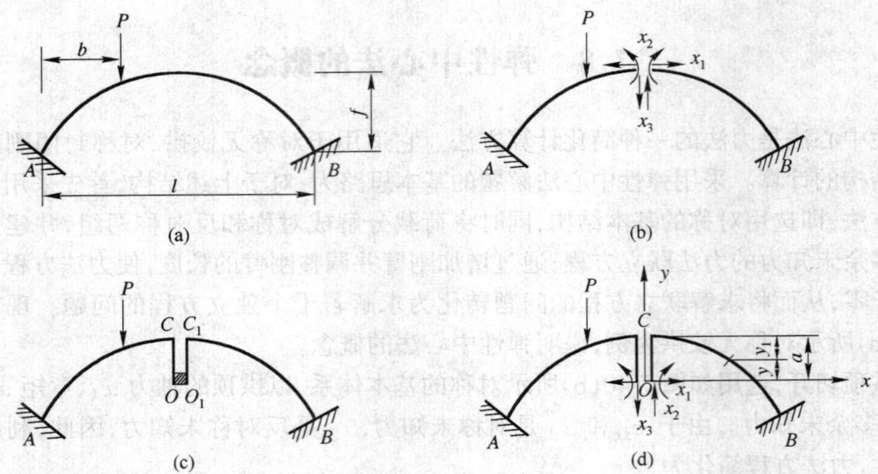

图 7-40　对称无铰拱及其等效体系、基本体系

(a) 对称无铰拱；(b) 对称无铰拱的基本体系；

(c) 带刚臂的无铰拱；(d) 带刚臂无铰拱的基本体系。

其次求单位力 $\overline{x}_1=1$ 和 $\overline{x}_2=1$ 产生的内力。我们选 O 点为坐标原点，x、y 的方向如图 7-41(a)、(b)所示。内力计算式为

$$\overline{M}_1=-y,\overline{Q}_1=+\sin\phi,\overline{N}_1=+\cos\phi \tag{7-32}$$

$$\overline{M}_2=1,\overline{Q}_2=0,\overline{N}_2=0 \tag{7-33}$$

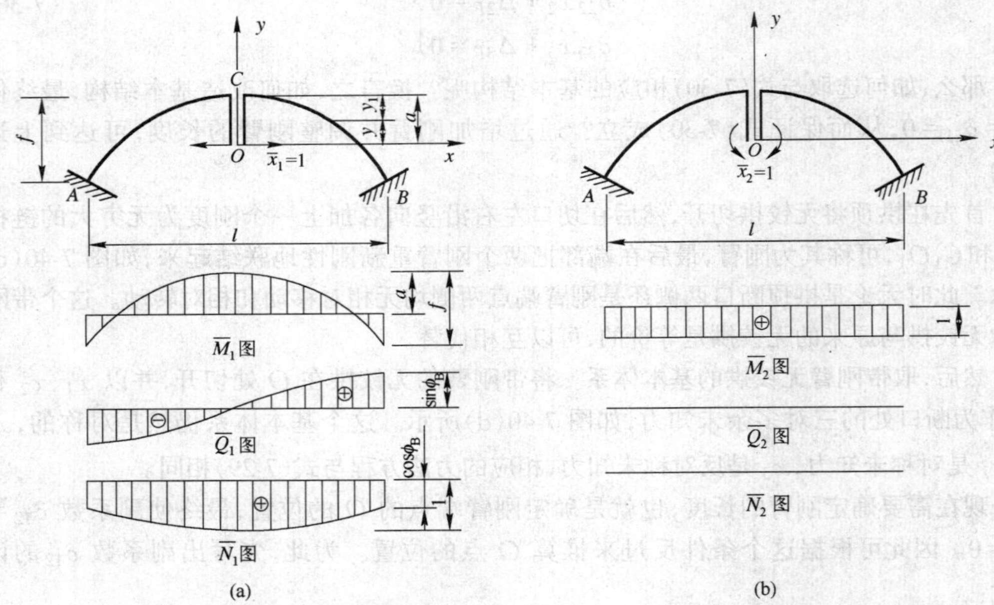

图 7-41　单位荷载作用下的内力图

(a) $\overline{x}_1=1$ 作用下的内力图；(b) $\overline{x}_2=1$ 作用下的内力图。

将式(7-32)、式(7-33)代入式(7-31)，得

$$\delta_{12}=\delta_{21}=-\int_A^B \frac{y}{EI}\mathrm{d}s=-\int_A^B \frac{(a-y_1)}{EI}\mathrm{d}s=\int_A^B \frac{y_1}{EI}\mathrm{d}s-\int_A^B \frac{a}{EI}\mathrm{d}s$$

上式中，y 为拱轴上任一点的竖向坐标，y_1 为拱轴上任一点至过拱顶之水平参考轴的距离。令上式等于零，便可求得刚臂的长度为

$$a=\frac{\int_A^B \frac{y_1}{EI}\mathrm{d}s}{\int_A^B \frac{1}{EI}\mathrm{d}s} \tag{7-34}$$

由以上讨论可知，用弹性中心法计算对称结构的步骤为：首先由式(7-34)确定刚臂的长度；然后按图 7-40(d)选取基本体系，力法方程就简化为式(7-30)；解力法方程求出多余力 x_1、x_2 和 x_3 后，利用下列公式计算结构内力：

$$\left.\begin{aligned}M&=\overline{M}_1x_1+\overline{M}_2x_2+\overline{M}_3x_3+M_P\\Q&=\overline{Q}_1x_1+\overline{Q}_2x_2+\overline{Q}_3x_3+Q_P\\N&=\overline{N}_1x_1+\overline{N}_2x_2+\overline{N}_3x_3+N_P\end{aligned}\right\} \tag{7-35}$$

最后，对弹性中心法作一形象的解释。我们设想沿拱轴作宽度等于$\frac{1}{EI}$的图形(图 7-42)，则积分$\int_A^B \frac{1}{EI}\mathrm{d}s$ 就代表此图形的面积，而式(7-34)中的 a 就是就是该面积形心 O 到拱顶的距离，形心横坐标为零。由于该图形的面积与截面的抗弯刚度 EI 有关，故称其为弹性面积，它的形心则称为弹性中心，弹性中心法由此而得名。

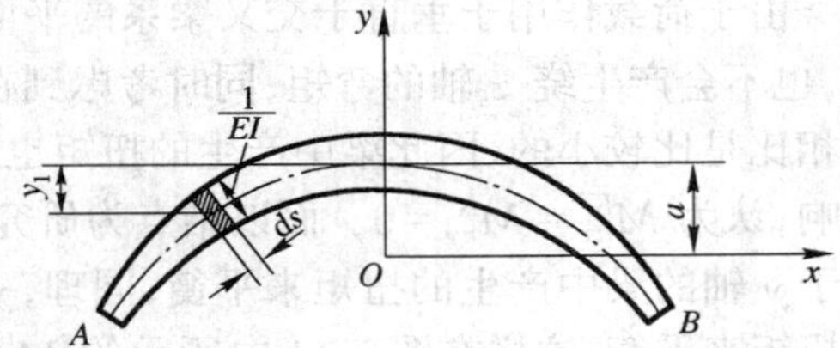

图 7-42　弹性面积及弹性中心

*7.9　交叉梁系的计算

由位于同一平面内的梁相互交叉联结、而荷载作用线不在梁轴平面内的结构称为交叉梁系。例如桥梁结构通常由一组纵向的主梁和另一组与之垂直的横梁组成(图 7-43(a))。交叉梁系在钢筋混凝土井式楼盖计算中也将楼板折算成纵梁和横梁的一部分，按交叉梁系计算，如图 7-43(b)所示。交叉梁的布置可以与板边平行，也可以与板边斜交，其工作特点在于两组梁之间相互承托，形成两组互为弹性支承的梁，而在其交叉点上具有共同的位移。如图 7-43(c)所示为井式楼盖计算简图。

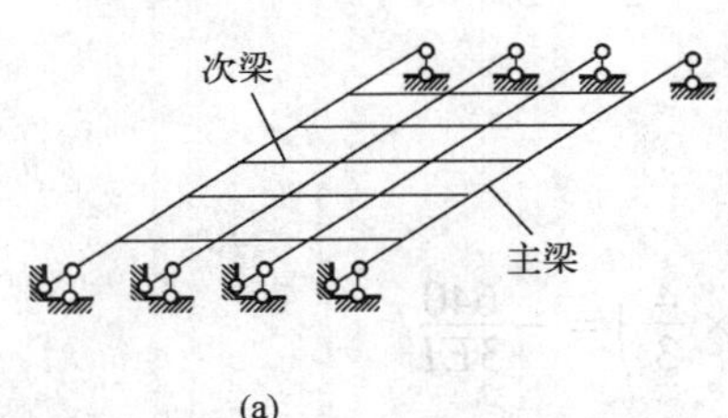

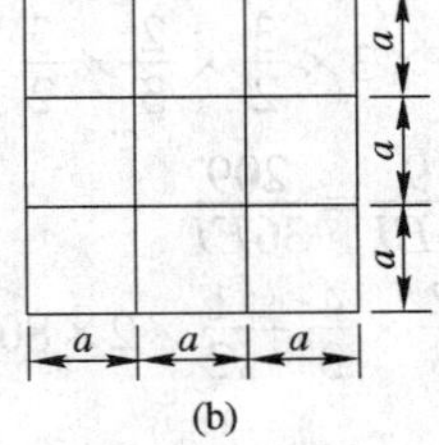

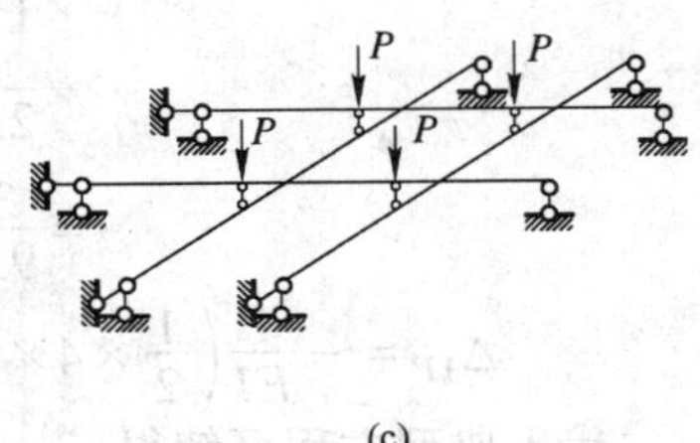

图 7-43　交叉梁系
(a) 桥梁结构交叉梁系计算简图；(b) 井式楼盖平面图；(c) 井式楼盖交叉梁系计算简图。

交叉梁系当承受垂直于板面的荷载作用时，各梁不但有弯矩，也有扭矩，属于空间结构计算问题。在梁轴线与 x 轴平行的各梁的横截面上，存在 z 方向的剪力 Q_z^K、绕 y 轴的弯矩 M_y^K 和绕 x 轴的扭矩 M_{nx}^K（图 7-44(a)）。在梁轴线与 y 轴平行的各梁的横截面上，存在 z 方向的剪力 Q_z^K、绕 x 轴的弯矩 M_x^K 和绕 y 轴的扭矩 M_{ny}^K（图 7-44(b)）。

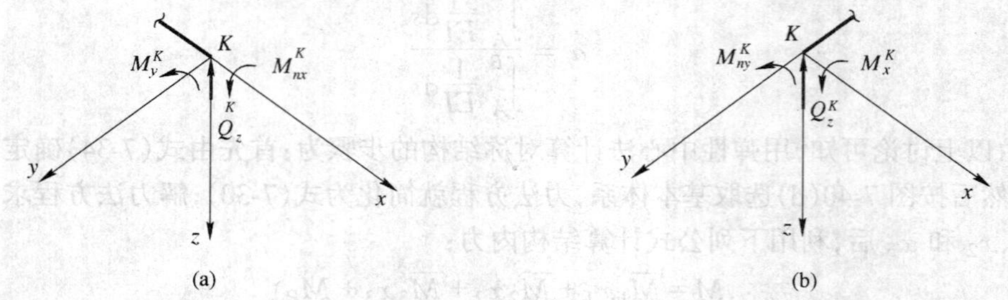

图 7-44　梁在交叉点极限位置的受力情况
(a) 与 x 轴平行的梁在交叉点的受力情况；(b) 与 y 轴平行的梁在交叉点的受力情况。

由于荷载作用于垂直于交叉梁系的平面，各梁内不会产生沿 x 和 y 方向的轴力与剪力，也不会产生绕 z 轴的弯矩；同时考虑到在实际的交叉梁系中，梁的抗扭刚度与抗弯刚度相比是比较小的，因此梁中产生的扭矩也就比较小，因此在近似计算中通常忽略扭矩的影响，认为 $M_{nx}^K=M_{ny}^K=0$。而以结点为研究对象列平衡方程时，xz 平面内的弯矩要靠平行于 y 轴的梁中产生的扭矩来平衡；同理，yz 平面内的弯矩要靠平行于 x 轴的梁中产生的扭矩来平衡，这样在图 7-44 中所示的 M_x^K 和 M_y^K 就可以认为等于零，在交叉点处两梁之间只有相互作用的 Q_z^K。交叉梁系按双向受弯梁计算。

例 7-13　试绘制如图 7-45(a)所示交叉梁系弯矩图。设梁 AOB 抗弯刚度为 EI，梁 COD 的抗弯刚度为 $2EI$。

解：如图 7-45(a)所示两根相互交叉的梁共同承受集中荷载 60 kN 的作用。由于略去了扭矩和弯矩的相互影响，而只考虑它们之间在竖向的相互承托作用，于是便可在交叉点设想用一根竖向链杆将两梁联结起来。其计算简图如图 7-45(b)所示。这是一次超静定问题，用力法计算时，切断链杆，取基本体系如图 7-45(c)所示。以链杆的内力 x_1 为多余未知力，力法方程为

$$\delta_{11}x_1+\Delta_{1P}=0$$

绘出 $\overline{M}_1$ 图、M_P 分别如图 7-45(d)、(e)所示。由图乘法可求得

$$\begin{aligned}\delta_{11}&=\frac{1}{EI}\left(\frac{1}{2}\times4\times\frac{4}{3}\times\frac{2}{3}\times\frac{4}{3}+\frac{1}{2}\times2\times\frac{4}{3}\times\frac{2}{3}\times\frac{4}{3}\right)+\\&\quad\frac{1}{2EI}\left(\frac{1}{2}\times3\times\frac{3}{2}\times\frac{2}{3}\times\frac{3}{2}\right)\times2\\&=\frac{32}{9EI}+\frac{9}{4EI}=\frac{209}{36EI}\end{aligned}$$

$$\Delta_{1P}=-\frac{1}{EI}\left(\frac{1}{2}\times4\times80\times\frac{2}{3}\times\frac{4}{3}+\frac{1}{2}\times2\times80\times\frac{2}{3}\times\frac{4}{3}\right)=-\frac{640}{3EI}$$

代入典型方程可解得

$$x_1=-\frac{\Delta_{1P}}{\delta_{11}}=\frac{640}{3EI}\cdot\frac{36EI}{209}=36.75(\text{kN})$$

依 $M=\overline{M}_1x_1+M_P$ 绘出刚架的弯矩图如图 7-45(f)所示。

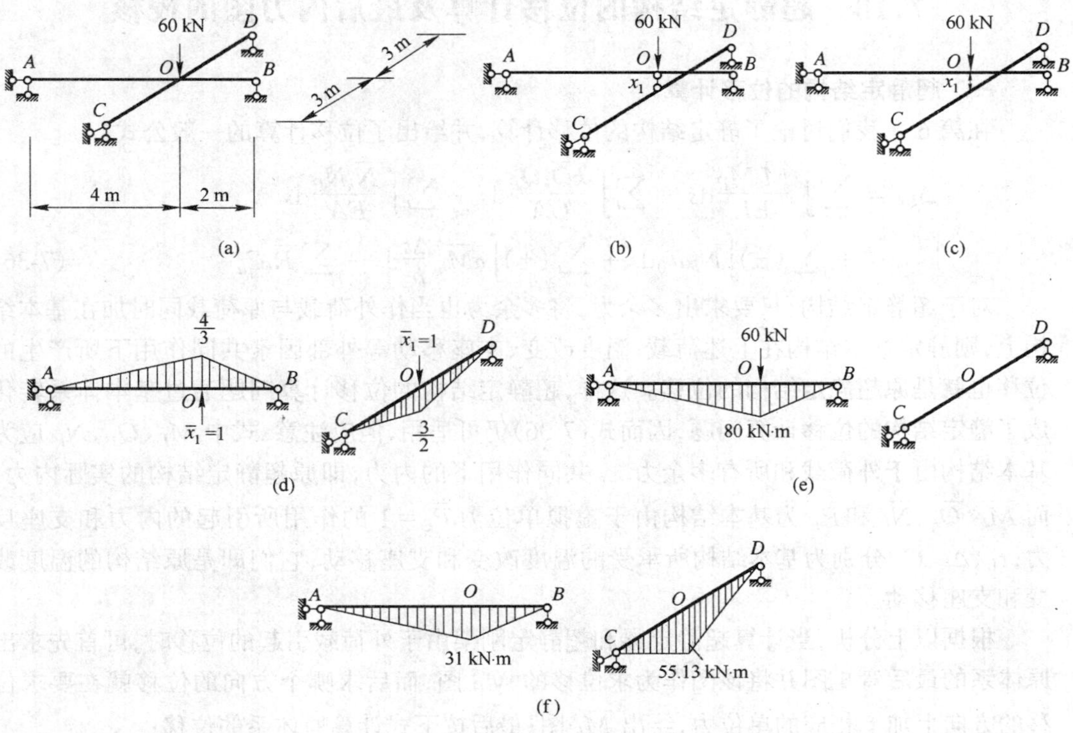

图 7-45　例题 7-13 图

(a) 单交叉梁系;(b) 计算简图;(c) 基本体系;(d) $\overline{M}_1$ 图;(e) M_P 图;(f) M 图。

以上以单交叉梁系为例说明了交叉梁系类结构的计算方法。对横、纵梁数目较多的交叉梁系,仍可采用力法计算。图 7-46(a)所示为具有多个结点的交叉梁系的计算简图,已知横梁的抗弯刚度为 EI,纵梁的抗弯刚度为 $2EI$。由于结构和荷载均为对称,存在两个正交对称轴,所以当用力法分析时只有两个多余未知力,可取如图 7-46(b)所示的基本体系。而后建立力法方程,按力法解题步骤完成运算。

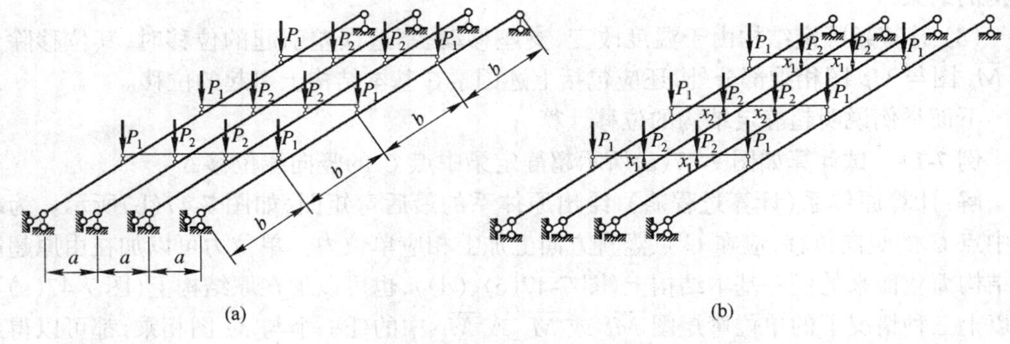

图 7-46　多结点交叉梁系

(a) 计算简图;(b) 力法基本体系。

7.10 超静定结构的位移计算及最后内力图的校核

一、超静定结构的位移计算

在第 6 章我们讨论了静定结构的位移计算,并给出了位移计算的一般公式:

$$\Delta_{ka} = \sum\int\frac{\overline{M}_k M_P}{EI}\mathrm{d}s + \sum\int\frac{k\overline{Q}_k Q_P}{GA}\mathrm{d}s + \sum\int\frac{\overline{N}_k N_P}{EA}\mathrm{d}s + \sum(\pm)\int\overline{N}_k\alpha t_0\mathrm{d}s + \sum(\pm)\int\alpha\overline{M}_k\frac{\Delta t}{h}\mathrm{d}s - \sum\overline{R}_k C_a \tag{7-36}$$

对于超静定结构,只要求出多余力,将多余力也当作外荷载与原荷载同时加在基本结构上,则静定基本结构在上述荷载、温度改变、支座移动等外部因素共同作用下所产生的位移也就是原超静定结构的位移。这样,超静定结构的位移计算问题通过基本体系转化成了静定结构的位移计算问题,因而式(7-36)仍可适用,但应注意:式中 M_P、Q_P、N_P 应为基本结构由于外荷载和所有多余力 x_i 共同作用下的内力,即原超静定结构的实际内力;而 $\overline{M}_k$、$\overline{Q}_k$、$\overline{N}_k$ 和 $\overline{R}_k$ 为基本结构由于虚拟单位力 $\overline{P}_k=1$ 的作用所引起的内力和支座反力;t_0、Δt、C_a 分别为基本结构所承受的温度改变和支座移动,它们即是原结构的温度改变和支座移动。

根据以上分析,当计算超静定梁和超静定刚架由于外荷载引起的位移时,可首先求出原体系的最后弯矩图并将该图作为求位移的 M_P 图;而后求哪个方向的位移就在要求位移的方向上加上相应的单位力,绘出 $\overline{M}_k$ 图;最后按下式计算原体系的位移:

$$\Delta = \sum\int\frac{\overline{M}_k M_P}{EI}\mathrm{d}s$$

计算超静定结构的位移时,还应注意以下问题。

(1) 由于超静定结构的内力并不因所选取的基本结构不同而有所改变,因此可取任一基本结构作为求位移的虚拟状态。为了简化计算,尽量取单位弯矩图比较简单的基本结构。

(2) 基本结构是由原超静定结构简化而来,所以虚拟状态的约束不能大于原超静定结构的约束。

(3) 计算超静定结构由于温度改变、支座移动、制造误差引起的位移时,其位移除包括 $\overline{M}_k$ 图与 M_P 图相乘部分外,还应包括上述因素在基本结构上引起的位移。

下面举例说明超静定结构的位移计算。

例 7-14 试计算如图 7-47(a)所示超静定梁中点 C 的竖向线位移 Δ_{CV}。

解:计算原体系(计算过程略),绘出原体系的最后弯矩图,如图 7-47(b)所示。为求梁中点 C 的竖向位移,应在 C 点竖直方向上加上相应单位力。单位力可以加在由原超静定结构简化而来的任一基本结构上(图 7-47(c)、(d)),也可以加在原结构上(图 7-47(e)),用以上三种情况下的单位弯矩图 $\overline{M}_{k1}$或 $\overline{M}_{k2}$或 $\overline{M}_{k3}$中的任一个与 M 图相乘,都可以得到原结构 C 点的竖向位移,显然 $\overline{M}_{k1}$图与 M 图相乘比较简便

$$\Delta_{CV} = \int_l\frac{\overline{M}_{k1}M}{EI}\mathrm{d}s = \frac{1}{EI}\left[\left(\frac{1}{2}\times\frac{l}{2}\times\frac{l}{2}\right)\times\left(\frac{2}{3}\times\frac{3Pl}{16}-\frac{1}{3}\times\frac{5Pl}{32}\right)\right] = \frac{7Pl^3}{768EI}(\downarrow)$$

如果用 $\overline{M}_{k4}$图(图 7-47(f))与 M 图相乘,所得结果则是错误的,因为单位弯矩图中 B 点的约束大于原结构的约束,它不是由原超静定结构简化而来的约束。

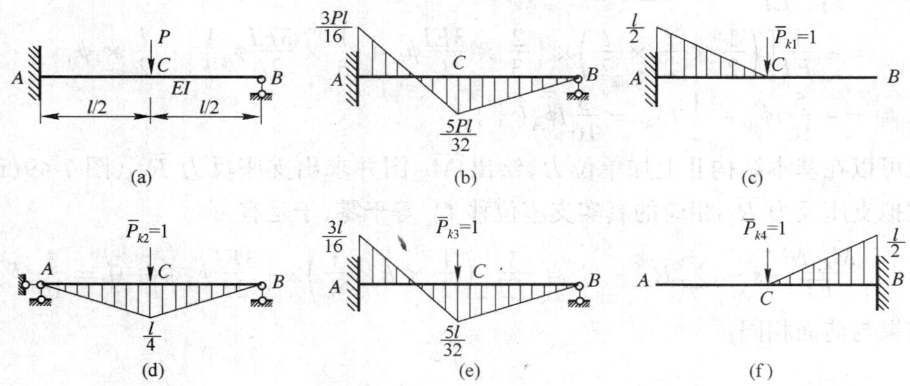

图 7-47　例题 7-13 图

(a) 原体系;(b) 最后 M 图;(c) $\overline{M}_{k1}$图;(d) $\overline{M}_{k2}$图;(e) $\overline{M}_{k3}$图;(f) $\overline{M}_{k4}$图。

例 7-15　试计算如图 7-48(a)所示超静定刚架在荷载作用下横梁 CD 的水平位移 Δ_h。已知横梁的抗弯刚度为 $3EI$,竖柱的抗弯刚度为 $2EI$。

解:此刚架为三次超静定。求解刚架(计算过程略),绘出荷载作用下刚架的最后弯矩图(图 7-48(b))。为求 CD 杆的水平位移,在基本结构的 D 点加一水平单位力,并绘出单位弯矩图如图 7-48(c)所示。将单位力弯矩图与刚架的最后弯矩图相乘,即可求得 CD 杆的水平位移为

$$\Delta_{CD}^{H}=\frac{1}{2EI}\left[\left(\frac{1}{2}\times 6\times 6\right)\times\left(\frac{2}{3}\times 138.24-\frac{1}{3}\times 34.56\right)-\left(\frac{2}{3}\times 6\times 75.6\times\frac{1}{2}\times 6\right)\right]$$

$$=\frac{1}{2EI}(145.52-907.2)=\frac{272.16}{EI}(\rightarrow)$$

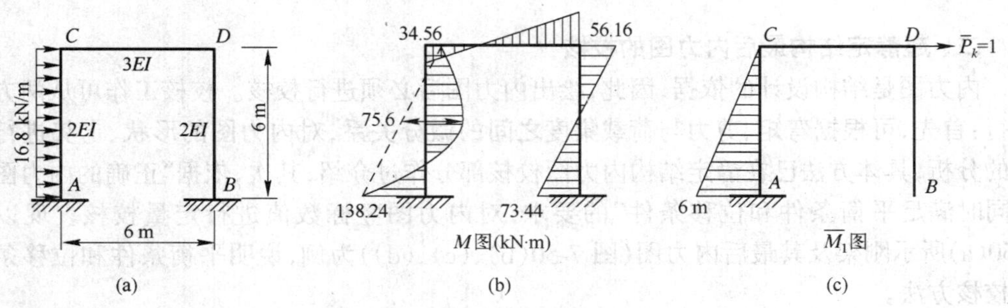

图 7-48　例题 7-15 图

(a) 超静定刚架;(b) 最后弯矩图;(c) 单位力弯矩图。

例 7-16　图 7-49(a)所示为一单跨超静定梁。设固定支座 A 发生转角 ϕ,试求梁中点 C 的竖向位移 Δ_{CV}。

解:取基本体系Ⅰ(图 7-49(b))或基本体系Ⅱ(图 7-49(c)),经计算后求得最后弯矩图(图 7-49(d))。为求 C 点竖向位移 Δ_{CV},可在基本结构Ⅰ上加单位力,绘出 $\overline{M}_{k1}$图并求出

支座反力 $\overline{R}_{k1}$，于是有

$$\Delta_{CV}=\int_l \frac{\overline{M}_{k1}M}{EI}\mathrm{d}s-\sum \overline{R}_{k1}\cdot C_a$$

$$=-\frac{1}{EI}\left[\left(\frac{1}{2}\times\frac{l}{2}\times\frac{l}{2}\right)\times\left(\frac{2}{3}\times\frac{3EI}{l}\phi_A+\frac{1}{3}\times\frac{3EI}{2l}\phi_A\right)\right]+\frac{l}{2}\times\phi_A$$

$$=-\frac{5}{16}l\phi_A+\frac{1}{2}l\phi_A=\frac{3}{16}l\phi_A(\downarrow)$$

也可以在基本结构Ⅱ上加单位力，绘出 $\overline{M}_{k2}$图并求出支座反力 $\overline{R}_{k2}$(图 7-49(f))，由于与虚拟支座反力 $\overline{R}_{k2}$相应的真实支座位移 C_a 等于零，于是有

$$\Delta_{CV}=\int_l \frac{\overline{M}_{k2}M}{EI}\mathrm{d}s-\sum \overline{R}_{k2}\cdot C_a=\frac{1}{EI}\left[\left(\frac{1}{2}\times l\times\frac{1}{4}\right)\times\left(\frac{3EI}{2l}\phi_A\right)\right]+0=\frac{3}{16}l\phi_A(\downarrow)$$

所得结果与前面相同。

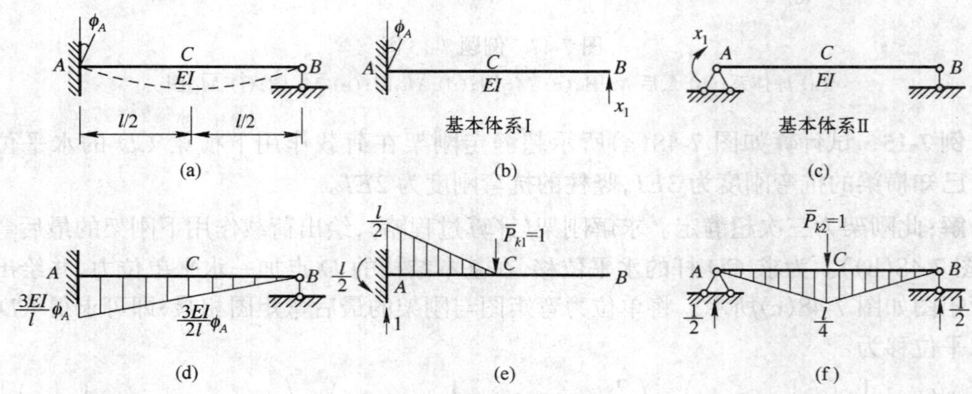

图 7-49　例题 7-16 图

(a) 原体系；(b) 基本体系Ⅰ；(c) 基本体系Ⅱ；

(d) 最后弯矩图；(e) $\overline{M}_{k1}$图及 $\overline{R}_{k1}$；(f) $\overline{M}_{k2}$图及 $\overline{R}_{k2}$。

二、超静定结构最后内力图的校核

内力图是结构设计的依据，因此，绘出内力图后必须进行校核。校核工作可从两方面进行：首先，可根据弯矩、剪力与荷载集度之间的微分关系，对内力图的形状、走势进行定性的分析，具体方法已在静定结构内力图校核部分作过介绍；其次，依据“正确的内力图必须同时满足平衡条件和位移条件”的要求，对内力图竖标数值进行定量校核。现以图 7-50(a)所示刚架及其最后内力图(图 7-50(b)、(c)、(d))为例，说明平衡条件和位移条件的校核方法。

1．平衡条件的校核

平衡条件的校核，主要是校核结点处的弯矩、杆件的剪力和轴力，验算它们是否满足相应的平衡条件。因此，可以截取结构的任一部分，以它们为研究对象，并依据待检验的内力图绘出该隔离体的受力图，进而检验它们是否满足平衡条件。例如，为了校核 M 图，可截取结点 C(图 7-50(e))为研究对象，有

$$\left.\begin{aligned}\sum X &= 4.85 - 4.85 = 0\\ \sum Y &= 31.90 - 31.90 = 0\\ \sum M_C &= 10 + 2.93 - 12.93 = 0\end{aligned}\right\}$$

可见满足平衡条件。如截取结点 D(图 7-50(f))为研究对象,有

$$\left.\begin{aligned}\sum X &= 4.85 - 4.85 - 0.80 = 0\\ \sum Y &= 76.40 - 48.10 - 28.30 = 0\\ \sum M_D &= 33.20 + 2.13 - 35.34 \approx 0\end{aligned}\right\}$$

可见也满足平衡条件。再如截取杆件 CDE(图 7-50(g)),有

$$\left.\begin{aligned}&\sum X = 4.85 - 0.80 - 4.05 = 0\\ &\sum Y = 31.90 + 76.40 + 11.70 - 20 \times 4 - 40 = 0\\ &\sum M_C = 10 + 2.13 - 12.93 + 20 \times 4 \times 2 + 40 \times 6 - 11.70 \times 8 - 76.40 \times 4 = 0\end{aligned}\right\}$$

仍然满足平衡条件。

2. 位移条件的校核

只有平衡条件的校核,还不能保证超静定结构的内力图一定是正确的。这是因为最后内力图是在求出多余力后,将多余力连同原结构上的各种外部因素同时加在基本结构上,而后依据基本结构的平衡条件绘出的。在这种情况下,即使多余力计算有误,也不会由平衡条件反映出来,因此还必须进行位移条件的校核。

由于多余力是根据结构的位移条件求出的(力法方程就是以多余未知力表示的位移条件),所以如果多余力是正确的,则依据正确的多余力作出的内力图必定能使结构满足已知的位移条件。基于以上分析,超静定结构的最后内力图除验算平衡条件外,还必须验算位移条件。只有既满足平衡条件又满足已知位移条件的内力图才是唯一正确的。

按位移条件进行校核时,对梁和刚架只承受外荷载的情况,通常是根据结构的最后弯矩图(M 图),验算沿任一多余力 $x_i(i=1,2,\cdots,n)$方向的位移,看它是否与原结构的实际位移(Δ_C)相符。具体校核方法为:去掉与已知位移相应的约束并以单位力 $\overline{x}_i=1$ 代替,进而写出 $\overline{M}_i$ 弯矩表达式或作出 $\overline{M}_i$ 图,代入下式进行验算:

$$\Delta_i = \sum\int\frac{\overline{M}_i M}{EI}\mathrm{d}s = \Delta_{iC}\quad(i = 1,2,\cdots,n)$$

例如,为了校核如图 7-50(b)所示的 M 图,可选取如图 7-50(h)所示的基本结构,并校核切口 F 处两侧截面的相对转角是否等于零。为此,在切口 F 处加一对单位力偶 $\overline{P}_{k1}=1$,相应的单位弯矩图 $\overline{M}_{k1}$如图 7-50(h)所示。用 $\overline{M}_{k1}$图与 M 图相乘:

$$\begin{aligned}\phi_F = &\frac{1}{EI}\left[(1\times4)\left(\frac{6.47-12.93}{2}\right)\right]\\ &+\frac{1}{2EI}\left[-(1\times4)\times\left(\frac{2.93+34.34}{2}\right)+\left(\frac{2}{3}\times4\times40\right)\times1\right]\\ &+\frac{1}{EI}\left[(1\times4)\times\left(\frac{1.07-2.13}{2}\right)\right]\approx0\end{aligned}$$

可见满足切口 F 处两侧截面的相对转角等于零的位移条件,说明 $ACDB$ 部分弯矩图是正

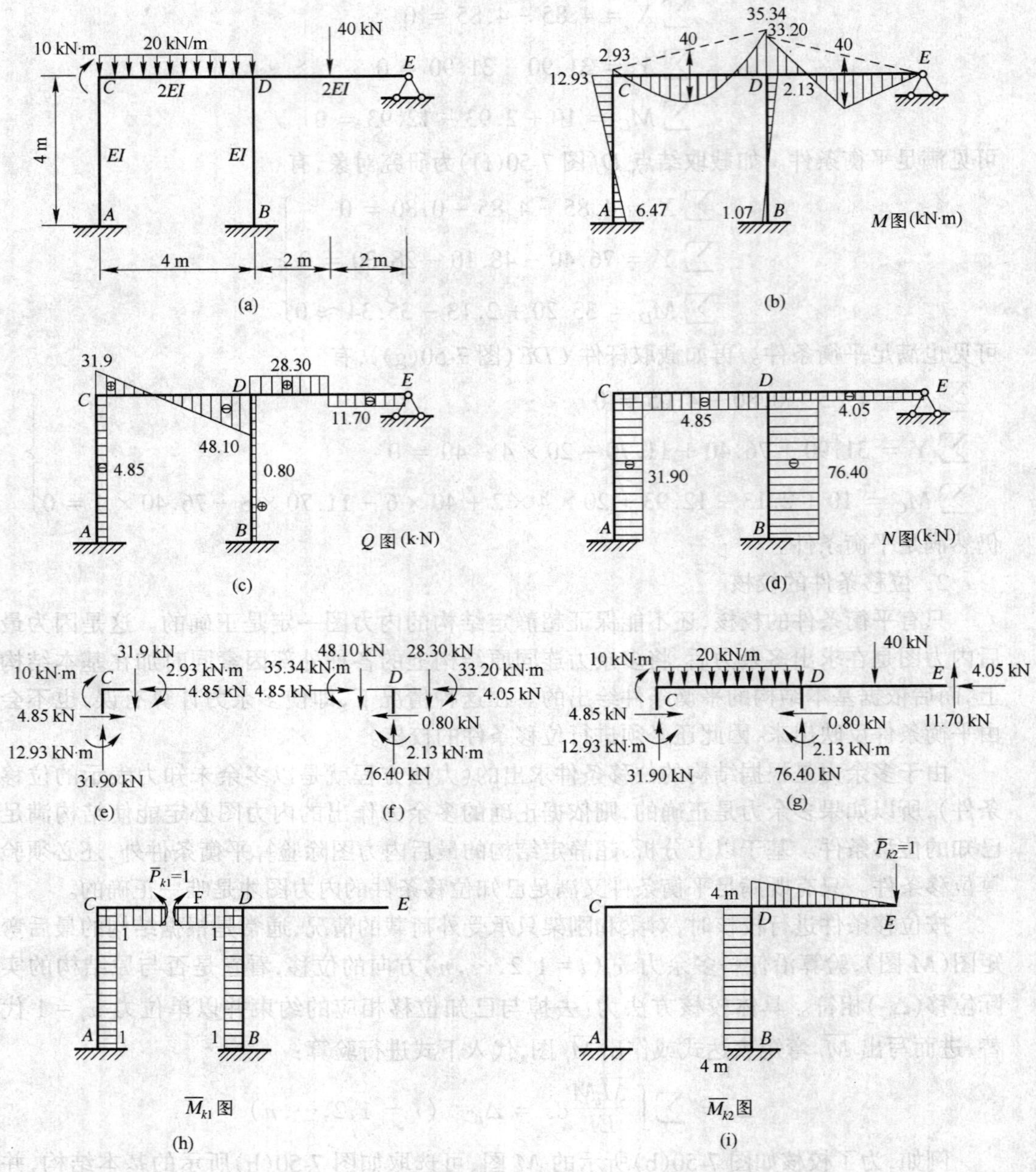

图 7-50　超静定结构最后内力图的校核

(a) 原体系；(b) M 图；(c) Q 图；(d) N 图；(e) C 结点受力图；
(f) D 结点受力图；(g) CDE 杆受力图；(h) $\overline{M}_{k1}$图；(i) M_{k2}图。

确的。为验算 DE 部分的弯矩图是否正确，可选取图 7-50(i)所示的基本结构，并校核 E 支座的竖向位移，为此在 E 处加一竖向单位力 $\overline{P}_{k2}=1$，相应的单位弯矩图 $\overline{M}_{k2}$如图 7-50(i)所示。用 $\overline{M}_{k2}$图与 M 图相乘：

$$\Delta_{EV}=\frac{1}{EI}\left[(4\times4)\times\left(\frac{1.07-2.13}{2}\right)\right]$$

$$+\frac{1}{2EI}\left[\left(\frac{1}{2}\times4\times4\right)\times\left(\frac{2}{3}\times33.20\right)-\left(\frac{1}{2}\times4\times40\right)\times\left(\frac{1}{2}\times4\right)\right]\approx0$$

可见满足 E 支座的竖向位移等于零的位移条件。由以上分析可以看出,如果单位弯矩图 $\overline{M}_i$ 中,各杆都有弯矩,则位移条件的校核工作可一次完成,如果单位弯矩图 $\overline{M}_i$ 中只部分杆件有弯矩,则必须另外选取单位弯矩图进行校核。总之必须使所有杆件的弯矩图都参与运算,这时变形条件的校核才是正确和全面的。

当原结构除承受荷载之外,还存在温度改变、支座移动等外部因素时,位移条件的验算应按式(7-36)进行。此时所验算的位移除包括 $\overline{M}_k$ 图与最后弯矩图相乘部分外,还应包括温度改变、支座移动等因素在基本结构上引起的位移。

复习思考题

1. 如何确定超静定次数?在确定超静定次数时应注意什么问题?

2. 静定结构的内力(弯矩、剪力、轴力)是静定的,能否保证它们的任意截面上的应力(正应力和剪应力)也是静定的?

3. 原结构、原体系、基本结构和基本体系各是怎样定义的?它们之间有什么区别和联系?

4. 用力法计算超静定结构思路是什么?试说明力法方程的物理意义。

5. 在力法计算中可否利用超静定结构作为基本结构?

6. 力法原理与叠加原理有什么联系?当叠加原理不适用时,是否还能用力法原理分析超静定结构?

7. 用力法计算超静定梁和超静定刚架时,一般忽略剪力和轴力对位移的影响,具体分析时是如何体现的?

8. 工程实际中,很多梁两端都是铰支座,是一次超静定结构,为什么在横向荷载作用下可以按简支梁计算?

9. 为什么静定结构的内力状态与 EI 无关,而超静定结构的内力状态与 EI 有关?

10. 为什么对于刚性支座上的刚架,在荷载作用下,多余力和内力的大小都只与各杆弯曲刚度 EI 的相对值有关,而与其绝对值无关?

11. 计算超静定桁架时,取切断多余链杆的基本体系与取去掉多余链杆的基本体系,两者的力法方程有何异同?

12. 图 7-21(a)中的排架,若链杆的抗拉压刚度 EA 为有限值,应该如何进行分析?

13. 用力法分析超静定桁架和组合结构时,力法方程中的柔度系数和自由项的计算需要考虑哪些变形因素?

14. 如何考虑拱轴曲率对位移计算的影响?

15. 为什么两铰拱在支座发生竖向不均匀沉降时并不产生内力?什么样的支座位移才会引起两铰拱的内力?

16. 系杆拱有几类?它们各有什么特点?两铰拱与系杆拱的计算有何异同?

17. 为什么超静定结构在温度变化、支座移动和制造误差情况下会引起内力?

18. 计算超静定结构时,在什么情况下只需给定各杆 EI 的比值?在什么情况下必需

给定各杆 EI 的绝对值?

19. 在什么情况下制造误差不会引起结构的内力？能否有意识地利用制造误差来改变结构的受力性能？试举例说明。

20. 为什么对称结构在对称荷载作用下,反对称未知力等于零？反之,在反对称荷载作用下,对称未知力等于零 ？

21. 图 7-38(a)所示的结构其支座并不是对称的,为什么可以利用对称性加以简化计算?

22. 对于图 7-39(a)所示具有两个对称轴的结构,能否取其四分之一结构进行计算?

23. 试说明广义未知力在对称性中的应用及对应的力法方程的物理意义。

24. 什么叫弹性中心？怎样确定弹性中心的位置?

25. 试说明采用弹性中心法解题的基本思路。

26. 为什么利用式(7-35)计算结构的最后内力是正确的?

27. 什么是交叉梁系？其受力特点如何?

28. 为什么交叉梁系可按双向受弯梁计算?

29. 用力法分析交叉梁系时,通常选取怎样的基本体系?

30. 计算静定结构的位移与计算超静定结构的位移,两者之间有什么区别与联系?

31. 计算超静定结构位移时应注意哪些问题?

32. 为什么计算超静定结构位移时,单位荷载可加在任一基本体系上?

33. 正确的内力图应满足什么条件？如何进行这些条件的校核?

习　题

习题 7-1　试确定下列结构的超静定次数,并用撤除多余约束的方法将超静定结构变为静定结构。

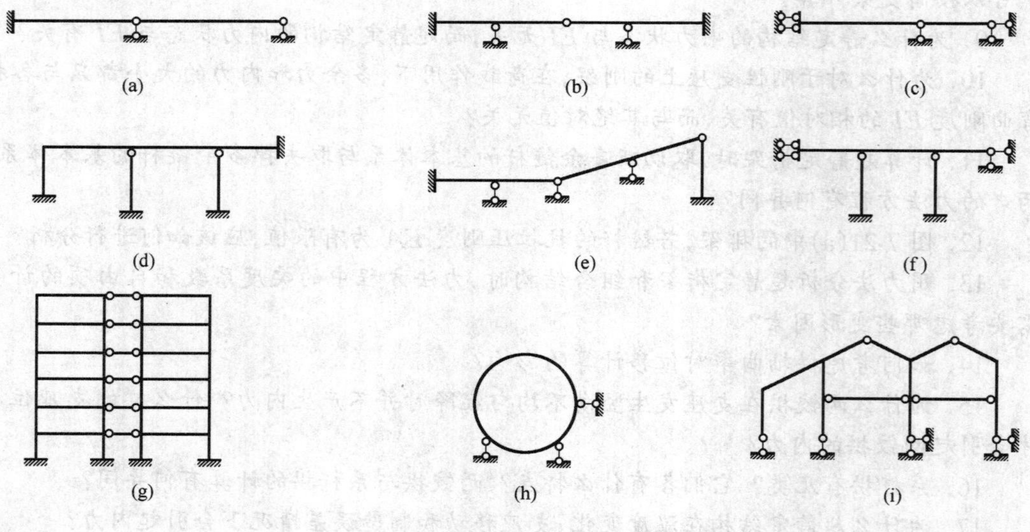

习题 7-1 图

习题7-2～习题7-6　试用力法计算图示超静定梁,并绘其 M 图、Q 图。

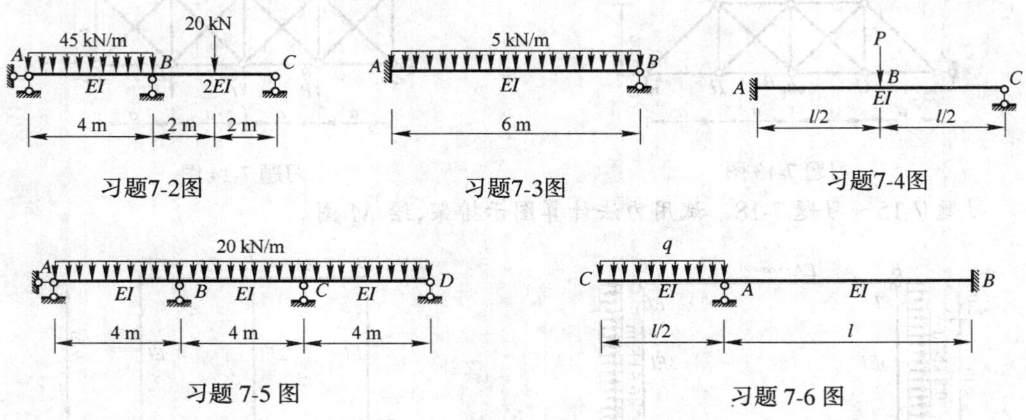

习题7-2图　习题7-3图　习题7-4图

习题 7-5 图　习题 7-6 图

习题 7-7～习题 7-10　试用力法计算图示超静定刚架,并绘其内力图。

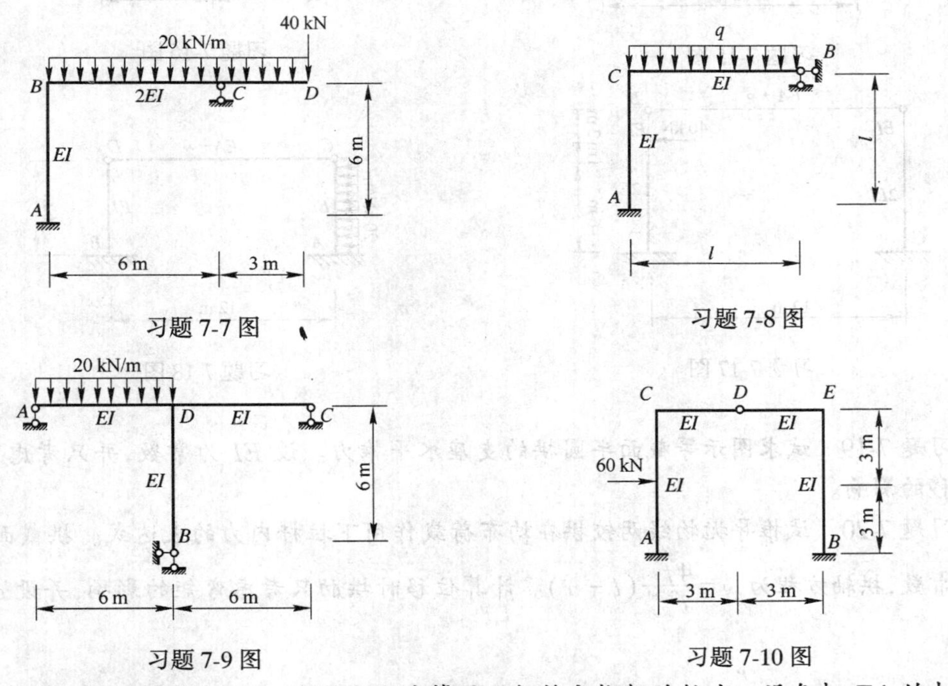

习题 7-7 图　习题 7-8 图

习题 7-9 图　习题 7-10 图

习题 7-11～习题 7-14　试用力法计算图示超静定桁架的轴力。设各杆 EA 均相同。

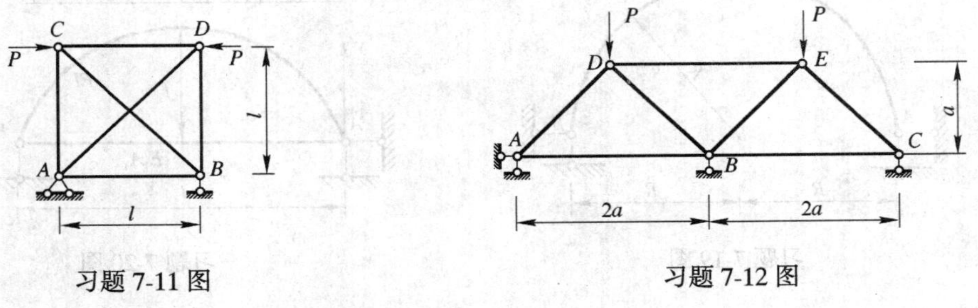

习题 7-11 图　习题 7-12 图

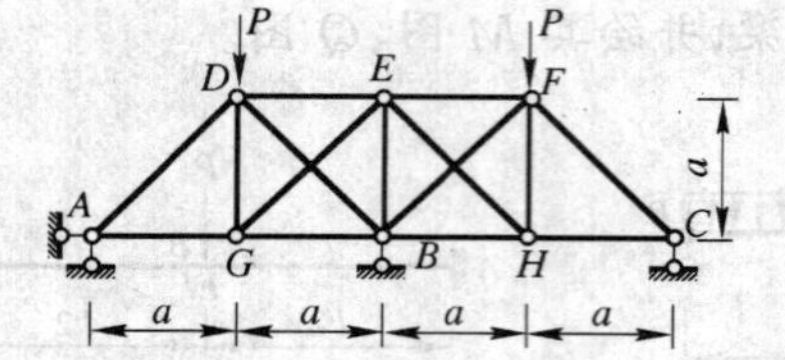

习题 7-13 图

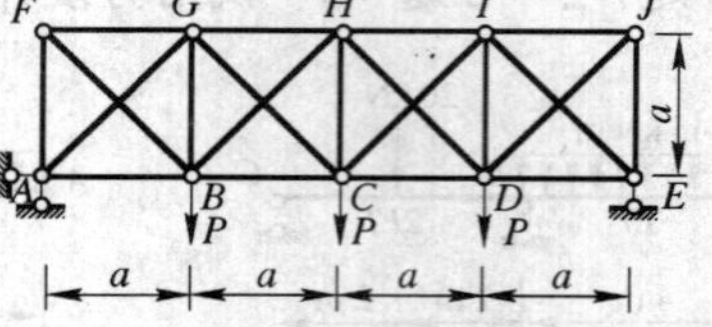

习题 7-14 图

习题 7-15～习题 7-18　试用力法计算图示排架，绘 M 图。

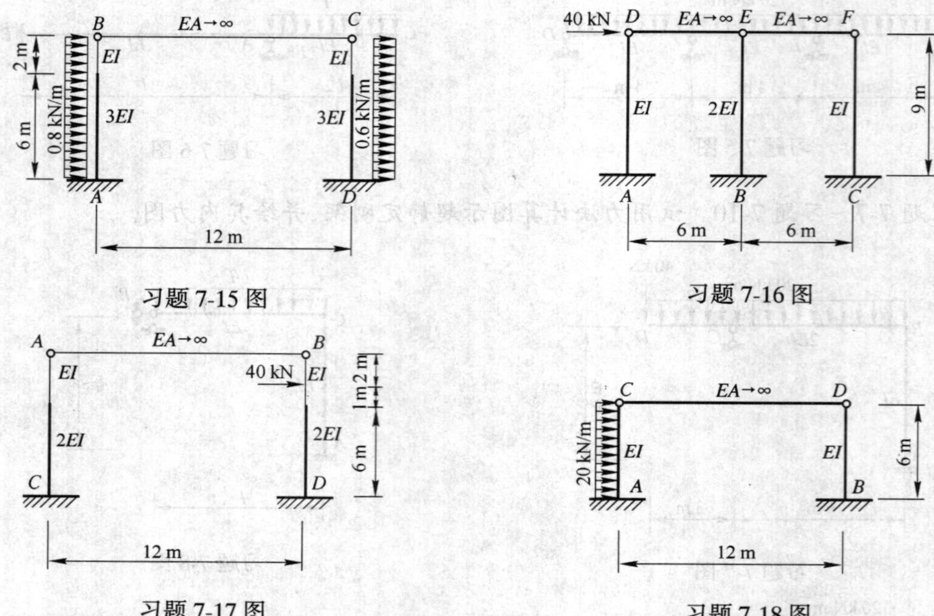

习题 7-15 图

习题 7-16 图

习题 7-17 图

习题 7-18 图

习题 7-19　试求图示等截面半圆拱的支座水平推力。设 EI 为常数，并只考虑弯矩对位移的影响。

习题 7-20　试推导抛物线两铰拱在均布荷载作用下拉杆内力的表达式。拱截面 EI 等于常数，拱轴方程为 $y=\dfrac{4f}{l^2}x(l-x)$。计算位移时拱肋只考虑弯矩的影响，并设 $ds=dx$。

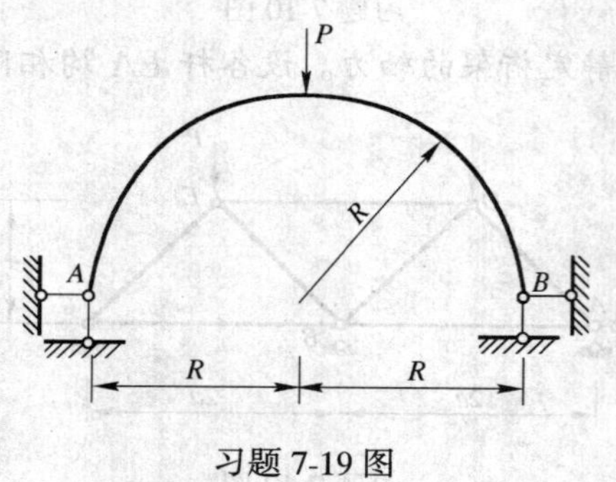

习题 7-19 图

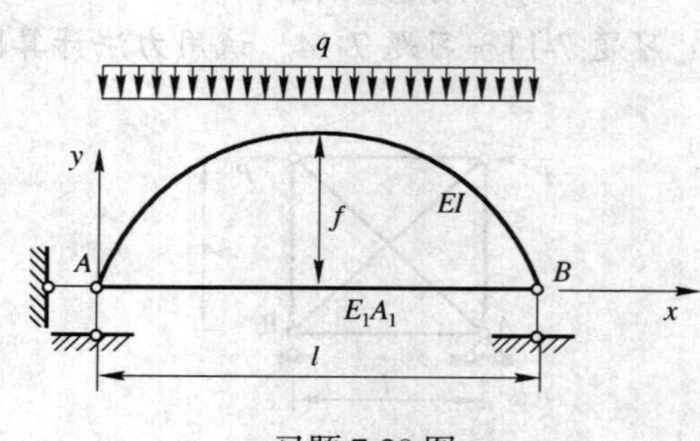

习题 7-20 图

习题 7-21 试计算图示超静定组合结构的内力。已知横梁惯性矩 $I=1\times10^{-4}\ \mathrm{m}^4$，链杆截面积 $S=1\times10^{-3}\ \mathrm{m}^2$，$E=$常数。

习题 7-22 试求图示加劲梁各杆的轴力，并绘横梁 AB 的弯矩图。设各杆的 EA 相同，$\dfrac{A}{I}=20$（单位：m^2）。

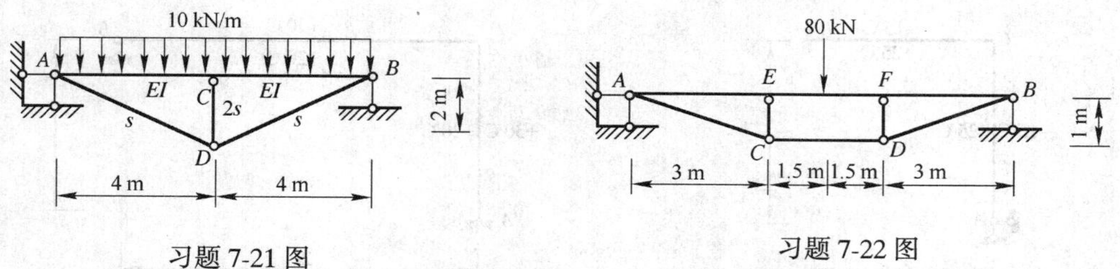

习题 7-21 图

习题 7-22 图

习题 7-23～习题 7-26 利用结构的对称性，计算图示结构，并作出 M 图、Q 图、N 图。

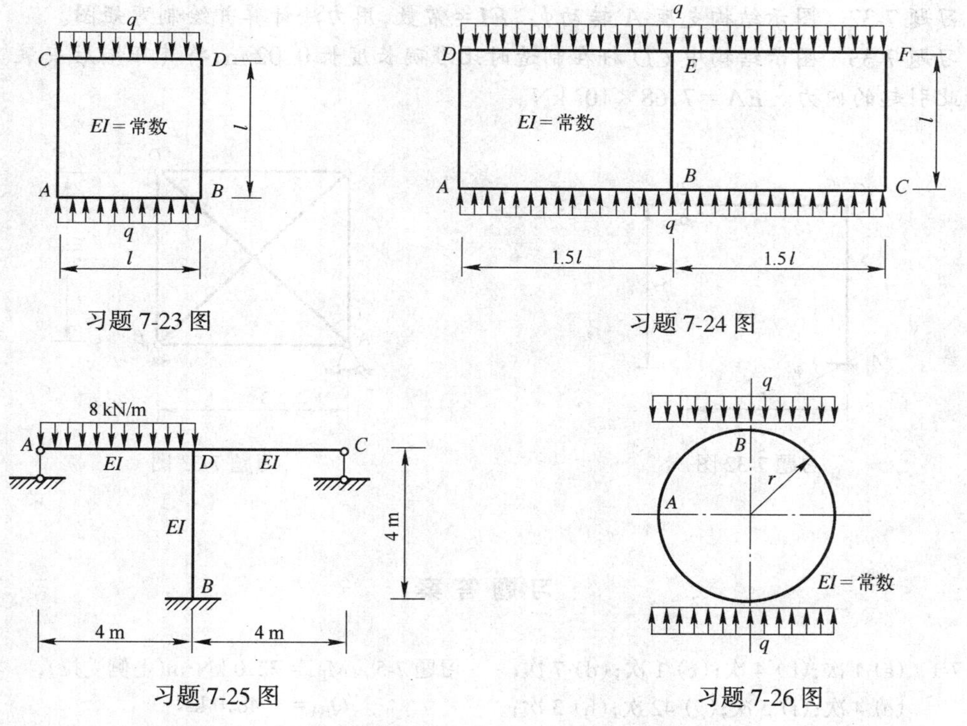

习题 7-23 图

习题 7-24 图

习题 7-25 图

习题 7-26 图

习题 7-27～习题 7-29 单跨超静定梁发生支座移动如图所示，试绘制其 M 图、Q 图。

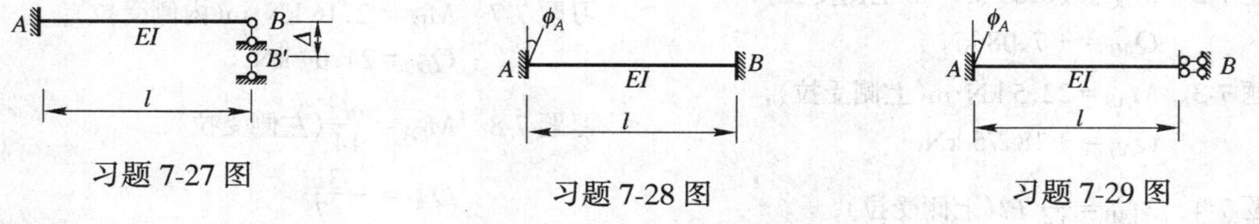

习题 7-27 图

习题 7-28 图

习题 7-29 图

习题 7-30　结构温度改变如图所示，试绘制结构内力图。设各杆截面为矩形，截面高度为 $h=l/10$，线膨胀系数为 α，EI 为常数。

习题 7-31　结构温度改变如图所示，试绘制结构弯矩图。设各杆截面为矩形，截面高度为 $h=\dfrac{l}{10}$，线膨胀系数为 α，EI 为常数。

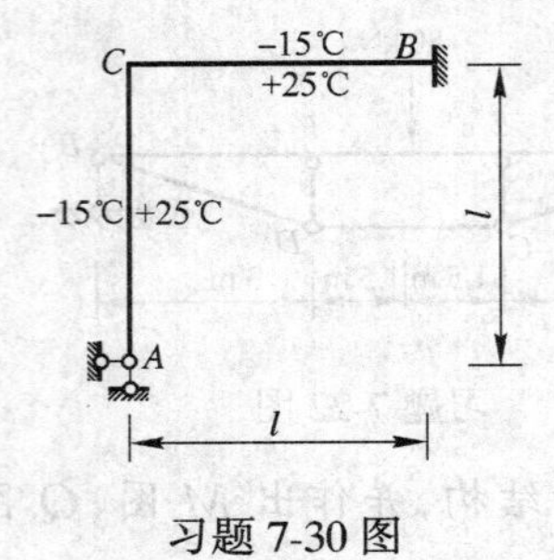

习题 7-30 图

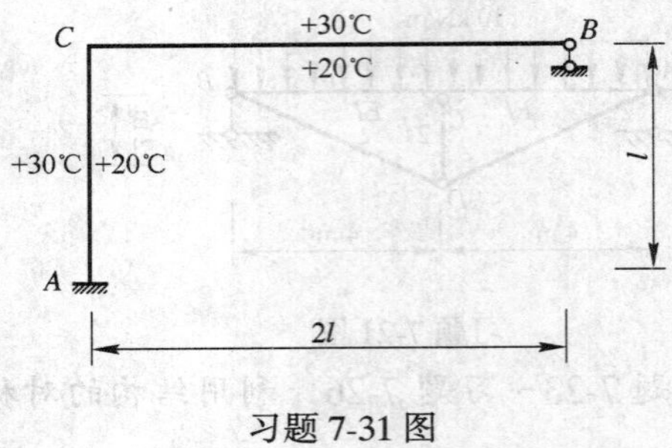

习题 7-31 图

习题 7-32　图示结构支座 A 转动 ϕ_A，$EI=$常数，用力法计算并绘制弯矩图。

习题 7-33　图示结构中 CD 杆在制造时比准确长度长 0.02 m，将其压缩后安装。试求由此引起的内力。$EA=7.68\times10^5$ kN。

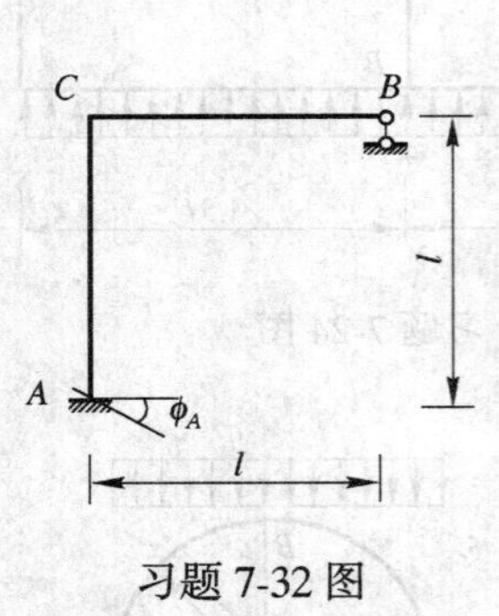

习题 7-32 图

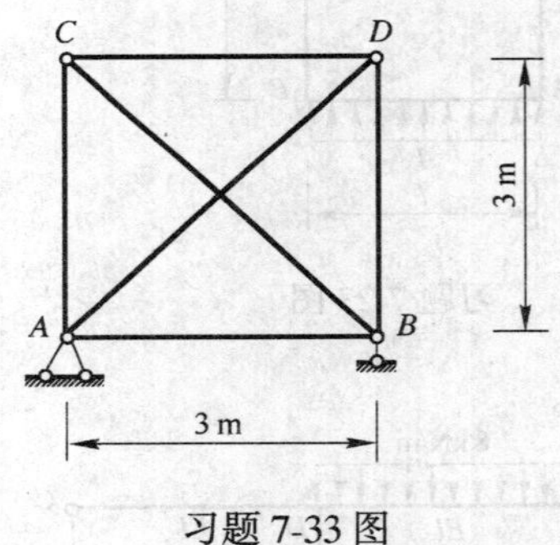

习题 7-33 图

习题答案

习题 7-1　(a) 1 次；(b) 4 次；(c) 1 次；(d) 7 次；(e) 4 次；(f) 5 次；(g) 42 次；(h) 3 次；(i) 3 次

习题 7-2　$M_{BC}=11.68$ kN·m(上侧受拉)，$Q_{AB}=+7.08$ kN

习题 7-3　$M_{AB}=22.5$ kN·m(上侧受拉)，$Q_{AB}=+18.75$ kN

习题 7-4　$M_{AB}=\dfrac{3}{16}Pl$(上侧受拉)，$Q_{AB}=\dfrac{11}{16}P$

习题 7-5　$M_{BA}=32.0$ kN·m(上侧受拉)，$Q_{BA}=-48.0$ kN

习题 7-6　$M_{BA}=\dfrac{ql^2}{16}$(下侧受拉)，$Q_{BA}=\dfrac{3ql}{16}$

习题 7-7　$M_{BC}=2.16$ kN·m(内侧受拉)，$Q_{BC}=24.64$ kN

习题 7-8　$M_{CA}=\dfrac{ql^2}{14}$(左侧受拉)，$Q_{BC}=-\dfrac{3ql}{7}$

习题 7-9　$M_{DA}=45.0$ kN·m(上侧受拉)，$Q_{DA}=-67.5$ kN

习题 7-10　$M_{AC}=104.46\ \text{kN}\cdot\text{m}$(左侧受拉)

习题 7-11　$N_{AB}=0.104P$

习题 7-12　$N_{AB}=0.415P, N_{AD}=-0.587P$,
$N_{DE}=0.170P$

习题 7-13　$N_{GE}=+0.3373P, V_B=1.328P(\uparrow)$

习题 7-14　$N_{FB}=1.293P, N_{HC}=0.3056P$

习题 7-15　$M_{AB}=23.26\ \text{kN}\cdot\text{m}$(左侧受拉),
$M_{DC}=21.54\ \text{kN}\cdot\text{m}$(左侧受拉)

习题 7-16　$M_{AD}=90.0\ \text{kN}\cdot\text{m}$(左侧受拉),
$M_{BE}=180.0\ \text{kN}\cdot\text{m}$(左侧受拉)

习题 7-17　$M_{CA}=117.6\ \text{kN}\cdot\text{m}$(左侧受拉)

习题 7-18　$M_{AC}=225.0\ \text{kN}\cdot\text{m}$(左侧受拉)

习题 7-19　$H_A=H_B=\dfrac{P}{\pi}(\rightarrow\leftarrow)$

习题 7-20　$N_{AB}=\dfrac{ql^2}{8f}\dfrac{1}{1+\dfrac{15}{8}\dfrac{EI}{E_1A_1f^2}}$

习题 7-21　$M_{CA}=9.8\ \text{kN}\cdot\text{m}$(上侧受拉),
$N_{AD}=+50.2\ \text{kN}$,
$N_{CD}=-44.9\ \text{kN}$

习题 7-22　$M_{EA}=5.2\ \text{kN}\cdot\text{m}$(上侧受拉),
$N_{CD}=+125.2\ \text{kN}$

习题 7-23　$M_{CD}=\dfrac{ql^2}{24}$(上侧受拉)

习题 7-24　$M_{DE}=\dfrac{9}{112}ql^2$(上侧受拉),
$M_{ED}=\dfrac{27}{112}ql^2$(上侧受拉)

习题 7-25　$M_{DA}=9.16\ \text{kN}\cdot\text{m}$(上侧受拉),
$M_{DC}=6.84\ \text{kN}\cdot\text{m}$(上侧受拉)

习题 7-26　$M_{AB}=\dfrac{qr^2}{4}$(左侧受拉)

习题 7-27　$M_{AB}=\dfrac{3EI}{l^2}\Delta$(上侧受拉),
$Q_{AB}=\dfrac{3EI}{l^3}\Delta$

习题 7-28　$M_{AB}=\dfrac{4EI}{l}\phi_A$(下侧受拉),
$Q_{AB}=-\dfrac{6EI}{l^2}\phi_A$

习题 7-29　$M_{AB}=\dfrac{EI}{l^2}\phi_A$(下侧受拉), $Q_{AB}=0$

习题 7-30　$M_{CB}=\dfrac{3750\alpha EI}{7l}$(上侧受拉),
$M_{BC}=\dfrac{2220\alpha EI}{7l}$(上侧受拉)

习题 7-31　$M_{CB}=\dfrac{112.5\alpha EI}{l}$(下侧受拉),
$V_B=\dfrac{56.25\alpha EI}{l^2}(\uparrow)$

习题 7-32　$M_{CB}=\dfrac{3EI\phi_A}{4l}$(下侧受拉),
$V_B=\dfrac{3EI\phi_A}{4l^2}(\uparrow)$

习题 7-33　$N_{AB}=-530\ \text{kN}, N_{AD}=+750\ \text{kN}$

第8章　位 移 法

8.1　位移法的基本概念

位移法是计算超静定结构的另一种基本方法。同力法一样,位移法的出现也是伴随着生产的发展而产生的。19世纪末,由于工程中连续梁这类超静定结构被广泛采用,因而在静定结构计算的基础上产生了力法。20世纪初,出现了高层和多层多跨刚架这类高次超静定结构。对于这类结构,用力法分析未知数目太大,计算十分繁琐,人们开始探求新的计算方法,于是位移法便应运而生,并随着生产力的进一步发展而逐步完善。现在编制计算机通用程序常采用的刚度法就是根据位移法而来的,因此本章的内容也是学习矩阵位移法的基础。

位移法的理论依据是:首先,对于弹性范围内的线性小变形结构,在计算其内力或变形时可用叠加原理;其次,由于内力与变形呈恒定的线性关系,故当内力为已知时可求出相应的变形,而当变形为已知时,同样可以求出相应的内力。

位移法以杆件的结点位移为基本未知量。在求解超静定结构时,首先在结构的结点处加入某些约束,将原结构变成若干单跨超静定梁的组合体。从分析单跨超静定梁出发,根据所加约束处在各种外部因素作用下的静力平衡条件,建立位移法方程,进而求解结点位移。

用位移法计算超静定结构时,为了简化计算,通常采用的变形假设为:对以承受弯矩为主的杆件,只考虑弯曲变形,略去轴向变形和剪切变形的影响;由于杆件的弯曲变形与它们的尺寸相比是微小的,故假定在变形过程中,直杆两端的距离保持不变。

如图8-1(a)所示为一荷载作用下的超静定结构。这种包括外部因素(荷载、温度变化支座移动等)在内的结构称为原体系。用力法解该体系有四个多余未知力,即有四个未知量。

当用位移法求解时,由于以结点位移为基本未知量,故未知量数目可大为减少。图中A、D为固定端支座,既不能移动,也不能转动;可动铰支座C不能上下移动,同时由于略去轴向变形,也不能左右移动,只能发生角位移。由于AB、BC和BD三杆在B结点为刚性联结,故三根杆在B端的转角相同,并以ϕ_B表示,这就是用位移法求解该体系时唯一的一个基本未知量。

图8-1(a)中的虚线表示结构在荷载作用下产生的变形。我们将变形前的原结构拆分为三个单个杆件如图8-1(b)所示。当这些杆件承受荷载与图8-1(a)相同且杆端位移也相同时,这些单个杆件的杆端内力则与原结构各杆在荷载作用下的内力完全相同。杆AB、杆DB相当于两端固定梁在B端发生转角ϕ_B的情况,而杆CB相当于一端固定,而另一端铰支梁在B端发生转角ϕ_B,同时承受均布荷载的情况。如果ϕ_B已知,则用力法可以计算出上述三个单跨超静定梁的杆端力,使问题得以解决。因此计算结点B的转角就成为求解该结构的关键。

为了使原结构转化为图 8-1(b)的情况，以便于以单个杆件为计算基础，同时又能保持结点 B 的变形连续，在原结构的结点 B 处加一附加刚臂。附加刚臂用符号"◸"表示，如图 8-1(c)所示，它只能限制结点的转动，而不能限制结点的移动。由于 B 结点本无线位移，加入刚臂后，又阻止了它的转动，故此时 B 结点既不能移动，又不能转动，成为固定端，相应地杆 AB 和杆 DB 也就相当于两端固定梁，杆 CD 相当于一端固定、另一端铰支梁，原结构也就成为由 AB、DB、CB 这样三个单跨超静定梁的组合体。这个无任何外部因素作用的组合体称为原结构按位移法计算的基本结构。将原外部因素作用于基本结构，并强迫基本结构的附加刚臂连同结点一起转动与实际情况相同的转角 ϕ_B(绘图时结点的转动用曲柄上带有两横短线的箭头表示，角位移的大小以未知量 Z_1 表示)。这种承受与实际外部因素(如荷载、温度变化、支座移动等)相同且变形也相同的基本结构称为基本体系。由于基本体系的受力和变形情况(图 8-1(d))与原体系(图 8-1(a))的情况完全相同，因此，我们可以用基本体系的计算代替原体系的计算。

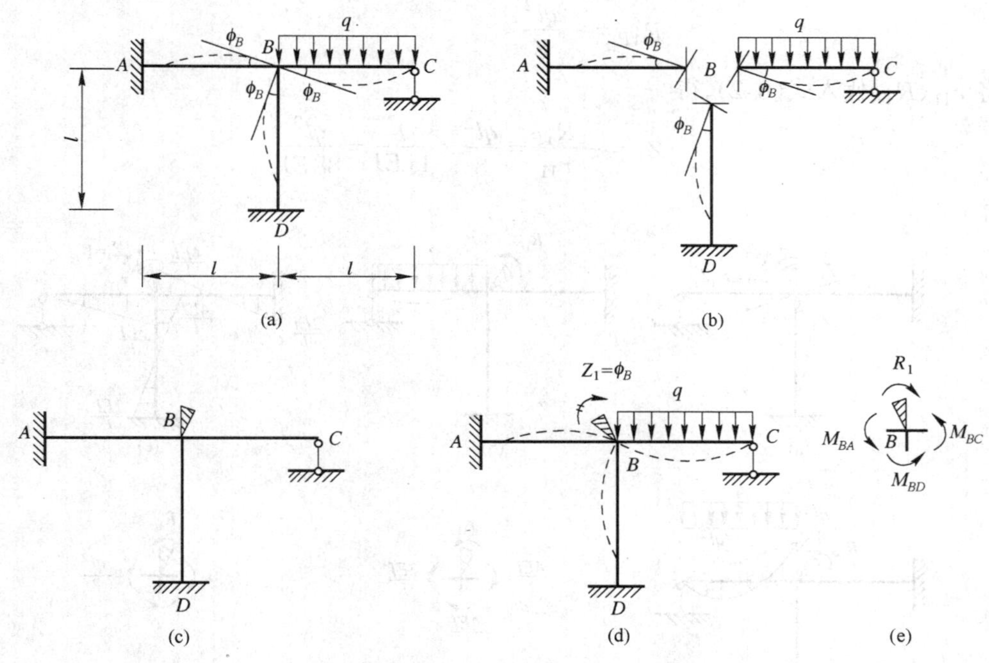

图 8-1 位移法解题思路图

(a) 原体系；(b) 原体系离散图；(c) 基本结构；(d) 基本体系；(e) B 结点受力图。

以基本体系中的结点 B 为研究对象(图 8-1(e))，汇集在结点 B 的各杆端弯矩之和应等于零。因此刚臂中的反力矩 R_1 等于零是确定 Z_1 的控制条件。为了建立求解 Z_1 的方程，根据叠加原理将图 8-1(d)分解为如图 8-2(a)、(b)所示的两种情况：在图 8-2(a)中，仅强迫附加约束(刚臂连同结点)发生转角 Z_1，附加约束中产生的约束反力矩为 R_{11}；在图 8-2(b)中，仅有荷载作用于基本结构，附加约束中产生的约束反力矩为 R_{1P}；因 R_1 应等于零，故有

$$R_{11}+R_{1P}=0 \tag{8-1}$$

设以 r_{11}表示 Z_1 为单位转角($\overline{Z}=1$)时的附加约束处产生的约束反力(广义力：可以

是力偶，也可以是力)，则有 $R_{11}=r_{11}Z_1$。代入式(8-1)，得

$$r_{11}Z_1+R_{1P}=0 \tag{8-2}$$

式(8-2)称为位移法方程，用来求解基本未知量 Z_1。式中系数 r_{11} 是由于附加约束发生单位位移时在刚臂中引起的约束反力，称为刚度系数，R_{1P} 是由于外荷载作用在刚臂中引起的约束反力，称为自由项。二者的方向均规定与 Z_1 的方向相同时为正，故 r_{11} 必为正值。为了求得 r_{11} 和 R_{1P}，可用力法事先分别计算出由于附加约束发生单位位移和外荷载作用所引起的各杆件的杆端弯矩并绘出弯矩图。图 8-2(c)为基本结构仅由于附加约束发生单位转角($\overline{Z}_1=1$)时弯矩图($\overline{M}_1$ 图，称为单位弯矩图)，图 8-2(d)为基本结构仅由于荷载作用而引起的弯矩图(M_P 图，称为荷载弯矩图)。r_{11}、R_{1P} 都是刚臂作用于结点的反力矩，其值分别由图 8-2(e)、(f)所示 B 结点的平衡条件求得：

$$r_{11}=\frac{4EI}{l}+\frac{4EI}{l}+\frac{3EI}{l}=\frac{11EI}{l}$$

$$R_{1P}=-\frac{ql^2}{8}$$

将 r_{11}、R_{1P} 代入式(8-2)，得

$$Z_1=-\frac{R_{1P}}{r_{11}}=\frac{ql^2}{8}\times\frac{l}{11EI}=\frac{ql^3}{88EI}$$

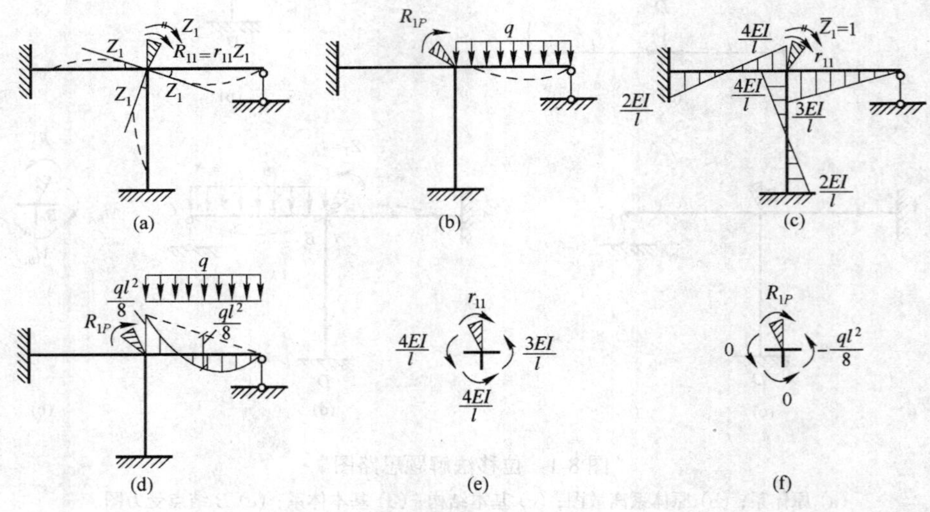

图 8-2 基本体系的变形和受力情况

(a) 仅 B 结点发生真实角位移情况；(b) 仅荷载作用于基本结构情况；(c) $\overline{M}_1$ 图；(d) M_P 图；(e) 相应于图(c)结点受力图；(f)相应于图(b)结点受力图。

求出 Z_1 后，原结构的弯矩图可按叠加公式 $M=\overline{M}_1Z_1+M_P$ 求得，如图 8-3(a)所示。求出各杆弯矩后，以杆和结点为隔离体，利用静力平衡条件，可求得各杆端剪力和轴力(图 8-3(d))，进而绘出结构的剪力图和轴力图，分别如图 8-3(b)、(c)所示。

由以上分析可知，用位移法计算超静定结构，是把杆件的结点位移作为基本未知量，先由位移法方程求出基本未知量，进而求解结构的内力。将位移法与第 7 章介绍的力法

作一比较,可以看出两者解决问题借助的过渡结构体系虽然不同,但它们所遵循的原则却是一样的,都是利用基本体系的变形和受力情况与原体系相同的条件来解题。其中,力法通常是以静定结构作为其基本结构,利用已知的静定结构的计算方法来解决超静定结构的计算问题;而位移法则是以单跨超静定梁的组合体作为它的基本结构,利用已知的力法结果作为其计算基础的。为了保证基本体系与原体系一致,力法是通过去掉多余约束代之以多余力,并使该多余力的大小能使基本体系的变形与原体系的变形一致而达到内力一致;而位移法则是使基本体系中附加约束发生与原体系相同的位移,同样由基本体系与原体系的变形一致而达到内力一致。

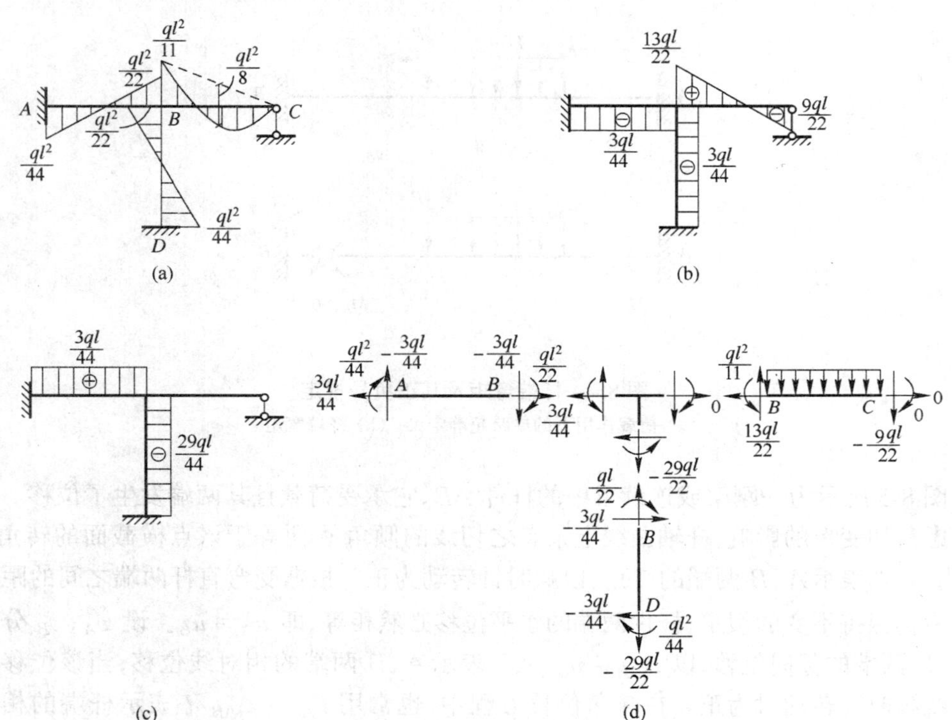

图 8-3　内力图及结点和各杆受力图

(a) M 图;(b) Q 图;(c) N 图;(d) 结点和各杆受力图。

8.2　等截面直杆的转角位移方程

在用位移法计算超静定结构时,每根杆件都可以看作是单跨超静定梁,在计算过程中,需要用到这种梁在外荷载作用下以及杆端发生转动或移动时的杆端弯矩和剪力。我们把等截面直杆杆端力与杆端位移和所受荷载及温度变化等外因之间关系的表达式称为转角位移方程。

在建立转角位移方程之前,首先对杆端力表示方法和正负号的规定予以说明。杆端弯矩用 M_{AB}表示,M 右下角的两个下标表示该弯矩属于哪一根杆　,并规定前一个下标表示该弯矩所属的杆端。例如,图 8-4(a)所示为荷载作用下的单跨超静定梁,在荷载作用下，实际杆端弯矩如图 8-4(b)所示。其 A 端的弯矩用 M_{AB} 表示，而 B 端的弯矩用 M_{BA} 表示。对它们的正负号作如下规定：对杆端而言，弯矩以顺时针方向为正，逆时针方向为负；对结点而言，弯矩以逆时针方向为正，顺时针方向为负。在图 8-4 中，M_{AB} 为负弯矩，M_{BA} 为正弯矩。这里对杆端弯矩的正负号作出规定，是为了应用位移法时便于建立位移法方程，而在绘制弯矩图时，仍按以前的规定，把弯矩图绘在受拉一侧。同弯矩表示方法一样，剪力和轴力分别用 Q、N 两个字母并在各个字母的右下角加两个下标表示，例如 Q_{AB} 表示 AB 杆 A 端的剪力，N_{CD} 表示 CD 杆 C 端的轴力等，以此类推。剪力和轴力正负号的规定仍与前面规定相同。

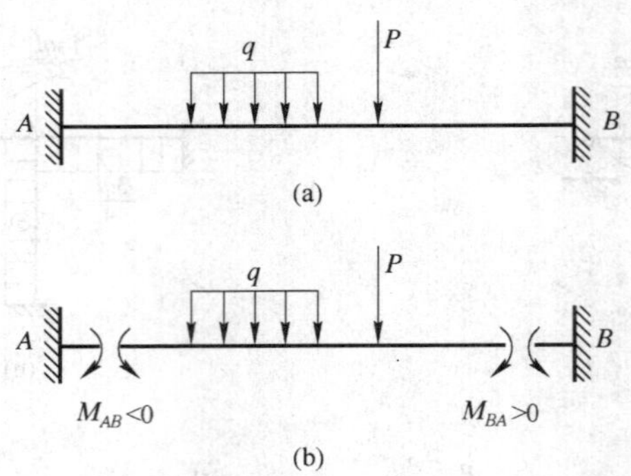

图 8-4　杆端弯矩及其正负号规定

(a) 荷载作用下的单跨超静定梁；(b) 杆端弯矩。

图 8-5 所示为一刚架或连续梁中的杆件 AB，它承受荷载且其两端发生了位移。因为不考虑剪切变形的影响，杆轴曲线上某点之切线的倾角 ϕ 便等于该点横截面的转角。设 ϕ_A、ϕ_B 分别表示 A、B 两端的转角，以顺时针转动为正。根据受弯直杆两端之间的距离在变形后仍保持不变的假定，杆件两端的水平位移必然相等，即 $u_A = u_B$。设 v_A、v_B 分别表示 A、B 两端的竖向位移，以 $\Delta_{AB} = v_B - v_A$ 表示 A、B 两端的相对线位移，当该位移使杆端连线顺时针转动时为正。在转角位移方程中，也常用 $\beta_{AB} = \Delta_{AB}/l$ 表示杆端的相对位移，β 称为弦转角，以顺时针转动时为正。

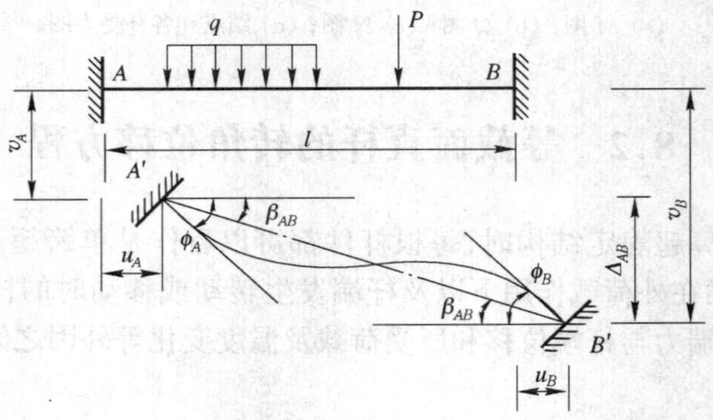

图 8-5　杆端位移及其正负号规定

以下分三种情况建立等截面直杆的转角位移方程。

一、两端为固定端的单跨超静定梁

先讨论各种外部因素单独作用情况下的杆端力计算，然后根据叠加原理加以综合。

1. 梁的一端发生角位移

图 8-6(a)所示两端固定梁仅 A 端发生顺时针方向角位移 ϕ_A，而 B 端固定不动的情况。用力法可以求出其杆端弯矩为

$$\left.\begin{aligned} M_{AB} &= \frac{4EI}{l}\phi_A \\ M_{BA} &= \frac{2EI}{l}\phi_A \end{aligned}\right\} \tag{8-3}$$

其杆端剪力为

$$\left.\begin{aligned} Q_{AB} &= -\frac{6EI}{l^2}\phi_A \\ Q_{BA} &= -\frac{6EI}{l^2}\phi_A \end{aligned}\right\} \tag{8-4}$$

绘出弯矩图和剪力图如图 8-6(b)、(c)所示。

同理，当 A 端固定不动，仅 B 端发生顺时针方向角位移 ϕ_B 时的杆端弯矩和杆端剪力为

$$\left.\begin{aligned} M_{AB} &= \frac{2EI}{l}\phi_B \\ M_{BA} &= \frac{4EI}{l}\phi_B \\ Q_{AB} &= -\frac{6EI}{l^2}\phi_B \\ Q_{BA} &= -\frac{6EI}{l^2}\phi_B \end{aligned}\right\} \tag{8-5}$$

2. 梁的两端发生垂直于杆轴线方向的相对线位移

图 8-7(a)所示为两端固定梁，其两端在垂直于杆轴线方向发生相对线位移 Δ_{AB} 的情况。用力法计算出杆端弯矩和杆端剪力为

$$\left.\begin{aligned} M_{AB} &= -\frac{6EI}{l^2}\Delta_{AB} \\ M_{BA} &= -\frac{6EI}{l^2}\Delta_{AB} \\ Q_{AB} &= \frac{12EI}{l^3}\Delta_{AB} \\ Q_{BA} &= \frac{12EI}{l^3}\Delta_{AB} \end{aligned}\right\} \tag{8-6}$$

绘出弯矩图和剪力图如图 8-7(b)、(c)所示。

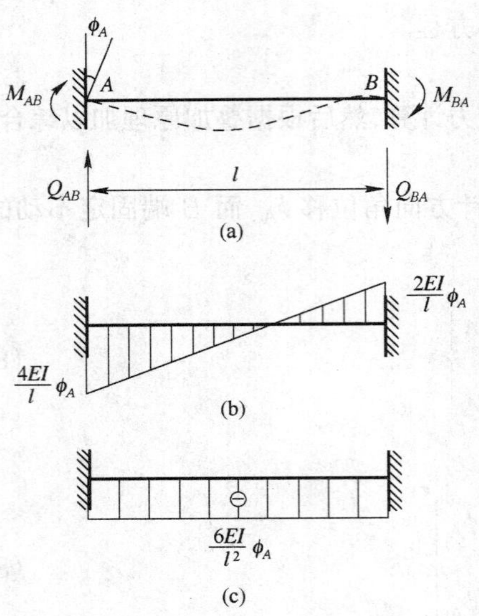

图 8-6　两端固定梁的一端发生角位移情况

(a) A 端发生顺时针方向角位移 ϕ_A；(b) 弯矩图；(c) 剪力图。

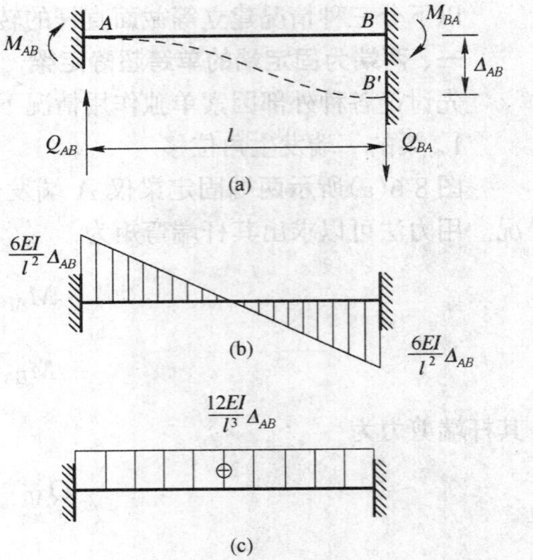

图 8-7　两端固定梁两端发生相对线位移情况

(a) 两端发生相对线位移 Δ_{AB}；(b) 弯矩图；(c) 剪力图。

3．梁上承受各种荷载的作用

由于荷载作用及温度变化而引起的杆端弯矩和杆端剪力分别称为固端弯矩和固端剪力。它们的表示方法是在杆端弯矩和杆端剪力的符号上加右上角标“F”。例如杆 AB 的 A 端固端弯矩用 M_{AB}^F 表示，固端剪力用 Q_{AB}^F 表示。

单跨超静定梁仅由于杆端发生单位位移所引起的杆端弯矩和杆端剪力称为等截面直杆的刚度系数。因刚度系数只与杆件材料性质、尺寸及截面几何形状有关，也称为形常数。等截面直杆的形常数列于表 8-1 中。而单跨超静定梁仅由于荷载作用及温度变化而引起的杆端弯矩和杆端剪力称为载常数。等截面直杆的载常数列于表 8-2 中。

表 8-1　等截面直杆的形常数

编号	简　图	杆端弯矩		杆端剪力	
		$\overline{M}_{AB}$	$\overline{M}_{BA}$	$\overline{Q}_{AB}$	$\overline{Q}_{BA}$
1	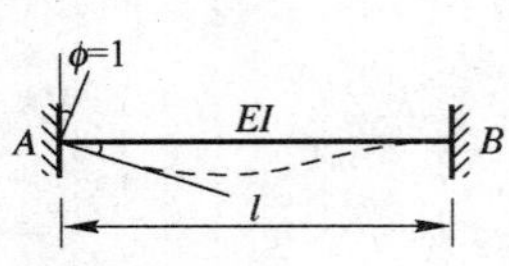 $\phi=1$，A，EI，B，l	$\frac{4EI}{l}=4i$	$\frac{2EI}{l}=2i$	$-\frac{6EI}{l^2}=-6\frac{i}{l}$	$-\frac{6EI}{l^2}=-6\frac{i}{l}$
2	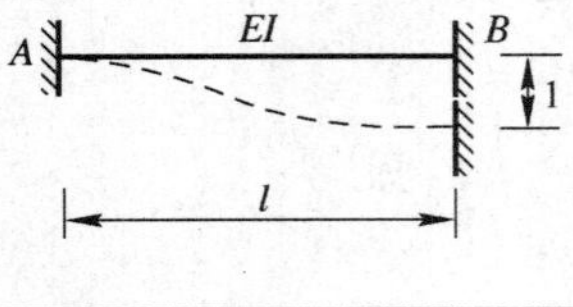 A，EI，B，1，l	$-\frac{6EI}{l^2}=-\frac{6i}{l}$	$-\frac{6EI}{l^2}=-\frac{6i}{l}$	$\frac{12EI}{l^3}=\frac{6i}{l^2}$	$\frac{12EI}{l^3}=\frac{6i}{l^2}$

（续）

编号	简　图	杆端弯矩		杆端剪力	
		$\overline{M}_{AB}$	$\overline{M}_{BA}$	$\overline{Q}_{AB}$	$\overline{Q}_{BA}$
3	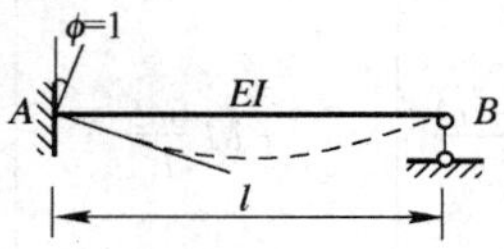 $\phi=1$, A, EI, B, l	$\frac{3EI}{l}=3i$	0	$-\frac{3EI}{l^2}=-3\frac{i}{l}$	$-\frac{3EI}{l^2}=-3\frac{i}{l}$
4	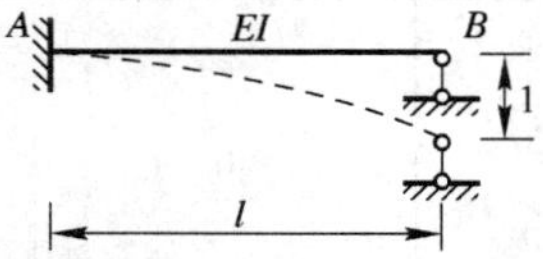 A, EI, B, 1, l	$-\frac{3EI}{l^2}=-\frac{3i}{l}$	0	$\frac{3EI}{l^3}=\frac{3i}{l^2}$	$\frac{3EI}{l^3}=\frac{3i}{l^2}$
5	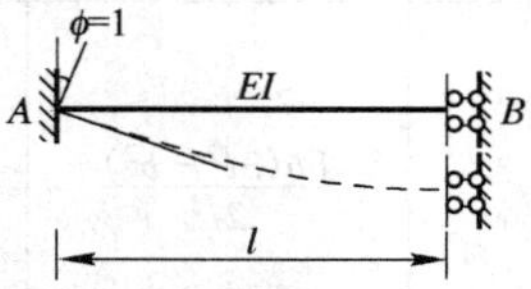 $\phi=1$, A, EI, B, l	$\frac{EI}{l}=i$	$-\frac{EI}{l}=-i$	0	0

表 8-2　等截面直杆的载常数

编号	简　图	杆端弯矩		杆端剪力	
		M^F_{AB}	M^F_{BA}	Q^F_{AB}	Q^F_{BA}
1	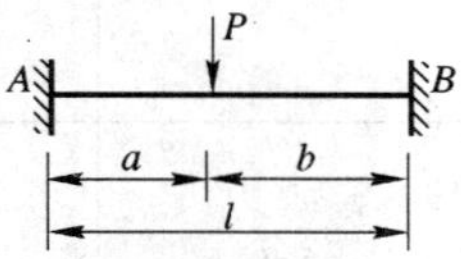 P, A, B, a, b, l	$-\frac{Pab^2}{l^2}$	$\frac{Pa^2b}{l^2}$	$\frac{Pb^2(l+2a)}{l^3}$	$-\frac{Pa^2(l+2b)}{l^3}$
2	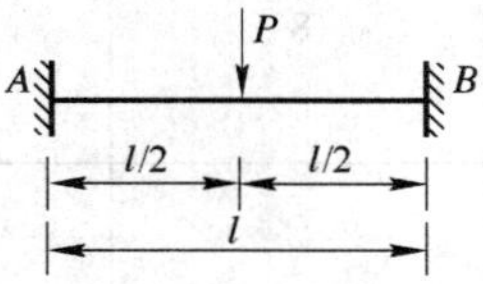 P, A, B, $l/2$, $l/2$, l	$-\frac{Pl}{8}$	$\frac{Pl}{8}$	$\frac{P}{2}$	$-\frac{P}{2}$
3	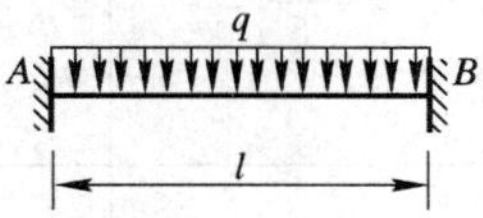 q, A, B, l	$-\frac{ql^2}{12}$	$\frac{ql^2}{12}$	$\frac{ql}{2}$	$-\frac{ql}{2}$
4	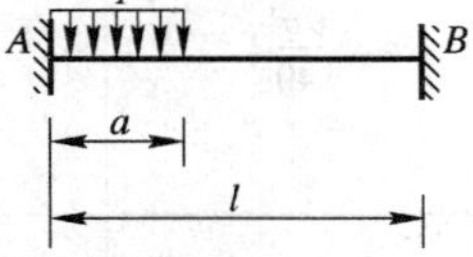 q, A, B, a, l	$-\frac{qa^2}{12l^2}(6l^2-8la+3a^2)$	$\frac{qa^3}{12l^2}(4l-3a)$	$\frac{qa}{2l^3}(2l^3-2la^2+a^3)$	$-\frac{qa^3}{2l^3}(2l-a)$
5	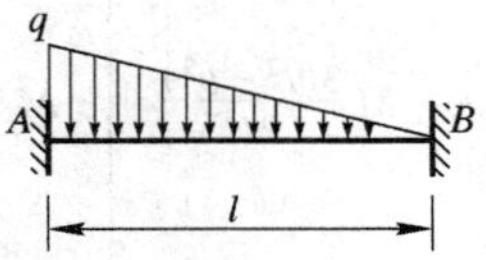 q, A, B, l	$-\frac{ql^2}{20}$	$\frac{ql^2}{30}$	$\frac{7ql}{20}$	$-\frac{3ql}{20}$

（续）

编号	简 图	杆端弯矩		杆端剪力	
		M_{AB}^F	M_{BA}^F	Q_{AB}^F	Q_{BA}^F
6	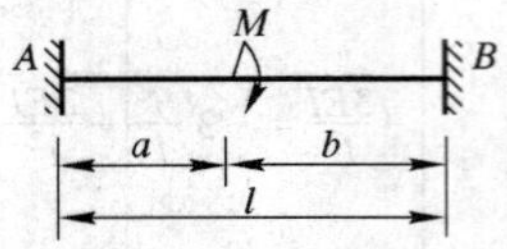	$M\frac{b(3a-l)}{l^2}$	$M\frac{a(3b-l)}{l^2}$	$-M\frac{6ab}{l^3}$	$-M\frac{6ab}{l^3}$
7	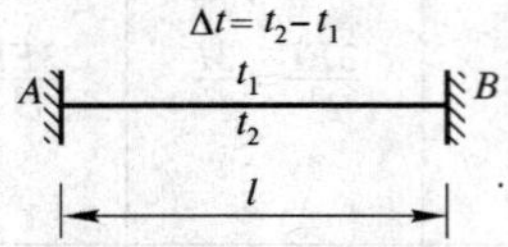 $\Delta t=t_2-t_1$	$-\frac{EI\alpha\Delta t}{h}$	$\frac{EI\alpha\Delta t}{h}$	0	0
8	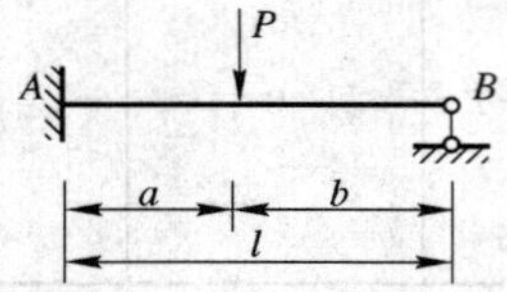	$-\frac{Pab(l+b)}{2l^2}$	0	$\frac{Pb(3l^2-b^2)}{2l^3}$	$-\frac{Pa^2(2l+b)}{2l^3}$
9	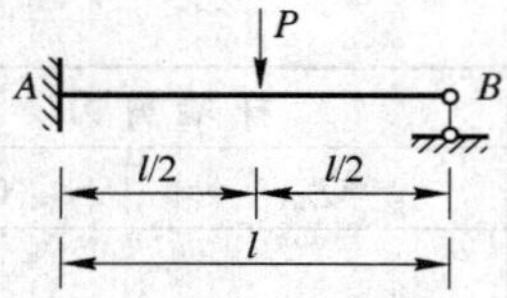	$-\frac{3Pl}{16}$	0	$\frac{11P}{16}$	$-\frac{5P}{16}$
10	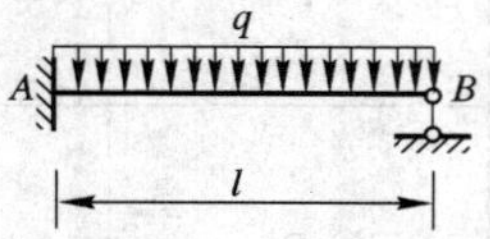	$-\frac{ql^2}{8}$	0	$\frac{5ql}{8}$	$-\frac{3ql}{8}$
11	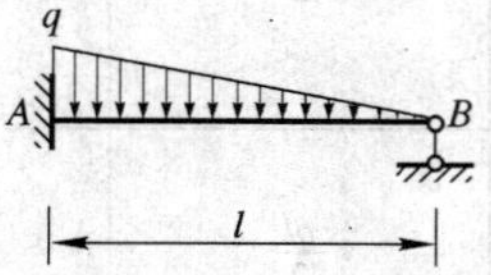	$-\frac{ql^2}{15}$	0	$\frac{2ql}{5}$	$-\frac{ql}{10}$
12	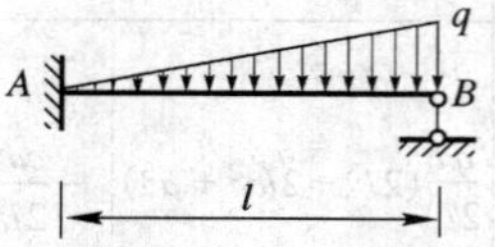	$-\frac{7ql^2}{120}$	0	$\frac{9ql}{40}$	$-\frac{11ql}{40}$
13	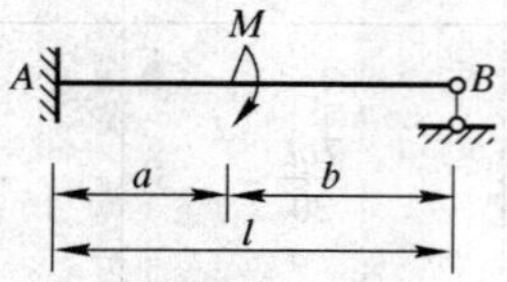	$M\frac{l^2-3b^2}{2l^2}$	0	$-M\frac{3(l^2-b^2)}{2l^3}$	$-M\frac{3(l^2-b^2)}{2l^3}$

（续）

编号	简 图	杆端弯矩		杆端剪力	
		M_{AB}^F	M_{BA}^F	Q_{AB}^F	Q_{BA}^F
14	$\Delta t=t_2-t_1$ A t_1 t_2 B l	$-\dfrac{3EI\alpha\Delta t}{2h}$	0	$\dfrac{3EI\alpha\Delta t}{2hl}$	$\dfrac{3EI\alpha\Delta t}{2hl}$
15	P A B a b l	$-\dfrac{Pa(l+b)}{2l}$	$-\dfrac{Pa^2}{2l}$	P	0
16	P A B l	$-\dfrac{Pl}{2}$	$-\dfrac{Pl}{2}$	P	$Q_{B左}=P$ $Q_{B右}=0$
17	q A B l	$-\dfrac{ql^2}{3}$	$-\dfrac{ql^2}{6}$	ql	0
18	$\Delta t=t_2-t_1$ A t_1 t_2 B l	$-\dfrac{EI\alpha\Delta t}{h}$	$\dfrac{EI\alpha\Delta t}{h}$	0	0

4．支座位移、荷载及温度变化共同作用

当两端固定梁既发生支座位移，同时又有各种荷载作用及温度变化时（图 8-8），可将以上各式（8-3）～（8-6）及由荷载和温度变化引起的固端弯矩和固端剪力叠加，得

$$\left.\begin{aligned} M_{AB}&=\frac{4EI}{l}\phi_A+\frac{2EI}{l}\phi_B-\frac{6EI}{l^2}\Delta_{AB}+M_{AB}^F\\ M_{BA}&=\frac{2EI}{l}\phi_A+\frac{4EI}{l}\phi_B-\frac{6EI}{l^2}\Delta_{AB}+M_{BA}^F\\ Q_{AB}&=-\frac{6EI}{l^2}\phi_A-\frac{6EI}{l^2}\phi_B+\frac{12EI}{l^3}\Delta_{AB}+Q_{AB}^F\\ Q_{BA}&=-\frac{6EI}{l^2}\phi_A-\frac{6EI}{l^2}\phi_B+\frac{12EI}{l^3}\Delta_{AB}+Q_{BA}^F \end{aligned}\right\}\tag{8-7}$$

式（8-7）即为两端固定等截面梁的转角位移方程，亦称等截面直杆的转角位移方程。式中，$\dfrac{EI}{l}$可以用 i 代替。$i=\dfrac{EI}{l}$称为杆件的线刚度，简称线刚度。而式中的$\dfrac{\Delta_{AB}}{l}$可用弦转角 β_{AB}代替。于是两端固定等截面梁的转角位移方程也可以记为如下的形式：

$$
\left.\begin{aligned}
M_{AB} &= 4i\phi_A + 2i\phi_B - 6i\beta_{AB} + M_{AB}^F \\
M_{BA} &= 2i\phi_A + 4i\phi_B - 6i\beta_{AB} + M_{BA}^F \\
Q_{AB} &= -\frac{6i}{l}\phi_A - \frac{6i}{l}\phi_B + \frac{12i}{l}\beta_{AB} + Q_{AB}^F \\
Q_{BA} &= -\frac{6i}{l}\phi_A - \frac{6i}{l}\phi_B + \frac{12i}{l}\beta_{AB} + Q_{BA}^F
\end{aligned}\right\} \tag{8-8}
$$

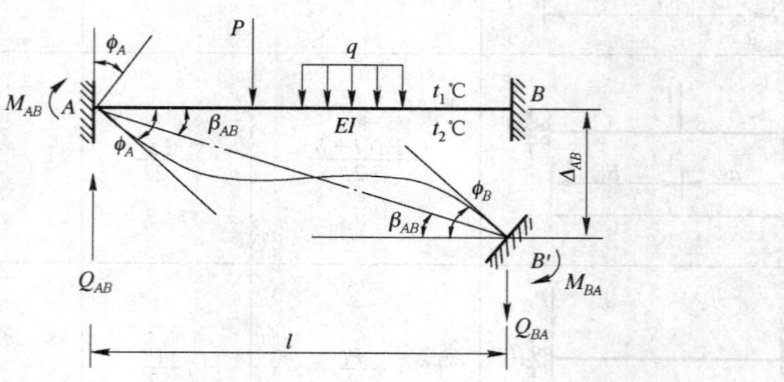

图 8-8　两端固定等截面梁的转角位移方程图示

二、一端为固定、另一端铰支的单跨超静定梁

对于一端固定、另一端铰支的单跨超静定梁，当既发生支座位移，同时又有各种荷载作用及温度变化时(图 8-9)，可按与前面相同的方法和步骤，建立其转角位移方程：

$$
\left.\begin{aligned}
M_{AB} &= 3i\phi_A - 3i\beta_{AB} + M_{AB}^F \\
M_{BA} &= 0 \\
Q_{AB} &= -\frac{3i}{l}\phi_A + \frac{3i}{l}\beta_{AB} + Q_{AB}^F \\
Q_{BA} &= -\frac{3i}{l}\phi_A + \frac{3i}{l}\beta_{AB} + Q_{BA}^F
\end{aligned}\right\} \tag{8-9}
$$

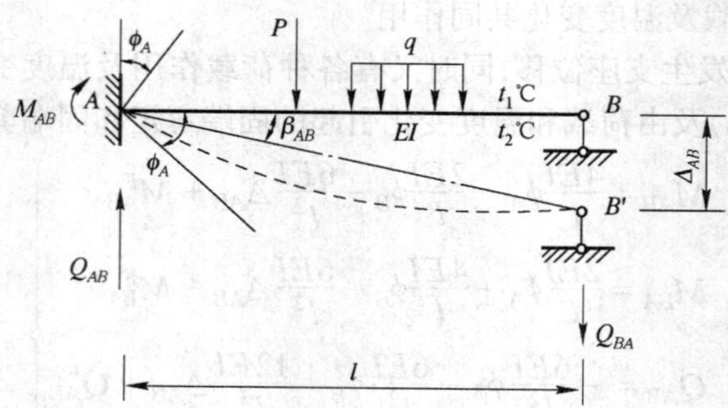

图 8-9　一端固定、另一端铰支等截面梁的转角位移方程图示

式中 M_{AB}^F、Q_{AB}^F、Q_{BA}^F 为一端固定、另一端铰支梁的固端弯矩或固端剪力。

三、一端固定、另一端为滑动支座(定向支承)的单跨超静定梁

对于一端固定、另一端为滑动支座的单跨超静定梁，当既发生支座位移，同时又有各种荷载作用及温度变化时(图 8-10)，同样可按前面的方法和步骤，建立其转角位移方程：

$$\left.\begin{aligned}M_{AB}&=i\phi_A+M_{AB}^F\\M_{BA}&=-i\phi_A+M_{BA}^F\\Q_{AB}&=Q_{AB}^F\\Q_{BA}&=0\end{aligned}\right\}\tag{8-10}$$

式中 M_{AB}^F、M_{BA}^F、Q_{AB}^F 为一端固定、另一端为滑动支座梁的固端弯矩或固端剪力。

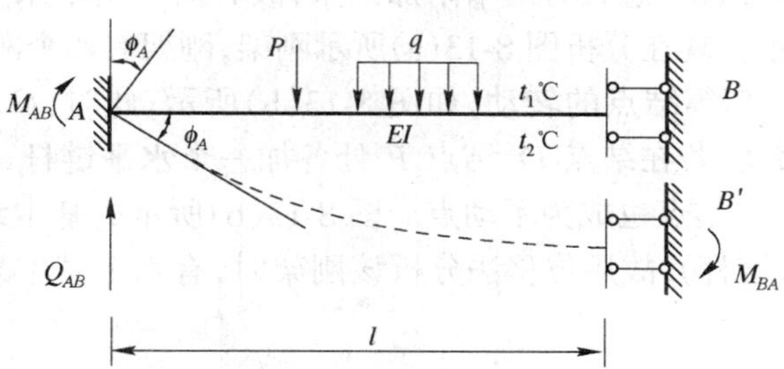

图 8-10　一端固定、另一端滑动支座的等截面梁的转角位移方程图示

8.3　基本未知量数目的确定

前面介绍了位移法的基本概念，用位移法计算超静定结构是以结点位移为基本未知量，由位移法方程先将基本未知量求出，然后再计算各杆的内力。在计算过程中，通过增加约束，把结构各杆件转化为单跨超静定梁，利用转角位移方程作为它的计算基础。因此在用位移法计算各种超静定结构时，必须首先确定基本未知量。在 8.1 节简单刚架例题中，只有一个结点角位移，这是最简单的情况。一般情况下，刚架的结点可能同时具有转角和线位移。因此，在用位移法计算超静定结构时，结点位移应包括结点角位移和结点线位移两类。

图 8-11(a)所示刚架在荷载作用下，其变形情况如图中虚线所示。A、B 为固定端，没有任何位移，而刚结点 C 处除有结点角位移 ϕ_C 外，还将发生线位移 Δ；铰结点 D 只有线位移，且根据受弯直杆两端之间的距离在变形后保持不变的假定，该结点的线位移与结点 C 的线位移相等。为了使刚架的各杆都转化为单跨超静定梁以组成位移法的基本结构，除需在结点 C 加入阻止刚结点转动的附加刚臂外，还应在结点 D(或结点 C)处加入一根水平附加链杆，以阻止 C、D 两结点的水平线位移，如图 8-11(b)所示。当基本结构承受与原结构相同的荷载，同时使附加约束(刚臂和链杆)发生与实际情况相同转角和线位移时(表示位移的符号在箭头的柄上有两个短横杠，与表示反力的符号不同)，则此基本体系(图 8-11(c))的受力和变形情况便与原体系完全相同。这时附加约束上的反力和反力矩应等于零。据此，便可以列出位移法方程。求解方程即可确定结点的转角和线位移，进而求出各杆内力。

确定基本未知量数目可以与选取位移法基本结构结合起来进行。因为在选取位移法基本结构时，为使各杆转化为单跨超静定梁，则应在每一个刚结点上加上附加刚臂以阻止其转动，因此有几个刚结点就应该加入几个附加刚臂。附加刚臂数目等于结构的结点角位移数目。此外,为阻止各结点发生线位移,还需加入一定数量的附加链杆,附加链杆数目应与各结点独立线位移数目相等。由此可见,为确定位移法中基本未知量的数目,应在刚结点处加上附加刚臂,在结点可能发生线位移的方向上加上附加链杆,附加刚臂和附加链杆数目的总和即为位移法的基本未知量数目。例如图 8-12(a)所示刚架,有两个刚结点,需要加入两个附加刚臂以阻止它们的转动;由于各刚结点均无线位移,无须加附加链杆,其基本结构(图 8-12(b))总共有两个附加约束,故有两个基本未知量。该刚架的基本体系如图 8-12(c)所示。现在分析图 8-13(a)所示刚架,刚架有四个刚结点,故需加入四个刚臂以阻止 C、D、E、F 等结点的转动,如图 8-13(b)所示;此时,C、D 两结点以及 E、F 两结点仍可以水平移动;若在结点 D、结点 F 处各加一个水平链杆,则 D、F 两结点即成为不动点,随之 C、E 两结点也成为不动点。图 8-13(b)所示的基本结构共具有六个附加约束(四个刚臂、两根链杆),故用位移法分析该刚架时,有六个基本未知量。该刚架的基本体系如图 8-13(c)所示。

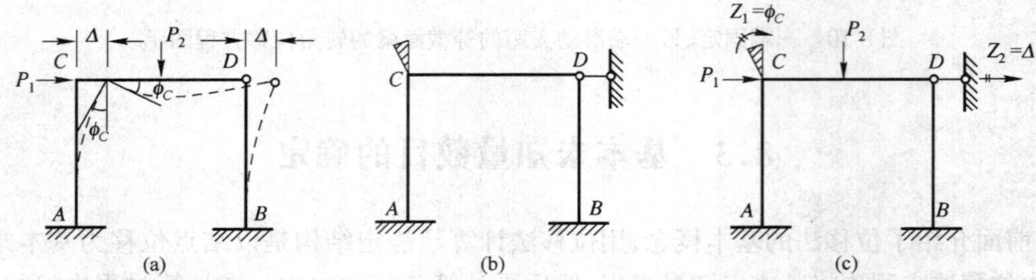

图 8-11　刚架在荷载作用下变形及其基本结构和基本体系情况

(a) 原体系;(b) 基本结构;(c) 基本体系。

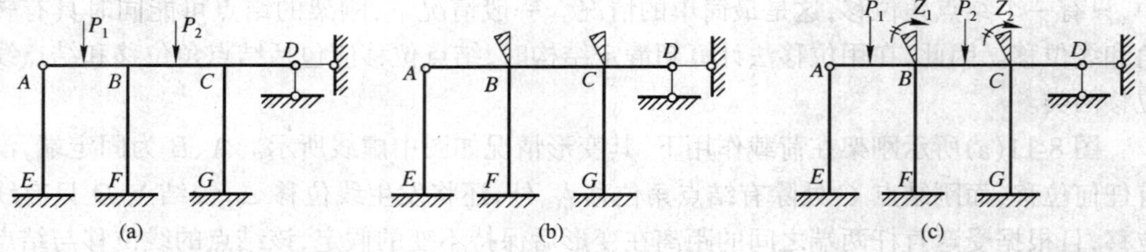

图 8-12　具有两个结点角位移的刚架

(a) 原体系;(b) 基本结构;(c) 基本体系。

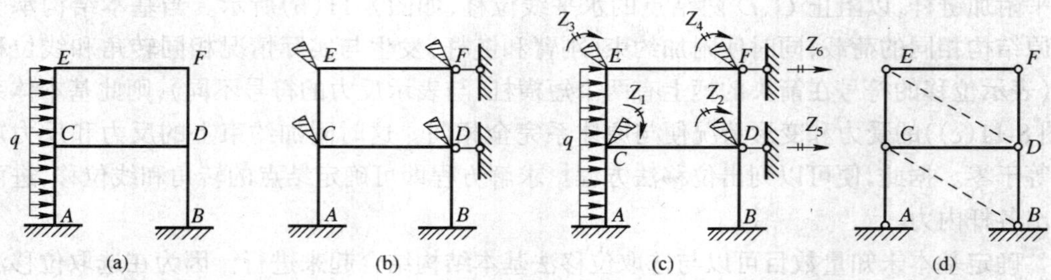

图 8-13　具有四个结点角位移和两个线位移的刚架

(a) 原体系;(b) 基本结构;(c) 基本体系;(d) 铰结体系。

由以上分析可以看出，确定基本结构所需附加刚臂的数目是很容易的，因为在原结构中，凡属各杆相互联结的刚结点，都应加入一附加刚臂，故只需把刚结点的数目数一下就行了。在确定所需附加链杆数目时，根据受弯直杆两端之间的距离在变形后保持不变的假定，可以推知：由两个已知不动点所引出的不共线的两杆交点也是不动点。据此，不难通过逐一考察各结点和支座处的位移情况，将所应加入的附加链杆数目予以确定。对于较复杂的结构，还可采用“铰化结点，增设链杆”的方法。即把每一个结点（包括固定端支座）都换成铰结点，而后进行几何组成分析。凡是可动的结点，用增加附加链杆的方法使其不动，从而使整个铰结体系成为无多余约束的几何不变体系。最后计算出所需增设的附加链杆总数，该附加链杆总数即为原结构的独立线位移数目。例如图 8-13(a)所示刚架，都改为铰结体系后，只需增设两根附加链杆（图中以虚线表示）就能使其变为无多余约束的几何不变体系，如图 8-13(d)所示，故原刚架有两个独立线位移。

在确定位移法基本未知量数目时，可将结构中的静定部分去掉，仅对所余部分予以考虑。这样做可以减少计算工作量。例如图 8-14(a)所示刚架，由于 AB 部分是静定的，其内力可根据静力平衡条件确定，故计算线位移个数时可以把它去掉。由于所余部分改为铰结体系后，只需增设一根附加链杆就能变为无多余约束的几何不变体系，如图 8-14(b)所示，故原体系只有一个独立线位移，其基本体系如图 8-14(c)所示。

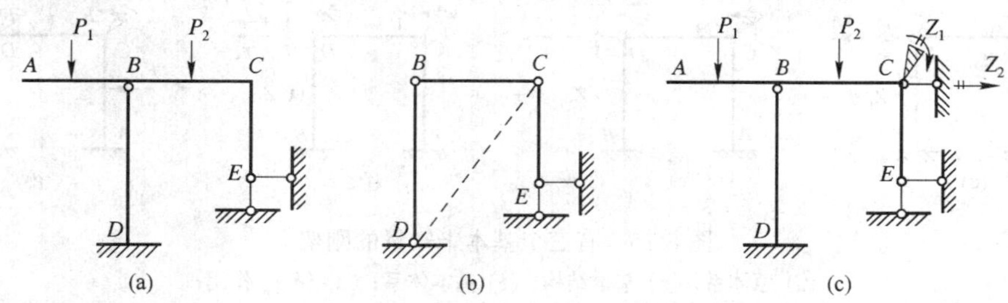

图 8-14　可简化为具有一个结点角位移和一个线位移的刚架

(a) 原体系；(b) 铰结体系；(c) 基本体系。

8.4　位移法的典型方程及计算步骤

在 8.1 节中曾以具有一个未知量的结构为例说明位移法的概念。现在讨论具有多个未知量的结构，如何建立位移法典型方程问题。

图 8-15(a)所示刚架的基本结构如图 8-15(b)所示。其基本未知量有三个：两个结点铰位移 Z_1 和 Z_2 以及水平线位移 Z_3，它们分别与两个刚臂和一根附加链杆相对应。为了使基本结构的变形和受力情况与原体系相同，除在基本结构上施加与原体系相同的荷载外，还必须使附加约束发生与实际情况相同的位移，即建立位移法的基本体系（图 8-15(c)）。由于基本体系与原体系等效，虽然在形式上还有约束，但实际上已不起作用，即各附加约束中的总约束力应等于零：

$$\left.\begin{aligned} R_1=0 \\ R_2=0 \\ R_3=0 \end{aligned}\right\} \tag{8-11}$$

式(8-11)就是建立位移法方程的位移条件。设以 r_{ik} 表示在基本结构的附加约束 i 上,仅由于附加约束 k 发生单位位移 $\overline{Z}_k=1$ 所引起的反力矩或反力,则当附加约束 k 所发生的位移为 Z_k 时,相应的反力矩或反力应等于 $r_{ik}Z_k$。又设 R_{ip} 表示在基本结构的附加约束 i 上,仅由于荷载单独作用所引起的反力矩或反力。根据叠加原理,图 8-15(c)所示的基本体系可视为图 8-15(d)、(e)、(f)、(g)四种情况的叠加。于是,各附加约束中的总约束力应等于零的条件可写为

$$\left.\begin{aligned} r_{11}Z_1+r_{12}Z_2+r_{13}Z_3+R_{1P}=0 \\ r_{21}Z_1+r_{22}Z_2+r_{23}Z_3+R_{2P}=0 \\ r_{31}Z_1+r_{32}Z_2+r_{33}Z_3+R_{3P}=0 \end{aligned}\right\} \tag{8-12}$$

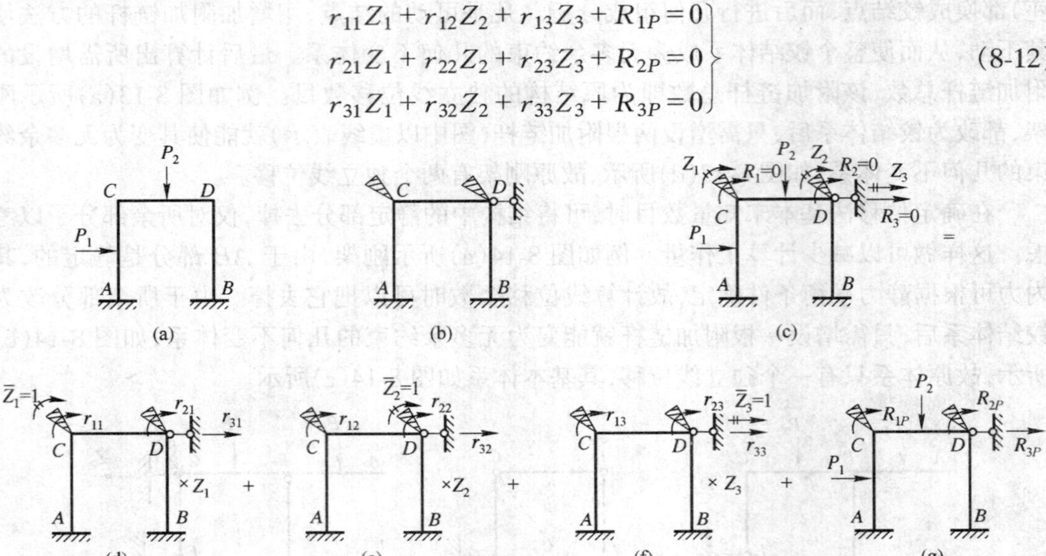

图 8-15　有三个基本未知量的刚架

(a) 原体系;(b) 基本结构;(c) 基本体系;(d) 仅 Z_1 作用;(e) 仅 Z_2 作用;(f) 仅 Z_3 作用;(g) 仅荷载作用。

这就是具有三个未知量的位移法方程。方程组(8-12)中的第一式和第二式分别表示结点 C 和结点 D 的附加刚臂上的总反力矩等于零,即 C、D 两结点的力矩平衡条件。第三式则表示附加链杆上的总反力为零,即在由割断各竖柱顶端所得的隔离体上,各竖柱的剪力应与隔离体上的全部荷载的水平投影相平衡。由此可见,位移法方程实质上是以结点未知位移表示的静力平衡方程。

对于具有 n 个未知量的结构可作同样的分析,并根据每一附加约束上的总反力矩或反力应等于零的静力平衡条件,建立 n 个方程:

$$\left.\begin{aligned} r_{11}Z_1+r_{12}Z_2+\cdots+r_{1i}Z_i+\cdots+r_{1n}Z_n+R_{1P}=0 \\ r_{21}Z_1+r_{22}Z_2+\cdots+r_{2i}Z_i+\cdots+r_{2n}Z_n+R_{2P}=0 \\ \cdots\cdots\cdots\cdots\cdots\cdots\cdots\cdots\cdots\cdots\cdots\cdots \\ r_{i1}Z_1+r_{i2}Z_2+\cdots+r_{ii}Z_i+\cdots+r_{in}Z_n+R_{iP}=0 \\ \cdots\cdots\cdots\cdots\cdots\cdots\cdots\cdots\cdots\cdots\cdots\cdots \\ r_{n1}Z_1+r_{n2}Z_2+\cdots+r_{ni}Z_i+\cdots+r_{nn}Z_n+R_{nP}=0 \end{aligned}\right\} \tag{8-13}$$

式(8-13)就是位移法方程的一般形式,常称为位移法的典型方程。

在位移法典型方程中,对角线上的系数 r_{ii} 称为主系数,它是附加约束 i 发生单位位

移时，在自身约束中引起的反力矩或反力，其值恒为正。r_{ij}称为副系数，它是附加约束 j 发生单位位移时，在附加约束 i 中引起的反力矩或反力。r_{ii}和r_{ij}统称为刚度系数。各式中的最后一项 R_{iP}称为自由项，它是由于外荷载作用在附加约束中引起的反力矩或反力。副系数和自由项的值可正、可负，或者为零。根据反力互等定理

$$r_{ij}=r_{ji} \tag{8-14}$$

它表明位移法方程中，位于主对角线两侧对称位置的两个副系数是相等的。利用互等关系，可减轻副系数的计算工作量，或用以进行校核。

根据 $\overline{Z}_i=1(i=1,2,\cdots,n)$及荷载分别单独作用在基本结构上的弯矩图（$\overline{M}_i$ 图、M_P 图）及隔离体的平衡条件，可以求出各刚度系数 r_{ii}、r_{ij}及自由项 R_{iP}的值。将它们代入位移法的典型方程，即可求出各结点的未知结点角位移和结点线位移。

综上所述，用位移法计算超静定结构的步骤可归纳如下。

(1) 选取位移法基本体系，确定基本未知量。

(2) 根据基本体系附加约束处的静力平衡条件，写出位移法方程。

(3) 绘出单位弯矩图（$\overline{M}_i$ 图）和荷载弯矩图（M_P 图），由基本体系适当选取隔离体，利用平衡条件求出各刚度系数和自由项。

(4) 解典型方程，求出各基本未知量 $Z_i(i=1,2,\cdots,n)$。

(5) 按照 $M=\overline{M}_1Z_1+\overline{M}_2Z_2+\cdots+\overline{M}_nZ_n+M_P$ 叠加绘出最后弯矩图。

(6) 在最后弯矩图的控制截面处，将结构切开成若干个杆件和结点，根据杆件的平衡条件求杆端剪力，绘剪力图；根据结点的平衡条件求杆端轴力，绘轴力图。

8.5 位移法应用举例

例 8-1 试用位移法计算如图 8-16(a)所示连续梁，并绘出结构的弯矩图。各杆 EI 为常数。

解： 此连续梁具有两个刚结点 B 和 C，无结点线位移，取基本体系如图 8-16(b)所示。根据基本体系附加刚臂上的反力矩等于零的条件，可建立位移法的典型方程：

$$\left.\begin{array}{l} r_{11}Z_1+r_{12}Z_2+R_{1P}=0 \\ r_{21}Z_1+r_{22}Z_2+R_{2P}=0 \end{array}\right\}$$

为计算位移法方程中的刚度系数和自由项，分别绘出 $\overline{M}_1$ 图、$\overline{M}_2$ 图和 M_P 图，如图 8-16(c)、(d)、(e)所示。

在本例题中，刚度系数和自由项都代表附加约束上的反力矩，因而可分别取 B 结点和 C 结点为隔离体，利用力矩平衡条件 $\sum M=0$ 求出。例如，为求图 8-16(c) 所示由于附加刚臂 1 发生单位转角，而引起的附加刚臂 1 上的反力矩 r_{11}，可取结点 B 为隔离体，由

$$\sum M_B=0 \qquad r_{11}-\frac{2EI}{3}-\frac{2EI}{3}=0$$

求得

$$r_{11}=\frac{4EI}{3}$$

由 C 结点的平衡条件求得

$$r_{21}=\frac{EI}{3}+0=\frac{EI}{3}$$

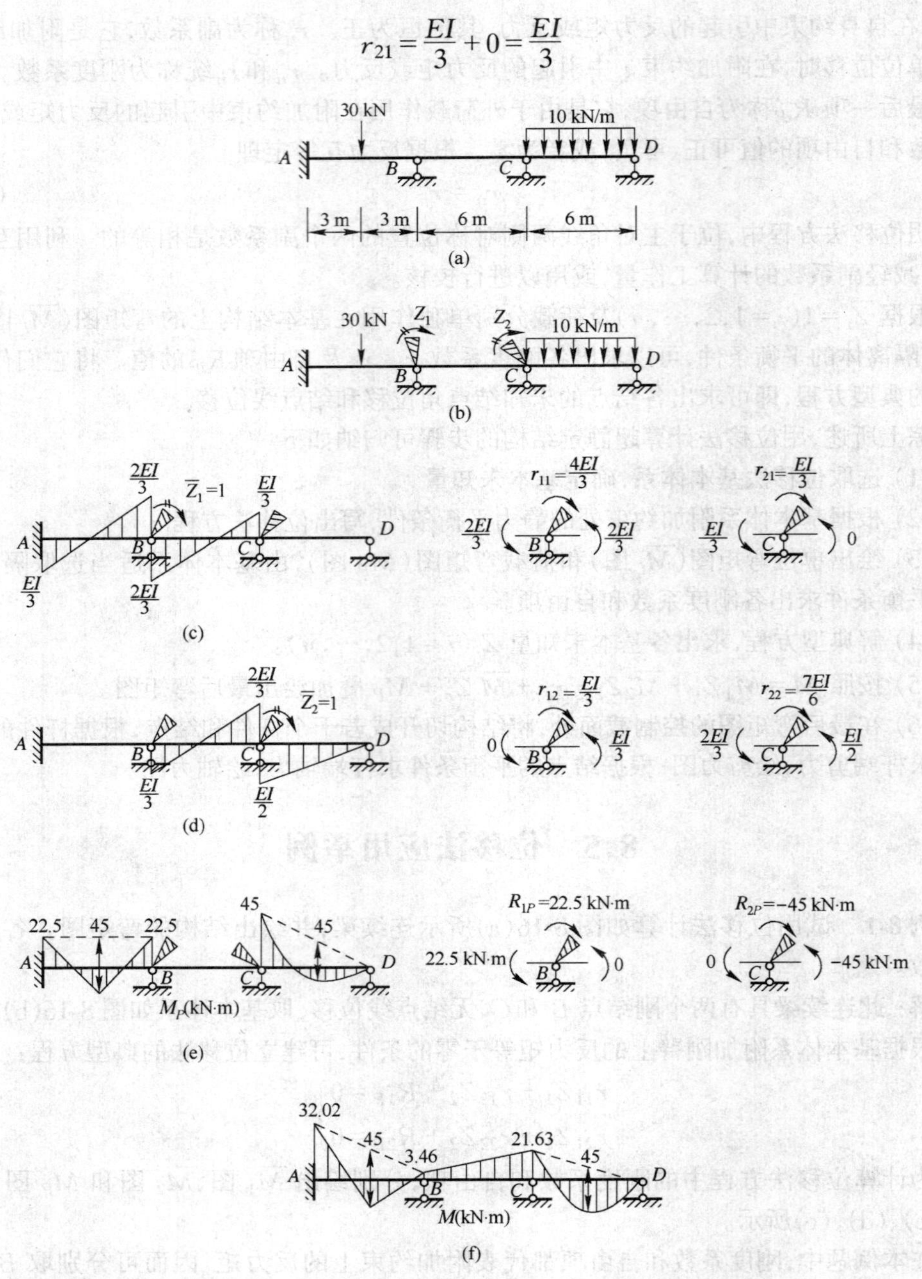

图 8-16　例题 8-1 图

(a) 原体系；(b) 基本体系；(c) $\overline{M}_1$ 图及 B、C 两结点受力图；

(d) $\overline{M}_2$ 图及 B、C 两结点受力图；(e) M_P 图及 B、C 两结点受力图；(f) M 图。

类似地，参照图 8-16(d)，分别由 B、C 两结点的平衡条件求得

$$r_{12}=0+\frac{EI}{3}=\frac{EI}{3},\quad r_{22}=\frac{2EI}{3}+\frac{EI}{2}=\frac{7EI}{6}$$

参照图 8-16(e)，分别由 B、C 两结点的平衡条件求得

$$R_{1P}=22.5+0=22.5\ \text{kN·m},\quad R_{2P}=0-45=-45\ \text{kN·m}$$

根据反力互等定理，r_{12}和 r_{21}是互等的，我们只需计算其中之一即可。

将求得的各刚度系数和自由项代入位移法方程，得

$$\begin{cases}\dfrac{4EI}{3}Z_1+\dfrac{EI}{3}Z_2+22.5=0\\ \dfrac{EI}{3}Z_1+\dfrac{7EI}{6}Z_2-45=0\end{cases}$$

解以上联立方程，可求得

$$\begin{cases}Z_1=-\dfrac{28.56}{EI}\\ Z_2=\dfrac{46.73}{EI}\end{cases}$$

其中 Z_1 为负值，说明结点 B 转角方向与假设相反，即为逆时针方向转动。

最后，根据叠加原理，按 $M=\overline{M}_1Z_1+\overline{M}_2Z_2+M_P$ 绘出该连续梁的弯矩图，如图 8-16(f)所示。

例 8-2 试用位移法计算如图 8-17(a)所示刚架，绘出结构的内力图。各杆 EI 为常数。

解： 此刚架有一个角位移 Z_1 和一个独立线位移 Z_2。在本题中各杆线刚度相等：$i_{AB}=i_{BC}=i_{CD}=i$。取基本体系如图 8-17(b)所示。根据附加刚臂和附加链杆上的反力矩和反力等于零的条件，可建立位移法方程：

$$\left.\begin{aligned}r_{11}Z_1+r_{12}Z_2+R_{1P}=0\\ r_{21}Z_1+r_{22}Z_2+R_{2P}=0\end{aligned}\right\}$$

为了计算位移法方程中的刚度系数和自由项，利用表 8-1 和表 8-2 中的数据，分别绘出单位弯矩图($\overline{M}_1$ 图、$\overline{M}_2$ 图)和荷载弯矩图(M_P 图)，如图 8-17(c)、(d)、(e)所示。

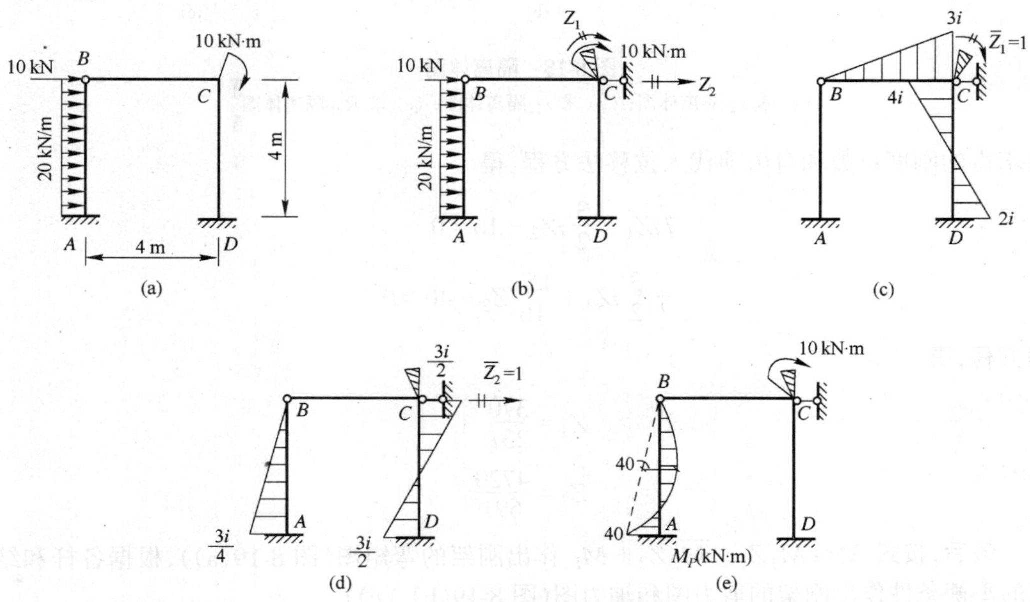

图 8-17 例题 8-2 图

(a) 原体系；(b) 基本体系；(c) $\overline{M}_1$ 图；(d) $\overline{M}_2$ 图；(e) M_P 图。

r_{11}、r_{12}、R_{1P} 分别为附加刚臂、附加链杆发生单位位移以及外荷载作用下，在附加刚臂中产生的反力矩，可以取结点 C 为隔离体，利用力矩平衡条件 $\sum M_C = 0$ 求出。例如，取图 8-17(c) 的结点 C 为隔离体，由 $\sum M_C = 0$，可求得 $r_{11} = 4i + 3i = 7i$；同理，取图 8-17(d) 的结点 C 为隔离体，可求出 $r_{12} = -\dfrac{3i}{2}$；取图 8-17(e) 的结点 C 为隔离体，可求出 $R_{1P} = -10\ \text{kN} \cdot \text{m}$。

r_{21}、r_{22}、R_{2P} 分别为附加刚臂、附加链杆发生单位位移以及外荷载作用下，在附加链杆中产生的反力，可截取刚架的某一部分为隔离体，利用力的投影方程求得。例如，由 $\overline{M}_1$ 图取出如图 8-18(a) 所示的隔离体，利用 $\sum X = 0$，可求得

$$r_{21} = Q_{BA} + Q_{CD} = 0 - \frac{1}{4} \times (4i + 2i) = -\frac{3}{2}i$$

由反力互等定理可知 $r_{12} = r_{21}$。显然由力矩平衡方程求 r_{12} 要比利用力的投影方程求 r_{21} 来得容易。由 $\overline{M}_2$ 图取出如图 8-18(b) 所示的隔离体，利用 $\sum X = 0$，可求得

$$r_{22} = Q_{BA} + Q_{CD} = \frac{1}{4} \times \frac{3i}{4} + \frac{1}{4} \times \left(\frac{3i}{2} + \frac{3i}{2}\right) = \frac{15}{16}i$$

由 M_P 图取出如图 8-18(c)所示的隔离体，利用 $\sum X = 0$，可求得

$$R_{2P} = Q_{BA} + Q_{CD} - 10 = -40 + \frac{40}{4} - 10 = -40(\text{kN})$$

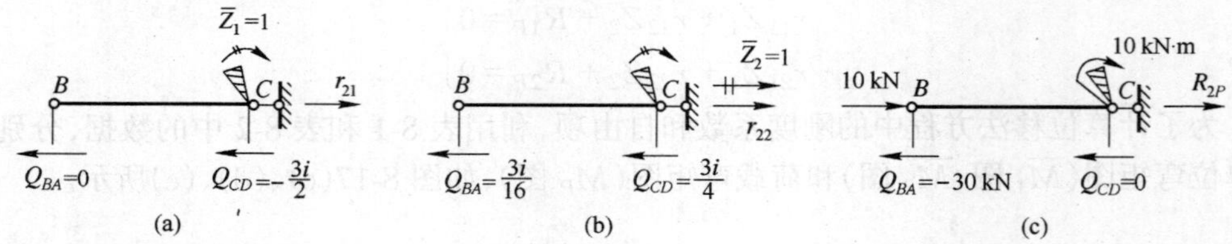

图 8-18　隔离体图

(a) 求 r_{21}隔离体图；(b) 求 r_{22}隔离体图；(c) 求 R_{2P}隔离体图。

将求得的刚度系数和自由项代入位移法方程，得

$$\left.\begin{aligned} 7iZ_1 - \frac{3}{2}iZ_2 - 10 = 0 \\ -\frac{3}{2}iZ_1 + \frac{15i}{16}Z_2 - 40 = 0 \end{aligned}\right\}$$

解方程，得

$$\left.\begin{aligned} Z_1 = \frac{370}{23i} \\ Z_2 = \frac{4720}{69i} \end{aligned}\right\}$$

最后，按式 $M = \overline{M}_1 Z_1 + \overline{M}_2 Z_2 + M_P$ 作出刚架的弯矩图(图 8-19(a))，根据各杆和结点的平衡条件作出刚架的剪力图和轴力图(图 8-19(b)、(c))。

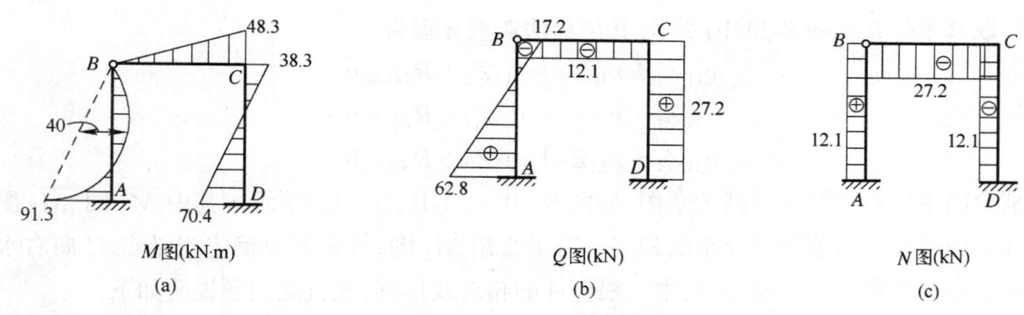

图 8-19　例题 8-2 内力图

(a) 弯矩图；(b) 剪力图；(c) 轴力图。

例 8-3　试用位移法计算如图 8-20(a)所示具有斜杆的刚架。

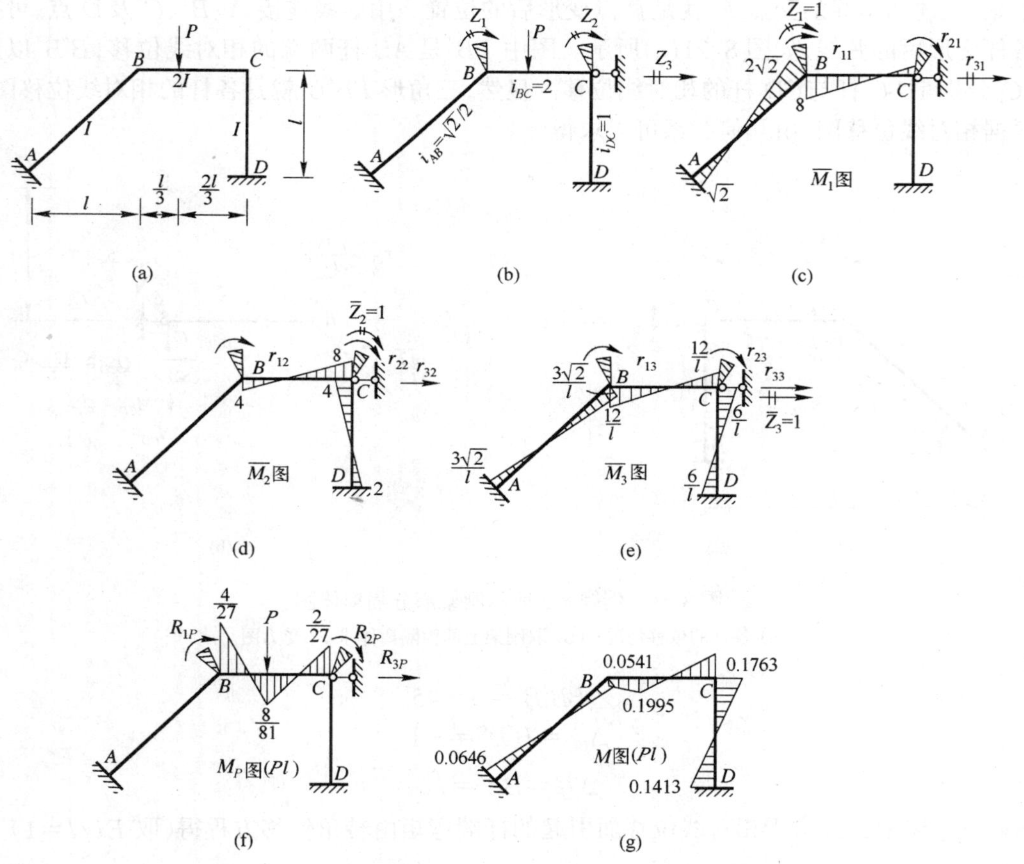

图 8-20　例题 8-3 图

(a) 原结构；(b) 基本体系；(c) $\overline{M}_i$ 图；(d) $\overline{M}_2$ 图；

(e) $\overline{M}_3$ 图；(f) M_P 图；(g) M 图。

解：用位移法计算具有斜杆的刚架，其计算原理及计算步骤与前面所述相同，只是当刚架有结点线位移时，计算各杆的相对线位移较为复杂一些。

取基本体系如图 8-20(b)所示,其位移法典型方程为

$$\left.\begin{aligned} r_{11}Z_1+r_{12}Z_2+r_{13}Z_3+R_{1P}=0\\ r_{21}Z_1+r_{22}Z_2+r_{23}Z_3+R_{2P}=0\\ r_{31}Z_1+r_{32}Z_2+r_{33}Z_3+R_{3P}=0 \end{aligned}\right\}$$

分别绘出单位弯矩图和荷载弯矩图,如图 8-20(c)、(d)、(e)、(f)所示。其中 $\overline{M}_1$ 图、$\overline{M}_2$ 图和 M_P 图的绘法与前面所介绍的相同。为了绘制 $\overline{M}_3$ 图,首先需要确定当结点 C 向右水平移动单位位移 $\overline{Z}_3=1$ 时,刚架中三根杆件的相对线位移,现就此问题说明如下。

当结点 C 的附加链杆向右发生单位水平线位移 $\Delta_{CD}=1$ 后,如图 8-21(a)所示,结点 C 移到 C'。此时,由于 A、C' 位置已经确定,故可利用 AB、BC 两杆长度不变的条件确定 B 点移动后的位置 B':由于 A 端不动,B 端只能沿垂直 AB 线的方向移动,即 B' 必然位于过 B 点且垂直于 AB 的直线上;分析 BC 杆,B' 必然位于过 B 点且垂直于 $B''C'$ 的直线上;于是,上述两垂线的交点 B' 就是 B 点变形后的位置。用虚线连接 A、B'、C' 及 D 点,可得各杆变形后的弦线,如图 8-21(a)所示。图中 BB' 是 AB 杆两端的相对线位移,$B''B'$ 以及 CC' 分别是 BC 杆与 CD 杆的相对线位移。显然,三角形 $BB''B'$ 就是各杆的相对线位移图。根据相对线位移图,由几何关系可以求得

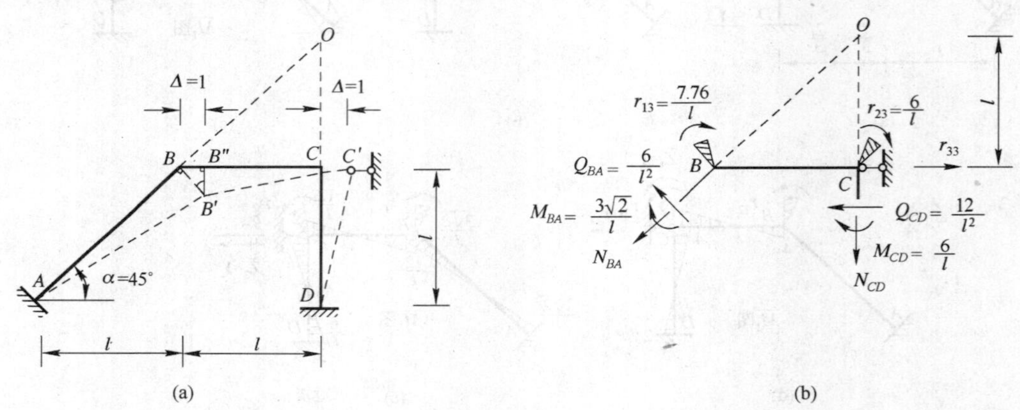

图 8-21 例题 8-3 所示刚架部分隔离体图

(a) 各杆的位移情况;(b) 取刚架上部为隔离体求 r_{33} 受力图。

$$\angle BB'B''=\alpha=45^\circ$$

$$\Delta_{BC}=B'B''=-1$$

$$\Delta_{AB}=BB'=\sqrt{2}$$

因而 $\overline{M}_3$ 图中各杆由于相对线位移而引起的杆端弯矩由转角位移方程得(取 $EI/l=1$)

$$M_{AB}=M_{BA}=-\frac{6i_{AB}}{l_{AB}}\Delta_{AB}=-\frac{6\times\frac{\sqrt{2}}{2}}{\sqrt{2}l}\times\sqrt{2}=-\frac{3\sqrt{2}}{l}$$

$$M_{BC}=M_{CB}=-\frac{6i_{CB}}{l_{CB}}\Delta_{CB}=-\frac{6\times 2}{l}\times(-1)=\frac{12}{l}$$

$$M_{CD}=M_{DC}=-\frac{6i_{CD}}{l_{CD}}\Delta_{CD}=-\frac{6\times 1}{l}\times 1=-\frac{6}{l}$$

由于结点 C 的附加链杆向右发生单位水平线位移所引起的弯矩图，如图 8-20(e)所示。

由以上各单位弯矩图和荷载弯矩图，可求得各系数和自由项为

$$r_{11}=2\sqrt{2}+8=10.83,\qquad r_{22}=8+4=12$$

$$r_{33}=\frac{44.48}{l^2},\qquad r_{12}=r_{21}=4$$

$$r_{13}=r_{31}=\frac{12}{l}-\frac{3\sqrt{2}}{l}=\frac{7.76}{l},\qquad r_{23}=r_{32}=\frac{12}{l}-\frac{6}{l}=\frac{6}{l}$$

$$R_{1P}=-\frac{4}{27}Pl=-0.148Pl,\qquad R_{2P}=\frac{2}{27}Pl=0.074Pl$$

$$R_{3P}=-0.741P$$

其中附加刚臂上反力矩的计算与前面相同，无需再述。下面以 r_{33} 为例说明附加链杆上的反力的计算。作一截面截断各柱顶端，取刚架上部为隔离体，如图 8-21(b)所示。把隔离体上所受的力全部标出，以两柱轴线之交点 O 为力矩中心，则有

$$\sum M_O=\left(\frac{7.76}{l}+\frac{6}{l}\right)+\left(\frac{3\sqrt{2}}{l}+\frac{6}{l}\right)+\frac{6}{l^2}\times\sqrt{2}l+\frac{12}{l^2}\times l-r_{33}\times l=0$$

可得

$$r_{33}=\frac{44.48}{l^2}$$

将以上所求得的系数和自由项代入位移法典型方程，得

$$\left.\begin{aligned}&10.83Z_1+4Z_2+\frac{7.76}{l}Z_3-0.148Pl=0\\&4Z_1+12Z_2+\frac{6}{l}Z_3+0.074Pl=0\\&\frac{7.76}{l}Z_1+\frac{6}{l}Z_3+\frac{44.48}{l^2}Z_3-0.741P=0\end{aligned}\right\}$$

解得

$$\left.\begin{aligned}Z_1&=0.00746Pl\\Z_2&=-0.01751Pl\\Z_3&=0.01771Pl^2\end{aligned}\right\}$$

最后，按 $M=\overline{M}_1Z_1+\overline{M}_2Z_2+\overline{M}_3Z_3+M_P$ 可求得最后弯矩图，如图 8-20(g)所示。

8.6　直接利用平衡条件建立位移法方程

按照 8.4 节所述，用位移法计算超静定结构时，需加入附加约束构成基本体系并由附加约束力为零的条件建立位移法方程，当求出各系数和自由项后便可求解位移法方程。由于位移法方程实质是结点或截面的静力平衡条件，因此，我们也可以不通过基本体系，在依据转角位移方程得到杆端力与结点位移关系式后，直接利用原体系的静力平衡条件建立位移法方程，此法简称为“直接利用平衡条件建立位移法方程”。现仍以 8.4 节中的刚架(图 8-22(a))为例来说明这种方法的计算过程。

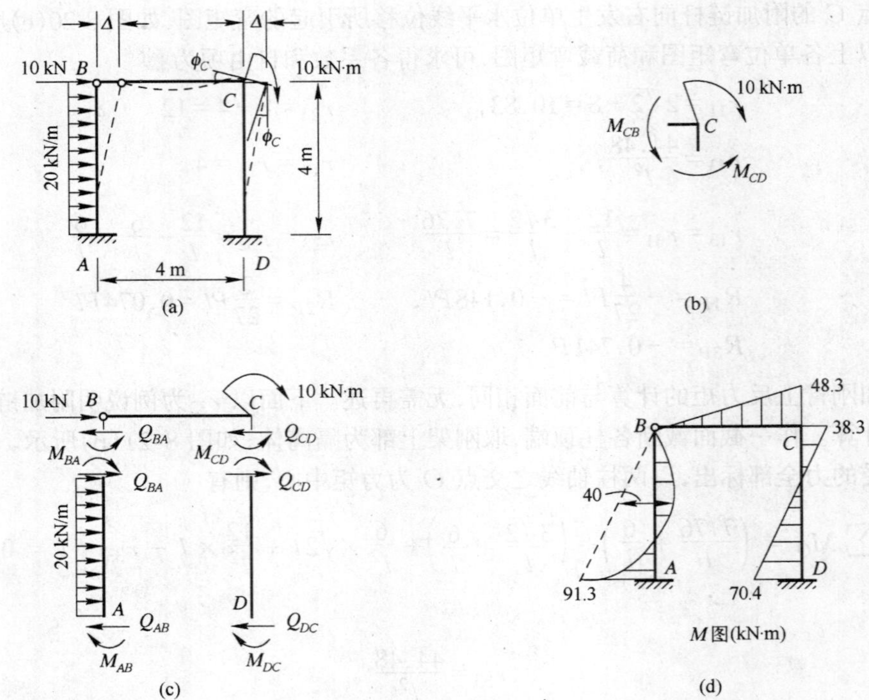

图 8-22　刚架及隔离体图、最后弯矩图

(a) 原体系；(b) C 结点受力图；(c) 梁、柱受力图；(d) 最后弯矩图。

这个刚架共有两个基本未知量，即刚结点 C 的转角 ϕ_C 和结点 B、C 的水平位移 Δ。令 $Z_1=\phi_C$，$Z_2=\Delta$，并设 Z_1 顺时针方向转动，Z_2 向右移动。

首先利用转角位移方程将各杆端弯矩表示为结点位移的函数。杆 AB 可视为一端固定、另一端链杆支承梁，其 A 端不动，B 端移动了 Z_2，并承受已知荷载作用；杆 BC 同样可视为一端固定、另一端链杆支承梁，该梁在发生平移的同时，C 端转动了 Z_1，杆 CD 可视为两端固定梁，C 端转动了 Z_1 且移动了 Z_2。根据转角位移方程式(8-8)、(8-9)和表 8-1、8-2，并考虑到 $i_{AB}=i_{BC}=i_{CD}=i$，可写出原结构各杆的杆端弯矩表达式，即

$$\left.\begin{aligned}
M_{AB}&=-\frac{3i}{4}Z_2+M_{AB}^{F}=-\frac{3i}{4}Z_2-40\\
M_{BA}&=M_{BC}=0\\
M_{CB}&=3iZ_1\\
M_{CD}&=4iZ_1-\frac{3i}{2}Z_2\\
M_{DC}&=2iZ_1-\frac{3i}{2}Z_2
\end{aligned}\right\}$$

由以上各式可以看出，只要知道结点位移 Z_1、Z_2，则全部杆端弯矩即可求得。

为了建立求解 Z_1、Z_2 的方程，先取结点 C 为隔离体(图 8-22(b))，根据结点平衡条件列出平衡方程：

$$\sum M_C=0\qquad M_{CB}+M_{CD}-10=0 \tag{8-15}$$

再截取杆 BC 为隔离体(图 8-22(c)),由平衡条件列出截面平衡方程:

$$\sum X = 0 \qquad Q_{BA} + Q_{CD} - 10 = 0 \tag{8-16}$$

式中剪力需用杆端弯矩表示,这可以用以 AB、CD 杆为隔离体的平衡条件来完成;取 AB 杆为隔离体(图 8-22(c)),由 $\sum M_A = 0$,得

$$Q_{BA} = -\frac{1}{4}(M_{AB} + M_{BA}) - 40$$

取 CD 杆为隔离体(图 8-22(c)),由 $\sum M_D = 0$,得

$$Q_{CD} = -\frac{1}{4}(M_{DC} + M_{CD})$$

将以上两个剪力表达式代入式(8-16),得

$$-\frac{1}{4}(M_{AB} + M_{BA} + M_{DC} + M_{CD}) - 50 = 0 \tag{8-17}$$

再将杆端弯矩表达式代入式(8-15)及式(8-17),得位移法方程:

$$\left.\begin{aligned} 7iZ_1 - \frac{3i}{2}Z_2 - 10 = 0 \\ -\frac{3i}{2}Z_1 + \frac{15i}{16}Z_2 - 40 = 0 \end{aligned}\right\}$$

解得

$$\left.\begin{aligned} Z_1 = \frac{370}{23i} \\ Z_2 = \frac{4720}{69i} \end{aligned}\right\}$$

将以上 Z_1 和 Z_2 的值带回杆端弯矩表达式,求得各杆端弯矩如下:

$$\left.\begin{aligned}
&M_{AB} = -\frac{3i}{4}Z_2 - 40 = -\frac{3i}{4}\times\frac{4720}{69i} - 40 = -91.3(\text{kN·m}) \\
&M_{BA} = M_{BC} = 0 \\
&M_{CB} = 3iZ_1 = 3i\times\frac{370}{23i} = 48.3(\text{kN·m}) \\
&M_{CD} = 4iZ_1 - \frac{3i}{2}Z_2 = 4i\times\frac{370}{23i} - \frac{3i}{2}\times\frac{4720}{69i} = -38.3(\text{kN·m}) \\
&M_{DC} = 2iZ_1 - \frac{3i}{2}Z_2 = 2i\times\frac{370}{23i} - \frac{3i}{2}\times\frac{4720}{69i} = -70.4(\text{kN·m})
\end{aligned}\right\}$$

根据所求得的杆端弯矩可绘出最后弯矩图,如图 8-22(d)所示。这与 8.4 节的结果完全一致。

由此可见,两种方法本质上一样,只是在建立位移法方程时,所取的途径稍有不同。

8.7 对称性的利用

在第 7 章中已看到,用力法分析超静定结构时,利用对称性可使计算简化,位移法同样可以利用对称性。对称结构在对称荷载作用下,其内力和变形都是对称的;对称结构在反对称荷载作用下,其内力和变形都是反对称的。在计算对称结构时,利用上述规律,可减少基本未知量数,或只计算半边结构,从而使计算工作得到简化。下面讨论这些简化计算的方法。

一、对称荷载作用

1. 奇数跨对称结构

根据上述规律,图 8-23(a)所示奇数跨刚架(无中柱刚架),在对称荷载作用下,只产生对称的变形及位移,故对称轴上的截面没有转角位移和水平位移,仅有竖向位移,该截面上的内力只有轴力和弯矩,而无剪力。这时左半刚架受力情况如图 8-23(b)所示。其受力和变形的情况与在左半刚架截面 C 处加一个定向支座后的受力、变形情况完全一样。因此,只需计算出图 8-23(c)刚架的内力和位移,即得图 8-23(a)左半刚架的内力和位移。而右半刚架的内力和位移,可根据对称性规律求得。这种用半个刚架的计算简图(图 8-23(c))代替原对称刚架进行分析的方法称为半刚架法。

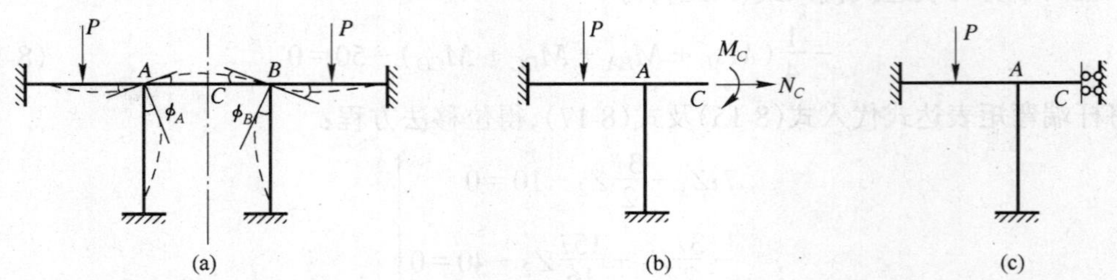

图 8-23　奇数跨对称刚架承受对称荷载情况

(a) 原结构受力情况;(b) 半刚架受力图;(c) 半刚架计算简图。

以整个刚架为分析对象,利用变形的对称性减少基本未知量数目,是简化计算的另一种作法。在图 8-23(a)中,根据变形的对称性,ϕ_A 与 ϕ_B 在数值上相等,而转向相反,即 $\phi_A=-\phi_B$,同时没有结点线位移。此刚架在一般情况下本来有两个结点角位移基本未知量,在当前特定情况下便只有一个转角基本未知量 ϕ_A 了。按 8.6 节所述方法计算此刚架时,只需列出结点 A 的力矩平衡方程,而在应用杆的转角位移方程列出各杆端弯矩的表达式时,注意以 $-\phi_A$ 代替 ϕ_B 即可。

2. 偶数跨对称结构

图 8-24(a)所示偶数跨刚架(有中柱刚架),由于对称轴处有一根竖柱,竖柱的轴向变形忽略不计,故截面 C 不仅无转角和水平位移,也无竖向位移。这时左半刚架受力情况如图 8-24(b)所示。其受力和变形的情况与在 C 处加一个固定端支座后的受力、变形情况完全一样。因此,只需计算出图 8-24(c)所示半刚架即可确定整个刚架的内力和位移。

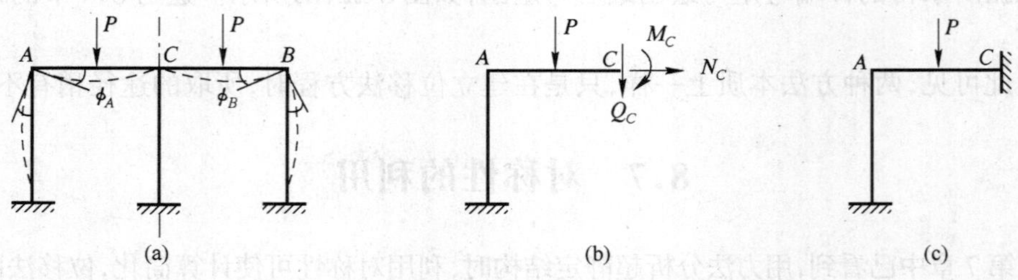

图 8-24　偶数跨对称刚架承受对称荷载情况

(a) 原结构受力情况;(b) 半刚架受力图;(c) 半刚架计算简图。

二、反对称荷载作用

1. 奇数跨对称结构

图 8-25(a)所示奇数跨刚架,在反对称荷载作用下,由于只产生反对称的变形与位移,因此对称轴上的截面 C 没有竖向位移,但有转角和水平位移。另一方面,从受力情况看,截面 C 处只应有反对称的内力——剪力(图 8-25(b))。对左半刚架而言,此时截面 C 处相当于一可动铰支座,与图 8-25(c)所示刚架的受力和变形情况完全相同。因此只需计算图 8-25(c)所示半刚架即可确定整个刚架的内力和位移。

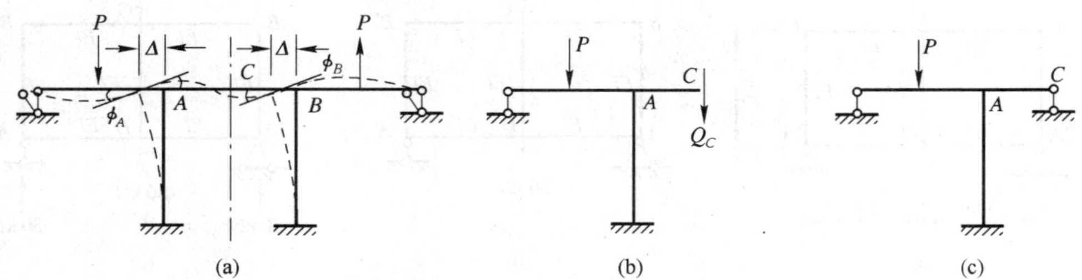

图 8-25　奇数跨对称刚架承受反对称荷载情况

(a) 原结构受力情况;(b) 半刚架受力图;(c) 半刚架计算简图。

若以整个刚架为分析对象,则根据对称结构在反对称荷载作用下变形为反对称的特点,在计算时有 $\phi_A=\phi_B$ 的关系,且 A、B 两结点的水平线位移都是 Δ,因此刚架共有两个基本未知量。

2. 偶数跨对称结构

图 8-26(a)所示偶数跨刚架,在对称轴处有一根竖柱,设想该柱是由两根各具有 $I/2$ 的竖柱组成,它们分别在对称轴的两侧与横梁刚结,其等效体系如图 8-26(b)所示。设将此两柱之间的横梁切开,由于荷载是反对称的,故该截面上只有剪力存在。图 8-26(c)所示为等效体系受力图。由于剪力 Q_C 将只使对称轴两侧的两根竖柱分别产生大小相等性质相反的轴力,所以就中间柱的内力而言,它应等于此两根竖柱内力之和,因而由剪力 Q_C 所产生的轴力则刚好相互抵消,即剪力 Q_C 对原结构的内力和变形都无任何影响。于是可将 Q_C 略去而取原刚架的一半作为其计算简图,如图 8-26(d)所示。左半刚架的内力和位移求得后,右半刚架的内力和位移,可根据反对称的规律求得。应提出注意的是:图 8-26(a)刚架中间柱的总内力为图 8-26(b)中间两根分柱内力的叠加。由于反对称,两根分柱的弯矩、剪力相同,故原体系中柱的弯矩、剪力分别为图 8-26(d)中分柱的弯矩、剪力的两倍。

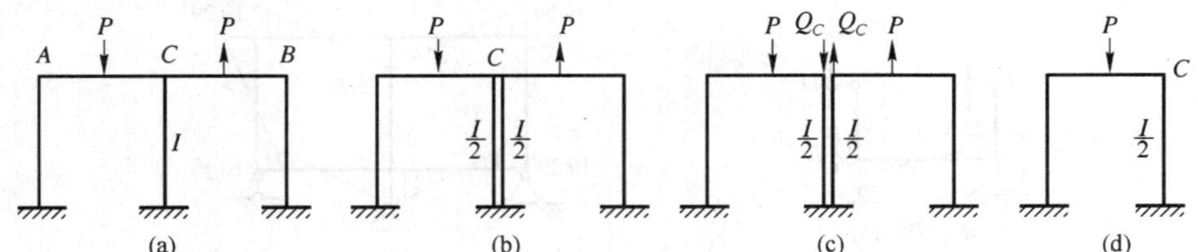

图 8-26　偶数跨对称刚架承受反对称荷载情况

(a) 原体系;(b) 等效体系;(c) 等效体系受力图;(d) 半刚架计算简图。

若以图 8-26(a)所示整个刚架为分析对象,则根据其变形为反对称的特点可知:除了对称位置的结点 A 与结点 B 有 $\phi_A=\phi_B$ 外,C 结点不仅有角位移,同时有与 A、B 两结点相同的线位移,因此该刚架共有三个基本未知量。

从以上例子可以看出，利用对称性，基本未知量都有不同程度的减少。对于作用于对称结构上的一般荷载，可将其分为对称和反对称两组荷载作用，分别进行计算，最后再进行叠加。这样虽然基本未知量总数并无变化，但需同时联立求解的未知量数减少，因此计算工作也可得到简化。

例 8-4 试用位移法分析图 8-27(a)所示刚架，绘制该刚架的弯矩图。设刚架中柱的抗弯刚度为 $2EI$，其余杆件的抗弯刚度均为 EI。

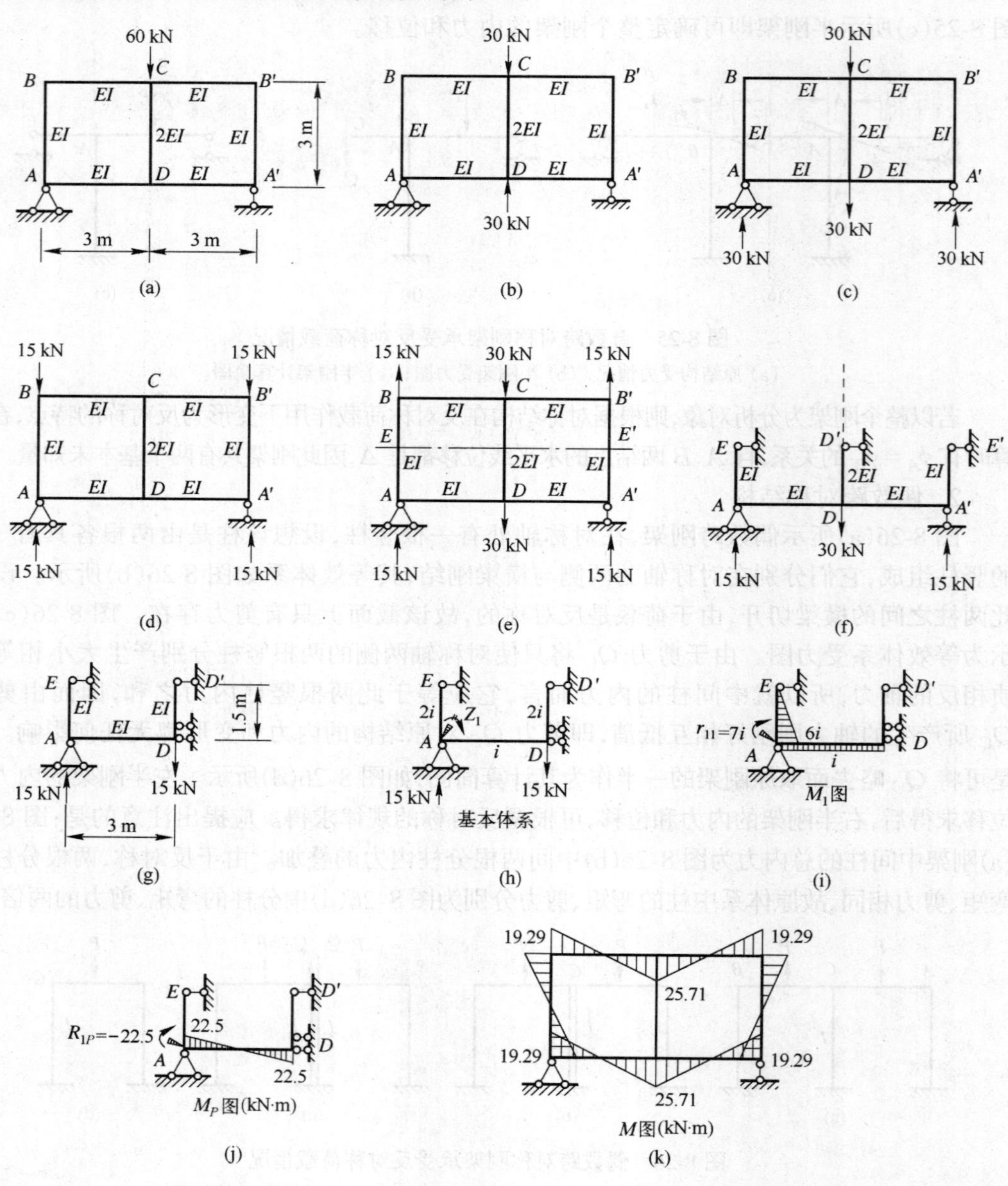

图 8-27 例题 8-4 图

(a) 原体系；(b) 对称结构承受对称荷载；(c) 对称结构承受反对称荷载；(d) 对称结构承受对称荷载；(e) 对称结构承受反对称荷载；(f) 相对于图(e)的简化体系；(g) 相对于图(f)的简化体系；(h) 相对于图(g)的基本体系；(i) $\overline{M}_1$ 图；(j) M_P 图；(k) 最后 M 图。

解: 根据对称性,图8-27(a)所示原体系可以分解成图 8-27(b)、(c)两种情况。图8-27(b)所示情况为对称结构承受对称结点荷载,各杆均不产生弯矩,故计算整个结构弯矩时,只需计算图 8-27(c)所示结构。进一步,图 8-27(c)所示结构又可以分解成图 8-27(d)、(e)两种情况。类似于以上分析,在图 8-27(d)中结构各杆均不产生弯矩,故计算整个结构弯矩时,只需计算图 8-27(e)所示结构。由于图 8-27(e)所示结构关于 EE' 轴对称,且荷载为反对称,故可利用对称性,计算图 8-27(f)所示半刚架。进一步,图 8-27(f)所示简化结构关于 DD' 轴对称,且荷载为正对称,故又可只计算图 8-27(g)所示半刚架。至此,用位移法求解原体系需确定 8 个未知量的问题,已简化为仅有一个未知量的问题。在图8-27(g)半刚架中,由于 AD 杆的 D 端为定向支承,故 D 点的竖向位移不是基本未知量。基本体系如图 8-27(h)所示,位移法方程为

$$r_{11}Z_1 + R_{1P} = 0$$

绘出 $\overline{M}_1$ 图、M_P 图如图 8-27(i)、(j)所示。计算刚度系数和自由项为

$$r_{11} = 6i + i = 7i$$

$$R_{1P} = -\frac{15\times 3}{2} = -22.5(\text{kN}\cdot\text{m})$$

代入位移法方程,解得

$$7iZ_1 - 22.5 = 0$$

$$Z_1 = \frac{45}{14i}$$

依据 $M = \overline{M}_1\overline{Z}_1 + M_P$ 绘出半刚架弯矩图,进而根据对称性绘出原体系的弯矩图,如图8-27(k)所示。

*8.8 变截面杆件

一、截面渐变杆件的计算

在实际工程中,除等截面杆件组成的结构外,经常还会遇到具有变截面杆件的结构。例如图 8-28(a)所示的加腋梁刚架,其顶层加腋梁截面是逐渐变化的(图 8-28(b)),其计算简图如图 8-28(c)所示。因为刚架在结点处的弯矩和剪力都较大,采用变截面杆件不仅能改善杆件的受力情况,而且对钢筋混凝土结构来说,也有利于其结点处的钢筋布置。按位移法计算变截面连续梁和刚架,计算原理与等截面杆件是相同的,但变截面杆件的转角位移方程需另行推导。下面先介绍几个有关名词,然后再推导这类截面渐变杆件的转角位移方程。

1. 刚度系数(S_{ij})

图 8-29(a)所示为两端固定变截面梁,若在 A 端施加一力矩,使该端恰好转动单位角度,此力矩即称为 AB 杆在 A 端的刚度系数(又称转动刚度或劲度系数),并以 S_{AB} 表示(图8-29(b))当 AB 梁为等截面杆件时,则由转角位移方程式(8-8)可知: $S_{AB} = S_{BA} = 4i$。

2. 传递系数(C_{ij})

当两端固定梁的任一端发生转动时,其远端弯矩与转动端弯矩的比值,称为杆件由转动端向远端的传递系数,而相应的远端弯矩则称为传递弯矩。例如,当梁 AB 的 A 端发生转角 $\varphi_A = 1$ 时(图 8-29(b)),则由 A 端到 B 端的传递系数为

$$C_{AB}=\frac{M_{BA}}{M_{AB}}=\frac{M_{BA}}{S_{AB}}$$

其传递弯矩为 $M_{BA}=C_{AB}S_{AB}$。同样，当 B 端发生转角 $\varphi_B=1$ 时（图 8-29(c)），则有

$$C_{BA}=\frac{M_{AB}}{M_{BA}}=\frac{M_{AB}}{S_{BA}}$$

此时传递弯矩为 $M_{AB}=C_{BA}M_{BA}$。

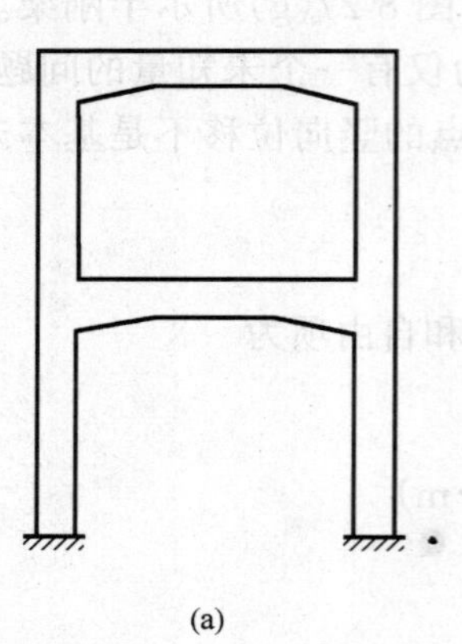

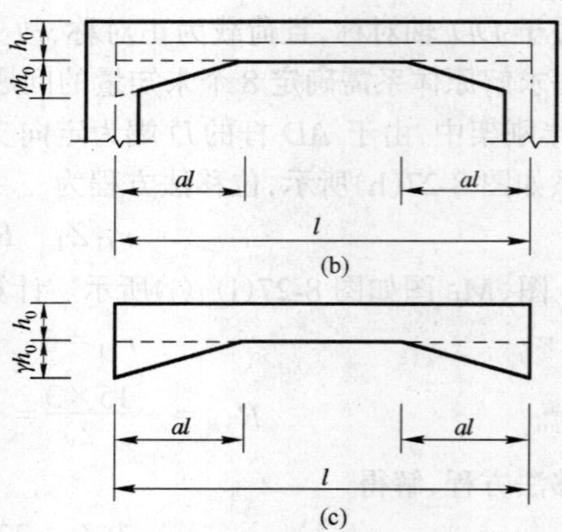

(a)

图 8-28　加腋梁刚架

(a) 加腋梁刚架；(b) 顶层加腋梁；(c) 计算简图。

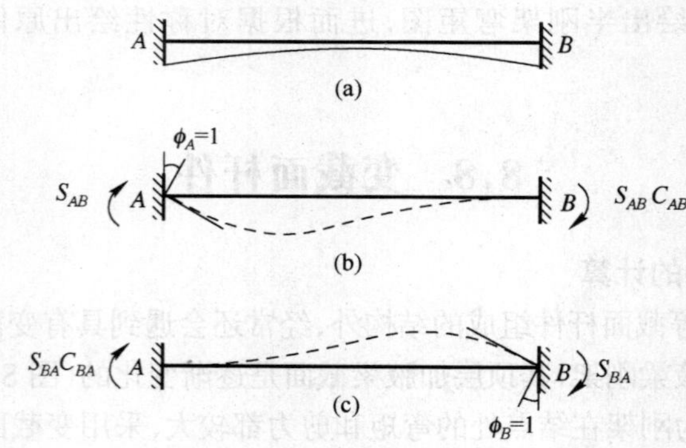

图 8-29　两端固定变截面梁及转动刚度

(a) 两端固定变截面梁；(b) A 端转动单位角度；(c) B 端转动单位角度。

对于等截面杆，显然有 $C_{AB}=C_{BA}=\dfrac{2i}{4i}=\dfrac{1}{2}$。

根据反力互等定理可知（参看图 8-29(b)、(c)），刚度系数和传递系数之间具有如下关系：

$$S_{AB}C_{AB}=S_{BA}C_{BA}$$

由此可知，在一般情况下，四个常数 S_{AB}、S_{BA}、C_{AB}、C_{BA} 中只有三个是独立的。

3．侧移刚度（γ_{ij}）

如图 8-30(a)所示两端固定梁，当其两端发生相对线位移 Δ 时，若弦转角 $\beta=\dfrac{\Delta}{l}=1$，

则由此产生的两端弯矩称为侧移系数,并分别以 γ_{AB} 和 γ_{BA} 表示。显然,对于等截面杆件,其侧移系数为 $\gamma_{AB}=\gamma_{BA}=-6i$。

一般变截面杆件的侧移系数都可以用其刚度系数和传递系数来表示。由图 8-30(a)、(b),根据功的互等定理有

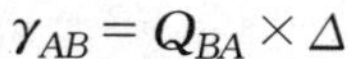

$$\gamma_{AB}=Q_{BA}\times\Delta$$

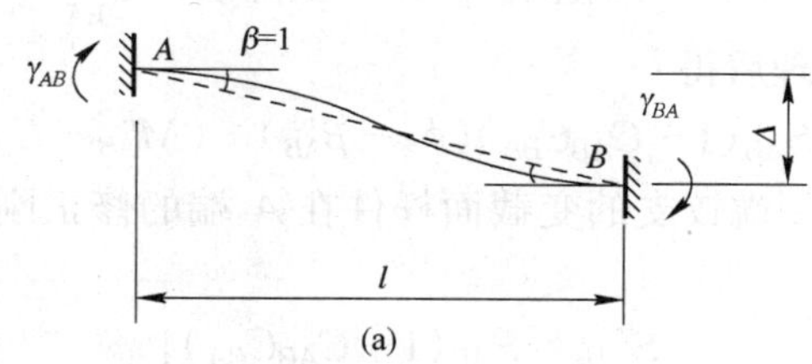

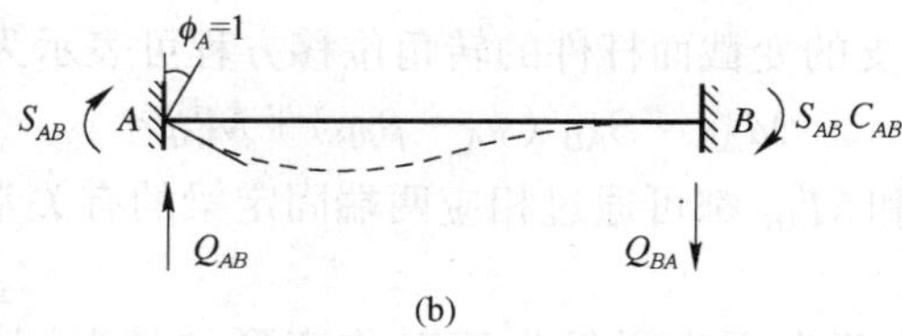

图 8-30　两端固定梁及侧移刚度

(a) 两端固定梁侧移刚度; (b) 仅 A 端转动单位角度。

其中 Q_{BA} 为图 8-30(b)所示杆件 B 端的剪力。由图可知

$$Q_{BA}=-\frac{1}{l}(S_{AB}+S_{AB}C_{AB})$$

又
$$\Delta=\beta l=l$$
故
$$\gamma_{AB}=-S_{AB}(1+C_{AB})$$
同理
$$\gamma_{BA}=-S_{BA}(1+C_{BA})$$

有了上述关系式,我们即可写出变截面杆件的转角位移方程。设两端固定的变截面梁 AB,在其两端各发生转角 ϕ_A 和 ϕ_B,且两杆端发生相对线位移 Δ,从而引起弦转角 $\beta_{AB}=\dfrac{\Delta}{l}$,同时梁上还受到荷载的作用,则根据上述各系数的物理意义及相应公式,并利用叠加原理,可将此种梁的两杆端弯矩表示如下:

$$\left.\begin{aligned}M_{AB}&=S_{AB}[\phi_A+C_{AB}\phi_B-(1+C_{AB})\beta_{AB}]+M_{AB}^F\\M_{BA}&=S_{BA}[\phi_B+C_{BA}\phi_A-(1+C_{BA})\beta_{AB}]+M_{BA}^F\end{aligned}\right\}\tag{8-18}$$

这就是两端固定的变截面杆件的转角位移方程。式中 M_{AB}^F、M_{BA}^F 分别为梁在荷载作用下 A、B 两端产生的固端弯矩。

上述刚度系数、传递系数和固端弯矩都不难用力法分别求得。如前所述,这些系数可分为两类:一类是只与材料性质和截面尺寸及截面几何形状有关的形常数,另一类是与荷载等外部因素有关的载常数。变截面杆件的形常数和载常数可从有关的表格或曲线中查出①。

---

① 杨天祥,《结构力学》(上册),附录Ⅰ,人民教育出版社,1981

下面根据式(8-18)导出几种特殊情况下的变截面杆件转角位移方程。

1．一端固定另一端铰支

当 B 端为铰支时，由式(8-18)第二式有

$$M_{BA}=S_{BA}\left[\phi_B+C_{BA}\phi_A-(1+C_{BA})\beta_{AB}\right]+M_{BA}^F=0$$

于是
$$\phi_B=-C_{BA}\phi_A+(1+C_{BA})\beta_{AB}-\frac{M_{BA}^F}{S_{BA}}$$

代入式(8-18)第一式，整理后得

$$M_{AB}=S_{AB}(1-C_{AB}C_{BA})(\phi_A-\beta_{AB})+(M_{AB}^F-C_{BA}M_{BA}^F)$$

命 S_{AB}' 表示一端固定另一端铰支的变截面杆件在 A 端的修正刚度系数，$M_{AB}^F{}'$ 表示其固端弯矩，则有

$$\left.\begin{aligned}S'_{AB}&=S_{AB}(1-C_{AB}C_{BA})\\M_{AB}^F{}'&=M_{AB}^F-C_{BA}M_{BA}^F\end{aligned}\right\}\tag{8-19}$$

于是一端固定，另一端铰支的变截面杆件的转角位移方程可表示为

$$M_{AB}=S_{AB}'(\phi_A-\beta_{AB})+M_{AB}^F{}'\tag{8-20}$$

上述修正刚度系数 S_{AB}' 和 $M_{AB}^F{}'$ 都可通过相应两端固定梁的有关常数求得。

2．正对称变形

如图 8-31(a)所示为两端固定梁发生正对称变形的情况，其转角位移方程可由式(8-18)导出，令 $\phi_B=-\phi_A$，$\beta_{AB}=0$，即得

$$M_{AB}=S_{AB}\left[(1-C_{AB})\phi_A\right]+M_{AB}^F\tag{8-21}$$

当 $\phi_A=1$、$M_{AB}^F=0$ 时，即可得到正对称变形时 A 端的修正刚度系数

$$S_{AB}'=S_{AB}(1-C_{AB})\tag{8-22}$$

若取 AB 的一半，则可得如图 8-31(b)所示的半边梁的计算简图。由图可知，一端固定另一端定向支承的梁，其固定端的转角位移方程即为式(8-21)，而其修正刚度系数可按式(8-22)计算。

3．反对称变形

图 8-32 所示为两端固定梁发生反对称变形的情况。取 $\phi_B=\phi_A$，由式(8-18)可得

$$M_{AB}=S_{AB}\left[(1+C_{AB})(\phi_A-\beta_{AB})\right]+M_{AB}^F\tag{8-23}$$

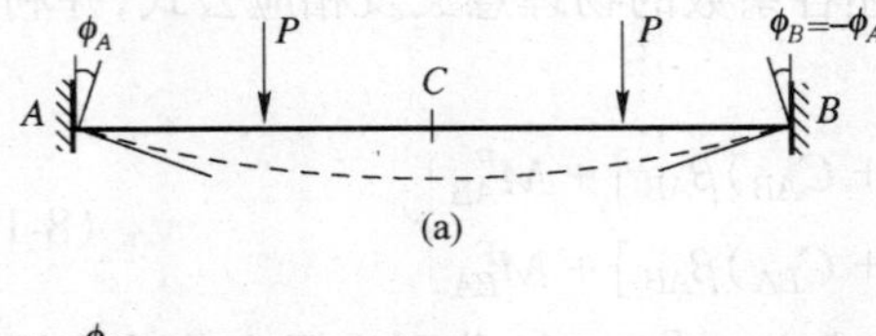

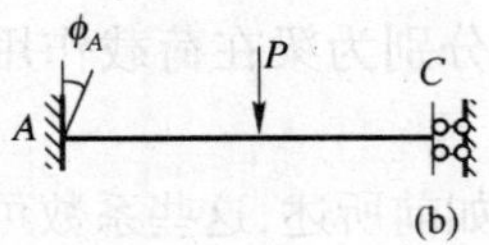

图 8-31　正对称变形及半结构计算简图

(a) 两端固定梁正对称变形；(b) 半结构计算简图。

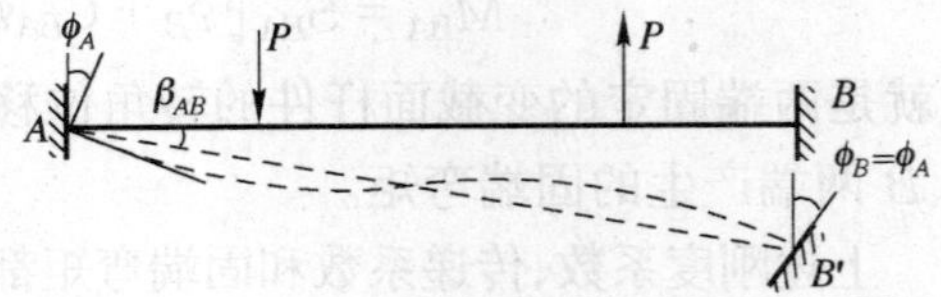

图 8-32　两端固定梁反对称变形

上式中,取 $\phi_A=1$,并令 $\beta_{AB}=0$、$M_{AB}^F=0$,则得到反对称变形情况下的修正刚度系数:

$$S_{AB}{}'=S_{AB}(1+C_{AB}) \tag{8-24}$$

总之,用位移法计算具有截面渐变杆件的结构,其计算原理和步骤与等截面杆件的计算基本相同,只是各杆的刚度系数(或修正刚度系数)和固端弯矩的计算有所不同而已。

二、具有刚域杆件的计算

现在介绍工程中常遇到的另一类变截面杆——带刚域的杆。如图 8-33(a)、(c)所示分别为壁式框架和框架剪力墙结构。由于这类结构梁较深、柱较宽,在梁和柱的结合区将形成刚域,如图 8-33(b)、(d)中用粗线所表示的部分,其抗弯刚度 $EI=\infty$。此时刚域对位移和内力的影响不可忽视。刚域的长度通常由试验确定,目前对钢筋混凝土结构,梁(柱)端刚域长度,一般取柱宽(梁高)的 1/2 减去梁高(柱宽)的 1/4。另外,截面尺寸较大的杆件,如深梁,其剪切变形对杆件总的变形状态影响较大,因此剪切变形对内力的影响也应考虑。

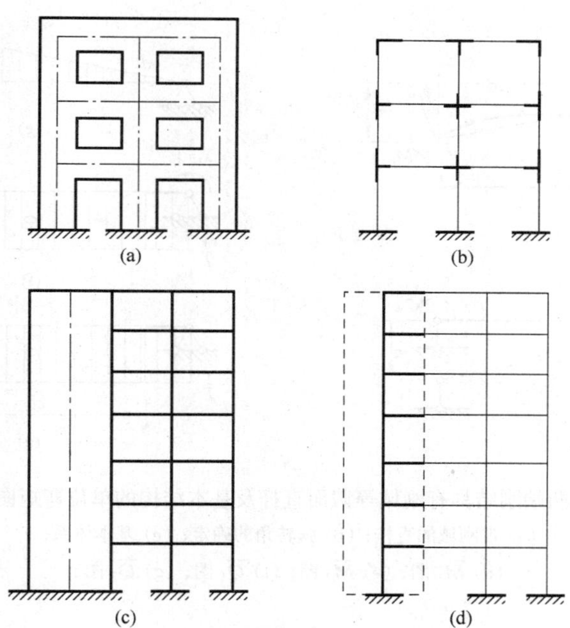

图 8-33 壁式框架和框架剪力墙结构及计算简图

(a) 壁式框架;(b) 壁式框架计算简图;(c) 剪力墙结构;(d) 剪力墙结构计算简图。

现在推导具有刚域的等截面直杆,同时考虑弯曲及剪切变形影响的转角位移方程。

图 8-34(a)所示两端刚结具有刚域的等截面直杆,其截面积为 A,剪切模量为 G。设杆端分别发生转动 ϕ_i、ϕ_j 及相对线位移 Δ(即弦转角 $\beta_{ij}=\dfrac{\Delta}{l}$)如图 8-34(b)所示。现用力法求解杆端弯矩。

取图 8-34(c)所示简支梁为基本体系,其力法方程为

$$\left.\begin{aligned}\delta_{11}x_1+\delta_{12}x_2+\beta_{ij}=\phi_i\\ \delta_{21}x_1+\delta_{22}x_2+\beta_{ij}=\phi_j\end{aligned}\right\}$$

分别绘出基本结构的单位弯矩图和剪力图，如图 8-34(d)、(e)、(f)和(g)所示。用图乘法求得各系数：

$$\delta_{11}=\int\frac{\overline{M}_1^2}{EI}\mathrm{d}x+\int\frac{k\overline{Q}_1^2}{GA}\mathrm{d}x=\frac{cl}{6EI}D_1+\frac{kc}{GAl}$$

$$\delta_{12}=\delta_{21}=\int\frac{\overline{M}_1\overline{M}_2}{EI}\mathrm{d}x+\int\frac{k\overline{Q}_1\overline{Q}_2}{GA}\mathrm{d}x=\frac{cl}{6EI}D_2+\frac{kc}{GAl}$$

$$\delta_{22}=\int\frac{\overline{M}_2^2}{EI}\mathrm{d}x+\int\frac{k\overline{Q}_2^2}{GA}\mathrm{d}x=\frac{cl}{6EI}D_3+\frac{kc}{GAl}$$

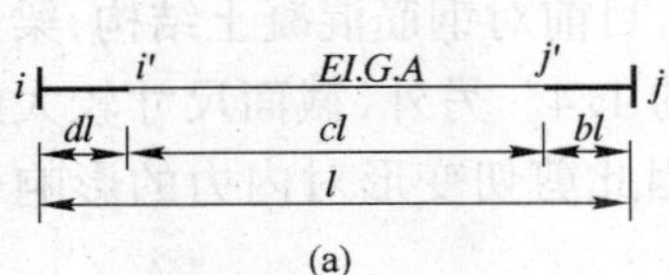

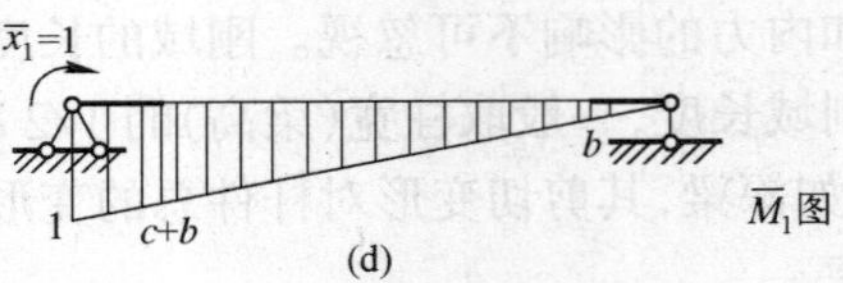

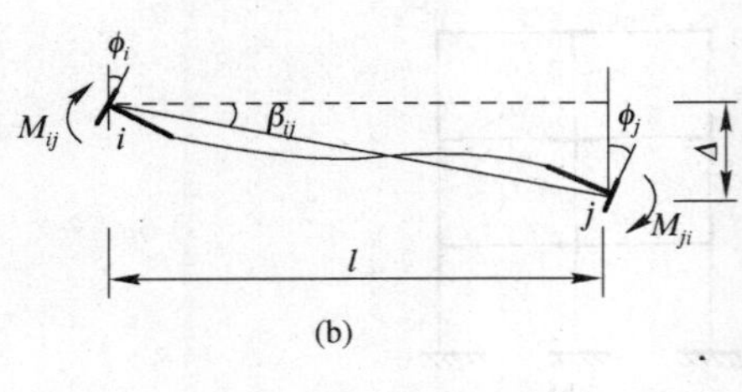

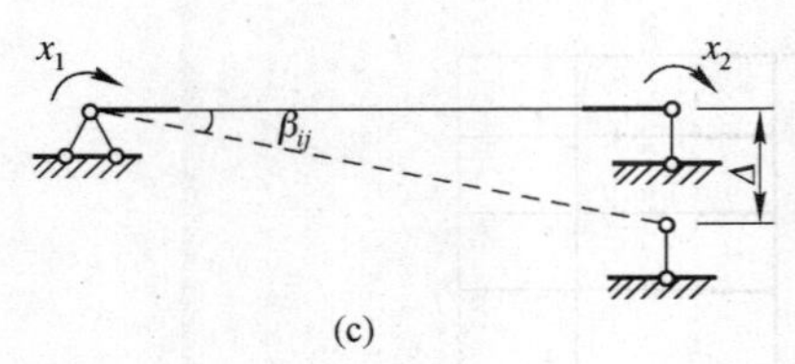

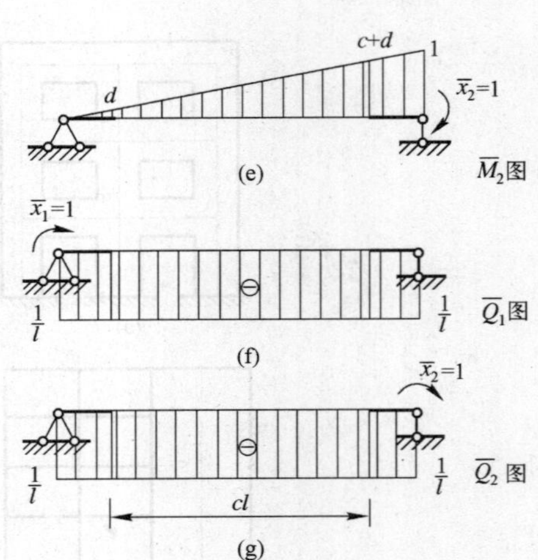

图 8-34　两端刚结具有刚域等截面直杆及基本结构的单位弯矩图、剪力图

(a) 带刚域的直杆；(b) 弦转角的确定；(c) 基本体系；

(d) $\overline{M}_1$ 图；(e) $\overline{M}_2$ 图；(f) $\overline{Q}_1$ 图；(g) $\overline{Q}_2$ 图。

式中

$$D_1=2c^2+6cb+6b^2$$

$$D_2=3dc+6db+3bc+c^2$$

$$D_3=2c^2+6dc+6d^2$$

k 为剪应力分布不均匀系数。

解力法方程，得

$$\left.\begin{aligned}x_1&=\frac{1}{\delta_{11}\delta_{22}-\delta_{12}^2}\left[\delta_{22}\phi_i-\delta_{12}\phi_j+(\delta_{12}-\delta_{22})\beta_{ij}\right]\\x_2&=\frac{1}{\delta_{11}\delta_{22}-\delta_{12}^2}\left[\delta_{11}\phi_j-\delta_{21}\phi_i+(\delta_{21}-\delta_{11})\beta_{ij}\right]\end{aligned}\right\}$$

将各系数代入上式，得转角位移方程：

$$\left.\begin{aligned}M_{ij}&=\frac{EI}{l}(A_{ij}\phi_i+F_{ji}\phi_j-D_{ij}\beta_{ij})\\M_{ji}&=\frac{EI}{l}(B_{ji}\phi_j+F_{ij}\phi_i-E_{ji}\beta_{ji})\\Q_{ij}&=-\frac{M_{ij}+M_{ji}}{l}\end{aligned}\right\}\tag{8-25}$$

$$\left.\begin{aligned}A_{ij}=\frac{2D_3+C_1}{S},F_{ji}=\frac{2D_2-C_1}{S},D_{ij}=\frac{2(D_2+D_3)}{S}\\B_{ji}=\frac{2D_1+C_1}{S},F_{ij}=\frac{2D_2-C_1}{S},E_{ji}=\frac{2(D_1+D_2)}{S}\end{aligned}\right\}\tag{8-26}$$

式中

$$S=\frac{1}{2}C(D_1D_3-D_2^2)+\frac{1}{6}CC_1(D_1+2D_2+D_3)$$

$$C_1=\frac{12EIk}{GAl^2}(称剪切系数)$$

顺便指出，若不考虑刚域的影响，由图 8-34(a)中可以看出，只需令 $d=b=0$、$c=1$，代入式(8-25)，便得只考虑弯曲、剪切变形的等截面直杆的转角位移方程：

$$\left.\begin{aligned}M_{ij}=\frac{EI}{l}\left(\frac{4+C_1}{1+C_1}\phi_i+\frac{2-C_1}{1+C_1}\phi_j-\frac{6}{1+C_1}\beta_{ij}\right)\\M_{ji}=\frac{EI}{l}\left(\frac{4+C_1}{1+C_1}\phi_j+\frac{2-C_1}{1+C_1}\phi_i-\frac{6}{1+C_1}\beta_{ij}\right)\end{aligned}\right\}\tag{8-27}$$

若同时不考虑剪切变形的影响，再令 $G=\infty$，则 $C_1=0$，代入上式，便得到与式(8-7)相同的仅考虑弯曲变形的等截面直杆的转角位移方程。

应提出注意的是：当杆上有荷载作用时，式(8-25)、式(8-27)都应叠加固端弯矩项，由于考虑刚域、剪切变形，这时固端弯矩也会产生影响。

例 8-5 图 8-35(a)所示为钢筋混凝土刚架，计算时考虑刚域、弯曲变形及剪切变形的影响。已知 $E=279$ GPa，$G/E=0.42$，各杆为矩形截面，厚度为 0.2 m，$k=0.12$。

解：由于结构及荷载均为对称，利用对称条件 $\phi_C=-\phi_B$，故只有一个未知量 ϕ_B。

1) 计算梁、柱端部刚域长度(图 8-35(b))

$$BB'=BB''=CC'=CC''=\frac{1.0}{2}-\frac{1.0}{4}=0.25(\text{m})$$

参照图 8-35(a)计算各杆的长度系数。

BC 杆：

$$d=b=\frac{0.25}{5.0}=0.05$$

$$c=\frac{4.50}{5.0}=0.9$$

AB 杆：

$$d=0,\quad c=\frac{5.25}{5.50}=0.95$$

$$b=\frac{0.25}{5.50}=0.05$$

2) 固端弯矩的计算

为了计算 *BC* 杆的固端弯矩，先计算图 8-35(c)净跨 $B'C'$ 的固端弯矩及剪力，查表 8-2 得

$$M_{B'C'}=-\frac{10\times4.5^2}{12}=-16.88(\text{kN·m})$$

$$Q_{B'C'}=\frac{10\times4.5}{2}=22.5(\text{kN})$$

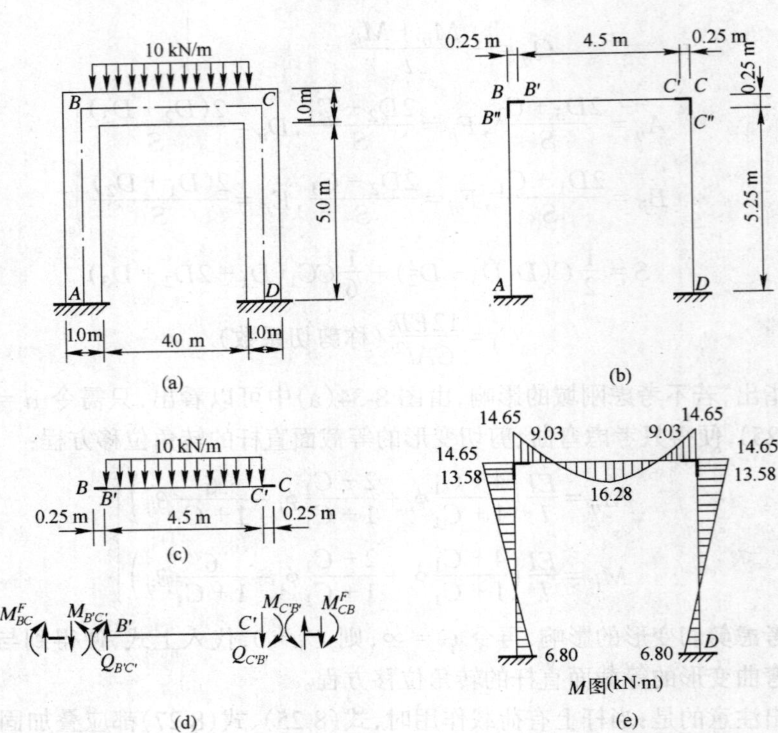

图 8-35　例题 8-5 图

(a) 原结构；(b) 计算梁、柱端部刚域长度；

(c) 净跨 $B'C'$ 的固端弯矩及剪力；(d) 计算 B 处固端弯矩；(e) 最后 M 图。

再由图 8-35(d)换算出 B 处固端弯矩：

$$M_{BC}^F=M_{B'C'}-Q_{B'C'}\times0.25=-16.88-22.5\times0.25=-22.5(\text{kN·m})$$

3) 按式(8-25)列出各杆端弯矩表达式

$$M_{BC}=\frac{EI}{l_{BC}}(A_{BC}\phi_B+F_{CB}(-\phi_B))+M_{BC}^F$$

$$M_{BA}=\frac{EI}{l_{AB}}(B_{BA}\phi_B)$$

$$M_{AB}=\frac{EI}{l_{AB}}(B_{BA}\phi_B)$$

由式(8-26)计算上式中各系数，得

$$A_{BC}=4.58,\qquad F_{CB}=2.42,\qquad B_{BA}=4.44,\qquad F_{BA}=2.06$$

所以

$$\left.\begin{aligned} M_{BC} &= 201281.76\phi_B - 22.5 \\ M_{BA} &= 376132.58\phi_B \\ M_{AB} &= 174511.96\phi_B \end{aligned}\right\} \tag{8-28}$$

4) 建立位移法方程，求解基本未知量

取结点 B 为隔离体，由结点平衡条件得

$$\sum M_B = 0 \quad M_{BC} + M_{BA} = 0$$

将式(8-28)代入上式：

$$201281.76\phi_B - 22.5 + 376132.58\phi_B = 0$$

解得

$$\phi_B = 3.8966 \times 10^{-5}$$

5) 求各杆杆端弯矩

将 ϕ_B 值代入式(8-28)，得

$$M_{BC} = -14.65\ \text{kN·m}$$
$$M_{BA} = -14.65\ \text{kN·m}$$
$$M_{AB} = 6.80\ \text{kN·m}$$

利用对称性可求出右半刚架的杆端弯矩值。

6) 计算刚域与非刚域联结处 $i'j'$(图 8-34(a))的截面弯矩

对于无外荷载的杆件，按以下公式计算：

$$M_{i'} = M_{ij}(c+b) - M_{ji}\cdot d$$
$$M_{j'} = M_{ji}(c+d) - M_{ij}\cdot b$$

所以

$$\begin{aligned} M_{B''} &= M_{BA}(c+d) - M_{AB}\cdot b \\ &= 14.65(0.95+0) - 6.80\times 0.05 = 13.58(\text{kN·m}) \end{aligned}$$

对于承受外荷载的杆件，如图 8-35(b)中横梁之弯矩 $M_{B'}$ 的计算，取图 8-35(c)中 BB' 为隔离体，利用力矩平衡条件，可求得

$$\begin{aligned} M_{B'} &= M_{BC} - Q_{B'C'} \times 0.25 \\ &= 14.65 - 22.5 \times 0.25 = 9.03(\text{kN·m}) \end{aligned}$$

而跨中弯矩为

$$\frac{10\times 4.5^2}{8} - 9.03 = 16.28(\text{kN·m})$$

最后的弯矩图如图 8－35(e)所示。

复习思考题

1. 位移法的原结构、原体系、基本结构和基本体系是怎样定义的？它们与力法的原结构、原体系、基本结构和基本体系有何异同？

2. 为什么说位移法的基本结构是单跨超静定梁的组合体？基本结构在荷载作用下，各杆件的联结点会产生结点线位移或结点角位移吗？

3．试说明位移法的解题思路，并与力法作一比较。

4．位移法中杆端弯矩、杆端剪力的正负号是如何规定的？它们与材料力学中弯矩、剪力正负号的规定有何异同？

5．什么是形常数？什么是载常数？形常数和载常数与转角位移方程之间是什么关系？

6．用力法算出表8-1中各项形常数并熟记。

7．用力法算出表8-2中2、3、9、10等项载常数并熟记。

8．如何确定位移法基本未知量？为保证所确定的结点线位移数目是正确的，通常可采用哪两种方法？

9．位移法基本未知量数目与结构的超静定次数有关系吗？为什么？试举例说明。

10．用位移法计算图8-14(a)所示结构时，如果在结点B、结点C处各加一个刚臂，同时在结点C处加一水平链杆，并在结点A处加一竖向链杆；取这样的基本体系进行分析是否可以？请说明理由。

11．位移法方程的实质是什么？为什么位移法方程中主系数r_{ii}恒为正值，而副系数r_{ij}和自由项R_{iP}的值可正、可负，或者为零？

12．用位移法解具有多个未知量的超静定结构时，位移条件和平衡条件是如何得到满足的？

13．在位移法中，能否不通过基本体系这一中间环节，而直接取结点或结构的一部分为隔离体建立求解基本未知量的方程？

14．当绘出结构的最后弯矩图后，如何根据弯矩图绘制剪力图和轴力图？

15．什么情况下独立的结点线位移可以不作为位移法基本未知量？试举例予以说明。

16．非结点处的截面位移是否可作为位移法的基本未知量？

17．位移法也可以用来求解静定结构，试说明理由。

18．用位移法计算具有斜杆的刚架时，应注意什么问题？

19．比较位移法的两种计算方法，它们的基本未知量和基本方程是否相同？二者之间的关系是怎样的？

20．比较基本体系法和直接平衡法在计算方法和计算步骤上的异同。

21．什么是半刚架法？用半边刚架的计算代替原对称刚架的计算通常有哪几种情况？

22．除半刚架法外，是否可以以整个刚架为分析对象，利用变形的对称性减少基本未知量数目？试举例说明。

23．结构对称但荷载不对称，在这种情况下能否用半刚架法进行计算？

24．对于复习思考题24图(a)、(b)所示两种情况，用位移法求解时，如何利用对称性选取半刚架进行计算？

25．刚度系数、传递系数和侧移刚度系数各是怎样定义的？试推导它们之间的关系。

26．变截面杆件的转角位移方程(式(8-18))与8.2节建立的转角位移方程(式(8-7))有什么不同？

27．考虑刚域及剪切变形时，刚架的计算步骤是怎样的？

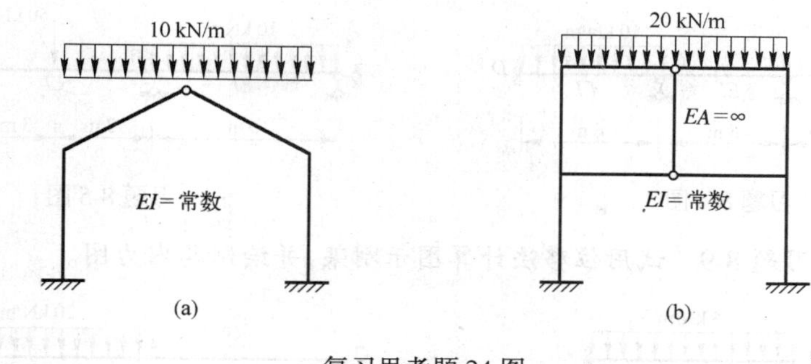

复习思考题 24 图

习 题

习题 8-1 试确定图示结构用位移法计算时的最少基本未知量数目，并绘出基本结构。

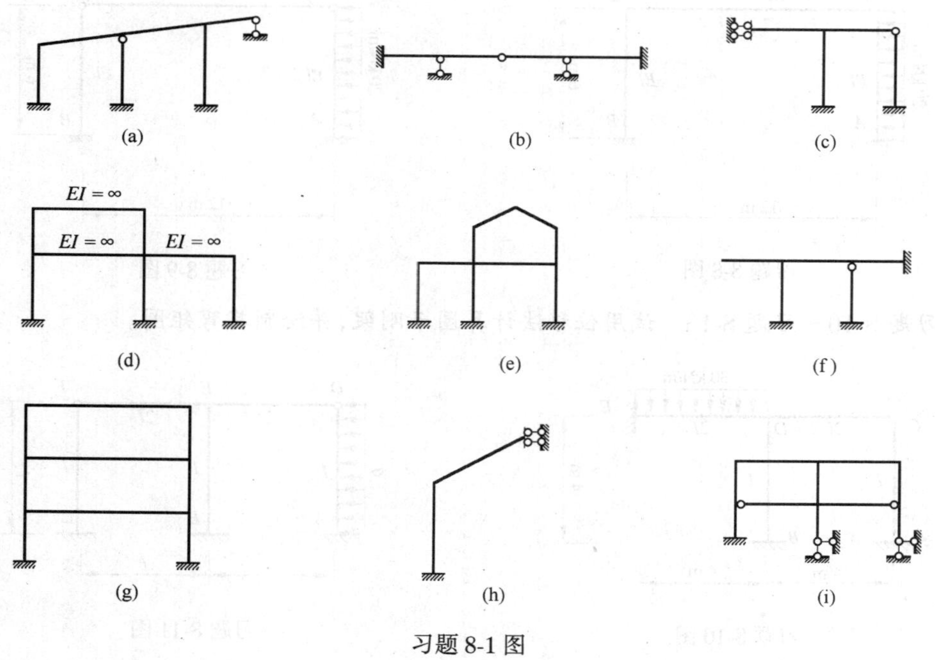

习题 8-1 图

习题 8-2～习题 8-5 试用位移法计算图示连续梁，并绘制其弯矩图、剪力图。

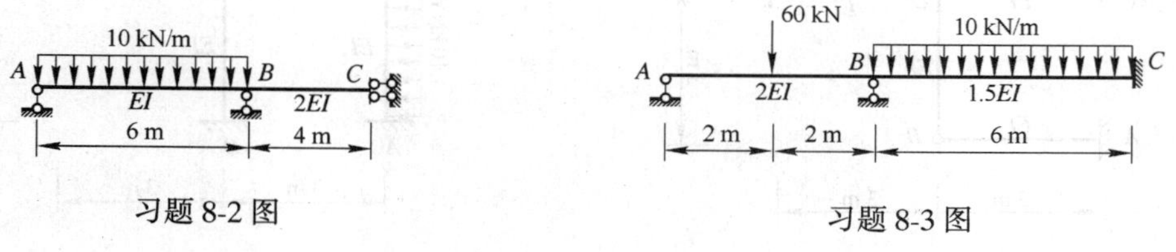

习题 8-2 图

习题 8-3 图

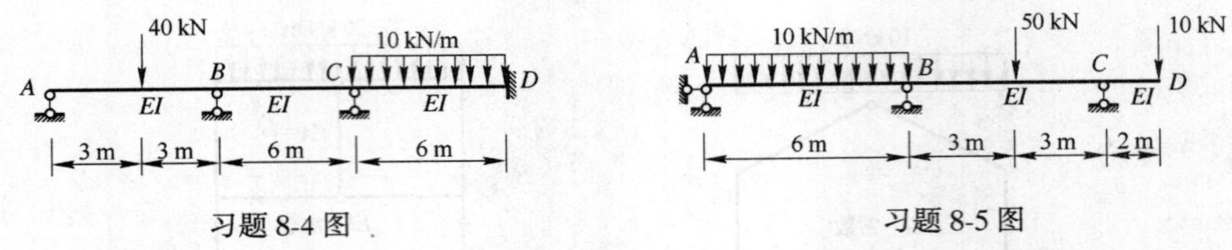

习题 8-4 图　　习题 8-5 图

习题 8-6～习题 8-9　试用位移法计算图示刚架,并绘制其内力图。

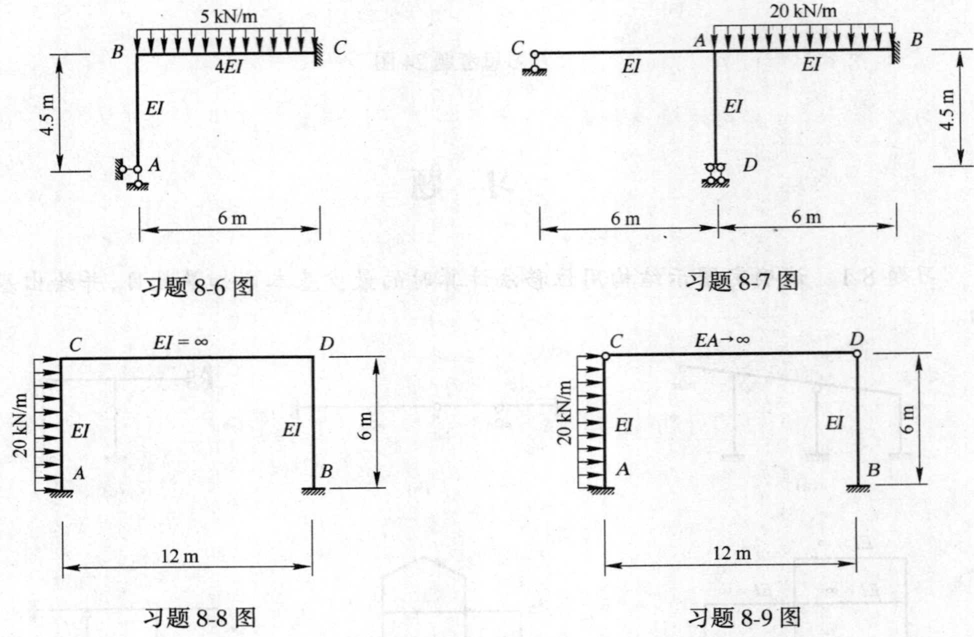

习题 8-6 图　　习题 8-7 图

习题 8-8 图　　习题 8-9 图

习题 8-10～习题 8-13　试用位移法计算图示刚架,并绘制其弯矩图。

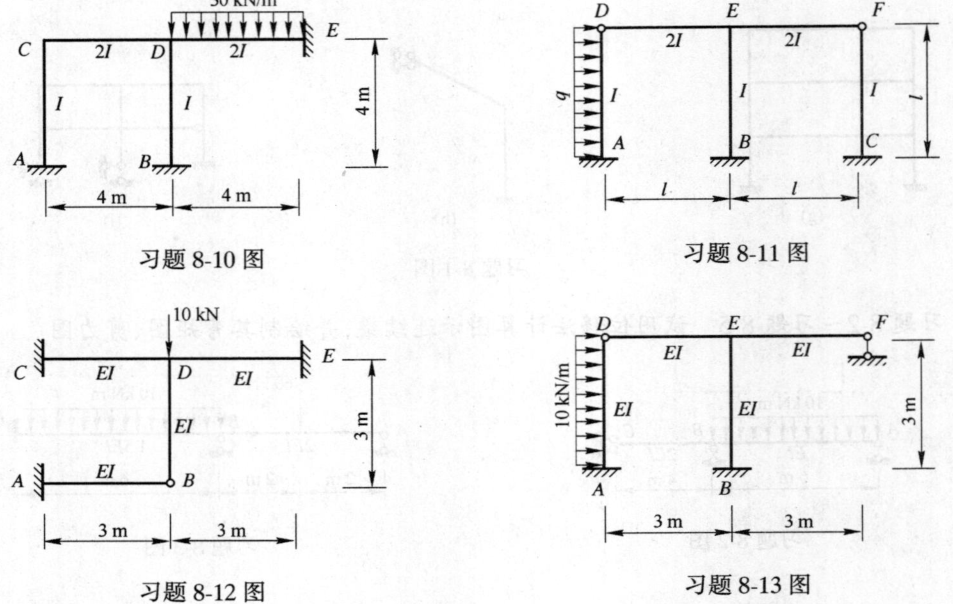

习题 8-10 图　　习题 8-11 图

习题 8-12 图　　习题 8-13 图

习题 8-14　设图示等截面连续梁的支座 B 下沉 2.0 cm，支座 C 下沉 1.2 cm，试作此连续梁的弯矩图。已知 $E=2.1\times10^4\ \text{kN/cm}^2$，$I=2\times10^4\text{cm}^4$。

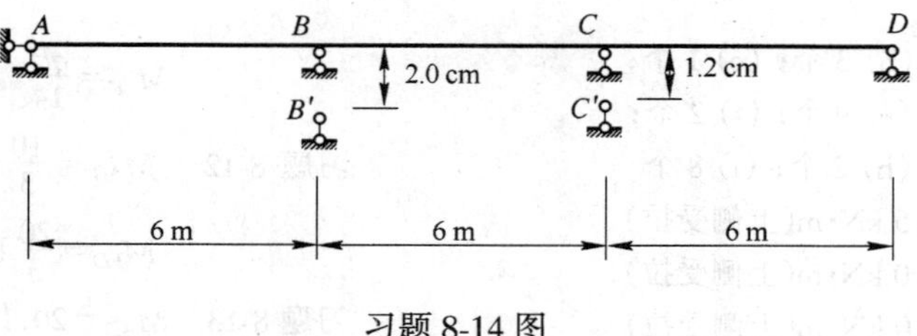

习题 8-14 图

习题 8-15　试按应用结点和截面平衡条件建立位移法方程的办法解算习题 8-10、习题 8-11。

习题 8-16～习题 8-19　试利用对称性计算图示结构，并绘制其弯矩图。

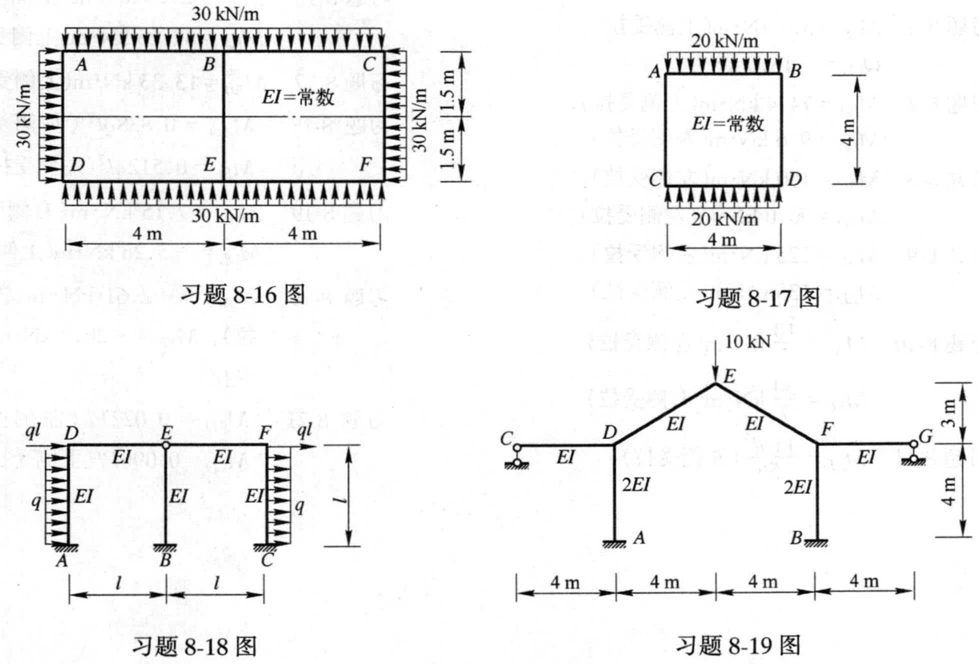

习题 8-16 图　　习题 8-17 图

习题 8-18 图　　习题 8-19 图

习题 8-20～习题 8-21　试利用对称性计算图示结构，并绘制其弯矩图。

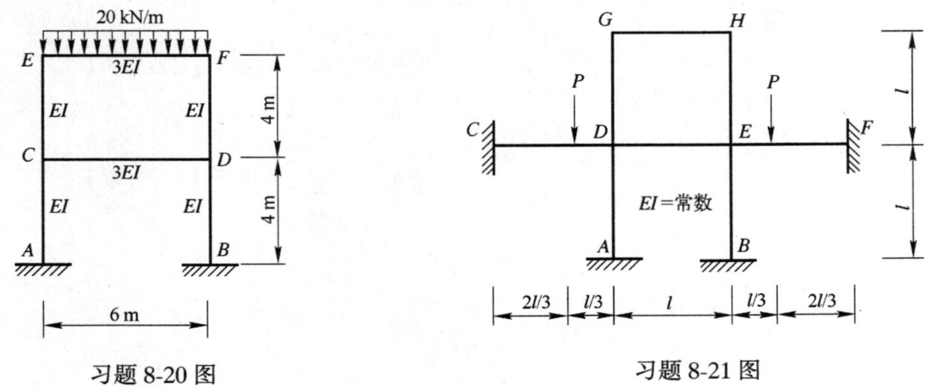

习题 8-20 图　　习题 8-21 图

习 题 答 案

习题 8-1 (a) 4 个；(b) 3 个；(c) 1 个；(d) 2 个；(e) 9 个；(f) 2 个；(g) 9 个；(h) 2 个；(i) 8 个

习题 8-2 $M_{BA}=22.5$ kN·m(上侧受拉)

习题 8-3 $M_{BA}=36.0$ kN·m(上侧受拉)，$M_{CB}=27.0$ kN·m(上侧受拉)

习题 8-4 $M_{DC}=41.54$ kN·m(上侧受拉)，$M_{CD}=-6.92$ kN·m(上侧受拉)

习题 8-5 $M_{BA}=45.63$ kN·m(上侧受拉)，$M_{CB}=20.0$ kN·m(上侧受拉)

习题 8-6 $M_{BC}=3.0$ kN·m(上侧受拉)，$Q_{CB}=-18.0$ kN

习题 8-7 $M_{BA}=74.4$ kN·m(上侧受拉)，$M_{DA}=9.6$ kN·m(左侧受拉)

习题 8-8 $M_{AC}=150$ kN·m(左侧受拉)，$M_{BD}=90.0$ kN·m(左侧受拉)

习题 8-9 $M_{AC}=225$ kN·m(左侧受拉)，$M_{BD}=135$ kN·m(左侧受拉)

习题 8-10 $M_{AC}=\dfrac{10}{7}$ kN·m(左侧受拉)，$M_{BD}=\dfrac{30}{7}$ kN·m(右侧受拉)

习题 8-11 $M_{AD}=\dfrac{11ql^2}{56}$(左侧受拉)，$M_{CF}=\dfrac{ql^2}{14}$(左侧受拉)

习题 8-12 $M_{AB}=\dfrac{10}{3}$ kN·m(上侧受拉)，$M_{ED}=\dfrac{20}{3}$ kN·m(上侧受拉)

习题 8-13 $M_{AD}=20.13$ kN·m(左侧受拉)，$M_{BE}=14.21$ kN·m(左侧受拉)

习题 8-14 $M_{BA}=50.4$ kN·m(下侧受拉)，$M_{CD}=5.6$ kN·m(上侧受拉)

习题 8-16 $M_{AB}=29.5$ kN·m(上侧受拉)，$M_{BA}=42.25$ kN·m(上侧受拉)

习题 8-17 $M_{AB}=13.33$ kN·m(上侧受拉)

习题 8-18 $M_{AD}=0.838ql^2$(左侧受拉)，$M_{BE}=0.512ql^2$(左侧受拉)

习题 8-19 $M_{AD}=7.15$ kN·m(右侧受拉)，$M_{DE}=-5.26$ kN·m(上侧受拉)

习题 8-20 $M_{AC}=-2.61$ kN·m(左侧受拉)，$M_{EF}=-28.7$ kN·m(上侧受拉)

习题 8-21 $M_{AD}=0.022Pl$(左侧受拉)，$M_{CD}=0.096Pl$(上侧受拉)

第 9 章 用渐进法计算超静定梁和刚架

前面介绍的力法和位移法,是求解超静定结构的两种基本方法。这两种方法都要求建立和求解典型方程。当未知数目较多时,解联立方程的工作是非常繁重的。为了避免组成和求解联立方程,人们又寻求便于实际应用的计算方法,于是陆续出现了各种渐进法。本章主要介绍其中应用较广泛的力矩分配法、无剪力分配法和剪力分配法。

力矩分配法和无剪力分配法都是以位移法为基础,采用逐次渐进的方法,其结果的精确度随着计算轮次的增加而提高,最后收敛于精确解,而每一轮的计算都是按同一步骤进行的,每一步骤都有明确的物理意义,因而便于理解掌握,在结构设计中被广泛采用。力矩分配法适用于连续梁和无结点线位移的刚架,无剪力分配法适用于某些特殊刚架,例如单跨多层对称刚架在反对称荷载作用下的内力计算。剪力分配法适用于无结点角位移的结构。此外,各种方法还可以联合应用。

9.1 力矩分配法的基本概念

一、力矩分配法中的几个概念

第 8 章在推导变截面杆件的转角位移方程时介绍了刚度系数、传递系数、侧移刚度等基本概念。由于力矩分配法是由只有一个结点角位移的超静定结构的计算问题导出的,主要用于连续梁和无结点线位移的刚架的计算,因此,刚度系数、传递系数仍然适用,此外,还要用到分配系数的概念,现系统介绍如下。

1. 转动刚度(S_{ij})

使等截面直杆的杆端发生单位转角时在该杆端需要施加的力矩,即为转动刚度,用 S_{ij}表示。转动刚度表示杆端对转动的抵抗能力,它的大小与杆件的线刚度 $i=EI/l$ 有关,也与杆件另一端的支承情况有关。当 B 端(也称远端)为不同支承情况时,S_{AB}的大小也不同。如图 9-1 所示,杆件 AB 当 A 端(也称近端)发生单位转角时,在 A 端需施加的力矩即为 S_{AB}。

远端固定(图 9-1(a)): $$S_{AB}=4i \tag{9-1}$$

远端铰支(图 9-1(b)): $$S_{AB}=3i \tag{9-2}$$

远端滑动(图 9-1(c)): $$S_{AB}=i \tag{9-3}$$

远端自由(图 9-1(d)): $$S_{AB}=0 \tag{9-4}$$

2. 传递系数(C_{ij})

如图 9-1 所示,当杆件 A 端(近端)发生单位转角时,A 端产生了弯矩 M_{AB},称为近端弯矩,同时在 B 端(远端)也产生了弯矩 M_{BA},称远端弯矩,将远端弯矩与近端弯矩之比称为传递系数,用 C_{ij}表示。

对图 9-1(a),远端 B 端为固定端时,杆 AB 从 A 端向 B 端的传递系数

$$C_{AB}=\frac{M_{BA}}{M_{AB}}=\frac{1}{2} \tag{9-5}$$

对图 9-1(b),远端 B 端为铰支时,杆 AB 从 A 端向 B 端的传递系数

$$C_{AB}=\frac{M_{BA}}{M_{AB}}=0 \tag{9-6}$$

对图 9-1(c),远端 B 端为定向支承时,杆 AB 从 A 端向 B 端的传递系数

$$C_{AB}=\frac{M_{BA}}{M_{AB}}=-1 \tag{9-7}$$

利用传递系数,远端弯矩可由近端弯矩求出

$$M_{BA}=C_{AB}M_{AB} \tag{9-8}$$

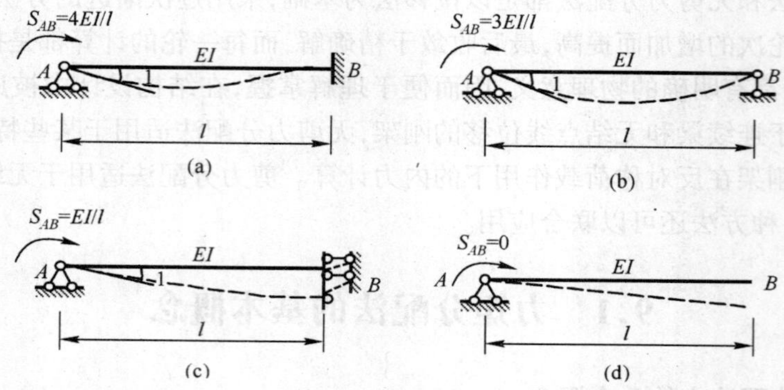

图 9-1　转动刚度

(a) 远端固定；(b) 远端铰支；(c) 远端滑动；(d) 远端自由。

3．分配系数(μ_{ij})

如图 9-2(a)所示的刚架,此刚架由三根等截面直杆组成并刚接于结点 A。设外力偶 M 作用于结点 A 上,并使 A 结点发生转角 θ_A,即各杆端均产生了转角 θ_A,各杆端在 A 端

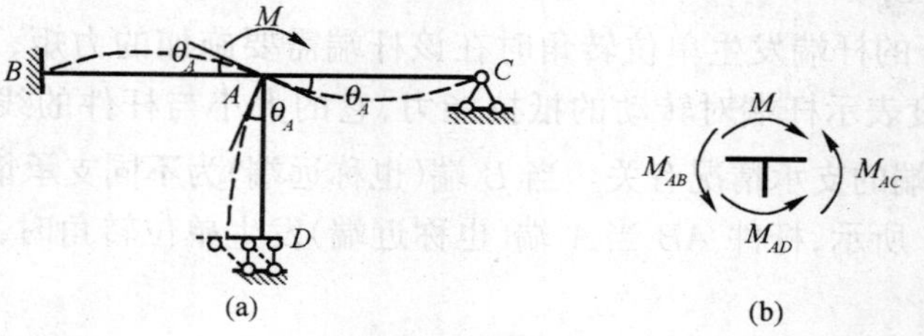

图 9-2　力矩分配法的一个计算单元

(a) 单结点刚架；(b) A 结点平衡。

产生的杆端弯矩分别为

$$\left.\begin{aligned}M_{AB}&=4i_{AB}\,\theta_A=S_{AB}\,\theta_A\\M_{AC}&=3i_{AC}\theta_A=S_{AC}\,\theta_A\\M_{AD}&=i_{AD}\,\theta_A=S_{AD}\,\theta_A\end{aligned}\right\} \tag{9-9}$$

取 A 结点作隔离体(图 9-2(b)),由 $\sum M_A=0$,得

$$M_{AB}+M_{AC}+M_{AD}=M$$

即 $$(S_{AB}+S_{AC}+S_{AD})\theta_A=M$$

所以 $$\theta_A=\frac{M}{S_{AB}+S_{AC}+S_{AD}}=\frac{M}{\sum\limits_A S} \tag{9-10}$$

式中，$\sum\limits_A S$ 为汇交于 A 结点的各杆 A 端转动刚度之和。

将式(9-10)代入式(9-9)，得

$$\left.\begin{aligned} M_{AB} &= \frac{S_{AB}}{\sum\limits_A S}M \\ M_{AC} &= \frac{S_{AC}}{\sum\limits_A S}M \\ M_{AD} &= \frac{S_{AD}}{\sum\limits_A S}M \end{aligned}\right\} \tag{9-11}$$

由式(9-11)知，各杆 A 端的弯矩与各杆 A 端的转动刚度成正比。令

$$\mu_{Aj}=\frac{S_{Aj}}{\sum\limits_A S} \tag{9-12}$$

μ_{Aj}称为分配系数。式中 j 可为 B、C、D，如 μ_{AB} 为 AB 在 A 端的分配系数，它等于杆 AB 的转动刚度与交于 A 点的各杆转动刚度之和的比值。

式(9-11)可统一写成下式：

$$M_{Aj}=\mu_{Aj}M \tag{9-13}$$

由式(9-13)可知，作用于结点 A 的外力偶 M，可按各杆的分配系数分配给各杆的近端，而远端的弯矩可由式(9-8)求得，它等于近端弯矩乘以传递系数。

下面以单结点结构为例，说明力矩分配法的基本运算。

二、单结点力矩分配

图 9-3(a)所示为一两跨连续梁，在荷载作用下各杆端产生了弯矩 M_{AB}、M_{BA}、M_{BC}、M_{CB}。下面用力矩分配法计算，步骤如下。

(1) 在 B 点处加一附加刚臂，阻止其转动。这时 AB 和 BC 在荷载作用下单独发生变形。AB 杆件可看作两端固定的单跨梁，BC 杆件看作一端固定、一端铰支的单跨梁。它们在荷载作用下分别产生固端弯矩 M^f_{AB}、M^f_{BA}、M^f_{BC}、M^f_{CB}(图 9-3(b))。这时 B 结点的附加刚臂上的力矩 M_B 可由 B 结点平衡求得：

$$M_B=M^f_{BA}+M^f_{BC}$$

M_B 称为约束弯矩或不平衡力矩，它等于 B 结点各固端弯矩之和，以顺时针为正。

(2) 由于原结构在 B 点没有约束，也不存在 M_B，为了与原结构等效，在 B 点处附加一反向的 M_B(图 9-3(c))，以抵消附加刚臂的作用。外力偶 $-M_B$ 作用于结点 B 处，使 AB 与 BC 杆在 B 端产生弯矩 M_{BA}'、M_{BC}'，称为分配弯矩，可由式(9-13)求得，同时远端 A、C 截面也产生弯矩 M_{AB}'、M_{CB}'，称为传递弯矩，可由式(9-8)求得。

(3) 将以上两种情况的弯矩进行叠加，即为图 9-3(a)情况下的弯矩。即

$$M_{AB} = M_{AB}^f + M'_{AB}$$
$$M_{BA} = M_{BA}^f + M'_{BA}$$
$$M_{BC} = M_{BC}^f + M'_{BC}$$
$$M_{CB} = M_{CB}^f + M'_{CB}$$

将以上的步骤归纳如下。

(1) 固定结点。在刚结点上加一附加刚臂，使原结构成为单跨超静定梁的组合体，计算分配系数、各杆端固端弯矩及结点不平衡力矩。

(2) 放松结点。取消刚臂，将不平衡力矩反向加在结点上，按分配系数分配，同时向远端进行传递。

将以上两种情况所得的各杆固端弯矩、分配弯矩、传递弯矩相叠加，即得到各杆的最后弯矩。

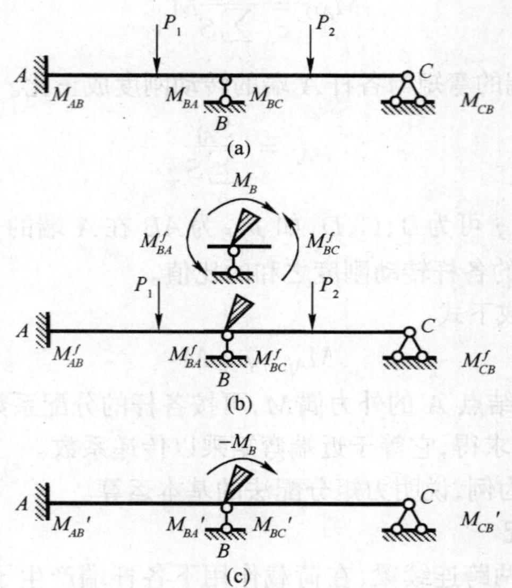

图 9-3　力矩分配法计算连续梁

(a) 原结构；(b) 固定结点 B；(c) 放松结点 B。

例 9-1　试作如图 9-4(a)所示连续梁的弯矩图。

解： 1) 固定结点。在 B 结点上附加一刚臂(图 9-4(b))，计算各杆分配系数、固端弯矩。

令 $i = \dfrac{EI}{l}$，则

$$\mu_{BA} = \frac{S_{BA}}{S_{BA} + S_{BC}} = \frac{4i}{4i + 3i} = \frac{4}{7}$$

$$\mu_{BC} = \frac{S_{BC}}{S_{BA} + S_{BC}} = \frac{3i}{4i + 3i} = \frac{3}{7}$$

$$M_{AB}^f = -\frac{Pl}{8} = -\frac{40 \times 4}{8} = -20(\text{kN·m})$$

$$M_{BA}^f = \frac{Pl}{8} = \frac{40 \times 4}{8} = 20(\text{kN·m})$$

$$M_{BC}^{f}=-\frac{ql^{2}}{8}=-\frac{20\times 4^{2}}{8}=-40(\text{kN·m})$$

$$M_{CB}^{f}=0$$

2）放松结点 B，B 结点上的不平衡力矩 $M_B=-40+20=-20(\text{kN·m})$，将其反号后加在 B 结点上(图 9-4(c))，计算分配弯矩、传递弯矩。

$$M'_{BA}=\mu_{BA}(-M_B)=\frac{4}{7}\times 20=11.43(\text{kN·m})$$

$$M'_{BC}=\mu_{BC}(-M_B)=\frac{3}{7}\times 20=8.57(\text{kN·m})$$

$$M'_{AB}=C_{BA}M'_{BA}=\frac{1}{2}\times\frac{80}{7}=5.71(\text{kN·m})$$

$$M'_{CB}=C_{BC}M'_{BC}=0$$

3）将以上两结果叠加，即得最后的杆端弯矩。

$$M_{AB}=M_{AB}^{f}+M'_{AB}=-20+5.71=-14.29(\text{kN·m})$$

$$M_{BA}=M_{BA}^{f}+M'_{BA}=31.43(\text{kN·m})$$

$$M_{BC}=M_{BC}^{f}+M'_{BC}=-40+8.57=-31.43(\text{kN·m})$$

$$M_{CB}=M_{CB}^{f}+M'_{CB}=0$$

弯矩图如图 9-4(d)所示。

上述计算过程可直接写在图下面的表格内，如图 9-4(e)所示。

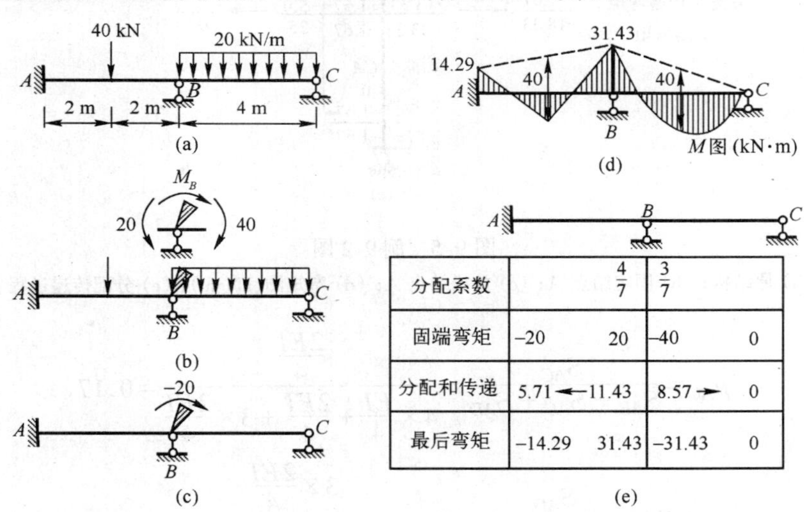

分配系数		4/7	3/7	
固端弯矩	−20	20	−40	0
分配和传递	5.71 ←	11.43	8.57 →	0
最后弯矩	−14.29	31.43	−31.43	0

图 9-4　例 9-1 图

(a) 原结构；(b) 固定结点 B；(c) 放松结点 B；(d) 弯矩图(kN·m)；(e) 弯矩的分配与传递。

例 9-2　试作如图 9-5(a)所示刚架的弯矩图。

解: 1) 固定结点。在 A 结点上附加一刚臂(图 9-5(b))，计算各杆分配系数、固端弯矩。

$$\mu_{AB}=\frac{S_{AB}}{S_{AB}+S_{AC}+S_{AD}}=\frac{4\times\frac{EI}{4}}{4\times\frac{EI}{4}+\frac{2EI}{4}+3\times\frac{2EI}{4}}=0.33$$

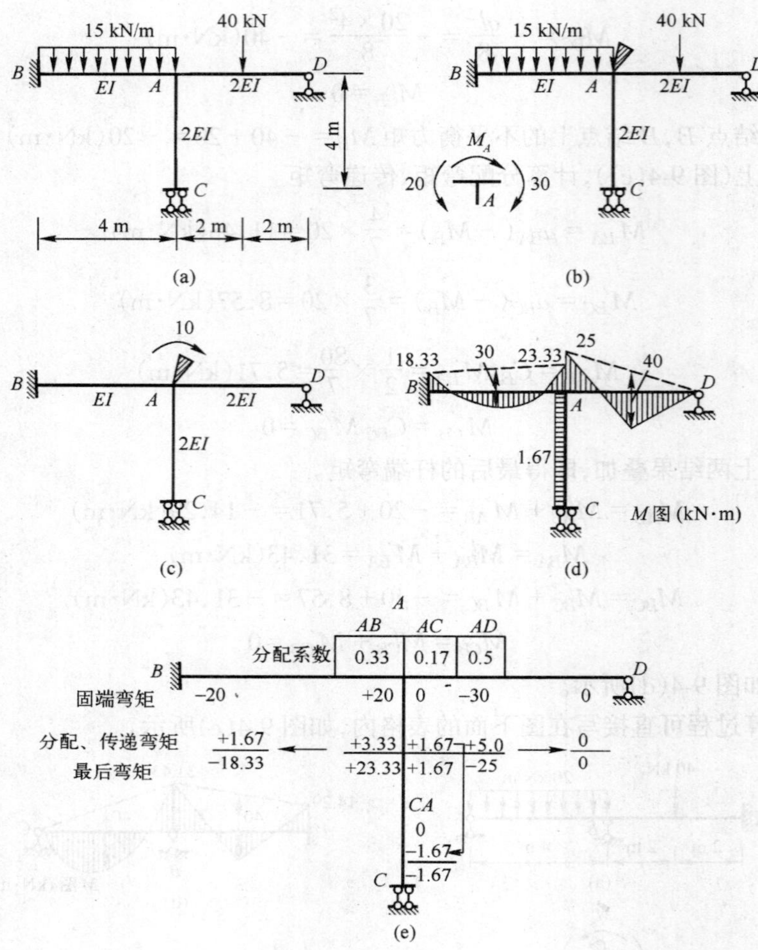

图 9-5 例 9-2 图

(a) 原结构；(b) 固定结点 A；(c) 放松结点 A；(d) 弯矩图(kN·m)；(e) 分配传递过程。

$$\mu_{AC}=\frac{S_{AC}}{S_{AB}+S_{AC}+S_{AD}}=\frac{\frac{2EI}{4}}{4\times\frac{EI}{4}+\frac{2EI}{4}+3\times\frac{2EI}{4}}=0.17$$

$$\mu_{AD}=\frac{S_{AD}}{S_{AB}+S_{AC}+S_{AD}}=\frac{3\times\frac{2EI}{4}}{4\times\frac{EI}{4}+\frac{2EI}{4}+3\times\frac{2EI}{4}}=0.5$$

$$M_{BA}^f=-\frac{ql^2}{12}=-\frac{15\times4^2}{12}=-20(\text{kN}\cdot\text{m})$$

$$M_{AB}^f=\frac{ql^2}{12}=\frac{15\times4^2}{12}=20(\text{kN}\cdot\text{m})$$

$$M_{AD}^f=-\frac{3Pl}{16}=-\frac{3\times40\times4}{16}=-30(\text{kN}\cdot\text{m})$$

$$M_{DA}^f=0,\quad M_{AC}^f=0,\quad M_{CA}^f=0$$

2）放松结点 A，A 结点上的不平衡力矩 $M_A=-30+20=-10(\text{kN}\cdot\text{m})$，将其反号后加在 A 结点上（图 9-5(c)），计算分配弯矩、传递系数。

$$M'_{AB}=\mu_{AB}\cdot(-M_A)=\frac{1}{3}\times 10=3.333(\text{kN}\cdot\text{m})$$

$$M'_{AD}=\mu_{AD}\cdot(-M_A)=\frac{1}{2}\times 10=5(\text{kN}\cdot\text{m})$$

$$M'_{AC}=\mu_{AC}\cdot(-M_A)=\frac{1}{6}\times 10=1.67(\text{kN}\cdot\text{m})$$

$$M'_{BA}=C_{AB}M'_{AB}=\frac{1}{2}\times 3.33=1.67(\text{kN}\cdot\text{m})$$

$$M'_{CA}=C_{AC}M'_{AC}=-1\times 1.67=-1.67(\text{kN}\cdot\text{m})$$

$$M'_{DA}=0$$

3）将以上两结果叠加，即得最后的杆端弯矩。

$$M_{AB}=M^f_{AB}+M'_{AB}=20+3.33=23.33(\text{kN}\cdot\text{m})$$

$$M_{BA}=M^f_{BA}+M'_{BA}=-20+1.67=-18.33(\text{kN}\cdot\text{m})$$

$$M_{AD}=M^f_{AD}+M'_{AD}=-30+5=-25(\text{kN}\cdot\text{m})$$

$$M_{DA}=M^f_{DA}+M'_{DA}=0$$

$$M_{AC}=M^f_{AC}+M'_{AC}=0+1.67=1.67(\text{kN}\cdot\text{m})$$

$$M_{CA}=M^f_{CA}+M'_{CA}=0-1.67=-1.67(\text{kN}\cdot\text{m})$$

弯矩图如图 9-5(d)所示。

将上述计算过程写在图上，如图 9-5(e)所示。

9.2 用力矩分配法计算连续梁和无侧移刚架

9.1 节通过只有一个结点的结构，介绍了力矩分配法的基本概念。对于具有多个结点转角和无结点线位移的刚架，只要依次对每个结点应用上节所述的基本运算，经过几次循环后便可求得杆端弯矩的渐进解。下面结合一等截面连续梁（图 9-6(a)）说明力矩分配法的计算过程。

该连续梁有两个结点角位移，用力矩分配法可按下述步骤进行。

第一步：在结点 B、结点 C 处加上附加刚臂（图 9-6(b)），阻止结点的转动，这时连续梁变成了三根单跨超静定梁的组合体，计算各杆的固端弯矩：

$$M^f_{AB}=-\frac{ql^2}{12}=-\frac{10\times 6^2}{12}=-30(\text{kN}\cdot\text{m})$$

$$M^f_{BA}=\frac{ql^2}{12}=\frac{10\times 6^2}{12}=30(\text{kN}\cdot\text{m})$$

$$M^f_{BC}=0,M^f_{CB}=0$$

$$M^f_{CD}=-\frac{Pl}{8}=-\frac{20\times 6}{8}=-15(\text{kN}\cdot\text{m})$$

$$M^f_{DC}=\frac{Pl}{8}=\frac{20\times 6}{8}=15(\text{kN}\cdot\text{m})$$

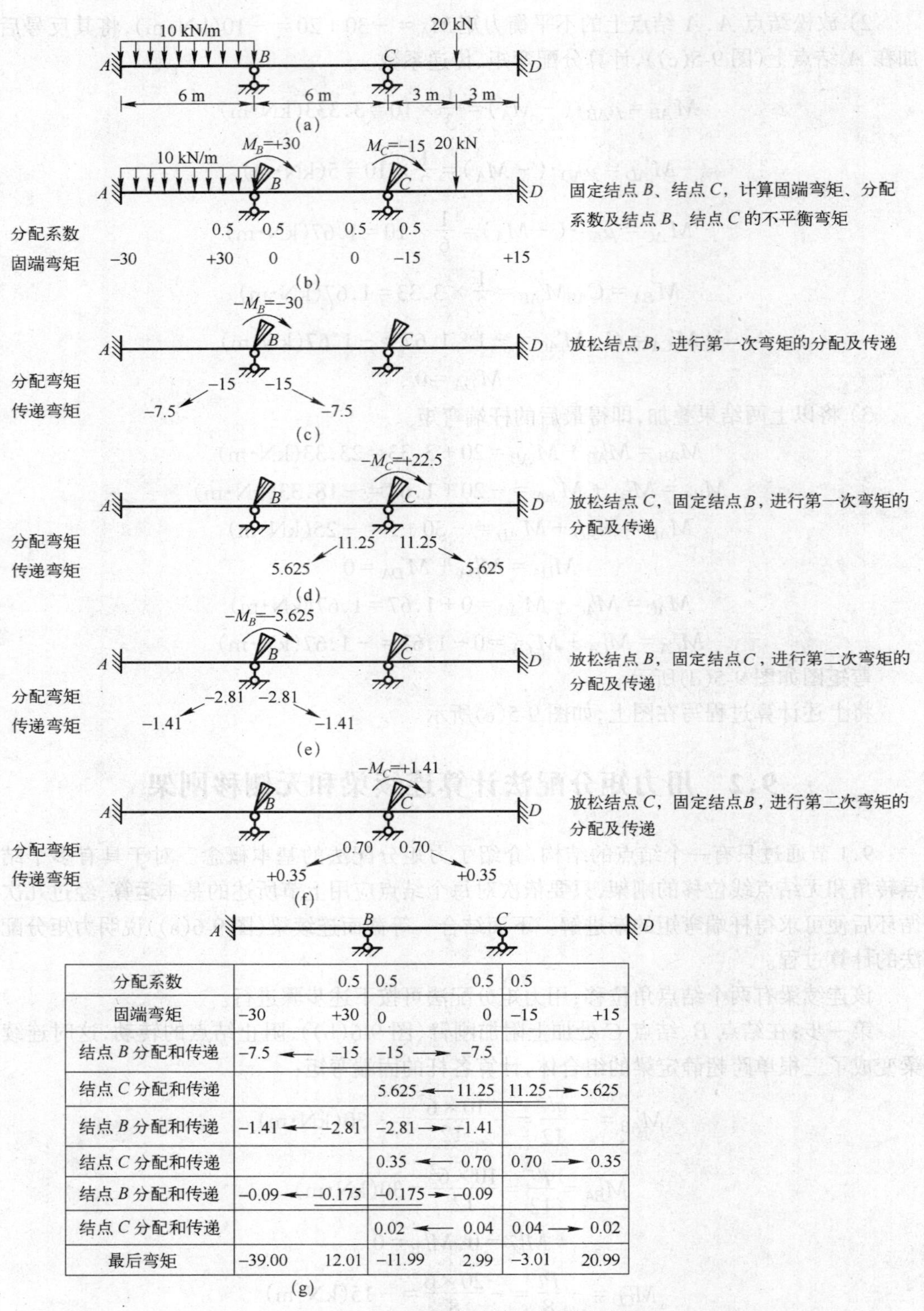

	A	B左	B右	C左	C右	D
分配系数		0.5	0.5	0.5	0.5	
固端弯矩	−30	+30	0	0	−15	+15
结点 B 分配和传递	−7.5 ←	−15	−15 →	−7.5		
结点 C 分配和传递			5.625 ←	11.25	11.25 →	5.625
结点 B 分配和传递	−1.41 ←	−2.81	−2.81 →	−1.41		
结点 C 分配和传递			0.35 ←	0.70	0.70 →	0.35
结点 B 分配和传递	−0.09 ←	−0.175	−0.175 →	−0.09		
结点 C 分配和传递			0.02 ←	0.04	0.04 →	0.02
最后弯矩	−39.00	12.01	−11.99	2.99	−3.01	20.99

(g)

图 9-6　力矩分配法计算连续梁的过程

(a) 原结构；(b) 固定结点 B、结点 C；(c) 放松结点 B；(d) 放松结点 C，固定结点 B；(e) 放松结点 B，固定结点 C；(f) 再次放松结点 C，固定结点 B；(g) 分配传递过程。

然后计算结点 B、结点 C 上的不平衡力矩：

$$M_B = M_{BA}^f + M_{BC}^f = 30\ \text{kN·m}$$

$$M_C = M_{CB}^f + M_{CD}^f = -15\ \text{kN·m}$$

第二步：为了抵消附加刚臂的作用，必须要放松结点 B、结点 C，在此采用各结点轮流放松的方法。假设先放松结点 B，结点 C 仍然固定，即在结点 B 处反号加上不平衡力矩 M_B，将其进行分配传递（图 9-6(c)），这时结点 C 的不平衡力矩为：$-15-7.5=-22.5$(kN·m)，结点 B 暂时获得了平衡。

第三步：将结点 B 固定，放松结点 C，即在结点 C 处反号施加不平衡力矩 22.5 kN·m，并进行分配、传递(图 9-6(d))，结点 C 暂时获得了平衡。

第四步：由于放松结点 C，使结点 B 上又有了新的不平衡力矩 5.625 kN·m，将结点 C 重新固定(图 9-6(e))，放松结点 B，按同样方法进行分配、传递等。如此反复地将各结点轮流固定、放松，不断地进行力矩的分配和传递，则不平衡力矩的数值将越来越小，直到小得可以忽略不计时，可以认为各结点已达到了平衡状态。

最后将各杆端的固端弯矩、每次的分配弯矩、传递弯矩叠加，便可得到各杆的杆端弯矩。

上述计算过程可列于图 9-6(g)所示的表格中。

下面再举两道例题。

例 9-3 用力矩分配法计算如图 9-7(a)所示的连续梁，并绘 M 图。

解： 由于 AB 部分的内力是静定的，可将荷载所产生的弯矩和剪力作为外力加在 B 结点上，如图 9-7(b)所示。

1) 将 C、D、E 各结点加上附加刚臂，计算固端弯矩及分配系数。

$$M_{BC}^f = -20\ \text{kN·m},\ M_{CB}^f = -10\ \text{kN·m}$$

$$M_{CD}^f = -\frac{Pl}{8} = -\frac{50\times 4}{8} = -25\ (\text{kN·m}),\quad M_{DC}^f = \frac{Pl}{8} = \frac{50\times 4}{8} = 25\ (\text{kN·m})$$

$$M_{DE}^f = -\frac{ql^2}{12} = -\frac{10\times 6^2}{12} = -30(\text{kN·m}),\quad M_{ED}^f = \frac{ql^2}{12} = \frac{10\times 6^2}{12} = 30(\text{kN·m})$$

$$M_{EF}^f = -\frac{ql^2}{12} = -\frac{15\times 4^2}{12} = -20(\text{kN·m}),\quad M_{FE}^f = \frac{ql^2}{12} = \frac{15\times 4^2}{12} = 20(\text{kN·m})$$

$$\mu_{CB} = \frac{S_{CB}}{S_{CB}+S_{CD}} = \frac{3\times\frac{1}{3}}{3\times\frac{1}{3}+4\times\frac{2}{4}} = 0.33,\quad \mu_{CD} = \frac{S_{CD}}{S_{CB}+S_{CD}} = \frac{4\times\frac{2}{4}}{3\times\frac{1}{3}+4\times\frac{2}{4}} = 0.67$$

$$\mu_{DC} = \frac{S_{DC}}{S_{DC}+S_{DE}} = \frac{4\times\frac{2}{4}}{4\times\frac{2}{4}+4\times\frac{2}{6}} = 0.6,\quad \mu_{DE} = \frac{S_{DE}}{S_{DC}+S_{DE}} = \frac{4\times\frac{2}{6}}{4\times\frac{2}{4}+4\times\frac{2}{6}} = 0.4$$

$$\mu_{ED} = \frac{S_{ED}}{S_{ED}+S_{EF}} = \frac{4\times\frac{2}{6}}{4\times\frac{2}{6}+4\times\frac{2}{4}} = 0.4,\quad \mu_{EF} = \frac{S_{EF}}{S_{ED}+S_{EF}} = \frac{4\times\frac{2}{4}}{4\times\frac{2}{6}+4\times\frac{2}{4}} = 0.6$$

2) 将结点轮流放松进行力矩的分配和传递，为了使计算时收敛较快，分配宜从不平衡力矩数值较大的结点开始，可先放松结点 C，由于放松结点 C 时，结点 D 是固定的，所

以可同时放松结点 E。因此，凡不相邻的各结点每次均可同时放松，这样便可加快收敛的速度。整个计算过程见图 9-7(c)。

3) 计算杆端最后弯矩，并绘弯矩图(图 9-7(d))。

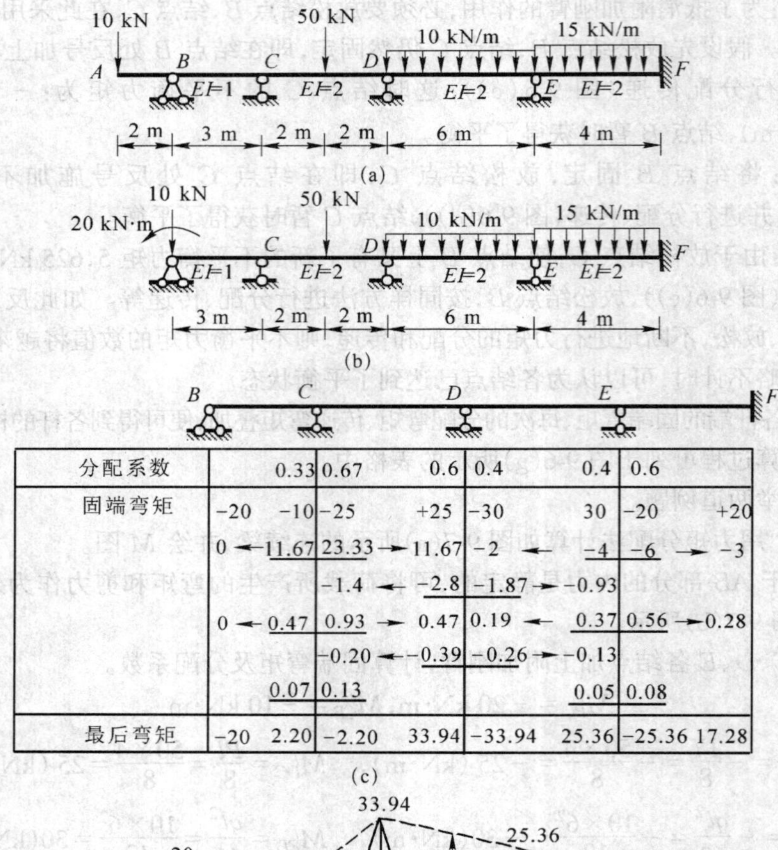

分配系数		0.33	0.67	0.6	0.4	0.4	0.6	
固端弯矩	−20	−10	−25	+25	−30	30	−20	+20
	0 ←	11.67	23.33 →	11.67	−2 ←	−4	−6 →	−3
			−1.4 ←	−2.8	−1.87 →	−0.93		
	0 ←	0.47	0.93 →	0.47	0.19 ←	0.37	0.56 →	0.28
			−0.20 ←	−0.39	−0.26 →	−0.13		
		0.07	0.13			0.05	0.08	
最后弯矩	−20	2.20	−2.20	33.94	−33.94	25.36	−25.36	17.28

(c)

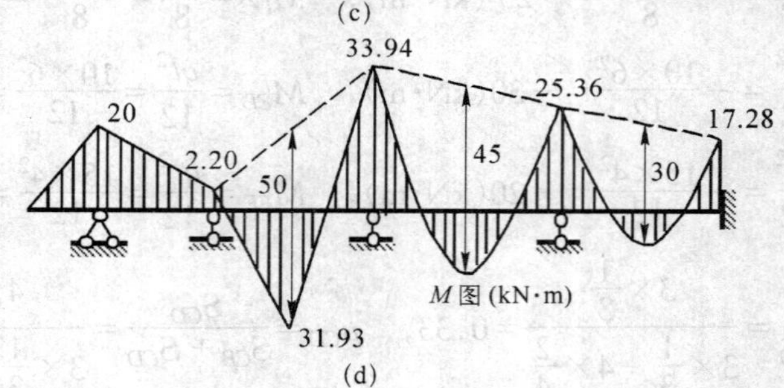

(d)

图 9-7 例 9-3 图

(a) 原结构；(b) 等效结构图；(c) 力矩分配与传递过程；(d) 弯矩图(kN·m)。

例 9-4 用力矩分配法计算如图 9-8(a)所示的刚架，并绘 M 图。

解： 1) 将结点 B、结点 C 固定，计算分配系数及固端弯矩。

令
$$\frac{EI}{6}=1$$

结点 B：
$$\mu_{BA}=\frac{S_{BA}}{S_{BA}+S_{BC}+S_{BE}}=\frac{4\times1}{4\times1+4\times1+4\times1}=\frac{1}{3}$$

$$\mu_{BC}=\frac{S_{BC}}{S_{BA}+S_{BC}+S_{BE}}=\frac{4\times1}{4\times1+4\times1+4\times1}=\frac{1}{3}$$

$$\mu_{BE}=\frac{S_{BE}}{S_{BA}+S_{BC}+S_{BE}}=\frac{4\times1}{4\times1+4\times1+4\times1}=\frac{1}{3}$$

结点 C：
$$\mu_{CB}=\frac{S_{CB}}{S_{CB}+S_{CD}+S_{CF}}=\frac{4\times1}{4\times1+3\times1+4\times1}=\frac{4}{11}$$

$$\mu_{CD}=\frac{S_{CD}}{S_{CB}+S_{CD}+S_{CF}}=\frac{3\times1}{4\times1+3\times1+4\times1}=\frac{3}{11}$$

$$\mu_{CF}=\frac{S_{CF}}{S_{CB}+S_{CD}+S_{CF}}=\frac{4\times1}{4\times1+3\times1+4\times1}=\frac{4}{11}$$

$$M_{AB}^{f}=-\frac{Pl}{8}=-\frac{80\times6}{8}=-60(\mathrm{kN\cdot m}),\quad M_{BA}^{f}=\frac{Pl}{8}=\frac{80\times6}{8}=60(\mathrm{kN\cdot m})$$

$$M_{BC}^{f}=-\frac{ql^2}{12}=-\frac{30\times6^2}{12}=-90(\mathrm{kN\cdot m}),\quad M_{CB}^{f}=\frac{ql^2}{12}=\frac{30\times6^2}{12}=90(\mathrm{kN\cdot m})$$

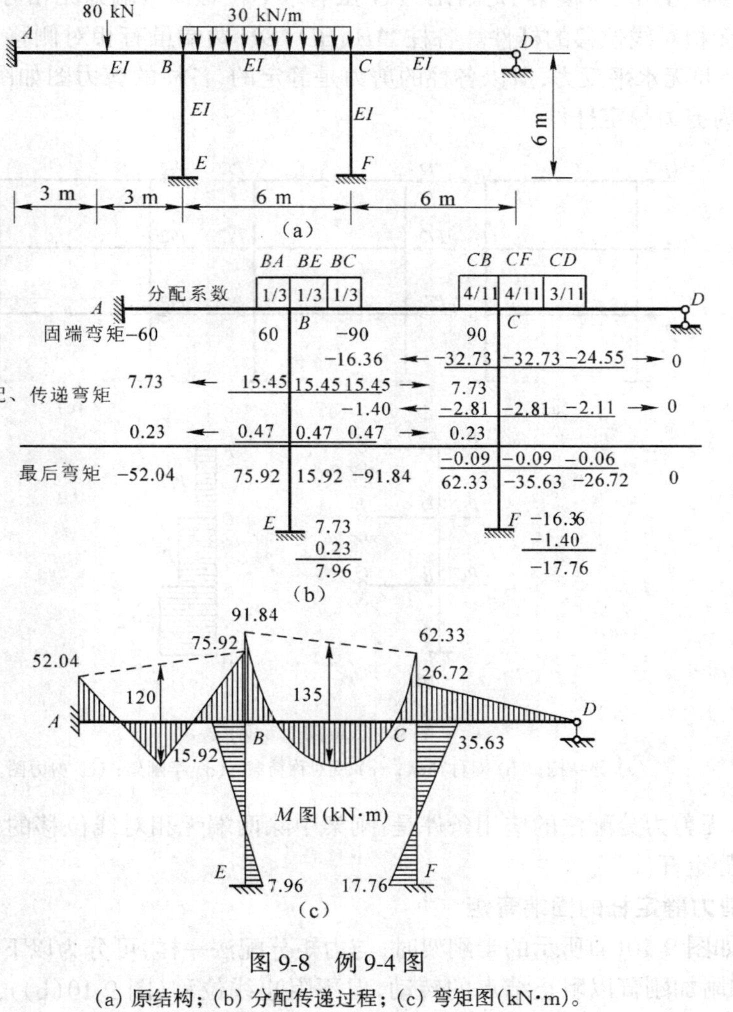

（a）

（b）

（c）

图 9-8　例 9-4 图

(a) 原结构；(b) 分配传递过程；(c) 弯矩图(kN·m)。

2) 将 B、C 两结点轮流放松,进行力矩的分配和传递,计算过程见图 9-8(b)。

3) 计算杆端最后弯矩,并绘 M 图(图 9-8(c))。

9.3 无剪力分配法

9.2 节所讲的力矩分配法可用于计算无侧移的刚架。对于有侧移的刚架,且符合某些特定条件时,可采用无剪力分配法。

一、无剪力分配法的应用条件

下面以单跨对称刚架在反对称荷载作用下的半刚架为例来说明这种方法。如图 9-9(a)所示,刚架上作用着水平结点荷载,计算时常将荷载分解为对称(图 9-9(b))和反对称荷载(图 9-9(c))分别求解。在对称荷载作用下,刚架中不会产生弯矩,故只对刚架进行反对称荷载作用下的计算。在反对称荷载作用下,各结点不仅有角位移,还有线位移,这时可取半个刚架(图 9-9(d)),用下面的无剪力分配法计算。

在图 9-9(d)中,各横梁 BC、DE、FG 虽有水平位移但两端并无相对线位移,这类杆件称为两端无相对线位移的杆件。各柱 AB、BD、DF 两端虽有相对侧移,但由于链杆支座 C、E、G 处并无水平反力,所以各柱的剪力是静定的,各柱的剪力图如图 9-9(e)所示。这类杆件称为剪力静定杆件。

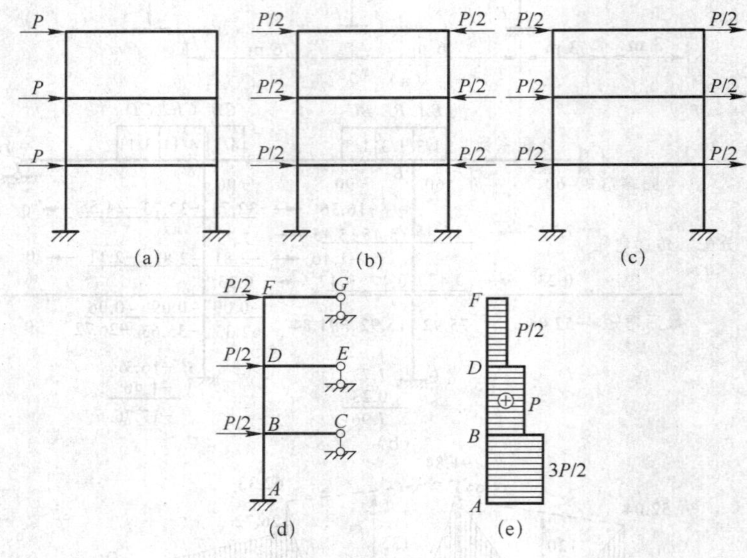

图 9-9 单跨对称刚架

(a) 原结构;(b) 对称荷载;(c) 反对称荷载;(d) 半刚架;(e) 剪力图。

所以,无剪力分配法的应用条件是:刚架中除两端无相对线位移的杆件外,其余杆件都是剪力静定杆件。

二、剪力静定杆的固端弯矩

计算如图 9-10(a)所示的半刚架时,与力矩分配法一样,可分为以下两步:第一步是固定结点,加附加刚臂以阻止结点的转动,但不阻止线位移(图 9-10(b)),求各杆端在荷载作用下的固端弯矩；第二步是放松结点（图 9-10(c)），使结点产生角位移和线位移，求各杆的分配弯矩和传递弯矩。将以上两步所得的杆端弯矩叠加，即得原刚架的杆端弯矩。

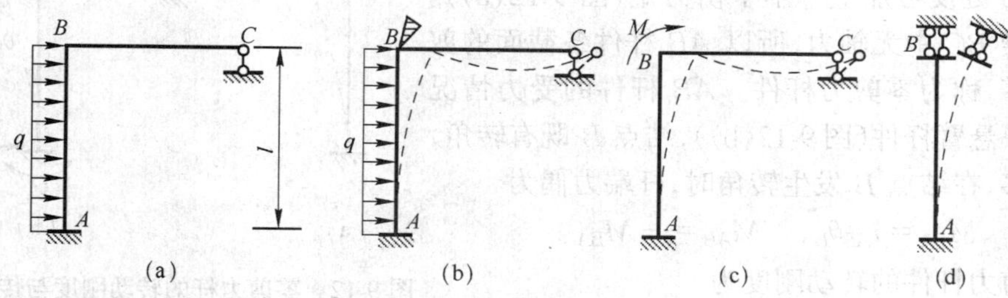

图 9-10　剪力静定杆的固端弯矩

(a) 原结构；(b) 固定 B 结点；(c) 放松 B 结点；(d) AB 杆件的受力状态。

在计算 AB 杆件的固端弯矩时，因 AB 杆的剪力是静定的，在顶点 B 处的剪力为零。所以 AB 杆件的受力状态与图 9-10(d)所示下端固定、上端滑动的杆件相同，则 AB 杆件的固端弯矩可根据表 8-1 查得

$$M_{AB}^{f}=-\frac{ql^2}{3},\quad M_{BA}^{f}=-\frac{ql^2}{6}$$

AB 杆件两端的剪力为

$$Q_{BA}=0,\quad Q_{AB}=ql$$

对于多层的情况，如图 9-11(a)所示，各横梁均为两端无相对线位移的杆件，各竖杆为剪力静定杆件，固定结点 B、C、D，阻止其转动，不阻止其线位移（图 9-11(b)）。任取其中一柱 BC，其受力状态如图9-11(c)所示，可将其看作下端固定、上端滑动的杆件，柱顶 C 处的剪力为 ql，因此，对于 BC 杆件，其两端的固端弯矩可按图 9-11(c)所示的情况求出。因此可推知，无论刚架有多少层，其中各层柱子均可视为上端滑动、下端固定的杆件，除本身所承受的荷载外，柱顶还承受剪力，其值等于柱顶以上各层所有水平荷载的代数和，这样便可根据表 8-2 计算各柱的固端弯矩。

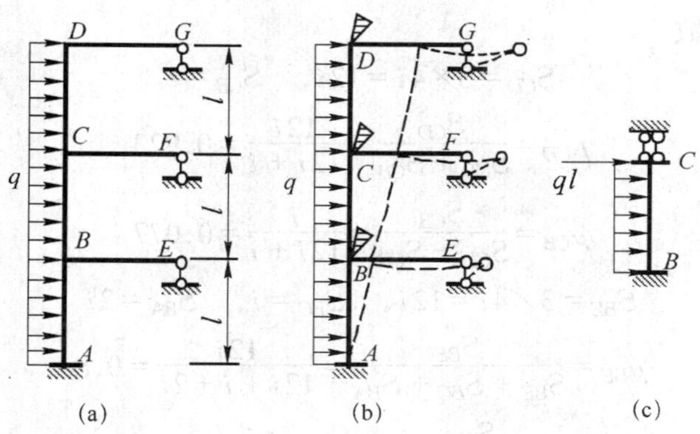

图 9-11　多层刚架剪力静定杆的固端弯矩

(a) 多层刚架；(b) 固定结点 B、结点 C、结点 D；(c) BC 杆件的受力状态。

三、零剪力杆件的转动刚度和传递系数

在图 9-10(c)所示的半刚架中，放松结点 B，即在结点 B 处反号加上一不平衡力矩(图 9-12(a))。由于横梁 BC 中无轴力，所以 AB 杆件各截面的剪力也为零，称为零剪力杆件。AB 杆件的受力情况可视为一悬臂杆件(图 9-12(b))，结点 B 既有转角，又有侧移，在结点 B 发生转角时，杆端力偶为

$$M_{BA}=i_{AB}\theta_B,\quad M_{AB}=-M_{BA}$$

所以零剪力杆件的转动刚度为

$$S_{AB}=i_{AB} \tag{9-14}$$

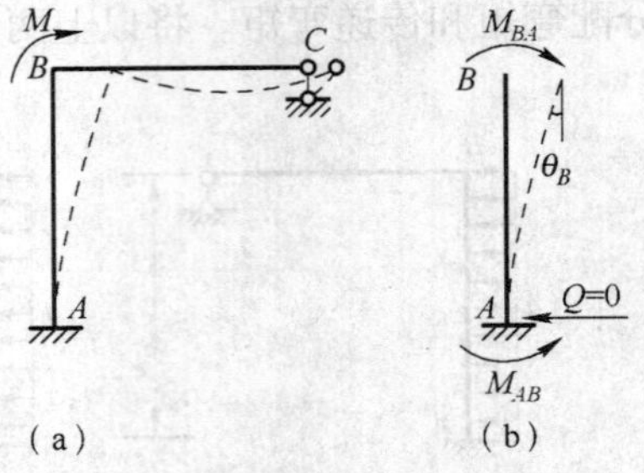

图 9-12 零剪力杆的转动刚度与传递系数
(a) 放松 B 结点；(b) AB 杆件受力情况

传递系数为

$$C_{AB}=-1 \tag{9-15}$$

由上可见，在固定结点时，AB 柱的剪力为静定的，在放松结点时，将 B 端的分配弯矩乘以 -1 的传递系数传到 A 端，因此弯矩沿 AB 杆的全长为常数，而剪力为零。这样，在力矩的分配和传递过程中，柱中原有的剪力将保持不变而不增加新的剪力，所以这种方法称为无剪力分配法，它们的转动刚度和传递系数按式(9-14)、式(9-15)计算。

例 9-5 试用无剪力分配法计算如图 9-13(a)所示的刚架。

解： 由于刚架为对称刚架，将荷载分解为正对称和反对称两种情况(图 9-13(b)、(c))，其中正对称情况不需计算，对反对称取其半刚架进行计算(图 9-13(d))。

1) 计算固端弯矩

立柱 AB、BC 为剪力静定杆件，其剪力为

$$Q_{BC}=20\ \text{kN},\ Q_{AB}=40\ \text{kN}$$

固端弯矩为

$$M_{CB}=M_{BC}=-\frac{1}{2}\times 20\times 4=-40(\text{kN}\cdot\text{m})$$

$$M_{BA}=M_{AB}=-\frac{1}{2}\times 40\times 4=-80(\text{kN}\cdot\text{m})$$

2) 计算分配系数

C 结点：
$$S_{CD}=3\times 4i=12i,\quad S_{CB}=i$$

$$\mu_{CD}=\frac{S_{CD}}{S_{CD}+S_{CB}}=\frac{12i}{12i+i}=0.923$$

$$\mu_{CB}=\frac{S_{CB}}{S_{CD}+S_{CB}}=\frac{i}{12i+i}=0.077$$

B 结点：
$$S_{BE}=3\times 4i=12i,\quad S_{BC}=i,\quad S_{BA}=2i$$

$$\mu_{BE}=\frac{S_{BE}}{S_{BE}+S_{BC}+S_{BA}}=\frac{12i}{12i+i+2i}=0.8$$

$$\mu_{BC}=\frac{S_{BC}}{S_{BE}+S_{BC}+S_{BA}}=\frac{i}{12i+i+2i}=0.067$$

$$\mu_{BA}=\frac{S_{BA}}{S_{BE}+S_{BC}+S_{BA}}=\frac{2i}{12i+i+2i}=0.133$$

3）力矩的分配与传递

计算过程如图 9-13(e)所示，最后的弯矩图如图 9-13(f)所示。

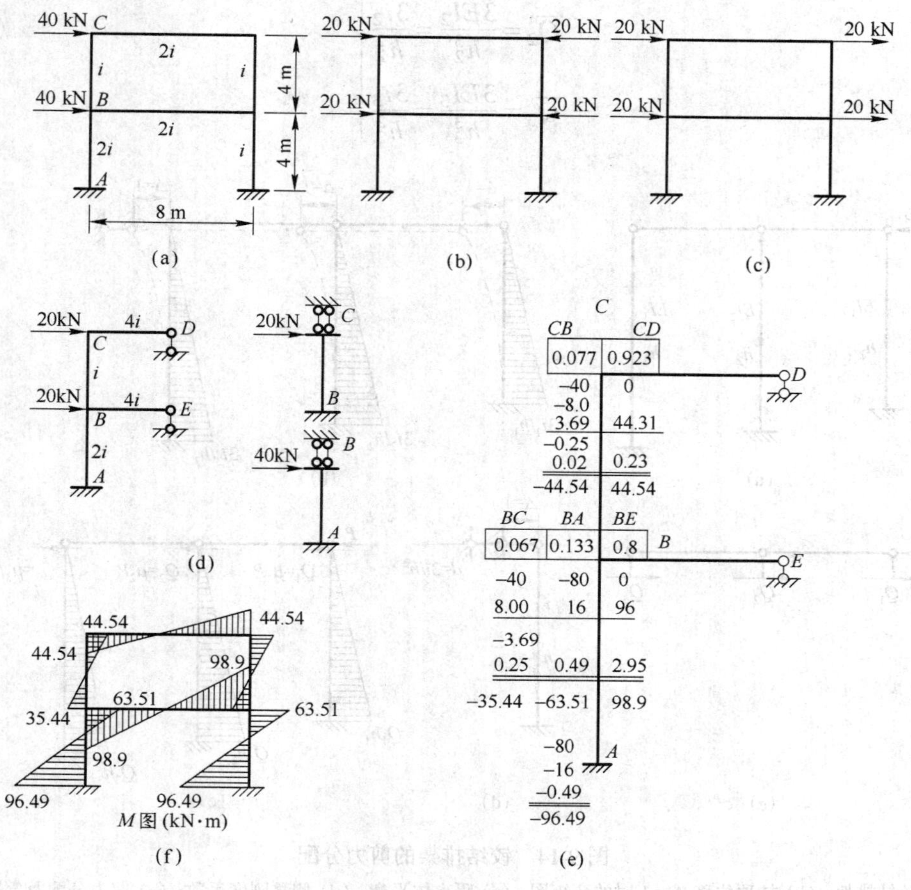

图 9-13 例 9-5

(a) 原结构；(b) 对称荷载；(c) 反对称荷载；(d) 取半个刚架；(e) 计算过程；(f) 弯矩图(kN·m)。

9.4 剪力分配法

对于无结点角位移的结构，如工业厂房中的铰结排架、横梁刚度无限大的刚架，可用剪力分配法进行计算。

一、柱顶有水平荷载作用的铰结排架

如图 9-14(a)所示的排架，柱与横梁铰结，柱下端为固定端，各柱的高度分别为 h_1、h_2、h_3，弯曲刚度分别为 EI_1、EI_2、EI_3，柱顶有水平荷载作用，忽略横梁的轴向变形，下面用剪力分配法绘制该排架的弯矩图和剪力图。

由于忽略横梁的轴向变形，在水平荷载作用下，三根柱的柱顶有水平线位移且相等，现在柱顶加一水平链杆阻止该水平线位移(图 9-14(b))。当各柱顶发生单位水平位移时，各柱顶的剪力分别为

$$\left.\begin{aligned}\overline{Q}_1=\frac{3EI_1}{h_1^3}=\frac{3i_1}{h_1^2}\\ \overline{Q}_2=\frac{3EI_2}{h_2^3}=\frac{3i_2}{h_2^2}\\ \overline{Q}_3=\frac{3EI_3}{h_3^3}=\frac{3i_3}{h_3^2}\end{aligned}\right\} \tag{9-16}$$

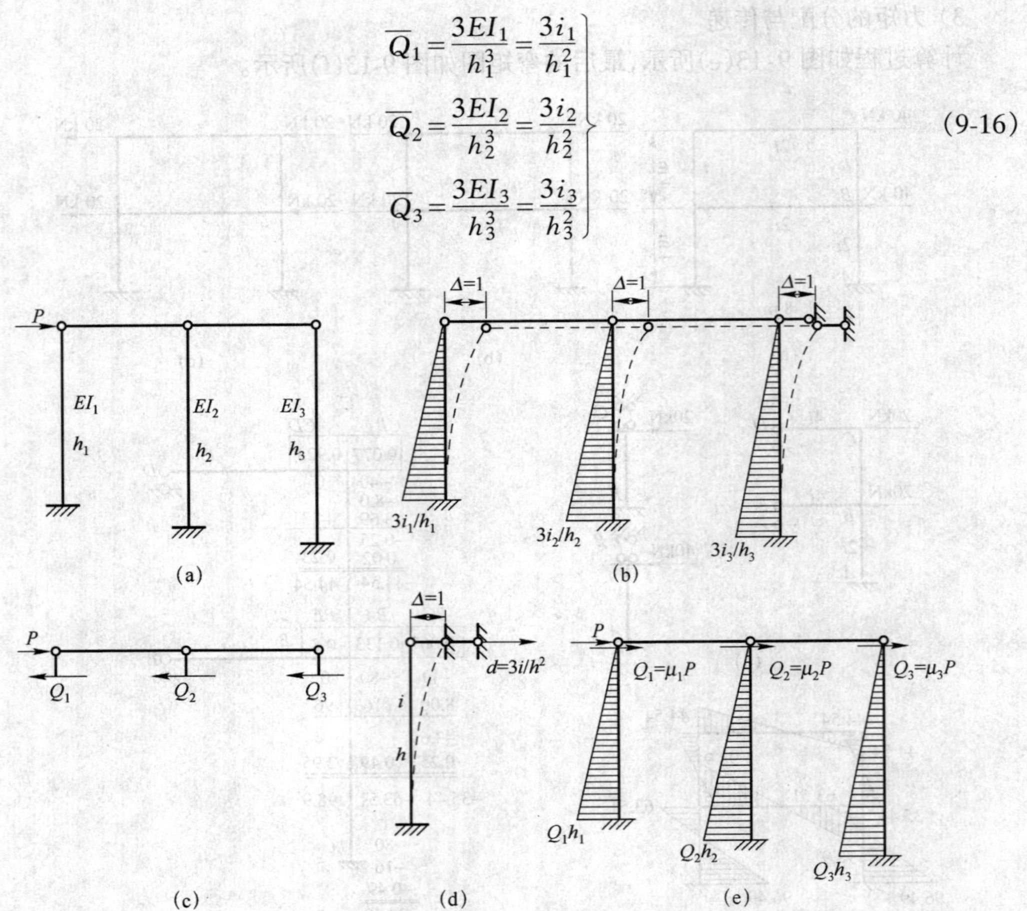

图 9-14　铰结排架的剪力分配

(a) 铰结排架；(b) 柱顶位移 $\Delta=1$ 时的弯矩图；(c) 隔离体平衡；(d) 侧移刚度系数；(e) 剪力分配及弯矩图。

式中 $i_j=\dfrac{EI_j}{h_j}(j=1,2,3)$为柱的线刚度。

当各柱顶发生相同的水平位移 Δ 时，各柱的剪力为

$$\left.\begin{aligned}Q_1=\frac{3i_1}{h_1^2}\Delta\\ Q_2=\frac{3i_2}{h_2^2}\Delta\\ Q_3=\frac{3i_3}{h_3^2}\Delta\end{aligned}\right\} \tag{9-17}$$

由平衡条件，各柱顶剪力之和应等于 P(图 9-14(c))，即

$$Q_1+Q_2+Q_3=P \tag{9-18}$$

由式(9-17)、式(9-18)，得

$$Q_j = \frac{\dfrac{3i_j}{h_j^2}}{\dfrac{3i_1}{h_1^2} + \dfrac{3i_2}{h_2^2} + \dfrac{3i_3}{h_3^2}} \cdot P \qquad (j = 1,2,3) \tag{9-19}$$

令
$$d_j = \frac{3i_j}{h_j^2} \tag{9-20}$$

则式(9-19)可写为

$$Q_j = \frac{d_j}{\sum_{j=1}^{3} d_j} \cdot P = \mu_j \cdot P \qquad (j = 1,2,3) \tag{9-21}$$

式中
$$\mu_j = \frac{d_j}{\sum d_j} \tag{9-22}$$

由式(9-21)可知,各柱顶剪力 Q_j 与 d_j 成正比,且水平荷载 P 按各柱 d_j 的比例分配给各柱,这里,d_j 称为侧移刚度系数(图 9-14(d)),μ_j 为剪力分配系数,即在柱顶水平荷载 P 作用下,各柱顶的剪力可按各柱的剪力分配系数将 P 进行分配求得,由于弯矩零点在柱顶,从而可由剪力求得弯矩,这种方法称为剪力分配法。绘出其弯矩图(图 9-14(e))。

二、横梁刚度无限大时刚架的剪力分配

如图 9-15(a)所示的刚架,横梁刚度无限大,柱顶作用水平力 P,用位移法计算时,该结构无结点角位移,只有水平线位移 Δ。对两端无转角的柱,当柱顶发生单位水平线位移时,柱顶的剪力为

$$\overline{Q} = \frac{12i}{h^2}$$

令 $d = \dfrac{12i}{h^2}$,d 称为两端无转角柱的侧移刚度系数(图 9-15(b))。

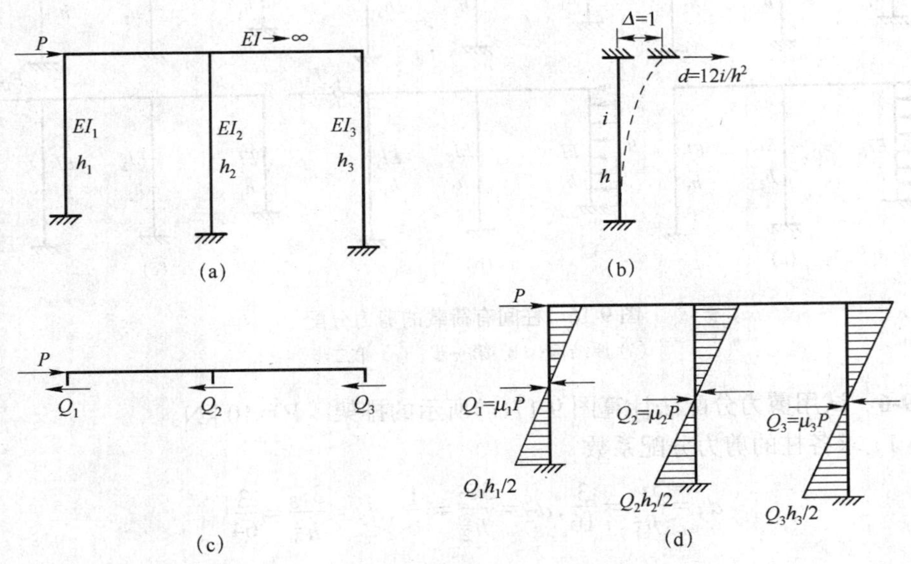

图 9-15 横梁刚度无限大时的计算

(a) 横梁刚度无限大的刚架;(b) 侧移刚度系数;(c) 隔离体平衡;(d) 剪力分配及弯矩图。

当各柱顶侧移均为 Δ 时,各柱的剪力为

$$Q_j = \overline{Q} \cdot \Delta = d_j \Delta \tag{9-23}$$

由平衡条件,各柱顶的剪力之和应等于 P(图 9-15(c)),即

$$Q_1 + Q_2 + Q_3 = P \tag{9-24}$$

由式(9-23)、式(9-24)得

$$Q_j = \frac{d_j}{\sum_{j=1}^{3} d_j} \cdot P = \mu_j \cdot P \qquad (j = 1,2,3) \tag{9-25}$$

由式(9-25)可知,对横梁刚度无限大的刚架,柱顶有水平荷载时,各柱顶的剪力也可按各柱的侧移刚度系数之比,即剪力分配系数,将水平荷载 P 进行分配求得。由剪力求弯矩时,应注意由于柱上端无转角,弯矩图的特点是柱中点的弯矩为零,柱上下端的弯矩是等值反向的。利用这个特点,可由剪力求得各柱两端弯矩为 $M = Qh/2$,从而可绘出柱的弯矩图(图 9-15(d))。由结点的平衡,可求出梁端弯矩。

三、柱间有水平荷载作用时的计算

对铰结排架以及横梁刚度无限大的刚架(图 9-16(a)),如果荷载作用在柱间,仍可用剪力分配法进行计算。步骤如下。

(1) 先在柱顶加一水平链杆(图 9-16(b)),阻止水平线位移,由表 8-1 可查出此时承受荷载的柱的柱顶剪力 $Q_1{}^F$,进而求出附加链杆的约束反力 F_{1P}。

(2) 将 F_{1P} 反向加在原结构上(图 9-16(c)),此时可用剪力分配法进行计算。

(3) 将图 9-16(b)、(c)两种情况下的内力叠加,即得原结构的解。

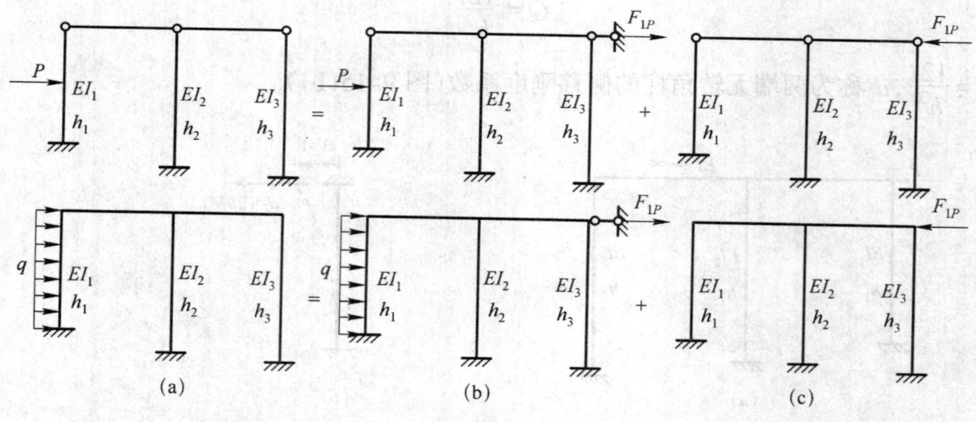

图 9-16　柱间有荷载的剪力分配

(a) 原结构; (b) 第一步; (c) 第二步。

例 9-6　试用剪力分配法计算图 9-17(a)所示的排架。$P = 10$ kN。

解: 1) 求各柱的剪力分配系数

$$d_1 = \frac{3i_1}{h_1^2} = \frac{3}{16}, d_2 = \frac{3i_2}{h_2^2} = \frac{1}{6}, d_3 = \frac{3i_3}{h_3^2} = \frac{3}{64}$$

$$\mu_1 = \frac{d_1}{\sum_{j=1}^{3} d_j} = \frac{\frac{3}{16}}{\frac{3}{16} + \frac{1}{6} + \frac{3}{64}} = 0.4675$$

$$\mu_2 = \frac{\frac{1}{6}}{\frac{3}{16} + \frac{1}{6} + \frac{3}{64}} = 0.4156$$

$$\mu_3 = \frac{\frac{3}{64}}{\frac{3}{16} + \frac{1}{6} + \frac{3}{64}} = 0.1169$$

2) 计算各柱剪力(图 9-17(b))

$$Q_1 = \mu_1 \cdot P = 0.4675 \times 10 = 4.675(\text{kN})$$
$$Q_2 = \mu_2 \cdot P = 0.4156 \times 10 = 4.156(\text{kN})$$
$$Q_3 = \mu_3 \cdot P = 0.1169 \times 10 = 1.169(\text{kN})$$

3) 计算杆端弯矩

$$M_1 = Q_1 \cdot h_1 = 4.675 \times 4 = 18.70(\text{kN}\cdot\text{m})$$
$$M_2 = Q_2 \cdot h_2 = 4.156 \times 6 = 24.94(\text{kN}\cdot\text{m})$$
$$M_3 = Q_3 \cdot h_3 = 1.169 \times 8 = 9.35(\text{kN}\cdot\text{m})$$

4) 绘制弯矩图(图 9-17(c))

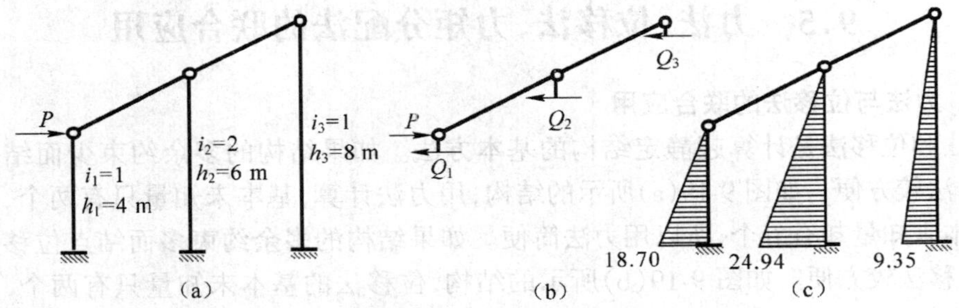

图 9-17　例 9-6 图

(a) 原结构；(b) 柱顶剪力；(c) 弯矩图(kN·m)。

例 9-7　试用剪力分配法计算图 9-18(a)所示的刚架。

解： 1) 在柱顶加水平链杆(图 9-18(b)),求链杆的约束反力 F_1。

画出 AB 柱的弯矩图,固端剪力 $Q_{AB}{}^F = -P/2 = -10$ kN。

由 $\sum X = 0$,得链杆的约束反力 $F_1 = -10$ kN。

2) 将链杆的约束反力 F_1 反向加在原结构上,用剪力分配法计算。

$$\mu_1 = \frac{d_1}{\sum_{j=1}^{3} d_j} = \frac{1}{1+2+1} = 0.25, \quad \mu_2 = \frac{2}{1+2+1} = 0.5, \quad \mu_3 = 0.25$$

柱顶剪力：　$Q_1 = Q_3 = \mu_1 \cdot F_1 = 0.25 \times 10 = 2.5(\text{kN})$

$$Q_2 = \mu_2 \cdot F_1 = 0.5 \times 10 = 5.0(\text{kN})$$

柱端弯矩：$M_1 = M_3 = -Q_1 \cdot \frac{h}{2} = -2.5 \times \frac{4}{2} = -5(\text{kN·m})$

$$M_2 = -Q_2 \cdot \frac{h}{2} = -5 \times \frac{4}{2} = -10(\text{kN·m})$$

绘出弯矩图(图 9-18(c))。

3) 叠加图 9-18(b)、(c)即得最后弯矩图(图 9-18(d))。

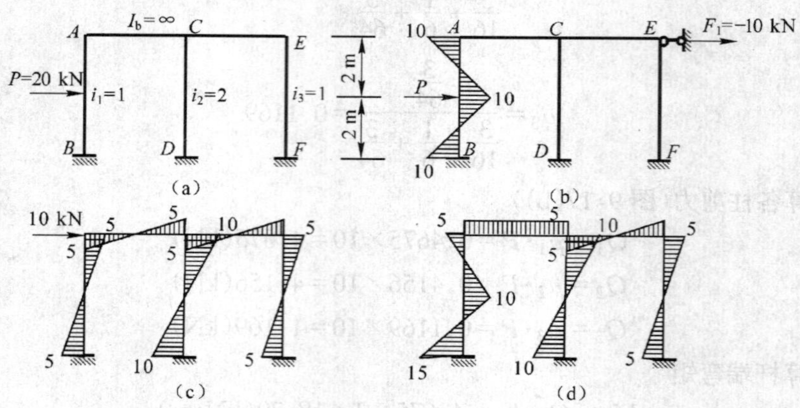

图 9-18 例 9-7 图

(a) 原结构；(b) 柱顶附加不动铰时弯矩图(kN·m)；
(c) F_1 单独作用时弯矩图(kN·m)；(d) 最后弯矩图(kN·m)。

9.5 力法、位移法、力矩分配法的联合应用

一、力法与位移法的联合应用

力法和位移法是计算超静定结构的基本方法。如果结构的多余约束少而结点位移多,用力法较方便。如图 9-19(a)所示的结构,用力法计算,基本未知量只有两个,而位移法的基本未知量却有五个,所以用力法简便。如果结构的多余约束多而结点位移少的结构,用位移法较方便。如图 9-19(b)所示的结构,位移法的基本未知量只有两个,而力法的基本未知量却有六个,所以用位移法简便。

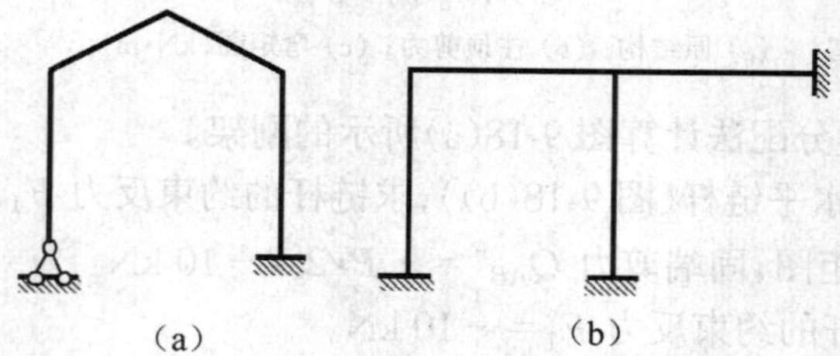

图 9-19 选择力法还是位移法求解举例

(a) 用力法求解；(b) 用位移法求解

对有的结构,不管是用力法还是位移法,基本未知量都比较多,如图 9-20(a)所示的刚架,是由图 9-19(a)和图 9-19(b)中的两个刚架合成的,左边是多余约束少而结点位移多,右边是多余约束多而结点位移少,很显然,如果只采用力法或只采用位移法,计算都不太

简便。这时可用混合法计算。

混合法是将力法和位移法同时用于一个结构上,所取的基本未知量既有位移,又有力。对图 9-20(a)所示的刚架,左半部分可取多余未知力作为基本未知量,右半部分可取结点位移作为基本未知量,所以基本结构如图 9-20(b)所示,基本未知量共有四个,A 支座的多余约束反力 X_1、X_2,B、C 两结点的转角 Z_3、Z_4,则基本结构在荷载、多余未知力和结点位移的共同作用下,沿每一多余约束反力方向的总位移应等于零,即 A 点的水平位移 $\Delta_1=0$,竖向位移 $\Delta_2=0$,以及在阻止结点转动的约束内的约束反力矩应等于零,即 B 结点和 C 结点处的约束力矩 $R_3=0$,$R_4=0$。根据这些条件可建立混合法方程如下:

$$\left.\begin{aligned}\delta_{11}X_1+\delta_{12}X_2+\delta_{13}Z_3+\delta_{14}Z_4+\Delta_{1P}=0\\ \delta_{21}X_1+\delta_{22}X_2+\delta_{23}Z_3+\delta_{24}Z_4+\Delta_{2P}=0\\ r_{31}X_1+r_{32}X_2+r_{33}Z_3+r_{34}Z_4+R_{3P}=0\\ r_{41}X_1+r_{42}X_2+r_{43}Z_3+r_{44}Z_4+R_{4P}=0\end{aligned}\right\} \tag{9-26}$$

该方程组的前两个方程是结构左边的力法方程,分别表示在 X_1、X_2、Z_3、Z_4 以及荷载的共同作用下 A 支座的水平位移和竖向位移等于零。其中除 δ_{13}、δ_{23}、δ_{14}、δ_{24}以外,其他系数和自由项的意义与力法中所使用者相同。δ_{13}和 δ_{23}分别表示由 $Z_3=1$ 所引起的 A 支座处与 X_1、X_2 相对应的位移,δ_{14}和 δ_{24}分别表示由 $Z_4=1$ 所引起的 A 支座处与 X_1、X_2 相对应的位移,它们按支座移动所引起的位移进行计算。后两个方程是结构右边的位移法方程,分别表示 B 结点和 C 结点处的约束力矩等于零。式中 r_{31}和 r_{32}分别表示由 $X_1=1$、$X_2=1$ 所引起的 B 结点的约束力矩(图 9-20(c)、(d)),r_{41}和 r_{42}分别表示由 $X_1=1$、$X_2=1$ 所引起的 C 结点的约束力矩(图 9-20(c)、(d)),其他系数及自由项与位移法中所使用者相同。从上述混合法方程中解出基本未知量 X_1、X_2、Z_3、Z_4 后,刚架的弯矩图可按下式计算:

$$M=\overline{M}_1X_1+\overline{M}_2X_2+\overline{M}_3Z_3+\overline{M}_4Z_4+M_P$$

式中,$\overline{M}_1$、$\overline{M}_2$、$\overline{M}_3$、$\overline{M}_4$、M_P 分别为 $X_1=1$、$X_2=1$、$Z_3=1$、$Z_4=1$ 及荷载作用于基本结构时的弯矩图。

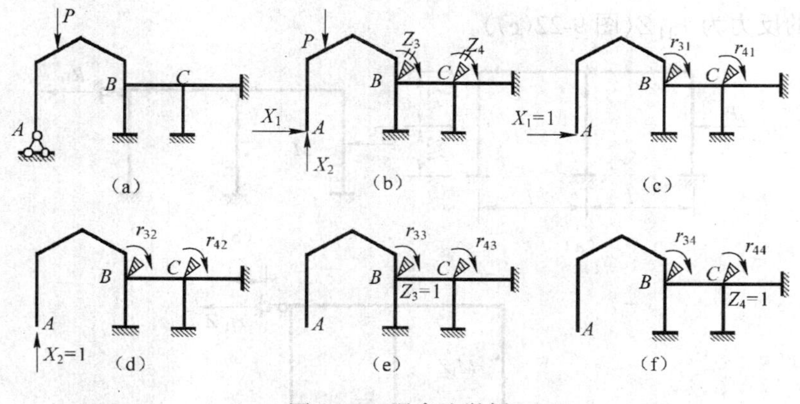

图 9-20　混合法举例

(a) 原结构;(b) 基本结构;(c) $X_1=1$ 时引起的约束力矩;(d) $X_2=1$ 时引起的约束力矩;(e) $Z_3=1$ 时引起的约束力矩;(f) $Z_4=1$ 时引起的约束力矩。

对有的对称结构,可联合应用力法与位移法。下面举例说明。如图 9-21(a)所示的对称刚架,承受均布荷载作用。计算时可将荷载分解为正对称(图 9-21(b))和反对称(图 9-21(c))两种情况,分别用适宜的方法计算。对正对称情况,取半刚架如图 9-21(d)所示,此时多余约束有四个,而结点位移只有两个,显然用位移法较简便。对反对称情况,取半刚架如图 9-21(e)所示,此时多余约束有两个,而结点位移却有四个,显然用力法较简便。

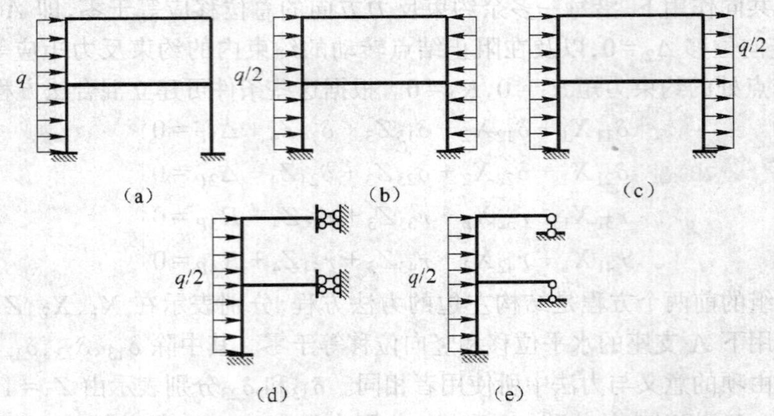

图 9-21 联合力法与位移法求解举例

(a) 原结构;(b) 对称荷载;(c) 反对称荷载;(d) 正对称半个刚架;(e) 反对称半个刚架。

二、位移法与力矩分配法的联合应用

力矩分配法只能计算无结点线位移的刚架及连续梁,对于有结点线位移的刚架,不能直接用力矩分配法计算,这时需联合应用位移法和力矩分配法,用力矩分配法考虑角位移的影响,用位移法考虑线位移的影响。下面举例说明。

如图 9-22(a)所示的刚架,先用一附加链杆控制刚架的线位移,使它成为无结点线位移的刚架,并用力矩分配法求出各杆的杆端弯矩,画出弯矩图即 M_P 图,并求出附加链杆上的反力 R_{1P}(图 9-22(b))。然后让附加链杆产生单位水平线位移 $\Delta=1$,用力矩分配法求出各杆的杆端弯矩 M_1,并求出相应的附加链杆上的反力 r_{11}。则当线位移为 Z 时,附加链杆上的反力为 $r_{11}Z$(图 9-22(c))。

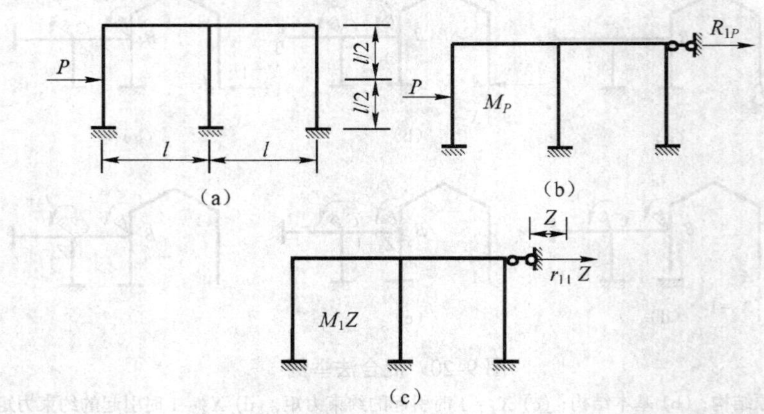

图 9-22 有结点线位移的刚架

(a) 原结构;(b) 柱顶附加不动铰;(c) 附加不动铰发生线位移。

由位移法可知，原结构的情况应是图 9-22(b)、(c)两种情况的叠加，原结构附加链杆上的反力应为零，即

$$r_{11}Z+R_{1P}=0$$

从而求出位移：

$$Z=-\frac{R_{1P}}{r_{11}}$$

则原结构的弯矩为

$$M=M_P+M_1\cdot Z$$

以上就是联合应用位移法和力矩分配法的全部过程，求 M_1 和 M_P 时用的是力矩分配法，求线位移用的是位移法方程。

三、力法与力矩分配法的联合应用

力法与力矩分配法的联合应用，可用下述例子说明。

如图 9-23(a)所示的对称刚架，承受一般荷载。计算时，可将荷载分解为正对称(图 9-23(b))和反对称荷载(图 9-23(c))。在正对称荷载作用下，刚架无结点线位移，可用力矩分配法计算。在反对称荷载作用下，可取半刚架(图 9-23(d))，用力法进行计算。

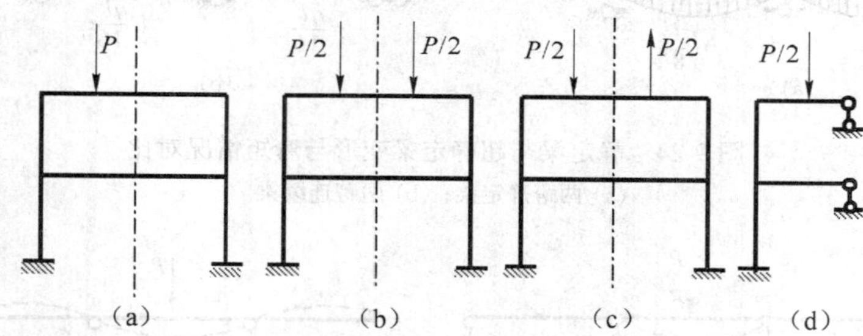

图 9-23　力法与力矩分配法的联合应用举例

(a) 原结构；(b) 对称荷载；(c) 反对称荷载；(d) 反对称半个刚架。

9.6　超静定结构的特性

超静定结构与静定结构比较，在受力性能、维持几何不变性等方面具有诸多不同，具有自己的特性。

1. 引起内力的因素

在静定结构中，荷载的作用既会引起结构的内力，也会引起结构的变形。而除荷载之外的其他因素，如温度改变、支座移动、制造误差等广义荷载，只能引起结构的位移，而不会引起结构内力。在超静定结构中，荷载及广义荷载一般情况下将引起结构的变形，而这种变形由于受到结构的多余约束的限制，因而往往使结构产生内力。

2. 几何不变性的维持

对于静定结构，当其任意约束遭到破坏后，即丧失几何不变性，成为几何可变体系，从而不能继续承受荷载。而超静定结构由于存在多余约束，所以当多余约束遭到破坏后，仍能维持其几何不变性，因而还具有一定的承载能力。因此超静定结构比静定结构有更强

的抵抗破坏的防护能力。工程中的结构多采用超静定结构的形式。

3. 荷载及局部荷载的影响

一般而言,荷载及局部荷载对静定结构的影响范围较小,但所引起的内力及变形较大。而局部荷载对超静定结构的影响范围虽然较大,但所引起的内力及变形较小,且内力分布较均匀。例如,图 9-24(a)所示为两跨静定梁在荷载作用下的变形和弯矩图,图 9-24(b)所示为两跨连续梁在荷载作用下的变形和弯矩图。尽管两种结构的跨度、荷载是相同的,但因为前者是静定结构,后者是超静定结构,因而跨中挠度和跨中弯矩存在较大不同。再例如,图 9-25(a)所示静定多跨梁,当中跨承受荷载时,除中跨产生内力外,两边跨不产生内力。但图 9-25(b)所示的连续梁则不同,当跨中承受同样荷载时,除中跨产生内力外,两边跨也产生内力。且静定结构的内力要比超静定结构的内力要大。

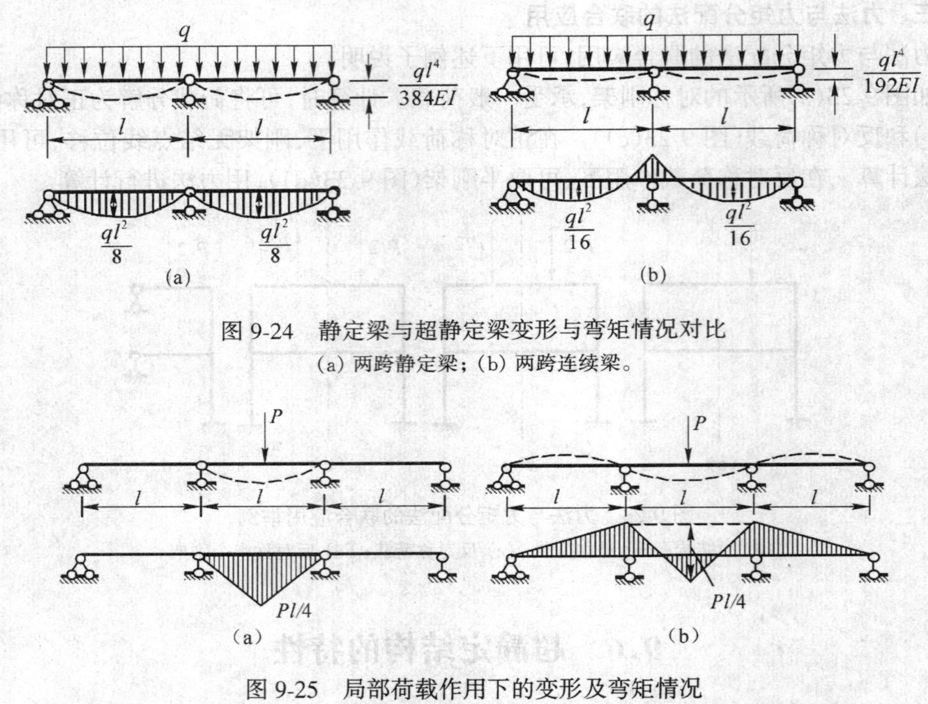

图 9-24　静定梁与超静定梁变形与弯矩情况对比

(a) 两跨静定梁;(b) 两跨连续梁。

图 9-25　局部荷载作用下的变形及弯矩情况

(a) 三跨静定梁;(b) 三跨连续梁。

4. 全部内力的确定

静定结构的内力完全可以由静力平衡条件确定,其值与结构的材料性质及杆件截面尺寸无关。而在确定超静定结构的内力时,除应考虑平衡条件外,还必须同时考虑位移条件和物理条件。因而,超静定结构全部内力的确定与结构的材料性质及杆件截面尺寸有关。

复习思考题

1. 力矩分配法中对杆件的固端弯矩、杆端弯矩的正负号是怎样规定的?

2. 什么叫转动刚度?它与哪些因素有关?什么叫分配系数?为什么在一个结点上各杆的分配系数之和等于1?

3. 结点上的不平衡力矩(约束力矩)与该结点的固端弯矩有何关系？为什么要将约束力矩变号后才能进行分配？

4. 什么叫传递弯矩和传递系数？传递系数如何确定？

5. 力矩分配法的计算过程为什么是收敛的？

6. 在多结点力矩分配中,“松开”结点的顺序不同,对杆端弯矩值有无影响？欲使分配收敛快,应从什么结点开始？

7. 当支座移动和温度发生改变时,可以用力矩分配法计算吗？

8. 什么是无剪力分配法？它的适用条件是什么？

9. 什么是剪力分配法？它的适用条件是什么？当柱间有荷载作用时,如何用剪力分配法计算？

习　题

习题 9-1　利用分配系数和传递系数,求图示梁的杆端弯矩。各杆 EI 相同。力偶 M 作用在 B 结点处。

习题 9-2　用力矩分配法求图示梁的杆端弯矩,并作 M 图。

习题 9-1 图　　　　习题 9-2 图

习题 9-3　用力矩分配法求图示梁的杆端弯矩,并作 M 图。

习题 9-4　用力矩分配法作图示刚架的 M 图、Q 图和 N 图。

习题 9-3 图　　　　习题 9-4 图

习题 9-5　用力矩分配法作图示刚架的 M 图。

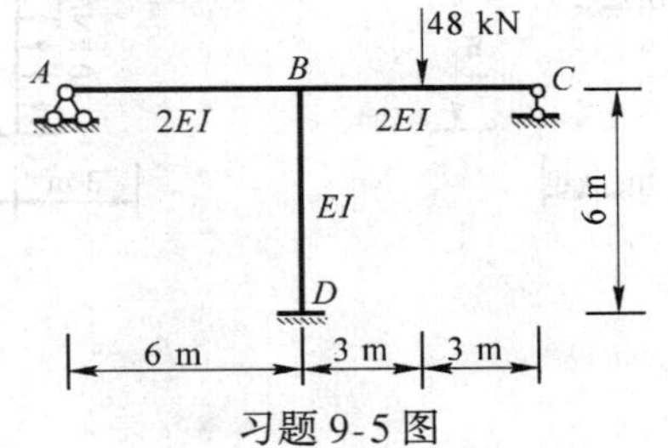

习题 9-5 图

习题 9-6　用力矩分配法计算图示连续梁，并作 M 图、Q 图。

习题 9-7　用力矩分配法计算图示连续梁，并作 M 图。

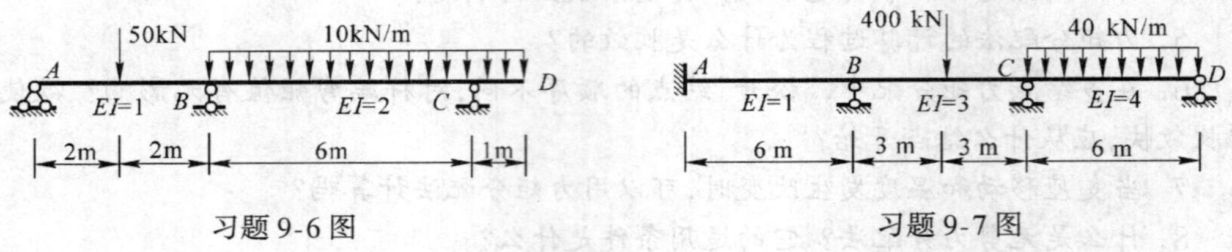

习题 9-6 图　　习题 9-7 图

习题 9-8　用力矩分配法计算图示连续梁，并作 M 图。

习题 9-9　用力矩分配法计算图示刚架，并作 M 图。

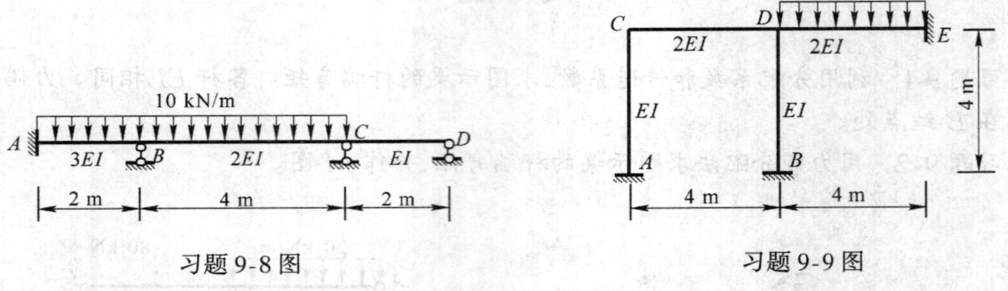

习题 9-8 图　　习题 9-9 图

习题 9-10　用力矩分配法计算图示刚架，并作 M 图。

习题 9-11～习题 9-14　用力矩分配法并利用对称性计算图示刚架，并作 M 图。

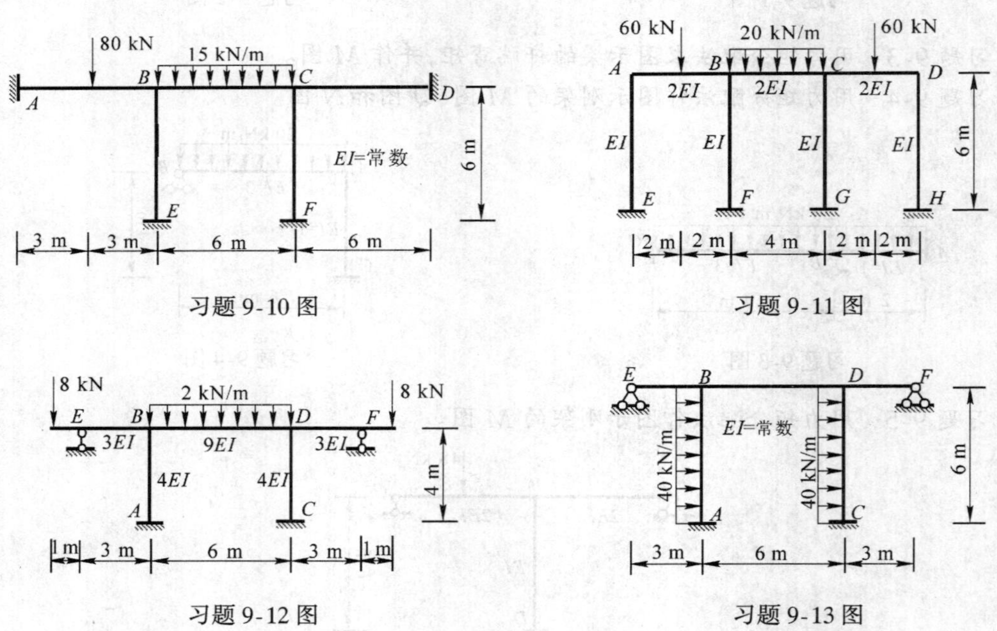

习题 9-10 图　　习题 9-11 图

习题 9-12 图　　习题 9-13 图

习题 9-15　用力矩分配法计算图示刚架，并作 M 图。

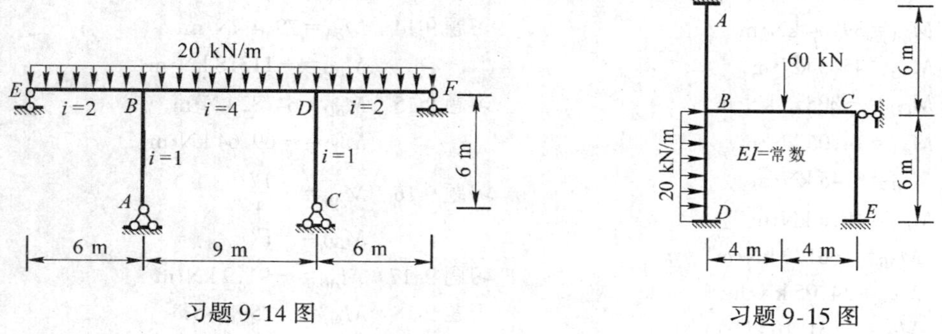

习题 9-14 图　　习题 9-15 图

习题 9-16～习题 9-17　用无剪力分配法计算图示刚架，并作 M 图。

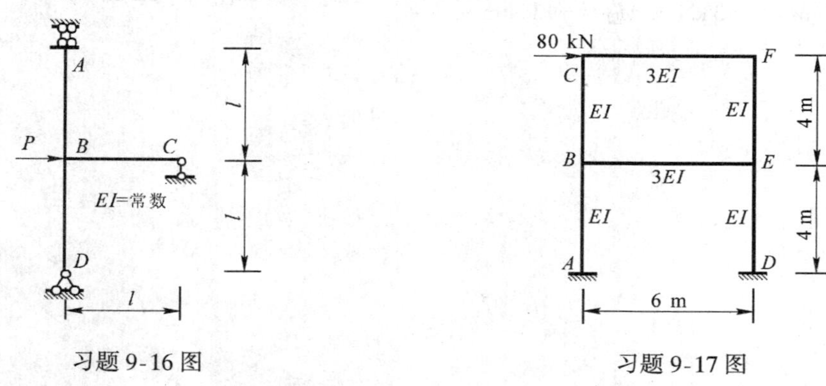

习题 9-16 图　　习题 9-17 图

习题 9-18　用剪力分配法计算图示刚架，并作 M 图。

习题 9-19　用剪力分配法计算图示排架，并作 M 图。

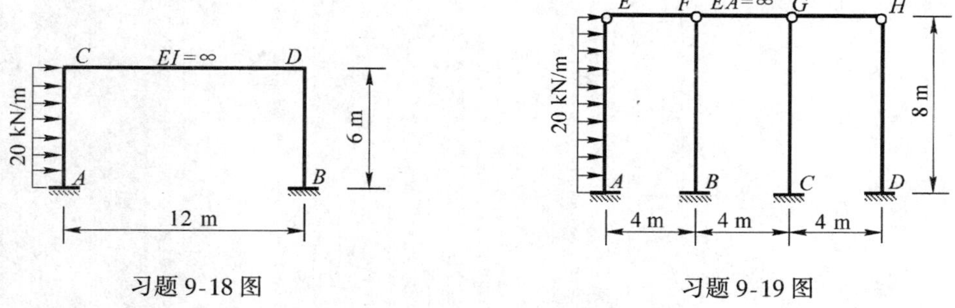

习题 9-18 图　　习题 9-19 图

习题答案

习题 9-1　$M_{AB}=\frac{2}{7}M, M_{BC}=\frac{3}{7}M$

习题 9-2　$M_{BA}=45\ \text{kN}\cdot\text{m}$,
$M_{BC}=-45\ \text{kN}\cdot\text{m}$

习题 9-3　$M_{AB}=-2.67\ \text{kN}\cdot\text{m}$,
$M_{BC}=-14.67\ \text{kN}\cdot\text{m}$

习题 9-4　$M_{AC}=36\ \text{kN}\cdot\text{m}, Q_{AC}=-13.5\ \text{kN}$,
$N_{AC}=-66\ \text{kN}$

习题 9-5　$M_{BA}=20.25\ \mathrm{kN\cdot m}$，$M_{DB}=6.75\ \mathrm{kN\cdot m}$

习题 9-6　$M_{BA}=39.64\ \mathrm{kN\cdot m}$

习题 9-7　$M_{AB}=45.5\ \mathrm{kN\cdot m}$，$M_{CD}=-308.3\ \mathrm{kN\cdot m}$

习题 9-8　$M_{BA}=14.06\ \mathrm{kN\cdot m}$，$M_{CB}=6.45\ \mathrm{kN\cdot m}$

习题 9-9　$M_{ED}=48.6\ \mathrm{kN\cdot m}$

习题 9-10　$M_{AB}=-61.3\ \mathrm{kN\cdot m}$

习题 9-11　$M_{BA}=34.05\ \mathrm{kN\cdot m}$，$M_{BC}=-31.10\ \mathrm{kN\cdot m}$

习题 9-12　$M_{BA}=4\ \mathrm{kN\cdot m}$，$M_{BD}=-3\ \mathrm{kN\cdot m}$，$M_{BE}=-1\ \mathrm{kN\cdot m}$

习题 9-13　$M_{AB}=-135\ \mathrm{kN\cdot m}$，$M_{BD}=-45\ \mathrm{kN\cdot m}$，$M_{BA}=90\ \mathrm{kN\cdot m}$

习题 9-14　$M_{BA}=79.4\ \mathrm{kN\cdot m}$，$M_{BD}=-113.8\ \mathrm{kN\cdot m}$

习题 9-15　$M_{BD}=64.82\ \mathrm{kN\cdot m}$，$M_{BC}=-69.64\ \mathrm{kN\cdot m}$

习题 9-16　$M_{AB}=-\dfrac{Pl}{4}$，$M_{BD}=-Pl$

习题 9-17　$M_{AB}=-91.9\ \mathrm{kN\cdot m}$

习题 9-18　$M_{AC}=-150\ \mathrm{kN\cdot m}$

习题 9-19　$M_{AE}=-280\ \mathrm{kN\cdot m}$，$M_{CG}=-120\ \mathrm{kN\cdot m}$

第 10 章　影响线及其应用

10.1　影响线的概念

在前面几章中,作用在结构上的荷载都是固定荷载,即荷载作用点的位置固定不动。但在一般工程结构中,除了承受固定荷载作用外,还要承受移动荷载的作用。例如,桥梁要承受列车、汽车的荷载;厂房中的吊车梁要承受吊车荷载等。固定荷载和移动荷载对结构所产生的影响肯定是不同的。在移动荷载作用下,结构中的内力和反力将随着荷载位置的变化而变化。而在结构设计中,必须要求出移动荷载作用下结构的反力及内力的最大值,作为结构设计的依据。所以,我们需要研究结构在移动荷载作用下其反力和内力的变化规律。对不同的反力和不同截面的内力,其变化规律是各不相同的,即使是同一截面,不同的内力(如弯矩、剪力和轴力)变化规律也不相同。因此,一次只能研究一个反力或某一个截面的某一项内力的变化规律。同时,要确定某一反力或某一内力的最大值,首先必须确定产生这一最大值的荷载位置,这一荷载位置称为该反力或内力的最不利荷载位置。

工程中移动荷载的类型很多,通常是由很多间距不变的竖向荷载组成,我们不可能逐一加以研究,如果用固定荷载的方法解决这类问题,难度又较大。我们可以从最简单的荷载情况考虑起。最简单的移动荷载是单位移动荷载,即 $P=1$。如果把单位移动荷载作用下,结构的某一指定截面某一量值(弯矩、剪力、轴力、位移等)的变化规律研究出来,则根据叠加原理,就可以解决各类移动荷载作用下,该量值的计算问题以及该量值的最不利荷载位置的确定问题。为此,我们引入影响线的概念。影响线是研究移动荷载作用的基本工具。下面,先给出影响线的定义,然后用一简单的例子加以说明。

影响线定义如下:当一个指向不变的单位集中荷载(通常为竖直向下)沿结构移动时,表示某一指定截面某一量值(内力或反力)变化规律的图形,称为该量值的影响线。

图 10-1(a)所示简支梁受到一集中移动荷载 $P=1$ 作用,先讨论支座 A 的反力 R_A 随 $P=1$ 移动的变化规律。

取 A 点为坐标原点,用 x 表示荷载 $P=1$ 的位置,由平衡方程可求出支座反力。

由 $\sum M_B=0$,得 $R_A \cdot x - P(l-x)=0$,则

$$R_A=\frac{l-x}{l} \quad (0 \leqslant x \leqslant l) \tag{10-1}$$

式(10-1)表示支座反力 R_A 与荷载位置 x 之间的函数关系,以横坐标表示荷载的位置,纵坐标表示支座反力 R_A 的数值。当 $x=0$ 时,$R_A=1$,当 $x=l/2$ 时,$R_A=1/2$;当 $x=l$ 时,$R_A=0$。将这些数值在水平的基线上用竖标绘出,由于式(10-1)为一次式,所以式(10-1)所表示的图形为一直线。用直线将这些竖标各顶点连起来,所得的图形即为 R_A 的影响线(图 10-1(b))。将式(10-1)称为影响线方程。对于支座反力,通常规定向上为正,正值的竖标绘在基线的上方,并注明正号。

图 10-1(b)所示的影响线形象地表示了支座反力 R_A 随荷载$P=1$ 的移动而变化的规律:当荷载 $P=1$ 从 A 点开始逐渐向B 点移动时,支座反力 R_A 从最大值$R_A=1$ 逐渐减小,最后为零。

绘出某一量值的影响线后,就可以利用它来确定最不利的荷载位置,从而求出该量值的最大值。下面我们先讨论影响线的绘制方法,然后再讨论影响线的应用。

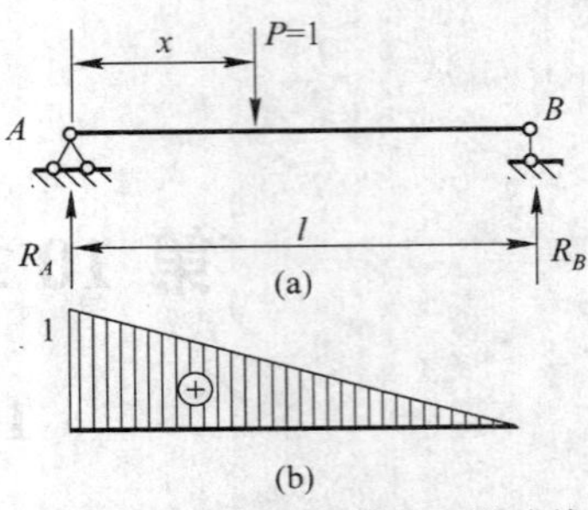

图 10-1 简支梁及其 R_A 影响线

(a) 简支梁;(b) R_A 影响线。

10.2 用静力法绘制静定结构的影响线

绘制静定结构的反力或内力影响线,有两种基本方法,即静力法和机动法。本节介绍静力法。

用静力法绘制影响线,就是以 x 表示荷载的作用位置,根据平衡条件确定所求量值(支座反力或内力)与荷载位置 x 之间的函数关系,这种关系式称为影响线方程,然后根据影响线方程作出影响线。

一、简支梁的影响线

1. 支座反力的影响线

如图 10-2(a)所示的简支梁,现绘制支座反力 R_A 和 R_B 的影响线。上节已经讨论了 R_A 的影响线,得出 R_A 的影响线方程为

$$R_A=\frac{l-x}{l}\quad(0\leqslant x\leqslant l)\tag{10-2}$$

根据该方程绘出 R_A 的影响线如图 10-2(b)所示。在绘影响线时,通常规定支座反力以向上为正,正值的竖标绘在基线的上方,并注明正号。

下面讨论支座反力 R_B 的影响线。由$\sum M_A=0$,得

$$R_Bl-Px=0$$

$$R_B=\frac{x}{l}\quad(0\leqslant x\leqslant l)\tag{10-3}$$

这就是 R_B 的影响线方程,R_B 是 x 的一次函数,所以 R_B 的影响线也是一条直线:当 $x=0$ 时,$R_B=0$;当 $x=l$ 时,$R_B=1$。由这两点便可绘出 R_B 的影响线,如图 10-2(c)所示。

根据影响线的定义,影响线的任一竖标即代表当荷载 $P=1$ 作用于该处时该量值的大小,如图 10-2(b)中的 y_K 即代表$P=1$ 作用在 K 点时反力R_A 的大小。

在作影响线时,为了研究方便,假定荷载 $P=1$ 是不带任何单位的,即 $P=1$ 为一无量纲量。由此可知,支座反力的影响线,其竖标也是一无量纲量。

2. 内力影响线

1) 弯矩影响线

现在作简支梁(图 10-3(a))某指定截面 C 的弯矩 M_C 的影响线。当 $P=1$ 在 AC 段$(0\leqslant x\leqslant a)$移动时,为了计算方便,取 BC 段为隔离体,并规定使梁下边的纤维受拉的弯

矩为正，由平衡方程$\sum M_C=0$得

$$M_C=R_Bb=\frac{x}{l}b \quad (0\leqslant x\leqslant a) \tag{10-4}$$

由此可知，M_C 的影响线在截面 C 以左的部分为一直线：当 $x=0$ 时，$M_C=0$；当 $x=a$ 时，$M_C=ab/l$，于是可绘出 $P=1$ 在截面 C 以左部分移动时 M_C 的影响线(图 10-3(b))。

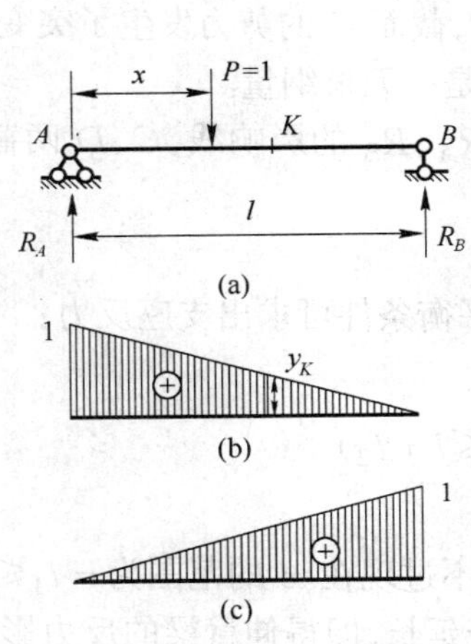

图 10-2　简支梁 R_A、R_B 影响线

(a) 简支梁；(b) R_A 影响线；

(c) R_B 影响线。

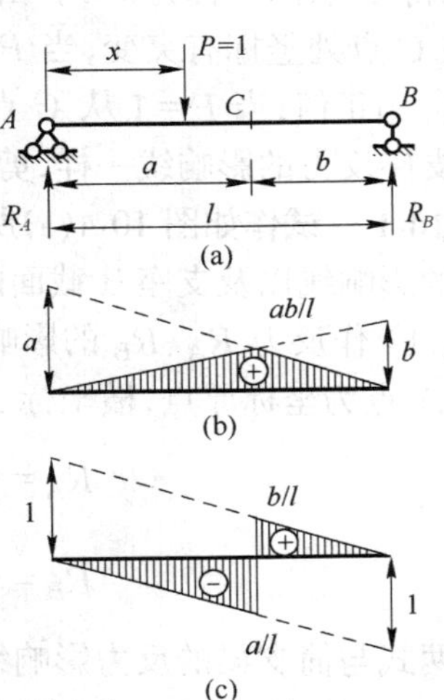

图 10-3　简支梁 M_C、Q_C 影响线

(a) 简支梁；(b) M_C 影响线；

(c) Q_C 影响线。

当 $P=1$ 在 BC 段($a\leqslant x\leqslant l$)移动时，取 AC 段为隔离体，由平衡方程$\sum M_C=0$得

$$M_C=R_Aa=\frac{l-x}{l}a \quad (a\leqslant x\leqslant l) \tag{10-5}$$

由式(10-5)可知，M_C 的影响线在截面 C 以右的部分也为一直线：当 $x=a$ 时，$M_C=ab/l$；当 $x=l$ 时，$M_C=0$，据此绘出 $P=1$ 在截面 C 以右的部分移动时 M_C 的影响线(图 10-3(b))。

由图 10-3(b)可知，M_C 的影响线由两段直线组成，两直线的交点正好在 C 点，其竖标为 ab/l，习惯上称截面以左的直线为左直线，截面以右的直线为右直线。

另外，由式(10-4)、式(10-5)可以看出，M_C 的影响线与支座反力 R_A、R_B 的影响线之间存在一定关系：左直线可由 R_B 的影响线将竖标放大 b 倍，并取 AC 段而成，右直线可由 R_A 的影响线放大 a 倍，并取 BC 段即成。这种利用已知的影响线来作其他量值的影响线是很方便的，以后还会经常遇到。

因为 $P=1$ 是无量纲量，所以弯矩影响线的量纲是长度单位。

2) 剪力影响线

下面绘制图 10-3(a)所示简支梁 C 截面的剪力影响线。

当 $P=1$ 在 AC 段移动时，取 BC 段为隔离体，剪力仍以使隔离体产生顺时针方向旋转的为正，列平衡方程：

$$Q_C=-R_B$$

可见,绘 Q_C 影响线的左直线时,只要将 R_B 的影响线反号并取 AC 段即可(图 10-3(c))。按比例关系,可求得 C 点的竖标为 $-a/l$。

当 $P=1$ 在 BC 段移动时,取 AC 段作隔离体,同样有下述平衡方程:

$$Q_C = R_A$$

即 Q_C 影响线的右直线,只要画出 R_A 的影响线,并取 BC 段即可(图 10-3(c))。按比例关系,求得 C 点的竖标为 b/l。由图 10-3(c)可知,Q_C 的影响线由两段互相平行的直线组成,在 C 点处竖标有突变,当 $P=1$ 在 AC 段移动时,Q_C 为负值;当 $P=1$ 在 BC 段移动时,Q_C 为正值;当 $P=1$ 从 C 点的左侧移到右侧时,截面 C 的剪力发生了突变。

同支座反力的影响线一样,剪力影响线的竖标也是一无量纲量。

例 10-1 试作如图 10-4(a)所示外伸梁的反力 R_A、R_B 的影响线,C、D 两截面弯矩和剪力的影响线以及支座 B 截面的剪力影响线。

解: 1) 作反力 R_A、R_B 的影响线

取 A 点为坐标原点,横坐标 x 以向右为正。由平衡条件可求出支座反力:

$$\left.\begin{aligned} R_A &= \frac{l-x}{l} \\ R_B &= \frac{x}{l} \end{aligned}\right\} \quad (-l_1 \leqslant x \leqslant l+l_2) \tag{10-6}$$

上两式与简支梁的反力影响线方程完全相同,只不过现在 x 的范围为 $-l_1 \leqslant x \leqslant l+l_2$,所以,只要将简支梁的反力影响线向两个伸臂部分延长,即得伸臂梁的反力影响线,如图 10-4(b)、(c)所示。

2) 跨内 C 截面 M_C、Q_C 的影响线

当 $P=1$ 在 C 截面以左部分移动时,取 C 截面的右侧部分作隔离体,通过平衡方程可得到下式:

$$\left.\begin{aligned} M_C &= R_B \cdot b \\ Q_C &= -R_B \end{aligned}\right\} \tag{10-7}$$

当 $P=1$ 在 C 截面以右部分移动时,取 C 截面的左侧部分作隔离体,通过平衡方程可得到下式:

$$\left.\begin{aligned} M_C &= R_A \cdot a \\ Q_C &= R_A \end{aligned}\right\} \tag{10-8}$$

根据式(10-7)、式(10-8)可绘出 M_C、Q_C 影响线如图 10-4(d)、(e)所示。

由图可看出,只要将简支梁相应截面的内力影响线的左右直线分别向左、右两伸臂部分延长,就可得到伸臂梁 M_C、Q_C 的影响线。

3) 外伸部分 D 截面(图 10-5(a))的 M_D、Q_D 影响线

当 $P=1$ 在 D 截面以左部分移动时,取 D 截面的右侧部分作隔离体,通过平衡方程可得到下式:

$$\left.\begin{aligned} M_D &= 0 \\ Q_D &= 0 \end{aligned}\right\} \tag{10-9}$$

当 $P=1$ 在 D 截面以右部分移动时,仍取 D 截面的右侧部分作隔离体,并取 D 点为坐标原点,x 以向右为正,则有

$$\left.\begin{aligned}M_D&=-x\\Q_D&=1\end{aligned}\right\}\tag{10-10}$$

作出 M_D、Q_D 的影响线如图 10-5(b)、(c)所示。

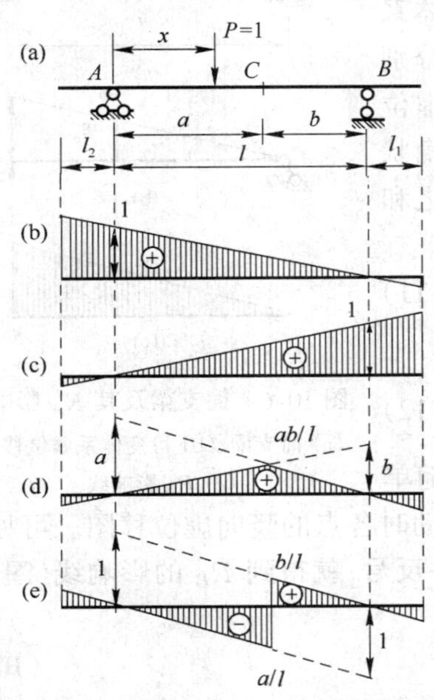

图 10-4 外伸梁 R_A、R_B、M_C、Q_C 影响线

(a) 外伸梁；(b) R_A 影响线；(c) R_B 影响线；

(d) M_C 影响线；(e) Q_C 影响线。

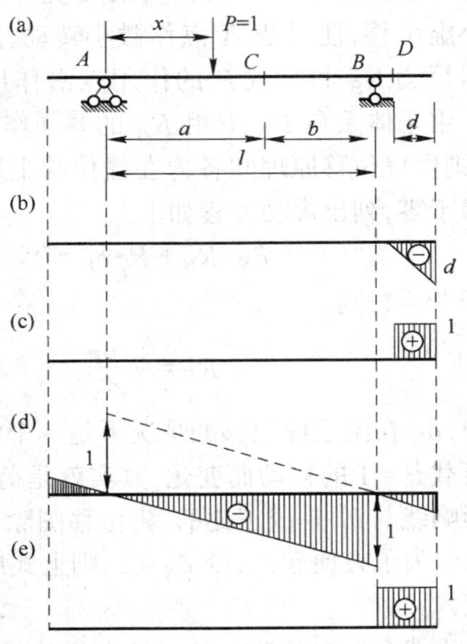

图 10-5 外伸梁 M_D、Q_D、$Q_{B左}$、$Q_{B右}$影响线

(a) 外伸梁；(b) M_D 影响线；(c) Q_D 影响线；

(d) $Q_{B左}$影响线；(e) $Q_{B右}$影响线。

4）支座截面 B 的剪力影响线

对于支座截面的剪力影响线，需对支座的左右截面分别进行讨论，这是因为支座的左右截面分别属于外伸部分和跨内部分。对于 $Q_{B左}$ 的影响线，可由 Q_C 的影响线(图 10-4(e))使截面 C 趋于截面 B 左而得到，如图 10-5(d)所示，对于 $Q_{B右}$的影响线，可由 Q_D 的影响线(图 10-5(c))使截面 D 趋于截面 B 右而得到，如图 10-5(e)所示。

由上面的例题可知，对于外伸梁，作任意截面的内力影响线，只要作出其简支梁的影响线，将简支梁的影响线向伸臂部分延长即得。

上面以简支梁和外伸梁为例，说明了用静力法绘制影响线的具体步骤。用静力法绘制影响线时，以单位荷载的位置 x 作为变量，适当选取隔离体，列出其平衡方程，从而找出所求量值与 x 之间的函数关系，即影响线方程。根据该方程即可绘出所求量值的影响线。当结构上各部分影响线方程不同时，应分段列出。

10.3 用机动法作影响线

机动法是绘制影响线的另外一种方法，它是以虚位移原理为依据，把作影响线的静力问题转化为作位移图的几何问题。

下面以图 10-6(a)所示的简支梁 AB 的支座反力 R_B 的影响线为例，说明机动法绘制影响线的原理和步骤。

为了求简支梁 AB 的支座反力 R_B，首先去掉与 R_B 相应的支座链杆同时代以正向的反力 R_B(图 10-6(b))，这时体系为具有一个自由度的可变体系。然后给体系微小虚位移，使梁绕 A 点作微小转动，用 δ_X 和 δ_P 分别表示反力 R_B 和荷载 P 的作用点沿作用线方向的虚位移。由于体系在 R_B、P 和 R_A 的共同作用下处于平衡状态，则由虚位移原理知各力在虚位移上所作的虚功之和应等于零，列出虚功方程如下：

$$\delta_X \cdot R_B + P \cdot \delta_P = 0 \qquad (10\text{-}11)$$

由于 $P=1$，则

$$R_B = -\frac{\delta_P}{\delta_X} \qquad (10\text{-}12)$$

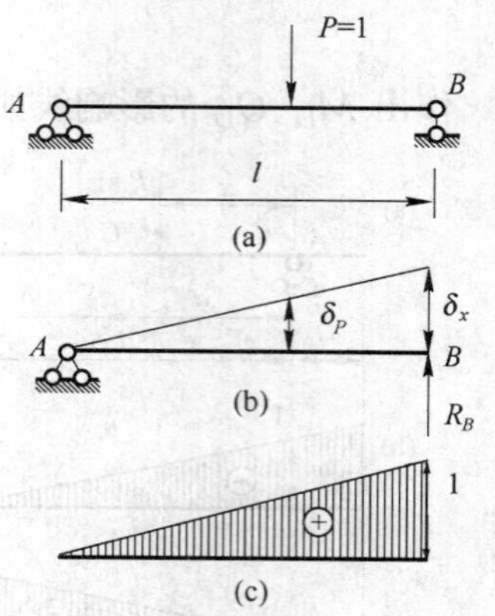

图 10-6 简支梁及其 R_A 影响线
(a) 简支梁；(b) 可变体系虚位移图；
(c) R_B 影响线。

式中，δ_X 在给定虚位移的情况下是一个常数，而 δ_P 随单位荷载 $P=1$ 的移动而变化，其实就是荷载 $P=1$ 移动时各点的竖向虚位移图。可见，R_B 的影响线与 δ_P 是成正比的，将位移图除以常数 δ_X 并反号，就得到 R_B 的影响线(图 10-6(c))。为了方便起见，令 $\delta_X=1$，则上式成为

$$R_B = -\delta_P \qquad (10\text{-}13)$$

由式(10-13)可知，此时的虚位移图 δ_P 就代表 R_B 的影响线，只不过符号相反。因为 δ_P 是以与力 P 方向一致为正，即以向下为正，也就是说，当 δ_P 向下时，R_B 为负；当 δ_P 向上时，R_B 为正。这正好与在影响线中正值的竖标绘在基线的上方相一致。

以上这种绘制影响线的方法称为机动法。下面给出用机动法绘制静定结构内力或支座反力影响线的步骤。

(1) 欲作某一量值 X 的影响线，首先撤去与 X 相对应的约束，并以 X 代替其作用，这时体系成为具有一个自由度的可变体系。

(2) 使体系沿着 X 的正向发生虚位移 δ_X，作出虚位移图，即为所求量值影响线的轮廓。

(3) 令 $\delta_X=1$，确定影响线各竖标的数值，横坐标以上的图形，竖标为正，以下的图形竖标为负。

用机动法作影响线的优点是不需要计算就能快速绘出影响线的轮廓。这对设计工作很有帮助，而且还可利用它来校核静力法所绘制的影响线。

例 10-2 用机动法绘制如图10-7(a)所示的简支梁 C 截面的弯矩和剪力影响线。

解： 1) M_C 影响线

去掉与 M_C 相应的约束，即将 C 截面处改为铰结，并用一对力偶 M_C 代替原约束的作用，然后使 AC、BC 两部分沿 M_C 的正向发生虚位移(图 10-7(b))，列出虚功方程：

$$M_C(\alpha+\beta) + P \cdot \delta_P = 0$$

$$M_C = -\frac{\delta_P}{\alpha+\beta}$$

式中，α、β 为 AC、BC 两部分的相对转角。令 $\alpha+\beta=1$，则所得的虚位移图即为 M_C 的影响线(图 10-7(c))，由比例关系可确定影响线在 C 点处的竖标为 ab/l。

2) Q_C 影响线

去掉与 Q_C 相应的约束，将 C 截面用两根水平链杆相联，同时加上一对正向剪力 Q_C 代替原约束的作用，然后使 AC、BC 两部分沿 Q_C 的正向发生虚位移（图 10-7(d)），列出虚功方程：

$$Q_C \cdot (CC_1 + CC_2) + P \cdot \delta_P = 0$$

$$Q_C = \frac{-\delta_P}{CC_1 + CC_2}$$

式中，CC_1、CC_2 为截面左右两侧的相对竖向位移。令 $CC_1 + CC_2 = 1$，则所得的虚位移图（图 10-7(e)）即为 Q_C 的影响线，由比例关系知：$CC_1 = b/l$，$CC_2 = a/l$。由于 AC 和 BC 两部分是用两根平行链杆相联的，它们之间只能作相对的平行移动，因此，图 10-7(d)所示的虚位移图中 AC_1、C_2B 应为两平行直线，也就是说 Q_C 影响线的左右直线是互相平行的。

例 10-3　用机动法作如图10-8(a)所示外伸梁上截面 D 的弯矩和剪力影响线。

解：1) M_D 影响线

去掉与 M_D 相应的约束，即将 D 截面处改为铰结，并用一对力偶 M_D 代替原约束的作用，然后使 D 截面左右两部分绕 D 点转动，由于左部分不可能有虚位移，所以使 D 截面右部分绕 D 点发生单位转角的虚位移图（图 10-8(b)），即为 M_D 的影响线（图 10-8(c)）。

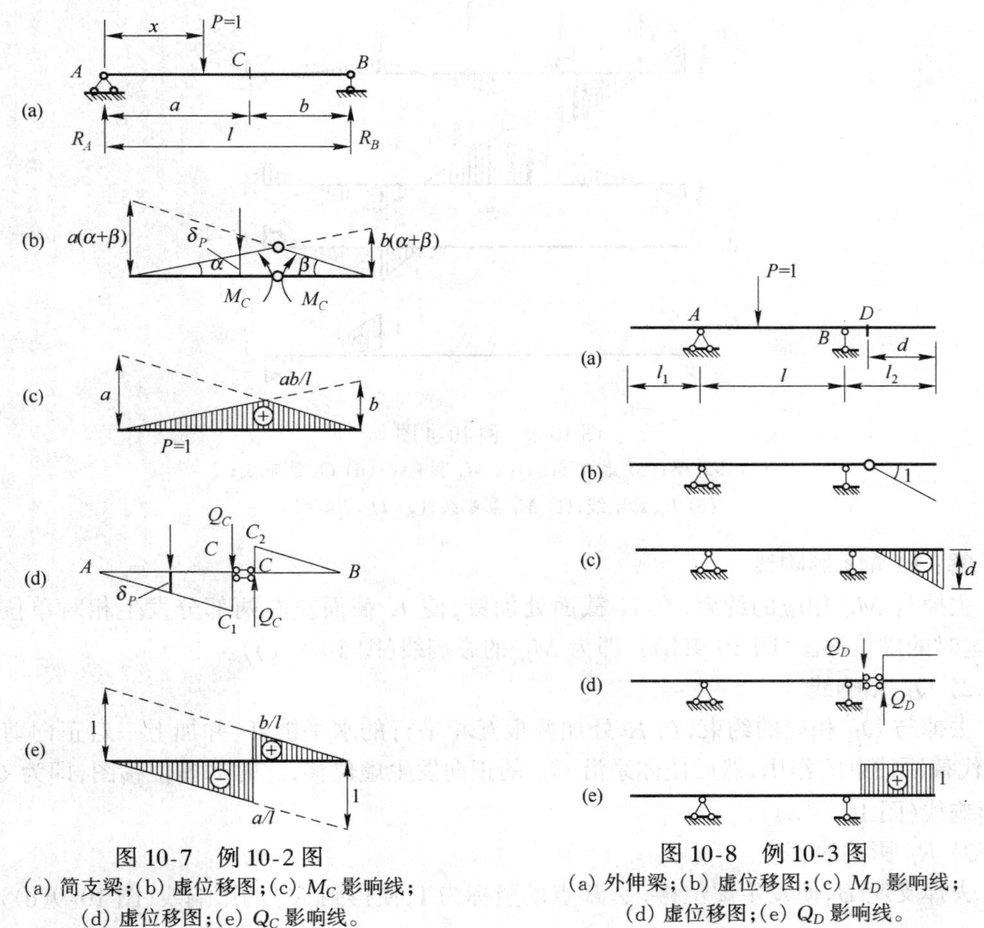

图 10-7　例 10-2 图

(a) 简支梁；(b) 虚位移图；(c) M_C 影响线；(d) 虚位移图；(e) Q_C 影响线。

图 10-8　例 10-3 图

(a) 外伸梁；(b) 虚位移图；(c) M_D 影响线；(d) 虚位移图；(e) Q_D 影响线。

2) Q_D 影响线

去掉与 Q_D 相应的约束，在 D 处加两根互相平行的水平链杆，并加上一对正向剪力 Q_D 代替原约束的作用(图 10-8(d))，然后使体系沿 Q_D 的正向发生虚位移，由于左部分不可能有虚位移，所以使 D 截面右部分沿 Q_D 正向发生单位位移的虚位移图，即为 Q_D 的影响线(图 10-8(e))。

例 10-4 用机动法作如图 10-9(a)所示多跨静定梁 M_K、Q_K、R_B、M_D、Q_E 影响线。

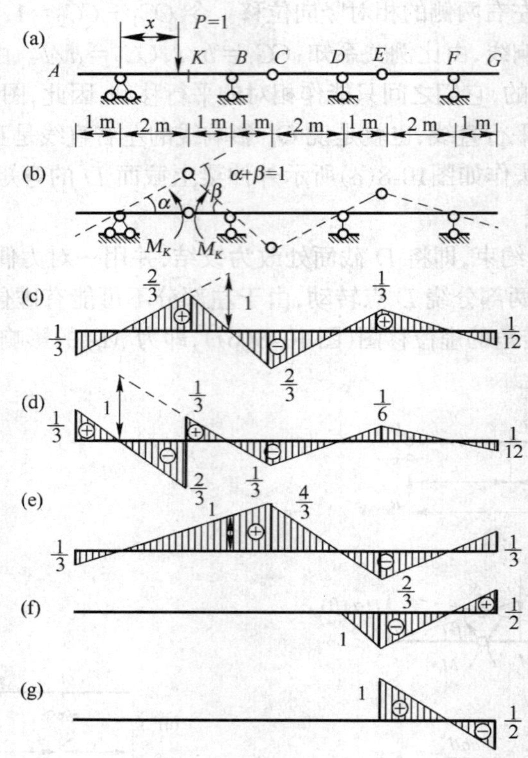

图 10-9 例 10-4 图

(a) 多跨梁；(b) 虚位移图；(c) M_K 影响线；(d) Q_K 影响线；
(e) R_B 影响线；(f) M_D 影响线；(g) Q_E 影响线。

解： 1) M_K 影响线

去掉与 M_K 相应的约束，在 K 截面处加铰，使 K 截面左右两部分发生相对单位转角，这时的虚位移图(图 10-9(b))，即为 M_K 的影响线(图 10-9(c))。

2) Q_K 影响线

去掉与 Q_K 相应的约束，在 K 处加两根互相平行的水平链杆，并加上一对正向剪力 Q_K 代替原约束的作用，然后使体系沿 Q_K 的正向发生虚位移，这时的虚位移图，即为 Q_K 的影响线(图 10-9(d))。

3) R_B 影响线

去掉支座 B，使发生虚位移，令 B 点的竖标为 1，便得到 R_B 的影响线(图 10-9(e))。

4) M_D 影响线

在 D 截面处加铰,由于 AC 和 CD 段不可能有虚位移,附属部分 DE 和 EG 段可发生虚位移,令 DE 段的转角为 1,得到 M_D 影响线如图 10-9(f)所示。

5) Q_E 影响线

在铰 E 处撤除与剪力 Q_E 相应的约束,这时 E 点的水平轴向约束仍保留,让 E 点两侧截面沿 Q_E 正向发生错动,由于基本部分 AC 段不能发生位移,CE 段也没有位移,只有 EG 段可绕 F 点转动,令 E 点的竖标为 1,便得到 Q_E 影响线如图 10-9(g)所示。

10.4 间接荷载作用下的影响线

前面所述的影响线,其荷载都是直接作用在梁上。在实际工程中,经常会遇到间接荷载的情况。例如,图 10-10(a)所示为桥梁结构中的纵横梁桥面系统及主梁的简图,纵梁简支在横梁上,横梁又简支在主梁上,而荷载是直接作用在纵梁上,通过横梁传到主梁。所以主梁承受的荷载实际是各横梁处(结点处)的集中荷载。这种荷载对主梁来说,就是间接荷载或结点荷载。下面以主梁上某截面 F 的弯矩 M_F 为例,说明如何绘制间接荷载作用下的影响线。

当 $P=1$ 作用于各结点,即 A、C、D、E、B 处时,情况与荷载直接作用于主梁上是完全相同的。因此,可先绘出直接荷载作用下主梁 M_F 的影响线(图 10-10(c))。在此影响线中,对于间接荷载来说,在各结点处的竖标和直接荷载在结点处的竖标是完全相等的。

当 $P=1$ 作用在任意两相邻结点 C、D 之间的梁段时(图 10-10(b)),设荷载 P 到 C 点的距离为 x,则纵梁 CD 两端的支座反力反向传到主梁,在 C 点处支座反力为 $(d-x)/d$,在 D 点处支座反力为 x/d,也就是说,此时主梁在 CD 段受到两结点荷载的作用,根据影响线的定义以及叠加原理,可用下述方法求 M_F 的影响线。

设直接荷载作用下 M_F 的影响线在 C 点和 D 点处的竖标分别为 y_C 和 y_D,则在两结点荷载作用下,M_F 的值应为

$$y=\frac{d-x}{d}y_C+\frac{x}{d}y_D \tag{10-14}$$

由式(10-14)可知,M_F 的值 y 与 x 是一次函数关系,当 $x=0$ 时,$y=y_C$;当 $x=d$ 时,$y=y_D$。所以在 CD 段,M_F 的影响线为连接竖标 y_C 和 y_D 的直线。

上述方法同样适用于间接荷载作用下主梁的其他量值的影响线,因此,在结点荷载作用下,绘制影响线可按下述步骤进行:

(1) 先绘制直接荷载作用下的影响线。

(2) 由于影响线在任两结点之间都为一直线,因此,将所有相邻两结点的竖标用直线相连,就得到在结点荷载作用下的影响线。

用同样的方法,可绘出结点荷载作用下主梁上 F 截面的剪力影响线,如图 10-10(d)所示。另外,对于主梁支座反力的影响线以及结点处截面的内力影响线与直接荷载作用时完全相同。

例 10-5 试作如图 10-11(a)所示的梁在结点荷载作用下 R_A、R_B、M_C、Q_C 的影响线。

解： 1）先作出直接荷载作用下 R_A、R_B 的影响线，然后用直线分别连接 D、E 和 H、I 结点处的竖标，便得到 R_A 和 R_B 的影响线，如图 10-11(b)、(c)所示。

2）先作出直接荷载作用下 M_C、Q_C 的影响线，然后用直线分别连接 D、E、H、I 和 F、G 结点处的竖标，便得到 M_C、Q_C 的影响线，如图 10-11(d)、(e)所示。

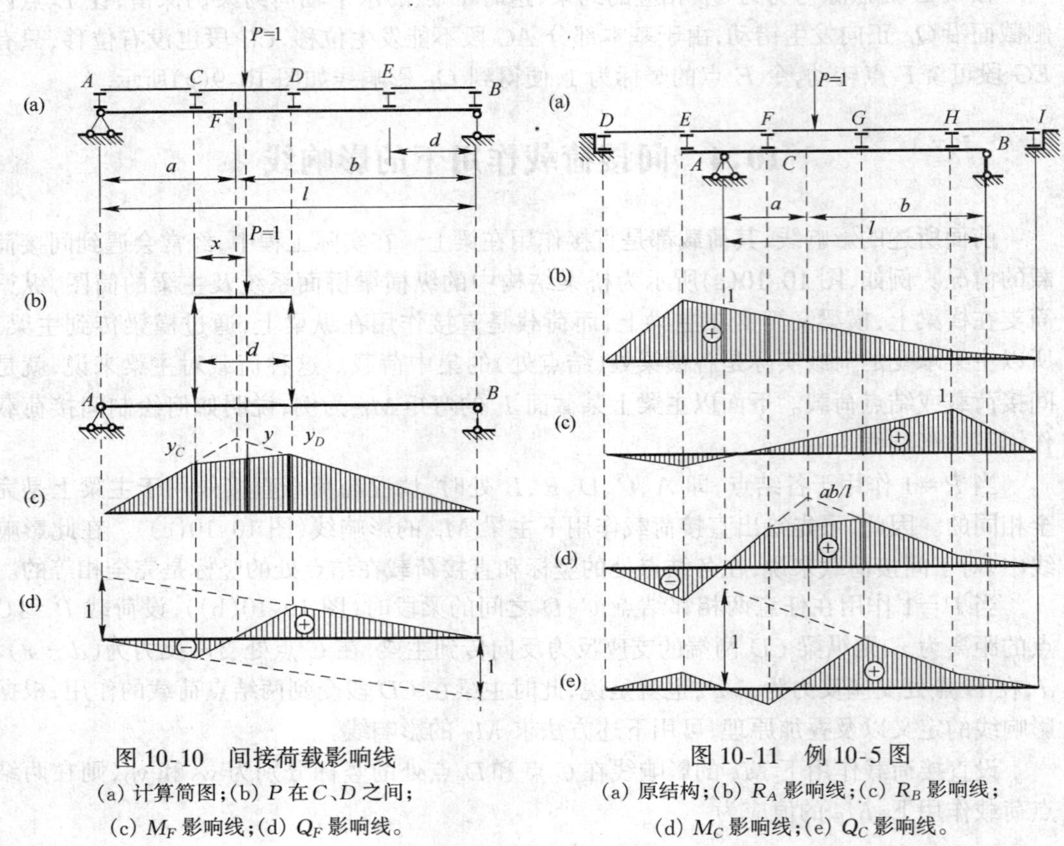

图 10-10　间接荷载影响线

(a) 计算简图；(b) P 在 C、D 之间；(c) M_F 影响线；(d) Q_F 影响线。

图 10-11　例 10-5 图

(a) 原结构；(b) R_A 影响线；(c) R_B 影响线；(d) M_C 影响线；(e) Q_C 影响线。

10.5　桁架的影响线

桁架上的荷载一般是通过纵梁和横梁而作用于桁架结点上，因此可用 10.4 节所讲述的方法绘制。对于梁式桁架，其支座反力的影响线与相应单跨梁完全相同，所以本节只对桁架杆件内力的影响线进行讨论。

由于桁架只承受结点荷载，对任一杆件的内力影响线，在相邻两结点之间为一直线，所以，只要把单位荷载 $P=1$ 依次放在它在移动过程中所经过的各结点上，算出杆件轴力的数值，即为各结点处影响线的竖标，用直线将各点竖标逐一相连，就得到所求量值的影响线。在计算杆件的轴力时，所用的方法仍然为第 5 章所讲述的结点法和截面法，只不过现在的荷载为移动的单位荷载。

下面以图 10-12(a)所示的桁架为例，说明如何绘制桁架的内力影响线。假设单位荷载在桁架的下弦杆移动。

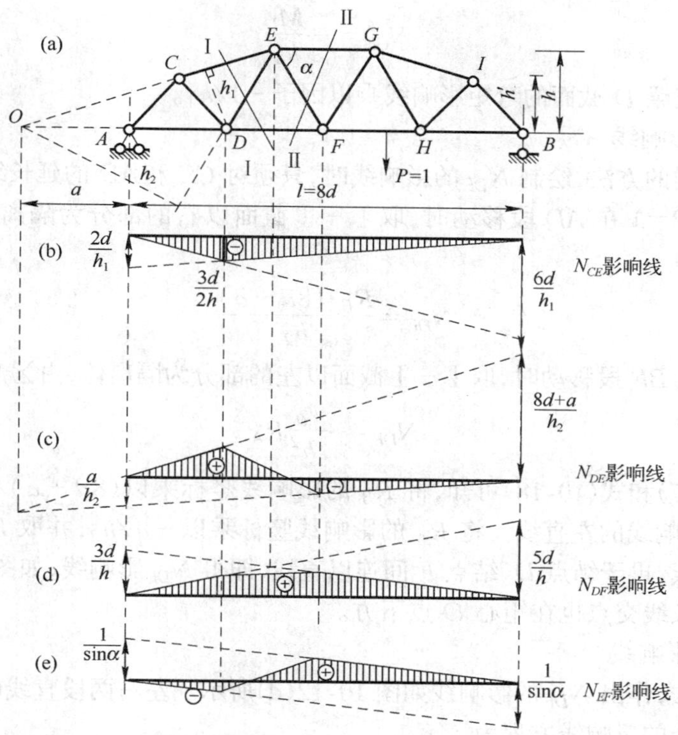

图 10-12　桁架杆件的轴力影响线

(a) 原结构;(b) N_{CE}影响线;(c) N_{DE}影响线;

(d) N_{DF}影响线;(e) N_{EF}影响线。

1) N_{CE}影响线

作Ⅰ－Ⅰ截面,当 $P=1$ 在 AD 之间移动时,取Ⅰ－Ⅰ截面以右的部分为隔离体,对 D 点列力矩平衡方程,并设 N_{CE}为拉力,则有

$$N_{CE}\cdot h_1+R_B\cdot 6d=0$$

$$N_{CE}=-\frac{6d}{h_1}\cdot R_B \tag{10-15}$$

由式(10-15)可知,只要将 R_B 的影响线竖标乘以 $6d/h_1$,并取负号,取 AD 部分,即得 N_{CE}影响线的左直线(图 10-12(b))。

当 $P=1$ 在 BD 之间移动时,取Ⅰ－Ⅰ截面以左的部分为隔离体,仍对 D 点列力矩平衡方程,则有

$$N_{CE}\cdot h_1+R_A\cdot 2d=0$$

$$N_{CE}=-\frac{2d}{h_1}\cdot R_A \tag{10-16}$$

由式(10-16)可知,只要将 R_A 的影响线竖标乘以 $2d/h_1$,并取负号,取 BD 部分,即得 N_{CE}影响线的右直线(图 10-12(b))。

由图 10-12(b)可看出,左右两直线的交点恰在矩心 D 点之下。

另外,式(10-15)和式(10-16)可写成下式:

$$N_{CE} = -\frac{M_D}{h_1}$$

即等于相应简支梁 D 截面的弯矩影响线乘以因子 $-1/h_1$。

2）N_{DE}的影响线

按上述同样的方法，绘制 N_{DE}的影响线时，只须对 CE 和 AD 的延长线交点 O 列力矩平衡方程。当 $P=1$ 在 AD 段移动时，取Ⅰ－Ⅰ截面以右的部分为隔离体，由 $\sum M_O=0$ 得

$$N_{DE} = \frac{R_B \cdot (8d+a)}{h_2} \tag{10-17}$$

当 $P=1$ 在 BF 段移动时，取Ⅰ－Ⅰ截面以左的部分为隔离体，由 $\sum M_O=0$ 得

$$N_{DE} = -\frac{a}{h^2}R_A \tag{10-18}$$

由式(10-17)和式(10-18)可知，将 R_B 的影响线竖标乘以 $(8d+a)/h_2$，并取 AD 部分，即得 N_{DE}影响线的左直线。将 R_A 的影响线竖标乘以 $-a/h_2$，并取 BF 段，即得 N_{DE}影响线的右直线，再于结点 D、结点 F 间连以直线，即得 N_{DE}影响线，如图 10-12(c)所示。两段直线的延长线交点也在矩心 O 点下方。

3）N_{DF}的影响线

按同样方法，作出 N_{DF}的影响线如图 10-12(d)所示。左右两段直线的交点在矩心 E 点下方。左直线的影响线方程为

$$N_{DF} = \frac{5d}{h}R_B$$

右直线的影响线方程为

$$N_{DF} = \frac{3d}{h}R_A$$

上两式可统一写成下式：

$$N_{DF} = \frac{1}{h}M_E^0$$

式中，M_E^0 为相应简支梁 E 截面处的弯矩。

4）N_{EF}的影响线

作Ⅱ－Ⅱ截面，当 $P=1$ 在 AD 段移动时，取Ⅱ－Ⅱ截面以右的部分为隔离体，列平衡方程 $\sum Y=0$，并设 N_{EF}为拉力，则有

$$N_{EF} \cdot \sin\alpha + R_B = 0$$

$$N_{EF} = -\frac{1}{\sin\alpha}R_B \tag{10-19}$$

当 $P=1$ 在 BF 段移动时，取Ⅱ－Ⅱ截面以左的部分为隔离体，列平衡方程 $\sum Y=0$，则有

$$N_{EF} \cdot \sin\alpha - R_A = 0$$

$$N_{EF} = \frac{1}{\sin\alpha}R_A \tag{10-20}$$

由式(10-19)和式(10-20)作左右直线，并在结点 D、结点 F 间连直线，即得 N_{EF}的影响线(图 10-12(e))。

在绘制桁架的内力影响线时,应注意单位荷载 $P=1$ 是沿下弦移动还是沿上弦移动,通常将沿上弦移动称为上承式桁架,沿下弦移动称为下承式桁架,这两种情况下所作出的影响线是不同的。

例 10-6 试作如图 10-13(a)所示的平行弦桁架 N_{dD}、N_{eE}、N_{DE} 的影响线

解: 1) N_{dD} 的影响线

(1) 假设 $P=1$ 沿上弦杆移动,作Ⅰ－Ⅰ截面,当 $P=1$ 分别在 ac 段和 db 段移动时,由投影方程 $\sum Y=0$,分别列出 N_{dD} 的影响线方程:

$$N_{dD}=R_B$$

$$N_{dD}=-R_A$$

作出其影响线如图 10-13(b)所示。

(2) $P=1$ 沿下弦杆移动时,同样绘出其影响线如图 10-13(c)所示。

2) N_{eE} 的影响线

(1) $P=1$ 沿上弦杆移动。由结点 e 的平衡可知,当 $P=1$ 在 ad 段以及 fb 段移动时,$N_{eE}=0$,$P=1$ 在 e 点时,$N_{eE}=-1$。绘出影响线如图 10-13(d)所示。

(2) $P=1$ 沿下弦杆移动。此时 $N_{eE}=0$,其影响线与基线重合。

3) N_{DE} 的影响线

(1) $P=1$ 沿上弦杆移动。由力矩平衡方程 $\sum M_d=0$ 得

$$N_{DE}=\frac{1}{h}M_d^0 \tag{10-21}$$

可利用相应简支梁 d 截面的弯矩影响线来绘制,将竖标乘以 $1/h$,即得 N_{DE} 的影响线(图 10-13(e))。

(2) $P=1$ 沿下弦杆移动。此时影响线方程与式(10-21)完全相同,所绘制的影响线与上承式影响线完全相同。

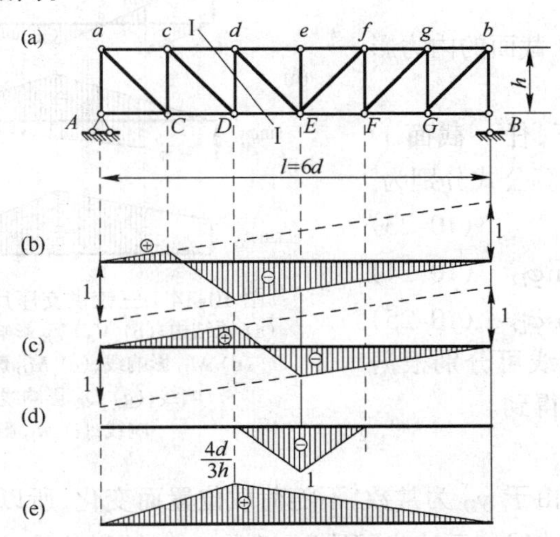

图 10-13 例 10-6 图

(a) 原结构;(b) N_{dD} 上承式影响线;(c) N_{dD} 下承式影响线;
(d) N_{eE} 上承式影响线;(e) N_{DE} 影响线。

10.6 三铰拱的影响线

在竖向荷载作用下，三铰拱的内力计算方法在第4章讲过，在绘制三铰拱的支座反力以及内力影响线时，仍然用这些公式计算。下面以图10-14(a)所示的三铰拱为例，讨论如何绘制其支座反力和内力的影响线。

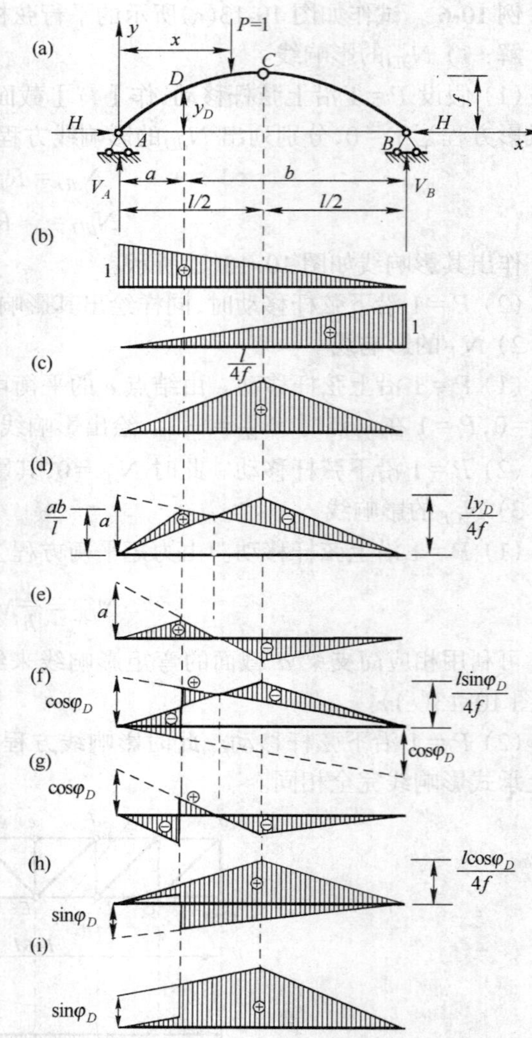

图10-14 三铰拱支座反力、内力影响线
(a) 原结构；(b) V_A、V_B 影响线；(c) H 影响线；(d) M_D 影响线；(e) M_D 影响线；(f) Q_D 影响线；(g) Q_D 影响线；(h) N_D 影响线；(i) N_D 影响线。

一、支座反力影响线

在第4章中已经得到公式

$$\left.\begin{aligned} V_A &= V_A^0 \\ V_B &= V_B^0 \\ H_A &= H_B = \frac{M_C^0}{f} \end{aligned}\right\} \quad (10\text{-}22)$$

式中，V_A^0、V_B^0、M_C^0 为相应简支梁的支座反力和 C 截面的弯矩。

由式(10-22)可知，三铰拱的竖向支座反力与简支梁的支座反力完全相同，对于水平推力 H 的影响线，只要将 M_C^0 的影响线竖标乘以因子 $1/f$ 即可，如图10-14(c)所示。

二、内力影响线

现绘制三铰拱上 D 截面的内力影响线。

在竖向荷载作用下，任一截面 D 的弯矩、剪力、轴力的计算公式分别为

$$M_D = M_D^0 - Hy_D \quad (10\text{-}23)$$

$$Q_D = Q_D^0\cos\varphi_D - H\sin\varphi_D \quad (10\text{-}24)$$

$$N_D = Q_D^0\sin\varphi_D + H\cos\varphi_D \quad (10\text{-}25)$$

三铰拱的内力影响线可分别根据式(10-23)～式(10-25)得到。

1．弯矩影响线

由式(10-23)可知，由于 y_D 为常数，不随荷载位置而变化，所以 M_D 的影响线可利用 M_D^0 及水平推力 H 的影响线按下述步骤绘制：先作 M_D^0 的影响线，在同一基线上作 H 的影响线，并将其竖标乘以 y_D，最后将两个图形重叠的部分抵消，余下的部分就是 M_D 的影响线。由 M_D^0 余下的图形取正号，由 Hy_D 余下的图形取负号（图10-14(d)）。图10-14(e)所示为以水平线为基线的 M_D 影响线。

2. 剪力影响线

由式(10-24)可知,Q_D 的影响线可根据 Q_D^0 和 H 的影响线绘制,式中 φ_D 为常数,将 Q_D^0 的影响线竖标乘以 $\cos\varphi_D$,H 的影响线竖标乘以 $\sin\varphi_D$,步骤与绘制弯矩影响线类似(图 10-14(f)),以水平线为基线的 Q_D 的影响线如图 10-14(g)所示。

3. 轴力影响线

同样按式(10-25)绘出 N_D 的影响线,如图 10-14(h)所示。图 10-14(i)所示为以水平线为基线的 N_D 的影响线。

10.7 影响线的应用

绘制影响线的目的主要是利用它来解决实际工程中的结构计算问题,主要有两种情况:一是当荷载位置固定时,可利用它来确定某量值的大小;二是当荷载位置变化时,利用它来确定荷载的最不利位置,以确定该量值的最大值。

一、当荷载位置固定时求某量值

首先讨论集中荷载的情况。设有一组集中荷载 P_1、P_2、P_3 作用于一简支梁上(图 10-15(a)),要求利用影响线求截面 C 的弯矩。首先绘出 M_C 的影响线,如图 10-15(b)所示,各集中荷载作用点处的影响线竖标分别为 y_1、y_2、y_3,根据影响线的定义,y_1 表示当荷载 $P=1$ 作用于该处时 M_C 的大小,现在该处的荷载为 P_1,则 M_C 应等于 P_1y_1,根据叠加原理,在这组荷载作用下,M_C 的数值应为

$$M_C = P_1y_1 + P_2y_2 + P_3y_3 \tag{10-26}$$

一般情况下,如果有一组荷载 P_1、P_2、…、P_n 作用于结构上,结构某量值 S 的影响线在各荷载作用点处的竖标分别为 y_1、y_2、…、y_n,则在这组荷载共同作用下,量值 S 的大小可按下式求得:

$$S = P_1y_1 + P_2y_2 + \cdots + P_ny_n = \sum_{i=1}^{n} P_iy_i \tag{10-27}$$

如果梁在某段上有分布荷载作用,如 DE 段(图 10-16(a)),分布荷载的集度为 $q(x)$,求截面 C 的弯矩。在这种情况下,可将分布荷载沿其长度分成许多无穷小的微段,则每一微段 $\mathrm{d}x$ 上的荷载 $q(x)\mathrm{d}x$ 可看作一集中荷载,它所产生的 M_C 的大小为 $q(x)\mathrm{d}x\,y$,所以对整个分布荷载所产生的 M_C 的大小可按下式积分求得

$$M_C = \int_D^E q(x)y\mathrm{d}x \tag{10-28}$$

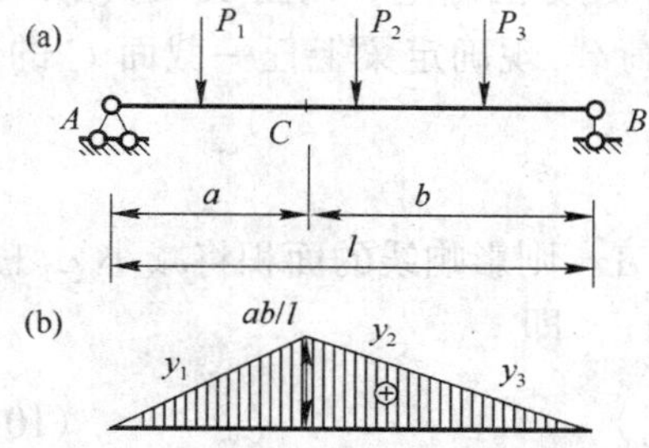

图 10-15 简支梁受固定集中荷载作用

(a) 简支梁;(b) M_C 影响线。

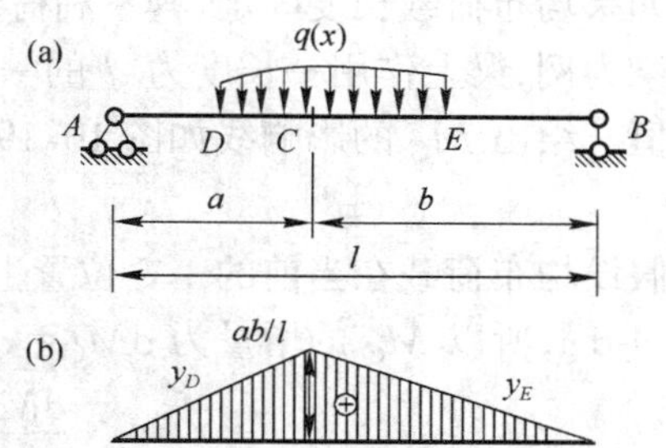

图 10-16 简支梁受固定分布荷载作用

(a) 简支梁;(b) M_C 影响线。

若 $q(x)$ 为均布荷载，则上式成为

$$M_C = q\int_D^E y\mathrm{d}x = q\omega \tag{10-29}$$

式中，ω 为影响线在均布荷载作用段 DE 上的面积。

在应用式(10-27)、式(10-29)时，应注意竖标 y 和面积 ω 的正负号。综合以上两种情况，当荷载位置固定时，求某量值的大小可按下式计算：

$$S = \sum_{i=1}^{n} P_i y_i + q\omega \tag{10-30}$$

例 10-7 一简支梁承受荷载如图 10-17(a)所示，试利用截面 C 的剪力影响线求 Q_C。

解： 绘出 Q_C 的影响线如图 10-17(b)所示。

P_1 点处的竖标 $y_1 = -0.25$，均布荷载对应的影响线的面积为

$$\omega_1 = \frac{1}{2}\times 4\times 0.5 = 1$$

$$\omega_2 = -\frac{1}{2}\times(0.5+0.375)\times 1 = -0.4375$$

所以 $\quad Q_C = P_1 y_1 + q(\omega_1+\omega_2) = 10\times(-0.25)+10\times(1-0.4375) = 3.125(\mathrm{kN})$

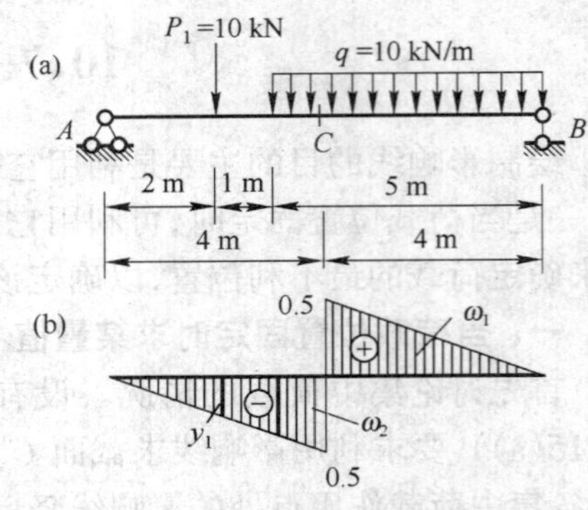

图 10-17 例 10-7 图

(a) 简支梁；(b) Q_C 影响线。

二、求荷载的最不利位置

在移动荷载作用下，结构中任一量值都将随荷载的位置而变化，如果荷载移到某一位置时，该量值达到最大值，包括最大正值和最大负值（最小值），则此位置称为最不利荷载位置。如果确定出荷载的最不利位置，则该量值 S 的最大值（最小值）就可求出。影响线的一个重要用途就是用来确定荷载的最不利位置。

1. 均布荷载

如果均布荷载可以任意断续布置（如人群、货物等），则荷载的最不利位置由式(10-29)可知：当均布荷载布满影响线的正号部分时，量值 S 有最大值；当均布荷载布满影响线的负号部分时，量值 S 有最小值。例如欲求图 10-18(a)所示外伸梁 C 截面剪力 Q_C 的最大值，则荷载应按图 10-18(c)所示进行布置；求 Q_C 的最小值，荷载应按图 10-18(d)所示进行布置。

如果均布荷载长度固定，其不利荷载位置可按下述方法确定。以图 10-19(a)所示的简支梁为例，梁上作用一长度为 d 的一段移动均布荷载，现确定梁上任一截面 C 的弯矩最大值。绘出 M_C 的影响线如图 10-19(b)所示，则

$$M_C = q\omega$$

假设均布荷载在当前的 1、2 位置上右移一微段 $\mathrm{d}x$，则影响线的面积将减小 $y_1\mathrm{d}x$，并增加 $y_2\mathrm{d}x$，所以 M_C 的增量为 $\mathrm{d}M_C = q(y_2\mathrm{d}x - y_1\mathrm{d}x)$，即

$$\frac{\mathrm{d}M_C}{\mathrm{d}x} = q(y_2 - y_1) \tag{10-31}$$

当 $\mathrm{d}M_C/\mathrm{d}x = 0$ 时，M_C 有极值。所以 $y_1 = y_2$。

上式表明:一段长度为 d 的移动均布荷载,当移动至两端点所对应的影响线竖标相等时,所对应的影响线面积最大,此时量值 S 有最大值。

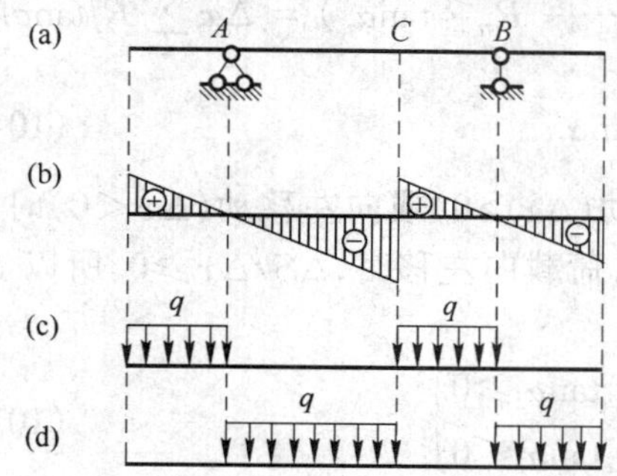

图 10-18　外伸梁 Q_C 最不利荷载位置

(a) 外伸梁;(b) Q_C 影响线;(c) 求 $Q_{C\max}$ 的不利荷载位置;(d) 求 $Q_{C\min}$ 的不利荷载位置。

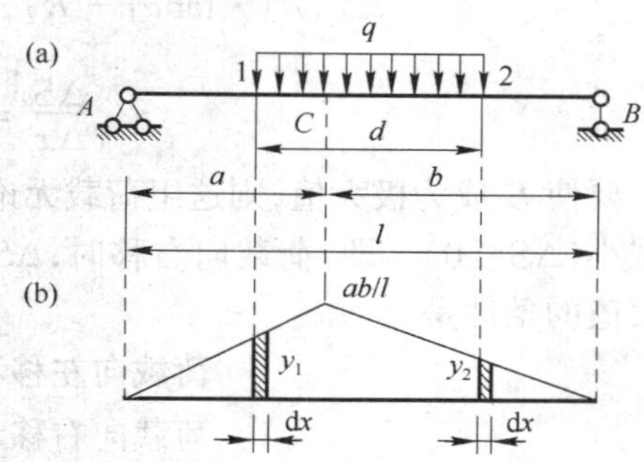

图 10-19　简支梁及其 M_C 影响线

(a) 简支梁;(b) M_C 影响线。

2. 集中荷载

如果集中荷载的情况比较简单,例如只有一个集中力 P 时,荷载的不利位置容易确定。将 P 置于 S 影响线的最大竖标处即产生 $S_{\max}$,将 P 置于 S 影响线的最小竖标处即产生 $S_{\min}$(图 10-20)。

但实际工程中,移动的集中荷载多为一组相互平行且间距不变的集中荷载,这时 S 的最不利荷载位置,可通过讨论 S 随荷载移动的变化情况来入手。下面以图 10-21(a)所示的多边形影响线为例,说明如何确定荷载的最不利位置。各段影响线的倾角为 α_1、α_2、…、α_n,α 以逆时针为正。图 10-21(b)所示为一组平行且间距不变的移动荷载,设每直线区段内荷载的内力为 R_1、R_2、…、R_n,则它们所产生的量值为

$$S = R_1 y_1 + R_2 Y_2 + \cdots + R_n y_n = \sum_{i=1}^{n} R_i y_i$$

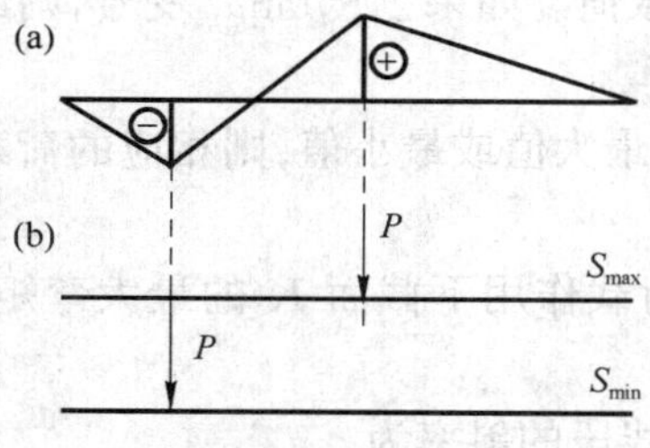

图 10-20　荷载不利布置

(a) S 影响线;(b) 荷载不利位置。

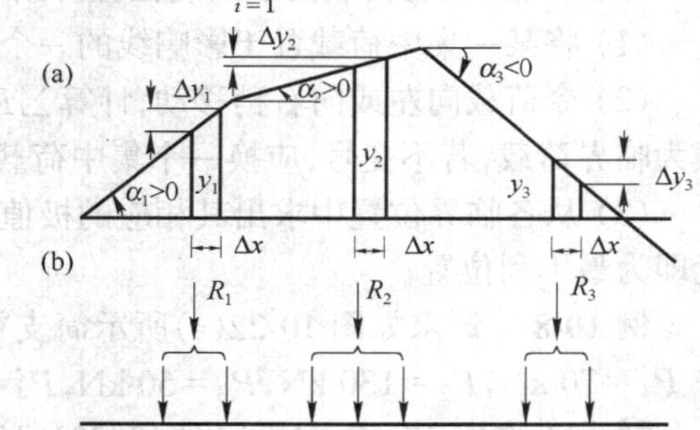

图 10-21　移动荷载组及多边形影响线

(a) 多边形影响线;(b) 移动荷载组。

式中,y_1、y_2、…、y_n 为各合力在影响线上相应的竖标。当荷载向右移动微小距离 Δx,在此移动过程中,各集中荷载都没有跨越影响线的顶点,则各合力 R 大小不变,相应竖标 y_i 增量为

$$\Delta y_i = \Delta x \cdot \tan\alpha_i$$

则 S 的增量为

$$\Delta S = R_1 \cdot \Delta y_1 + R_2 \cdot \Delta y_2 + \cdots + R_n \cdot \Delta y_n =$$

$$R_1 \cdot \Delta x \tan\alpha_1 + R_2 \cdot \Delta x \tan\alpha_2 + \cdots + R_n \cdot \Delta x \tan\alpha_n =$$

$$\Delta x(R_1 \cdot \tan\alpha_1 + R_2 \cdot \tan\alpha_2 + \cdots + R_n \cdot \tan\alpha_n) = \Delta x \sum_{i=1}^{n} R_i \tan\alpha_i$$

所以

$$\frac{\Delta S}{\Delta x} = \sum_{i=1}^{n} R_i \tan\alpha_i \tag{10-32}$$

要使 S 成为极大值，则这组荷载无论向右移动($\Delta x>0$)或向左移动($\Delta x<0$)时，ΔS 均减小($\Delta S \leqslant 0$)。即：荷载向右移时，$\Delta S/\Delta x \leqslant 0$，荷载向左移时，$\Delta S/\Delta x \geqslant 0$，所以 S 为极大值的条件是

$$\left.\begin{array}{l}\text{荷载向左移动时，}\sum R_i \tan\alpha_i \geqslant 0\\ \text{荷载向右移动时，}\sum R_i \tan\alpha_i \leqslant 0\end{array}\right\} \tag{10-33}$$

同理，S 为极小值的条件是

$$\left.\begin{array}{l}\text{荷载向左移动时，}\sum R_i \tan\alpha_i \leqslant 0\\ \text{荷载向右移动时，}\sum R_i \tan\alpha_i \geqslant 0\end{array}\right\} \tag{10-34}$$

由式(10-33)、式(10-34)可知，要使 S 成为极值，必须使 ΔS 变号，也就是说，无论荷载向左移动或向右移动，$\sum R_i \tan\alpha_i$ 必须变号。

由于 α_i 为影响线各段直线的斜率，为常数，因此要使 $\sum R_i \tan\alpha_i$ 变号，必须使各段的合力 R_i 的数值发生变化，而这只有当某一个集中荷载正好作用在影响线的顶点时才有可能发生。所以当荷载稍向左或向右移动时，使合力 R_i 或 ΔS 变号的条件是有一个集中荷载作用于影响线的顶点，这是必要条件，但不是充分条件。我们把能使 ΔS 变号的集中荷载称为临界荷载，此时的荷载位置称为临界位置。临界位置可通过式(10-33)、式(10-34)来判别。

一般情况下，临界位置可能不止一个，这时应对各临界位置求出其极值，从各极值中找出最大值或最小值。

综合以上，确定荷载的最不利位置可按以下步骤进行。

(1) 将某一集中荷载置于影响线的一个顶点上。

(2) 令荷载向左或向右稍移动，计算 $\sum R_i \tan\alpha_i$ 的数值。如果 $\sum R_i \tan\alpha_i$ 变号，则此荷载为临界荷载，若不变号，应换一个集中荷载，重新计算。

(3) 从各临界位置中求出其相应的极值，从中选出最大值或最小值，则相应的荷载位置即为最不利位置。

例 10-8 试求如图 10-22(a)所示简支梁在移动荷载作用下截面 K 的最大弯矩，其中 $P_1 = 70$ kN，$P_2 = 130$ kN，$P_3 = 50$ kN，$P_4 = 100$ kN。

解： 1) 作出 M_K 影响线如图 10-22(b)所示，各直线段的斜率为

$$\tan\alpha_1 = \frac{3}{4}, \tan\alpha_2 = \frac{1}{4}, \tan\alpha_3 = -\frac{1}{4}$$

2) 试将 $P_2 = 130$ kN 放在 C 点(图 10-22(c))。

荷载向左移：$\sum R_i \tan\alpha_i = 130 \times \frac{3}{4} - (50+100) \times \frac{1}{4} = \frac{390-150}{4} > 0$

荷载向右移：$\sum R_i \tan\alpha_i = 70 \times \frac{3}{4} + 130 \times \frac{1}{4} - (50+100) \times \frac{1}{4} = \frac{340-150}{4} > 0$

不满足判别式。

将 $P_2=130$ kN 放在 D 点(图 10-22(d))。

荷载向左移：$\sum R_i \tan\alpha_i=70\times\frac{3}{4}+130\times\frac{1}{4}-(50+100)\times\frac{1}{4}=\frac{340-150}{4}>0$

荷载向右移：$\sum R_i \tan\alpha_i=70\times\frac{1}{4}-(130+50+100)\times\frac{1}{4}=\frac{70-280}{4}<0$

由于$\sum R_i \tan\alpha_i$ 变号，所以此位置为临界位置。则

$$M_K=\sum P_i\cdot y_i=70\times 3+130\times 4+(50\times 11+100\times 7)\times\frac{1}{4}=1042.5(\text{kN}\cdot\text{m})$$

如果影响线为三角形(图 10-23)时，则临界位置可按下述方法判别。设 P_{cr} 为临界荷载，$\sum P_{左}$为影响线顶点左边所有的集中力，$\sum P_{右}$ 为影响线顶点右边所有的集中力，则式(10-33)可写成下式：

荷载向左移动时，$(\sum P_{左}+P_{cr})\tan\alpha-\sum P_{右}\tan\beta\geqslant 0$

荷载向右移动时，$\sum P_{左}\tan\alpha-(P_{cr}+\sum P_{右})\tan\beta\leqslant 0$

由于 $\tan\alpha=h/a$，$\tan\beta=h/b$，所以对三角形影响线，荷载的临界位置可按下式判别：

$$\left.\begin{aligned}\frac{\sum P_{左}+P_{cr}}{a}\geqslant\frac{\sum P_{右}}{b}\\ \frac{\sum P_{左}}{a}\leqslant\frac{P_{cr}+\sum P_{右}}{b}\end{aligned}\right\}\qquad(10\text{-}35)$$

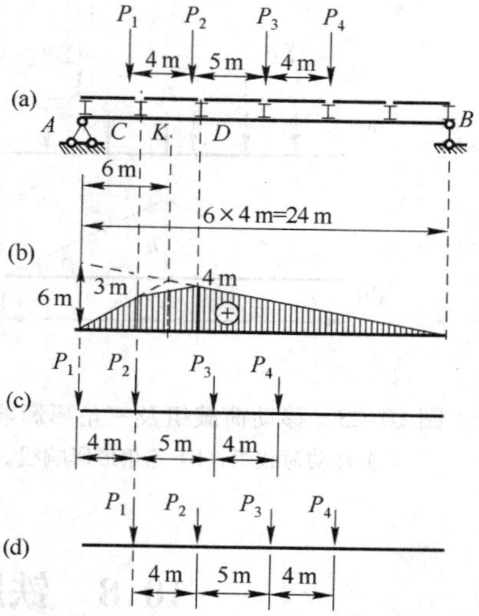

图 10-22　例 10-8 图

(a) 简支梁；(b) M_K 影响线；(c) P_2 在 C 点；(d) P_2 在 D 点。

例 10-9　试求如图 10-24(a)所示的简支梁在图示荷载作用下 B 支座的最大反力。已知：$P_1=P_2=478.5$ kN，$P_3=P_4=324.5$ kN。

解：1) 作出 R_B 影响线。

2) 由 $S=\sum P_i y_i$ 可以看出，欲使$\sum P_i y_i$ 中的各项具有较大的值，这要求在影响线顶点附近有较大的和较密集的集中荷载。由此可知，临界荷载必然是 P_2 或 P_3。

将 P_2 置于 R_B 影响线的顶点 B(图 10-24(b))，有

$$\frac{2\times 478.5}{6}>\frac{324.5}{6}$$

$$\frac{478.5}{6}<\frac{478.5+324.5}{6}$$

所以，P_2 为临界荷载。相应的

$$R_B=478.5\times(0.125+1)+324.5\times 0.758=784.3(\text{kN})$$

3) 将 P_3 置于影响线的顶点 B(图 10-24(c))，有

$$\frac{478.5+324.5}{6}>\frac{324.5}{6}$$

$$\frac{478.5}{6}<\frac{2\times 324.5}{6}$$

所以，P_3 也是临界荷载。相应的影响量

$$R_B = 478.5 \times 0.758 + 324.5 \times (1 + 0.2) = 752.1(\text{kN})$$

4）比较上述两值可知，当 P_2 在 B 点时为最不利荷载位置，此时有

$$R_{B\max} = 784.3(\text{kN})$$

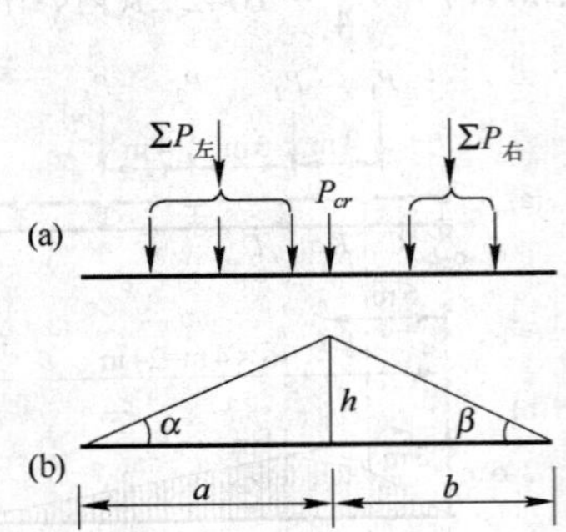

图 10-23　移动荷载组及三角形影响线

(a) 移动荷载组；(b) 三角形影响线。

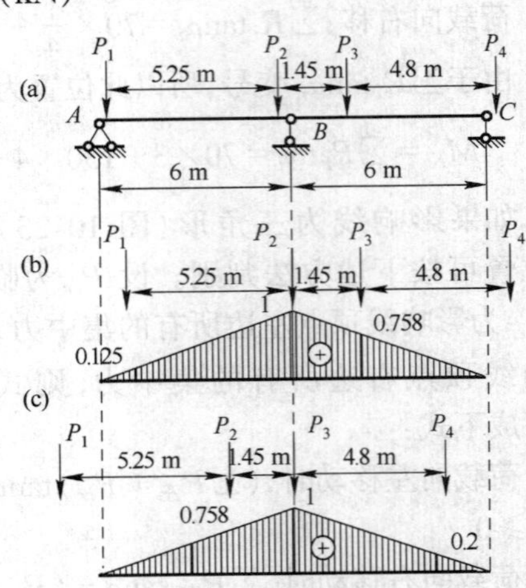

图 10-24　例 10-9 图

(a) 吊车梁及其吊车荷载；(b) P_2 在 R_B 影响线的顶点；(c) P_3 在 R_B 影响线的顶点。

10.8　铁路和公路的标准荷载制

由于铁路和公路上行驶的车辆种类繁多，载运情况复杂，在结构设计中，不可能对每一种荷载情况进行计算。因此，我国相关行业制定了有关的标准荷载。这种荷载是经过统计科学分析制定出来的，它既概括了各类车辆的情况，又适当考虑了将来的发展。

一、铁路标准荷载

由我国铁路桥涵设计基本规范(TB 10002.1—99)中规定：铁路列车竖向静活载必须采用中华人民共和国铁路标准活载，即“中—活载”，标准活载的计算图示见图 10-25(a)、(b)。

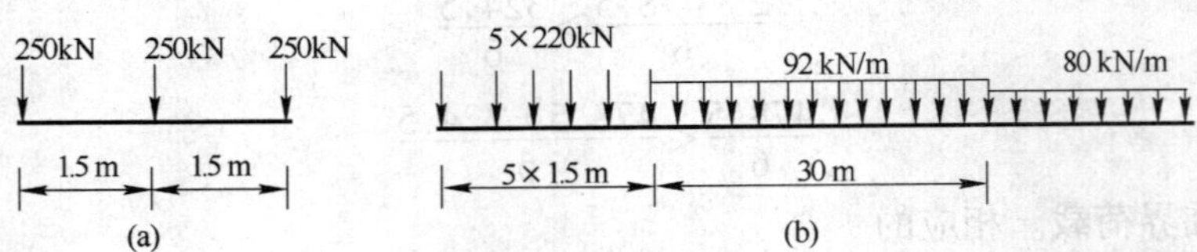

图 10-25　铁路标准活载

(a) 特种活载；(b) 普通活载。

其中图 10-25(a)所示为特种活载，图 10-25(b)所示为普通活载。特种活载代表某些机车、车辆的较大轴重，其轴压大，但轴数少，只在小跨度(约 7 m 以下)的受弯杆件起控制作用。普通活载代表一列火车的重量，前面五个集中力代表一台蒸汽机车的五个轴重，中部一段均布荷载(30 m 长)代表煤水车和与之连挂的第二台机车的平均重量，后面任意长

的均布荷载代表车辆的平均重量。设计中采用“中—活载”加载时,可由图示中任意截取,但不得变更轴距,所截取的荷载段可由左端或右端进入桥梁,以确定不利荷载位置。图10-25所示的荷载代表一个车道上的荷载,如果桥梁是单线的,且有两片主梁,则每片主梁承受图示荷载的一半。

二、公路标准荷载

我国公路桥涵设计基本规范中规定:使用的标准荷载,包括计算荷载和验算荷载。计算荷载以汽车车队表示,有汽车—10级、汽车—15级、汽车—20级、汽车—超20级四个等级,其纵向排列如图10-26所示。

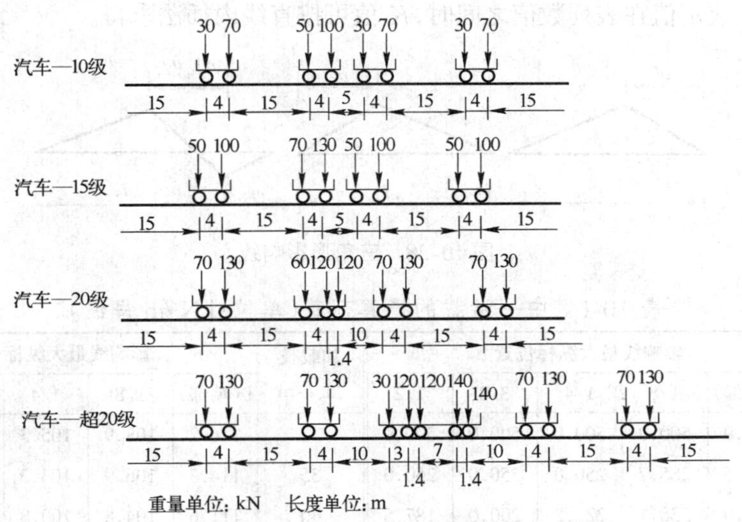

图10-26 汽车车队表示的计算荷载

各车辆之间的距离可任意变更,但不得小于图示距离。每个车队中只有一辆重车,主车数目不限。验算荷载以履带车、平板挂车表示,有履带—50、挂车—80、挂车—100和挂车—120等。

三、换算荷载

在移动荷载作用下,求结构上某量值的最大(最小)值时,通常需先确定荷载的最不利布置,然后才能求出相应的量值。这一计算过程是很麻烦的。在实际设计中,对于铁路和公路的标准荷载,通常利用预先编制好的换算荷载表来进行计算。

换算荷载 K 是均布荷载,它所产生的某一量值,与实际移动荷载产生的该量值的最大值相等,即

$$K\omega = S_{\max} \tag{10-36}$$

式中,ω 是量值 S 影响线的面积。

由式(10-36)得该移动荷载的换算荷载为

$$K = \frac{S_{\max}}{\omega} \tag{10-37}$$

换算荷载的数值与移动荷载及影响线的形状有关。但对于长度相等、顶点位置相同的影响线,换算荷载是相等的。如图10-27(a)、(b)所示的影响线,$y_2 = ny_1$,从而 $\omega_2 =$

$n\omega_1$,所以有

$$K_2 = \frac{\sum P y_2}{\omega_2} = \frac{n \sum P y_1}{n\omega_1} = \frac{\sum P y_1}{\omega_1} = K_1$$

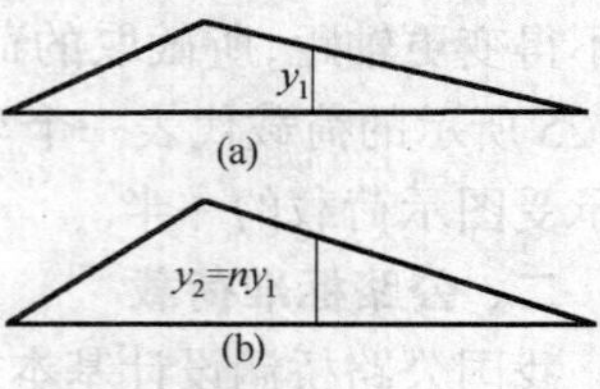

图 10-27 竖标成固定比例的两影响线

表 10-1、表 10-2 列出了我国现行铁路、公路标准荷载的换算荷载,它是根据三角形的影响线绘制的。在使用时,应注意以下问题。

(1) 加载长度 l 指同符号的影响长度(图 10-28)。

(2) al 是指顶点至较近零点的水平距离($0 \leqslant al \leqslant 0.5$)。

(3) 当 l 或 a 值在表列数值之间时,K 值可按直线内插法求得。

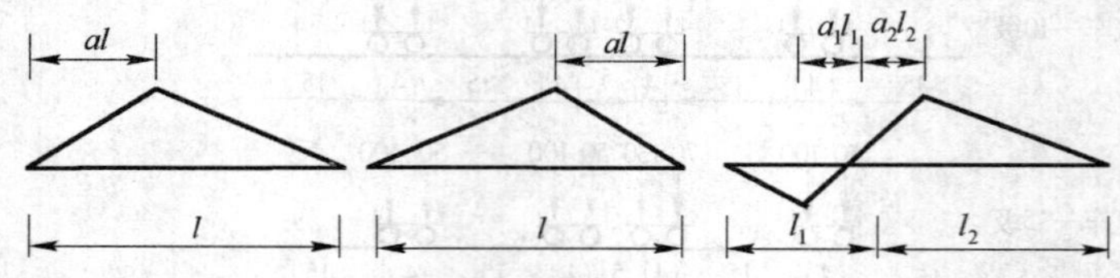

图 10-28 三角形影响线

表 10-1 中—活载的换算荷载(单位:kN/m 每线)

加载长度 l/m	影响线最大纵标位置 a					加载长度 l/m	影响线最大纵标位置 a				
	0(端部)	1/8	1/4	3/8	1/2		0(端部)	1/8	1/4	3/8	1/2
1	500.0	500.0	500.0	500.0	500.0	32	116.2	108.9	105.3	100.8	98.4
2	312.5	285.7	250.0	250.0	250.0	35	114.3	106.9	103.3	99.1	97.3
3	250.0	238.1	222.2	200.0	187.5	40	111.6	104.8	100.8	97.4	96.1
4	234.4	214.3	187.5	175.0	187.5	45	109.2	102.9	98.8	96.2	95.1
5	210.0	197.1	180.0	172.0	180.0	48	107.9	101.8	97.6	95.5	94.5
6	187.5	178.6	166.7	161.1	166.7	50	107.1	101.1	96.8	95.0	94.1
7	179.6	161.8	153.1	150.9	153.1	60	103.6	97.8	94.2	92.8	91.9
8	172.2	157.1	151.3	148.5	151.3	64	102.4	96.8	93.4	92.0	91.1
9	165.5	151.5	147.5	144.5	146.7	70	100.8	95.4	92.2	90.9	89.9
10	159.8	146.2	143.6	140.0	141.3	80	98.6	93.3	90.6	89.3	88.2
12	150.4	137.5	136.0	133.9	131.2	90	96.9	91.6	89.2	88.0	86.8
14	143.3	130.8	129.4	127.6	125.0	100	95.4	90.2	88.1	86.9	85.5
16	137.7	125.5	123.8	121.9	119.4	110	94.1	89.0	87.6	85.9	84.6
18	133.2	122.8	120.3	117.3	114.2	120	93.1	88.1	86.4	85.1	83.6
20	129.4	120.3	117.4	114.2	110.2	140	91.4	86.7	85.1	83.8	82.8
24	123.7	115.7	112.2	108.3	104.0	160	90.0	85.7	84.2	82.9	82.2
25	122.5	114.7	111.0	107.0	102.5	180	89.0	84.9	83.4	82.3	81.7
30	117.8	110.3	106.6	102.4	99.2	200	88.1	84.2	82.8	81.8	81.4

表 10-2　汽车—10 级的换算荷载(单位:kN/m 每车列)

跨径或荷载长度 l/m	影响线顶点位置 a									
	标准车列					无加重车车列				
	0(端部)	1/8	1/4	3/8	1/2	0(端部)	1/8	1/4	3/8	1/2
1	200.0	200.0	200.0	200.0	200.0	140.0	140.0	140.0	140.0	140.0
2	100.0	100.0	100.0	100.0	100.0	70.0	70.0	70.0	70.0	70.0
3	66.7	66.7	66.7	66.7	66.7	46.7	46.7	46.7	46.7	46.7
4	50.0	50.0	50.0	50.0	50.0	35.0	35.0	35.0	35.0	35.0
6	38.9	37.3	35.2	33.3	33.3	26.7	25.7	24.4	23.3	23.3
8	31.3	30.4	29.2	27.5	25.0	21.3	20.7	20.0	19.0	17.5
10	26.0	25.4	24.7	23.6	22.0	17.6	17.3	16.8	16.2	15.2
13	21.5	20.4	19.9	19.3	19.4	14.0	13.7	13.5	13.1	12.5
16	18.9	18.0	16.9	17.3	17.0	11.6	11.4	11.3	11.0	10.6
20	17.1	16.0	15.8	16.1	15.2	9.8	9.3	9.2	9.0	8.8
26	14.6	13.9	13.8	14.0	13.4	9.1	8.2	7.4	7.1	7.0
30	13.3	12.7	12.6	12.7	12.3	8.6	7.9	7.0	6.4	6.1
35	12.5	11.5	11.4	11.4	11.1	7.9	7.4	6.8	6.3	5.6
40	11.8	10.8	10.7	10.5	10.2	7.5	6.9	6.4	6.0	5.4
45	11.0	10.3	10.2	10.0	9.7	7.3	6.6	6.1	5.8	5.6
50	10.5	9.7	9.7	9.5	9.3	7.3	6.5	5.8	5.5	5.1
60	9.8	9.0	8.7	8.7	8.7	6.7	6.2	5.7	5.5	5.6

表 10-3　汽车—15 级的换算荷载(单位:kN/m 每车列)

跨径或荷载长度 l/m	影响线顶点位置 a									
	标准车列					无加重车车列				
	0(端部)	1/8	1/4	3/8	1/2	0(端部)	1/8	1/4	3/8	1/2
1	260.0	260.0	260.0	260.0	260.0	200.0	200.0	200.0	200.0	200.0
2	130.0	130.0	130.0	130.0	130.0	100.0	100.0	100.0	100.0	100.0
3	86.7	86.7	86.7	86.7	86.7	66.7	66.7	66.7	66.7	66.7
4	65.0	65.0	65.0	65.0	65.0	50.0	50.0	50.0	50.0	50.0
6	51.1	48.9	45.9	43.3	43.3	38.9	37.3	35.2	33.3	33.3
8	41.3	40.0	38.3	36.0	32.5	31.3	30.4	29.2	27.5	25.0
10	34.4	33.6	32.5	31.0	28.8	26.0	25.4	24.7	23.6	22.0
13	29.5	27.5	26.4	25.5	25.9	20.7	20.4	19.9	19.3	18.3
16	26.0	24.7	23.0	23.5	23.0	17.2	17.0	16.7	16.3	15.6
20	23.7	22.0	21.7	22.1	20.7	14.5	13.9	13.7	13.4	13.0
26	20.2	19.3	19.1	19.3	18.5	13.5	12.1	10.9	10.6	10.4
30	18.7	17.6	17.4	17.6	17.0	12.8	11.7	10.4	9.5	9.1
35	17.7	16.0	15.9	15.8	15.3	11.8	11.1	10.1	9.3	8.3
40	16.7	15.2	15.0	14.5	14.2	11.2	10.4	9.6	9.0	8.1
45	15.6	14.5	14.3	13.9	13.4	11.0	9.8	9.1	8.6	8.4
50	14.9	13.7	13.6	13.3	12.9	10.7	9.6	8.7	8.2	8.6
60	13.9	12.8	12.3	12.2	12.2	10.1	9.2	8.5	8.2	8.4

表 10-4 汽车—20 级的换算荷载(单位:kN/m 每车列)

跨径或荷载长度 l/m	影响线顶点位置 a									
	标准车列					无加重车车列				
	0(端部)	1/8	1/4	3/8	1/2	0(端部)	1/8	1/4	3/8	1/2
1	260.0	260.0	260.0	260.0	260.0	260.0	260.0	260.0	260.0	260.0
2	156.0	144.0	130.0	130.0	130.0	130.0	130.0	130.0	130.0	130.0
3	122.7	117.3	110.2	100.0	86.7	86.7	86.7	86.7	86.7	86.7
4	99.0	96.0	92.0	86.4	78.0	65.0	65.0	65.0	65.0	65.0
6	72.7	69.3	67.6	65.1	61.3	51.1	48.9	45.9	43.3	43.3
8	59.6	57.4	54.5	51.6	49.5	41.3	40.0	38.3	36.0	32.5
10	50.2	48.8	46.9	44.3	43.7	34.2	33.6	32.5	31.0	28.8
13	40.3	39.5	38.4	36.3	36.0	27.5	27.0	26.4	25.5	24.1
16	33.7	33.1	32.4	31.4	31.1	22.8	22.5	22.1	21.5	20.6
20	29.2	27.2	26.7	26.1	25.9	19.3	18.4	18.1	17.8	17.2
26	25.1	23.8	23.9	22.6	21.4	17.9	16.1	14.5	14.1	13.7
30	22.7	21.8	22.4	21.5	19.9	17.0	15.6	13.9	12.6	12.1
35	20.9	19.9	20.5	19.8	18.7	15.7	14.7	13.4	12.4	11.1
40	20.0	18.9	18.3	17.5	14.9	14.9	13.8	12.7	12.0	10.8
45	19.0	18.4	17.7	16.9	16.8	14.6	13.1	12.0	11.5	11.2
50	18.0	17.7	17.0	16.4	16.3	14.2	12.8	11.6	11.0	11.4
60	16.9	16.3	15.7	15.3	15.2	13.4	12.2	11.3	10.9	11.2

例 10-10 利用换算荷载表计算如图 10-29(a)所示的简支梁 AB 在“汽车—15 级”荷载作用下截面 C 的弯矩及剪力的最大值和最小值。

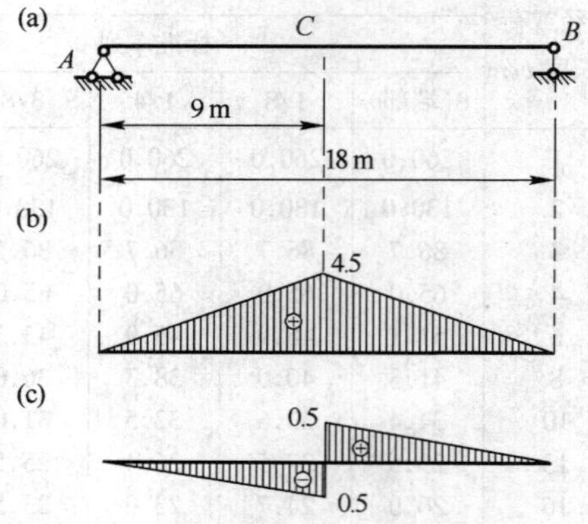

图 10-29 例题 10-10 图

(a) 简支梁;(b) M_C 影响线;(c) Q_C 影响线。

解:作出 C 截面的弯矩及剪力的影响线(图 10-29(b)、(c)),按影响线的形状查表 10-3。

1) $M_{C\max}$

M_C 影响线的倾角 $\alpha=1/2$,而 $l=18$ m,须在 16 m 与 20 m 之间求得 K 值。

当 $\alpha=1/2$ 时,$l_1=16$ m 时,$K_1=23.0$,$l_1=20$ m 时,$K_1=20.7$,按直线内插求得 $l=18$ m 时的 K 值为

$$K=20.7+\frac{20-18}{20-16}\times(23.0-20.7)=21.85(\mathrm{kN/m})$$

影响线的面积为

$$\omega=\frac{1}{2}\times 18\times 4.5=40.50(\mathrm{m}^2)$$

所以

$$M_{C\max}=K\omega=21.85\times40.50=884.93(\text{kN}\cdot\text{m})$$

2）$Q_{C\max}(Q_{C\min})$

影响线正负号区段反对称，$\alpha=0$，而 $l=9$ m，所以

$$K=\frac{1}{2}\times(41.3+34.4)=37.85(\text{kN/m})$$

$$\omega=\pm\frac{1}{2}\times0.5\times9=\pm2.25(\text{m})$$

$$Q_{C\max}=-Q_{C\min}=37.85\times2.25=85.16(\text{kN})$$

10.9 简支梁的绝对最大弯矩及内力包络图

一、简支梁的绝对最大弯矩

移动荷载作用在简支梁上，可以使简支梁的某一截面发生最大弯矩，在整个梁中，又有某一截面的最大弯矩比任意其他截面的最大弯矩都大，称之为绝对最大弯矩。在进行移动荷载作用下的结构设计时，必须确定结构上的绝对最大弯矩。

要确定简支梁上的绝对最大弯矩，不仅要确定出绝对最大弯矩的截面位置，而且要确定出此时的荷载位置。假定梁上有一组移动的集中荷载(图 10-30)，它们的间距保持不变。由前几节的讨论可知，梁在集中荷载组作用下，无论荷载在什么位置，弯矩图的顶点总是在集中荷载下面。因此可以断定，绝对最大弯矩必然发生在某一集中荷载的作用点处的截面上。究竟是哪个荷载，可采用试算的办法。

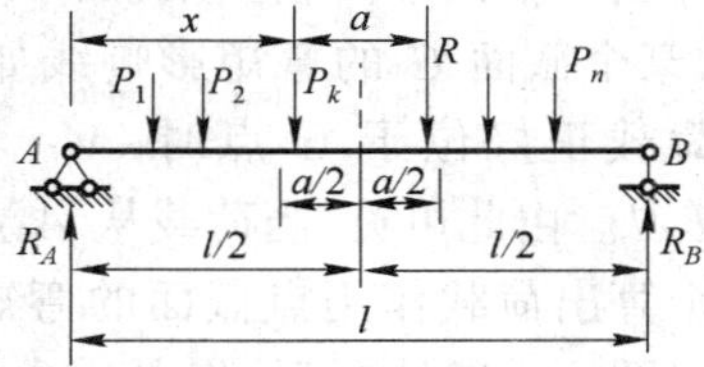

图 10-30 简支梁及其上作用的荷载图

试取一集中荷载 P_K，它的作用点到 A 支座的距离为 x，梁上所有荷载的合力 R 与 P_K 作用线之间的距离为 a，由 $\sum M_B=0$，得 A 支座的反力为

$$R_A=\frac{R}{l}(l-x-a)$$

P_K 作用点截面的弯矩为

$$M=R_Ax-M_K=\frac{R}{l}(l-x-a)x-M_K$$

式中，M_K 为 P_K 左边的荷载对 P_K 作用点的力矩之和，它是一个与 x 无关的常数。

当 $\mathrm{d}M/\mathrm{d}x=0$ 时，M 有极值，即

$$\frac{\mathrm{d}M}{\mathrm{d}x}=\frac{R}{l}(l-2x-a)=0$$

由于 $R\neq0$，所以有

$$l-2x-a=0$$

即

$$x=\frac{l-a}{2} \tag{10-38}$$

上式表明：当 P_K 与 R 对称于梁的中点时，P_K 作用点截面的弯矩达最大值，其值为

$$M_{\max}=R\left(\frac{l-a}{2}\right)^2\cdot\frac{1}{l}-M_K \tag{10-39}$$

用式(10-39)可计算出各个荷载作用点截面的最大弯矩，选择其中最大的一个，就是该梁的绝对最大弯矩。计算时，应注意 R 是梁上实有荷载的合力，在安排 P_K 与 R 的位置时，可能有的荷载不在梁上了，这时需重新计算 R 的数值和位置。

如果移动荷载的数目比较多，对每个荷载按式(10-39)计算，仍是比较麻烦的。根据经验，简支梁的绝对最大弯矩总是发生在梁跨中附近。所以可以认为，使梁中点截面产生最大弯矩的临界荷载，也就是发生绝对最大弯矩的临界荷载。因此，计算绝对最大弯矩可按以下步骤进行：首先确定使梁中点截面发生最大弯矩的临界荷载 P_K，然后移动荷载组，使 P_K 与梁上荷载的合力 R 对称于梁的中点，最后算出 P_K 所在截面的弯矩，即为绝对最大弯矩。

二、简支梁的内力包络图

在设计桥梁、吊车梁等承受移动荷载的结构时，需要确定出各截面的内力最大值(最大正值和最大负值)，作为结构设计的依据。把各截面的内力最大值按比例标在图上，连成曲线，这一曲线称为内力包络图。下面以简支梁在单个移动荷载作用时的情况为例，说明其弯矩包络图和剪力包络图的绘制方法。

当单个集中荷载在梁(图 10-31(a)) AB 上移动时，某个截面 C 的弯矩影响线如图 10-31(b)所示。当荷载正好位于 C 点时，M_C 为最大值，$M_{C\max}=Pab/l$。由此可见，当荷载从 A 点移到 B 点时，只要逐个算出荷载作用点截面的弯矩，便可以得到弯矩包络图。一般情况下，将梁分成十等份，依次取 $a=0.1l$、$a=0.2l$、…、$a=l$，对每一截面求出其弯矩最大值 $M_{C\max}=0.09Pl$、$0.16Pl$、…、$0.09Pl$，将这些值按比例以竖标标出并连成光滑曲线，便可以得到弯矩包络图(图 10-31(c))。

按同样的方法可绘出剪力包络图(10-31(e))。

在实际设计中，绘制包络图应同时考虑恒载和移动荷载(活载)的作用，对于活载要考虑动力效应，一般将活载的内力乘以动力系数，动力系数的确定在有关规范中都有明确规定。

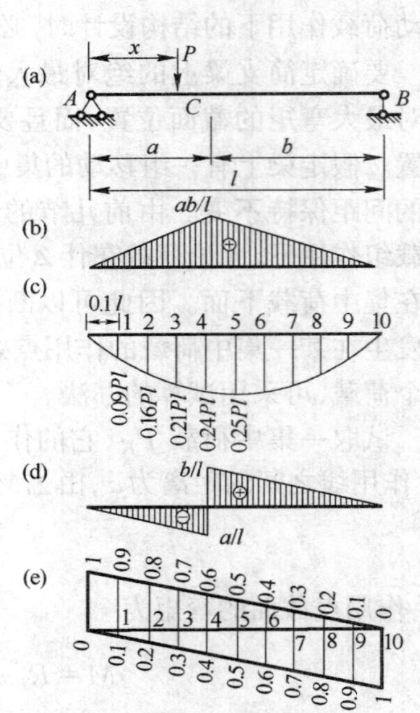

图 10-31　简支梁的弯矩与剪力包络图

(a) 简支梁；(b) M_C 影响线；(c) 弯矩包络图；(d) Q_C 影响线；(e) 剪力包络图。

例 10-11　求如图 10-32(a)所示的吊车梁在图示吊车荷载作用下的绝对最大弯矩。

解： 绝对最大弯矩将发生在荷载 P_2 或 P_3 所在的截面。由于对称，该梁在 P_2 和 P_3 下的绝对最大弯矩相等。所以本题只求 P_2 下的最大弯矩。

由图10-32(a)可知，梁上实有荷载为 P_1、P_2 和 P_3，其合力为 $R=855$ kN，设合力 R 位于P_2 的左方，与 P_2 的距离为 a，则

$$a=\frac{1}{855}(285\times5-285\times1.26)=1.247(\text{m})$$

将 P_2 与 R 分别位于梁中点 C 的对称位置(图10-32(b))，由此可得

$$x=\frac{l}{2}+\frac{a}{2}=6.6235(\mathrm{m})$$

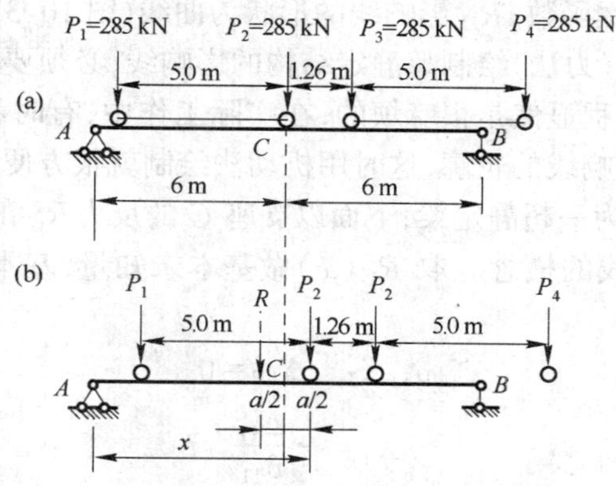

图 10-32 例 10-11 图

(a) 吊车梁及其吊车荷载；

(b) 产生绝对最大弯矩的荷载位置。

则绝对最大弯矩为

$$M_{\max}=R\left(\frac{l-a}{2}\right)^2\cdot\frac{1}{l}-M_K=$$

$$855\times\left(\frac{12+1.247}{2}\right)^2\times\frac{1}{12}-285\times5=1700.79(\mathrm{kN\cdot m})$$

10.10 用机动法作超静定梁影响线的概念

绘制超静定结构的内力和支座反力的影响线，通常也有两种方法：一种是静力法，根据平衡条件和变形条件（可用力法或位移法）建立影响线方程；另一种是机动法，通过绘制位移图，得到影响线的轮廓。

用静力法绘制影响线，必须先求解超静定结构，求得影响线方程，比较繁杂。下面通过一道例题，说明用力法绘制影响线的过程。

例 10-12 如图 10-33(a)所示为一次超静定梁，绘制支座反力 R_B 的影响线。

解： 取基本体系（图 10-33(b)），建立力法方程：

$$\delta_{11}X_1+\Delta_{1P}=0$$

式中 $\Delta_{1P}=-\frac{1}{EI}\left[\frac{1}{2}\times x\times x\times\left(l-x+\frac{2}{3}x\right)\right]=$

$$-\frac{x^2}{2EI}\left(l-\frac{x}{3}\right)$$

$$\delta_{11}=\frac{1}{EI}\left(\frac{1}{2}\times l\times l\times\frac{2}{3}l\right)=\frac{l^3}{3EI}$$

所以有

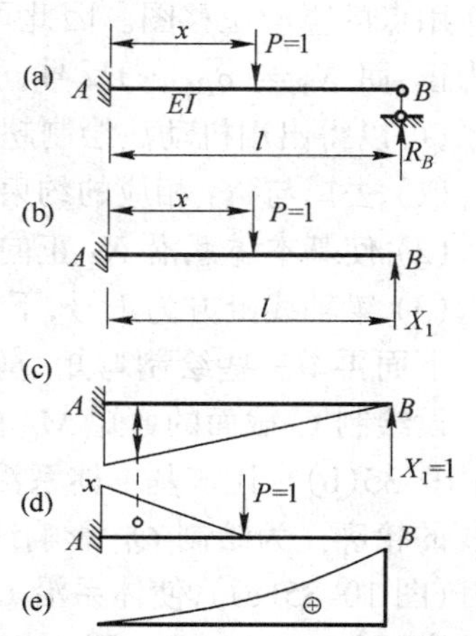

10-33 超静定梁及其支座反力影响线

(a) 原结构；(b) 基本体系；(c) $\overline{M}_1$ 图；

(d) M_P 图；(e) R_B 影响线。

$$R_B = X_1 = -\frac{\Delta_{1P}}{\delta_{11}} = \frac{x^2(3l - x)}{2l^3}$$

由上式知：R_B 是 x 的三次函数，R_B 影响线的形状为曲线(图 10-33(e))。

由上例知：用静力法(力法)绘制超静定结构的影响线，必须要解算超静定结构。当超静定次数较多时，解算过程显然是很麻烦的，在实际工作中，有时不需要知道影响线竖标的具体数值，只要知道影响线的轮廓，这时用机动法绘制就很方便。

如图 10-34(a)所示为一超静定梁，下面以支座 C 的反力 R_C 的影响线为例，说明用机动法绘制超静定梁影响线的概念。取 $R_C(x)$ 做基本未知量，基本体系如图 10-34(b)所示，力法方程为

$$\delta_{11} X_1 + \Delta_{1P} = 0$$

则

$$X_1 = -\frac{\Delta_{1P}}{\delta_{11}}$$

式中，δ_{11} 为单位力 $X_1 = 1$ 在 X_1 方向上引起的位移(图 10-34(d))。

因 $P = 1$ 为单位荷载，所以有

$$\Delta_{1P} = \delta_{1P}$$

式中，δ_{1P} 为单位力 $P = 1$ 在 X_1 方向上引起的位移(图 10-34(c))。

由位移互等定理，$\delta_{1P} = \delta_{P1}$，$\delta_{P1}$ 为单位力 $X_1 = 1$ 在 P 方向上引起的位移(图 10-34(d))。所以

$$R_C = X_1 = -\frac{\delta_{P1}}{\delta_{11}} \tag{10-40}$$

在式(10-40)中，支座反力 X_1 和位移 δ_{P1} 都随荷载 P 的移动而变化，它们都是荷载位置 x 的函数，而 δ_{11} 常量，因此，式(10-40)可写成下式：

$$R_C = X_1 = -\frac{\delta_{P1}(x)}{\delta_{11}} \tag{10-41}$$

当 x 变化时，函数 X_1 的变化图就是 X_1 的影响线，而函数 $\delta_{P1}(x)$ 的变化图形就是荷载作用点的竖向位移图。因此可以得出影响线与位移图之间的关系。因为 $\delta_{P1}(x)$ 以向下为正，而 X_1 与 $\delta_{P1}(x)$ 反号，所以在 X_1 影响线中，梁轴线上方的位移为正。根据这个关系，可以得出用机动法绘制超静定梁影响线的步骤。

(1) 去掉与 X_1 相应的约束。

(2) 使基本体系沿 X_1 正向发生位移，由此所得到的图形即为影响线的轮廓。

(3) 梁轴线上方为正号，下方为负号。

下面再举一些绘制弯矩、剪力影响线的例子。如图 10-35(a)所示为一个五跨连续梁。设绘制 C 截面的弯矩 M_C 的影响线。去掉与 M_C 相应的约束，将 C 截面用铰代替(图 10-35(b))，让该基本体系沿 M_C 正向发生相应的位移，则所得的位移图即为 M_C 影响线的轮廓。为绘制 Q_C 影响线，去掉与 Q_C 相应的约束，即在 C 截面处加上两个平行的链杆(图 10-35(c))，使体系沿 Q_C 正向发生相应的位移，则所得的位移图即为 Q_C 影响线的轮廓(图 10-35(c))。图 10-35(d)为 R_D 影响线的轮廓，图 10-35(e)为 M_B 影响线的轮廓。

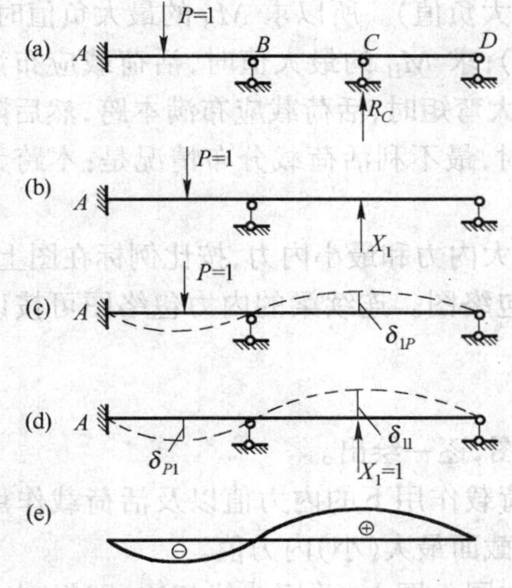

10-34　超静定梁及其支座反力影响线

(a) 超静定梁；(b) 基本体系；(c) δ_{1P}图；(d) δ_{P1}图；(e) R_C 影响线轮廓。

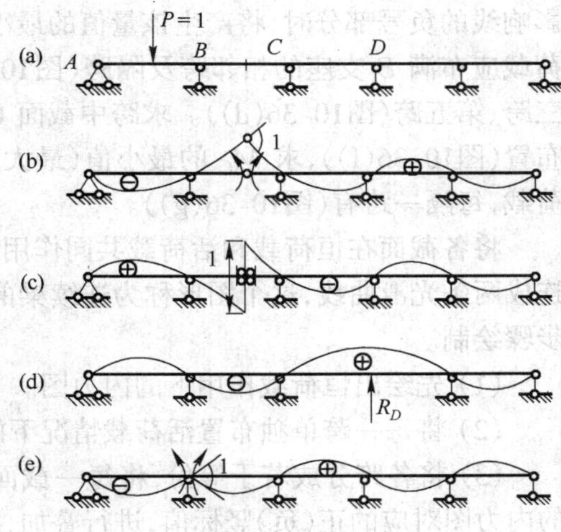

图 10-35　超静定梁及其内力、支反力影响线

(a) 超静定梁；(b) M_C 影响线轮廓；(c) Q_C 影响线轮廓；(d) R_D 影响线轮廓；(e) M_B 影响线轮廓。

10.11　连续梁的内力包络图

对于房屋结构中的板、主梁、次梁一般都按连续梁计算。作用在连续梁上的荷载通常包括恒荷载和活荷载，其中恒荷载长期作用在梁上，而活荷载是随时间变化的，其大小、位置是不定的。所以进行结构设计时，必须考虑恒载和活载的共同影响。在恒载作用下，连续梁的内力是不变的，而活载产生的影响随活载的分布不同而不同。因此，为了保证结构在各种荷载作用下能安全使用，必须求得结构各截面在各种荷载作用下的最大内力。而其中最主要的问题在于确定活荷载的影响。只要求出活荷载作用下各截面的最大内力，再加上恒荷载作用下该截面的内力，就可以得到在恒荷载、活荷载共同作用下该截面的最大内力。

由于活荷载的位置是变化的，所以确定各截面的最大内力，需要确定活荷载的最不利布置，这可以通过影响线的形状来确定。

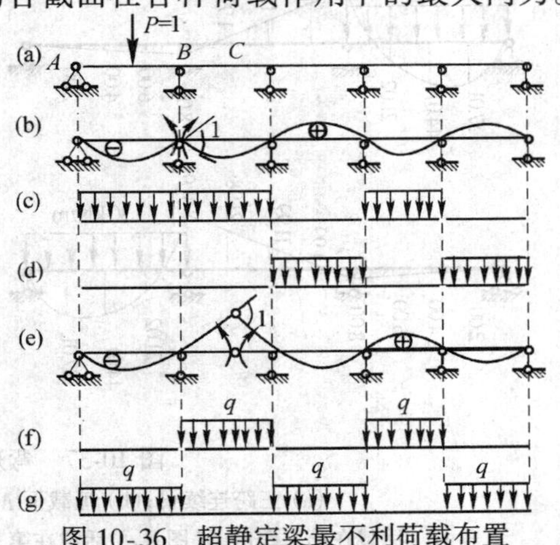

图 10-36　超静定梁最不利荷载布置

(a) 超静定梁；(b) M_B 影响线；(c) 求 $M_{B\min}$的荷载不利布置；(d) 求 $M_{B\max}$的荷载不利布置；(e) M_C 影响线轮廓；(f) 求 $M_{C\max}$的荷载不利布置；(g) 求 $M_{C\min}$的荷载不利布置。

如图10-36(a)所示一连续梁，求支座截面 B 的弯矩 M_B 及截面 C 的弯矩 M_C 的最不利荷载布置。绘出 M_B 及 M_C 的影响线轮廓如图10-36(b)、(e)所示，由 $S=q\omega$可知，当均布荷载布满影响线的正号部分时，将产生该量值的最大值，布满影响线的负号部分时，将产生该量值的最小值(最大负值)。所以求 M_B 的最大负值时，活荷载应布满 B 支座的相邻跨及隔跨(图10-36(c))；求 M_B 的最大值时，活荷载应布满第三跨、第五跨(图10-36(d))。求跨中截面 C 的最大弯矩时，活荷载应布满本跨，然后隔跨布置(图10-36(f))，求 M_C 的最小值(最大负值)时，最不利活荷载分布情况是：本跨无活荷载，每隔一跨有(图10-36(g))。

将各截面在恒荷载和活荷载共同作用下的最大内力和最小内力，按比例标在图上，并连成两条光滑曲线，这个图形称为连续梁的内力包络图。连续梁的内力包络图可按以下步骤绘制。

(1) 先绘出恒荷载作用下的内力图。

(2) 将每一跨单独布置活荷载情况下的内力图，逐一绘出。

(3) 将各跨分成若干等份，将每一截面在恒荷载作用下的内力值以及活荷载作用下的内力图对应的正(负)竖标值，进行叠加，得到该截面最大(小)内力值。

(4) 将上述各最大(小)值，按比例用竖标标在同一图上，并用曲线相连，即得到内力包络图。

下面举例说明。

例 10-13 如图 10-37(a)所示为一三跨等截面连续梁，梁上的恒荷载 $q=16$ kN/m，活荷载 $p=30$ kN/m，试绘制该梁的弯矩包络图和剪力包络图。

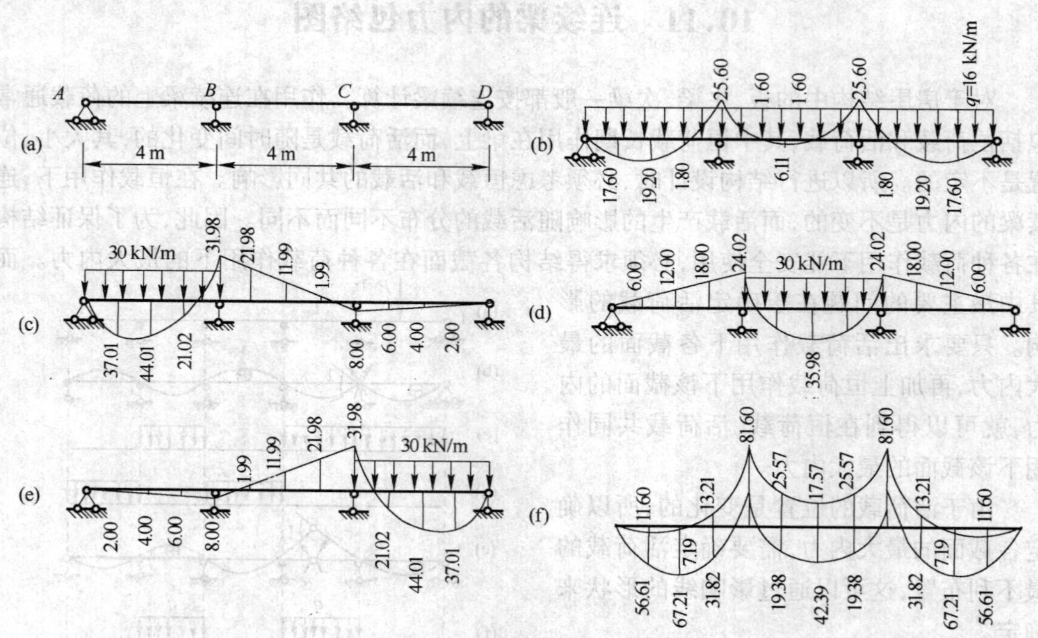

图 10-37 弯矩包络图的绘制

(a) 三跨连续梁；(b) 恒载下 M 图；(c) 活载在第一跨的 M 图；

(d) 活载在第二跨的 M 图；(e) 活载在第三跨的 M 图；(f) 弯矩包络图(单位：kN·m)。

解： 1) 作弯矩包络图

首先用力矩分配法作出恒荷载作用下的弯矩图(图 10-37(b))以及各跨分别作用活荷载的弯矩图(图 10-37(c)、(d)、(e))，将梁的每一跨分为四等份，求出各弯矩图中等分点的竖标值。然后将恒载弯矩图(图 10-37(b))的竖标值和所有活载弯矩图(图 10-37(c)、(d)、(e))中对应的正(负)竖标值相加即得最大(最小)弯矩值。例如,在支座 B 处:

$$M_{B\max}=(-25.6)+8.00=-17.6(\text{kN}\cdot\text{m})$$

$$M_{B\min}=(-25.6)+(-31.98)+(-24.02)=-81.60(\text{kN}\cdot\text{m})$$

最后,将各个最大弯矩值和最小弯矩值分别用曲线相连,即得弯矩包络图(图 10-37(f))。

2) 作剪力包络图

作出恒荷载作用下的剪力图(图10-38(a))以及各跨分别作用活荷载的剪力图(图 10-38(b)、(c)、(d)),然后将恒载剪力图(图10-37(a))中各支座左右两边截面处的竖标值和各跨分别作用活载时的剪力图(图10-38(b)、(c)、(d))中对应的正(负)竖标值相加即得最大(最小)剪力值。例如在支座 B 的左侧截面上:

$$Q_{B\max}^{左}=(-38.40)+2.00=-36.40(\text{kN})$$

$$Q_{B\min}^{左}=(-38.40)+(-67.99)+(-6.00)=-112.39(\text{kN})$$

最后,将各个最大剪力值和最小剪力值分别用直线相连,即得剪力包络图(图10-38(e))。

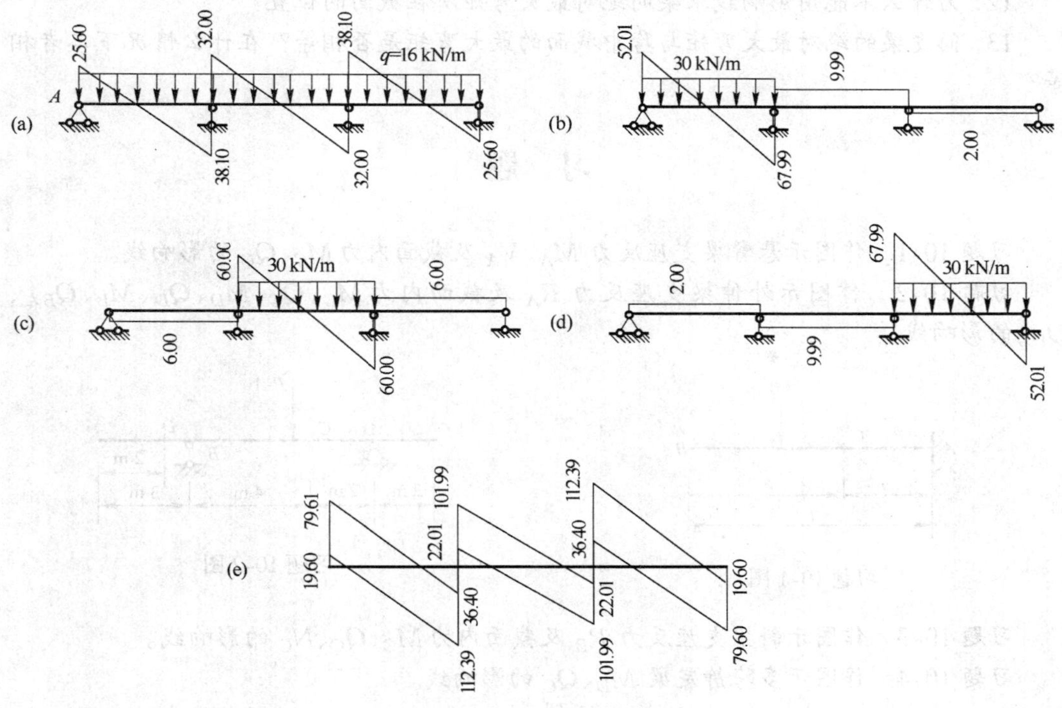

图 10-38 剪力包络图的绘制

(a) 恒载下 Q 图;(b) 活载在第一跨的 Q 图;(c) 活载在第二跨的 Q 图;(d) 活载在第三跨的 Q 图;(e) 剪力包络图(单位:kN)。

复习思考题

1. “移动荷载也即动力荷载”这种说法对不对?

2. 影响线的含义是什么？影响线上任一点的横坐标和纵坐标各代表什么含义？各有什么样的量纲？

3. 作影响线时为什么要选用一个无量纲的单位移动荷载？

4. 用静力法求某量值的影响线与求在固定荷载下该量值的大小有什么不同？

5. 在什么情况下影响线方程必须分段列出？

6. 用静力法作桁架影响线时有什么特点？

7. 作桁架影响线时为什么要注意区分上弦承载还是下弦承载？在什么情况下两种承载方式的影响线是相同的？

8. 机动法作影响线的原理是什么？说明 δ_P 的含义。在荷载直接作用和荷载由结点传递两种情况下，δ_P 有什么区别？

9. 影响线的主要用途是什么？

10. 什么是荷载的临界位置？什么是最不利荷载位置？

11. 说明内力包络图的含义，它与内力图、影响线有什么不同？

12. 为什么不能用影响线求梁的绝对最大弯矩所在截面的位置？

13. 简支梁的绝对最大弯矩与跨中截面的最大弯矩是否相等？在什么情况下二者相等？

习　题

习题 10-1　作图示悬臂梁支座反力 M_A、V_A 及截面内力 M_C、Q_C 的影响线。

习题 10-2　作图示外伸梁支座反力 R_A 及截面内力 M_C、Q_C、M_D、Q_D、M_B、$Q_{B左}$、$Q_{B右}$的影响线。

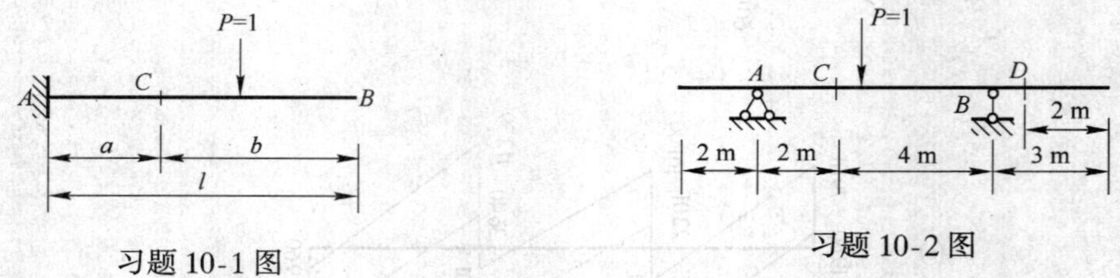

习题 10-1 图　　习题 10-2 图

习题 10-3　作图示斜梁支座反力 R_B 及截面内力 M_C、Q_C、N_C 的影响线。

习题 10-4　作图示多跨静定梁 M_D、Q_C 的影响线。

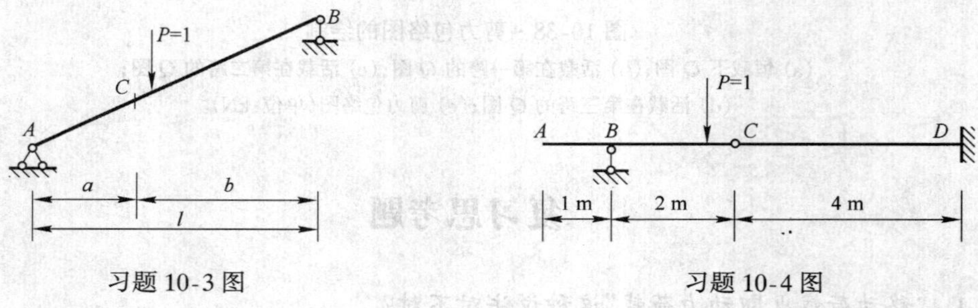

习题 10-3 图　　习题 10-4 图

习题 10-5　作图示梁 M_C、Q_C 的影响线。

习题 10-6　作图示结构 M_E、M_C、$Q_{C右}$、N_{CD}的影响线。$P=1$ 沿 AB 移动。

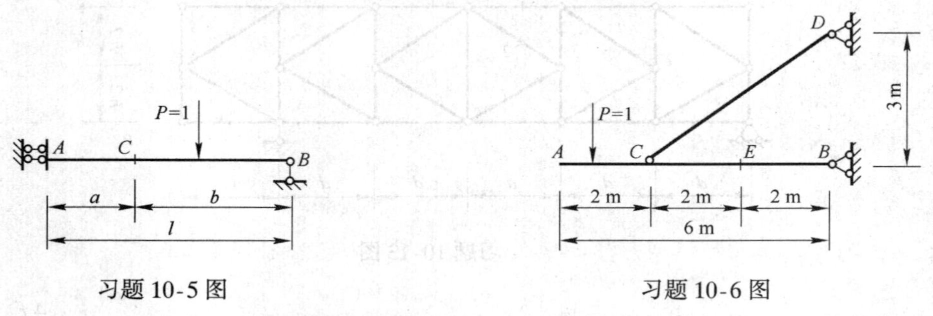

习题 10-5 图　　　　习题 10-6 图

习题 10-7　作图示结构 M_C、Q_C 的影响线。$P=1$ 沿 DE 移动。

习题 10-8　作图示结构 R_B、M_E 的影响线。$P=1$ 沿 AC 移动。

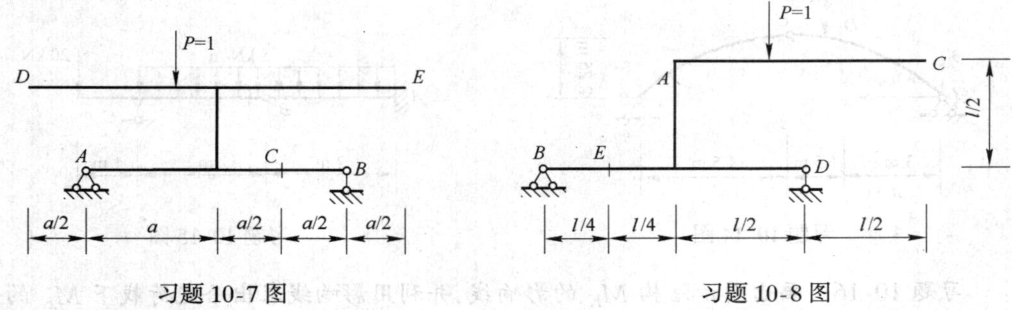

习题 10-7 图　　　　习题 10-8 图

习题 10-9　单位荷载在 DE 上移动，试作 R_A、M_C、Q_C 的影响线。

习题 10-10　用机动法作图示梁的 R_C、M_K、Q_K、Q_E、M_D 的影响线。

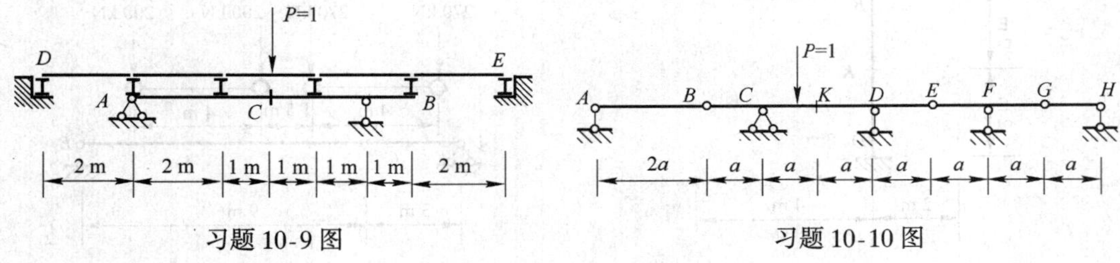

习题 10-9 图　　　　习题 10-10 图

习题 10-11　作图示桁架 N_a、N_b、N_c 的影响线。

习题 10-12　作图示桁架 N_a、N_b 的影响线。考虑 $P=1$ 在上弦和下弦移动。

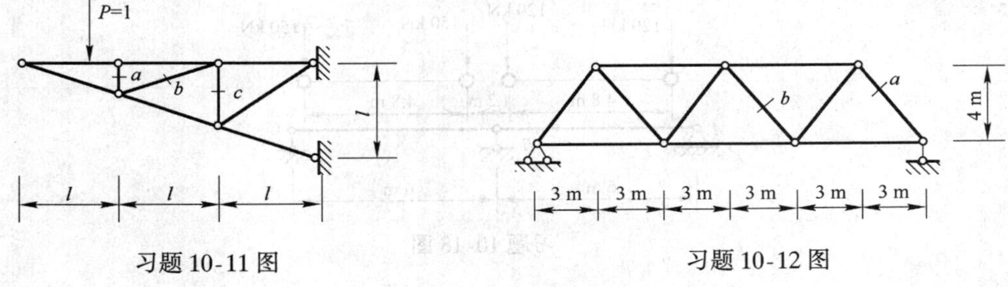

习题 10-11 图　　　　习题 10-12 图

习题 10-13　作图示桁架 N_1、N_2 的影响线。$P=1$ 在上弦移动。

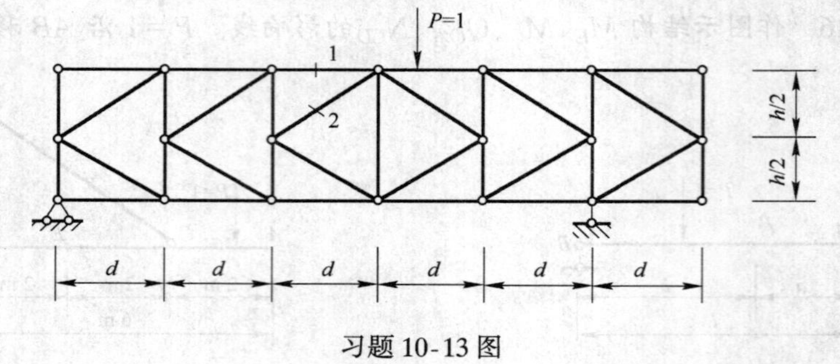

习题 10-13 图

习题 10-14　作三铰拱截面 D 的 M_D、Q_D、N_D 的影响线。拱轴方程为 $y=\dfrac{4f}{l^2}x(l-x)$。

习题 10-15　画出图示梁 M_A 的影响线，并利用影响线求出给定荷载下 M_A 的值。

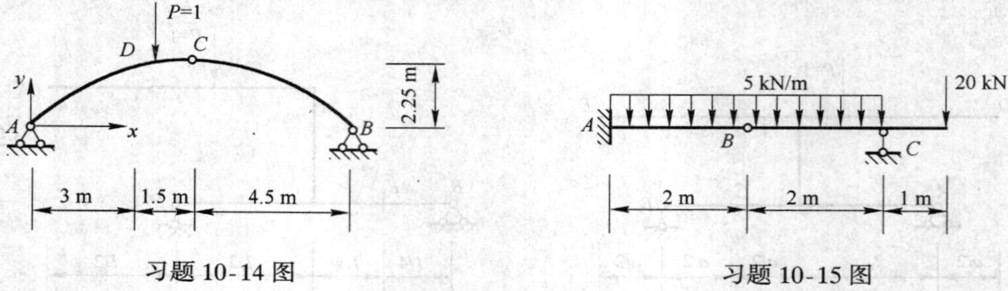

习题 10-14 图　　习题 10-15 图

习题 10-16　画出图示结构 M_K 的影响线，并利用影响线求出给定荷载下 M_K 的值。

习题 10-17　试求图示梁在移动荷载作用下 M_C 的最大值。

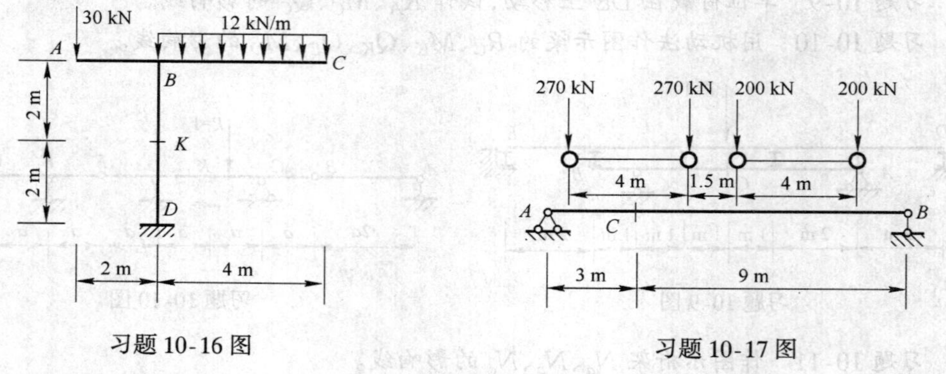

习题 10-16 图　　习题 10-17 图

习题 10-18　求图示吊车梁在吊车荷载作用下支座 B 的最大反力。

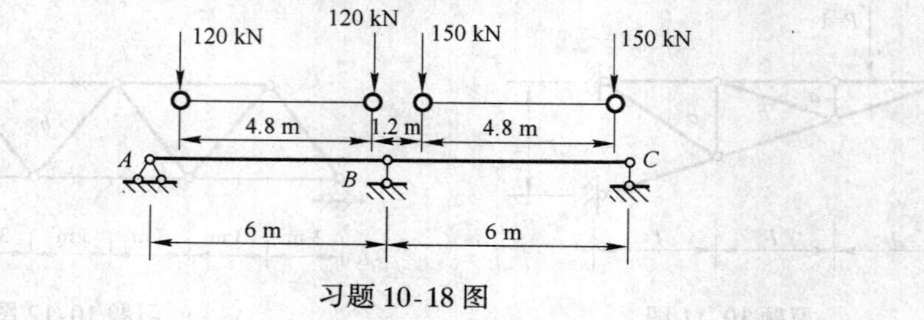

习题 10-18 图

习题10-19　求图示简支梁的绝对最大弯矩，并与跨中截面的最大弯矩作比较。

习题10-20　求图示结构 M_C、Q_C 的最大值和最小值。

(a) 在中—活载作用下；(b) 在汽车—15级荷载作用下。

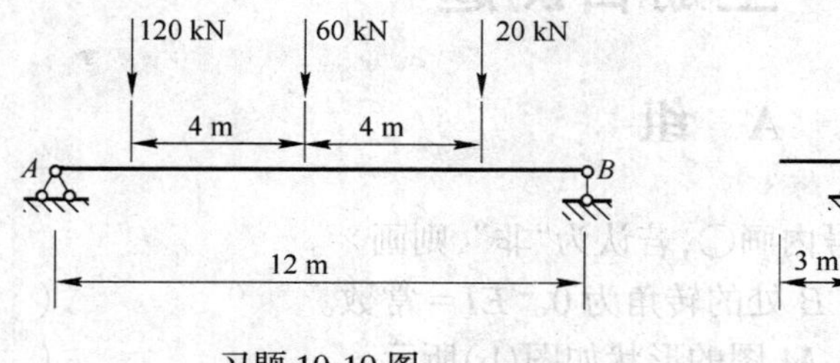

习题 10-19 图

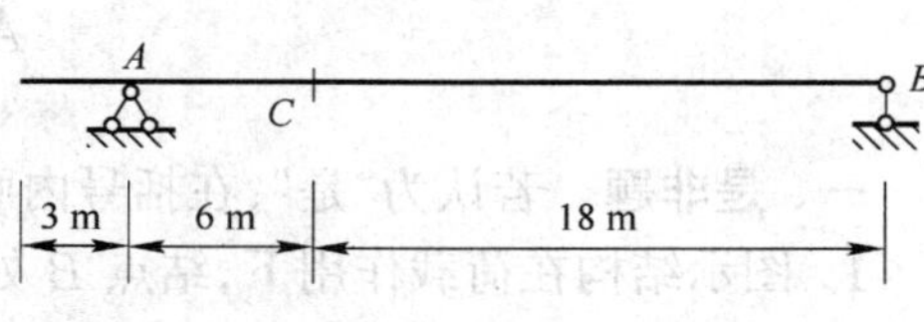

习题 10-20 图

习题10-21　用换算荷载表计算习题10-20。

习题10-22　试绘出图示连续梁 R_C、M_B、$Q_{B左}$、$Q_{B右}$、M_E、Q_E 影响线的轮廓。

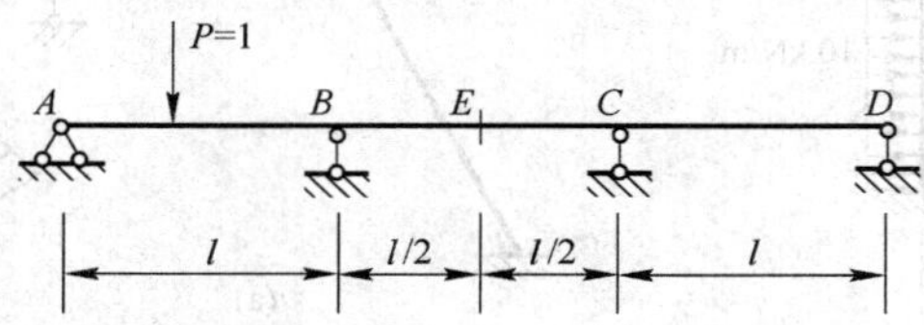

习题 10-22 图

习题答案

习题 10-15　$M_A=0$

习题 10-16　$M_K=36\ \text{kN·m}$ 左侧受拉

习题 10-17　$M_{C\max}=1157.5\ \text{kN·m}$

习题 10-18　$R_{B\max}=276\ \text{kN}$

习题 10-19　$M_{\max}=426.7\ \text{kN·m}$

习题 10-20　(a) $M_{C\max}=605.6\ \text{t·m}$, $M_{C\min}=-84.4\ \text{t·m}$, $Q_{C\max}=91.4\ \text{t}$, $Q_{C\min}=-14.1\ \text{t}$

(b) $M_{C\max}=107.8\ \text{t·m}$, $M_{C\min}=-29.3\ \text{t·m}$, $Q_{C\max}=18\ \text{t}$, $Q_{C\min}=-3.8\ \text{t}$

附录　上册自测题

A　组

一、是非题　若认为“是”，在括号内画○，若认为“非”，则画×。

1．图示结构在荷载作用下，结点 B 处的转角为0。EI = 常数。　（　）

2．图(a)所示结构在荷载作用下，M 图的形状如图(b)所示。　（　）

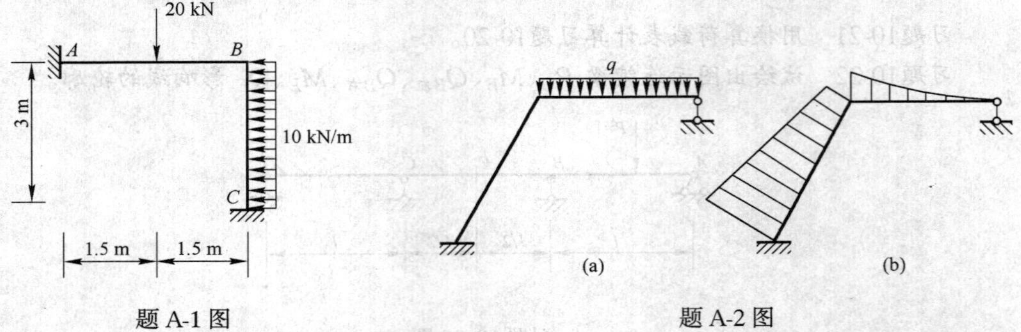

题 A-1 图　　　　题 A-2 图

3．除荷载之外，温度变化、支座移动、制造误差等其他因素也会使静定结构产生位移，因而也就会使静定结构产生内力。　（　）

二、选择题　选择正确答案的字母写在括号内。

4．图示为刚架在荷载作用下的 M_P 图，曲线为二次抛物线，横梁的抗弯刚度为 $2EI$，竖柱为 EI，则横梁中点 K 的竖向位移为：

(A) $\dfrac{87.75}{EI}$(↓)；　(B) $\dfrac{43.875}{EI}$(↓)；

(C) $\dfrac{94.5}{EI}$(↓)　(D) $\dfrac{47.25}{EI}$(↓)。　（　）

5．图示结构中，当改变 B 点链杆的方向(不能通过 A 铰)时，对该梁的影响是：

(A) 全部内力没有变化；　(B) 弯矩有变化；

(C) 剪力有变化；　(D) 轴力有变化。　（　）

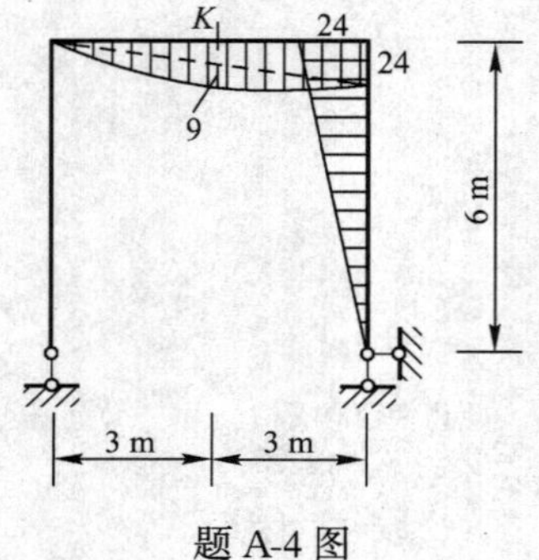

题 A-4 图

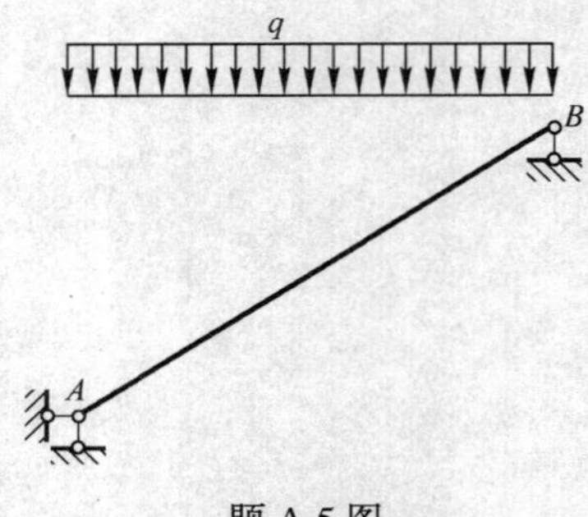

题 A-5 图

6. 刚体系的虚功方程与变形体系的虚功方程两者的区别在于：
(A) 前者用于计算未知位移，后者用于计算未知力；
(B) 前者用于计算未知力，后者用于计算未知位移；
(C) 前者的外力总虚功不等于零，后者的外力总虚功等于其总虚应变能；
(D) 前者的外力总虚功等于零，后者的外力总虚功等于其总虚应变能。（　　）

三、填空题

7. 图示结构主梁截面 $C_{右}$ 的剪力影响线的竖标 $y_C=$ ________。

8. 下图横梁截面抗弯刚度均为 EI，图(a)中 D 点的挠度比图(b)中 D 点的挠度大 ________。

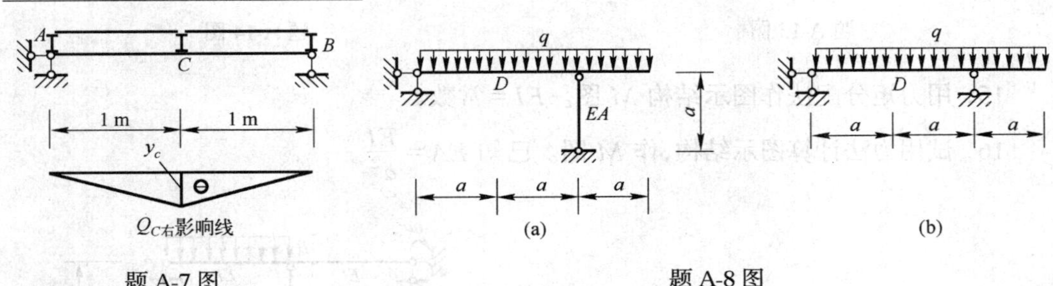

题 A-7 图　　　　题 A-8 图

9. 图示结构各杆 EI 均为常数，且为有限值，其位移法基本未知量数目为____。

四、分析及计算题

10. 对图示体系进行几何组成分析。

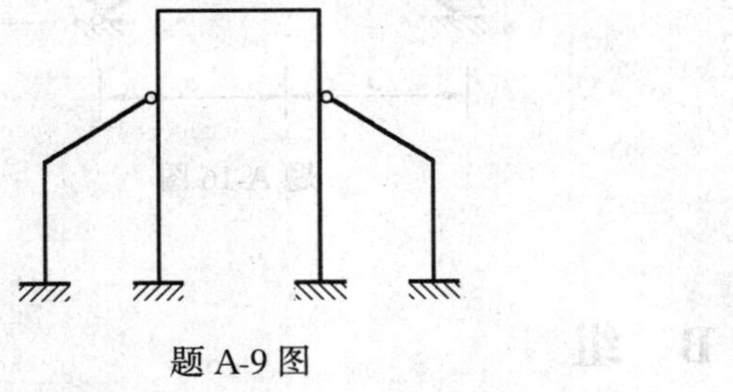

题 A-9 图

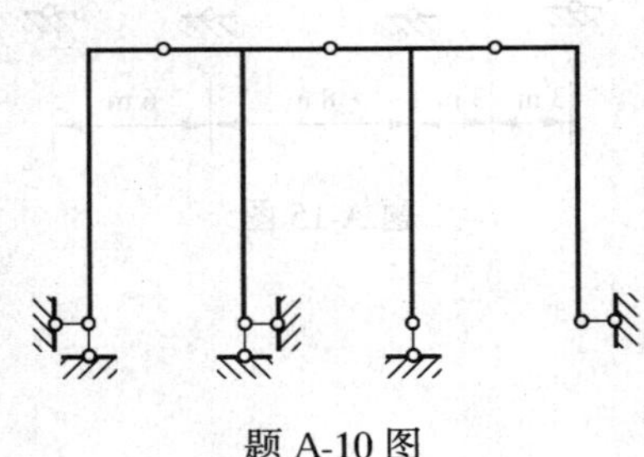

题 A-10 图

11. 作图示结构 M 图。

12. 用机动法作图示桁架中杆 CD 轴力影响线。设荷载在下弦杆移动。

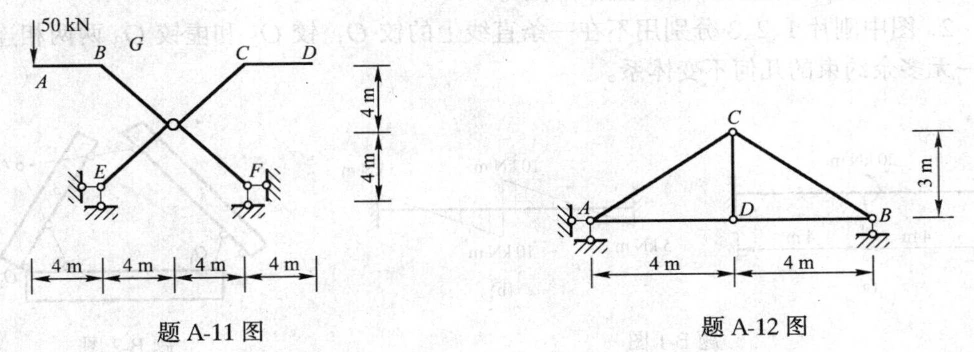

题 A-11 图　　　　题 A-12 图

13．用位移法计算图示结构，绘 M 图。

14．求图示结构 C 支座反力及 D 点竖向位移。EI＝常数。

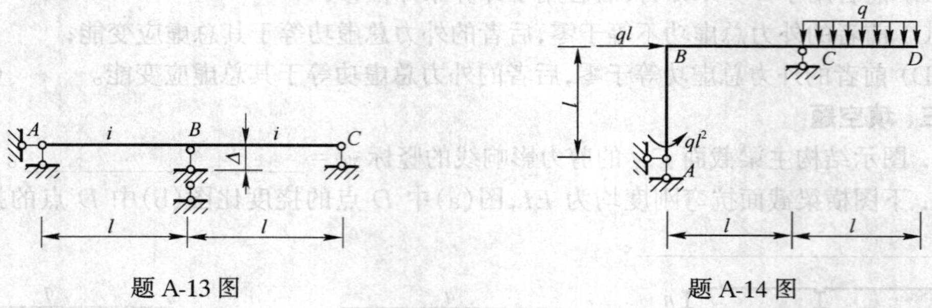

题 A-13 图　　题 A-14 图

15．用力矩分配法作图示结构 M 图。EI＝常数。

16．试用力法计算图示结构，作 M 图。已知 $EA=\dfrac{EI}{a^2}$。

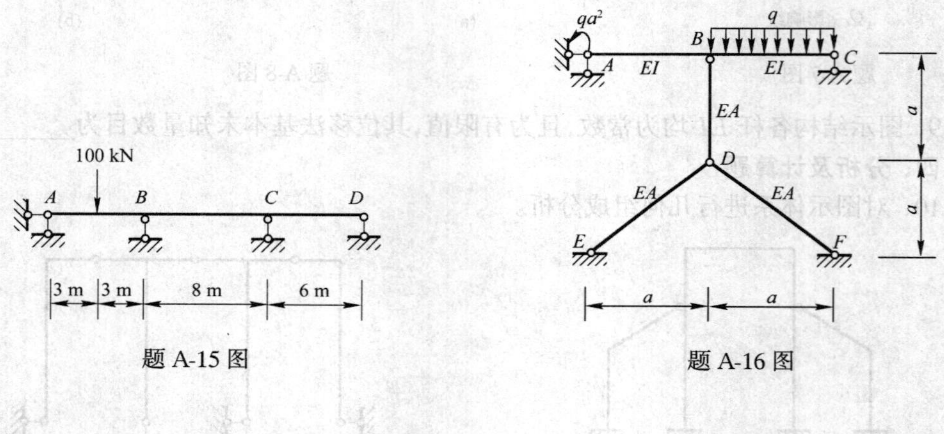

题 A-15 图　　题 A-16 图

B　组

一、是非题　若认为“是”，在括号内画○，若认为“非”，则画×。

1．图(a)所示梁的 M 图如图(b)所示。（　）

2．图中刚片 1、2、3 分别用不在一条直线上的铰 O_1、铰 O_2 和虚铰 O_3 两两相连，组成一无多余约束的几何不变体系。（　）

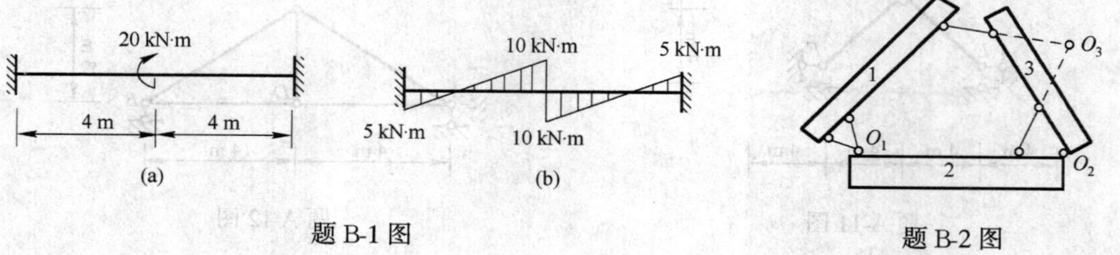

题 B-1 图　　题 B-2 图

3. 若图示梁的材料、截面形状、温度变化均未改变，而欲减小杆端弯矩，则应减小 I/h 的比值。 （ ）

二、选择题　选择正确答案的字母写在括号内。

4. 图示刚架 K 截面的弯矩值为：

(A) 20 kN·m(右侧受拉)；　(B) 20 kN·m(左侧受拉)；

(C) 30 kN·m(右侧受拉)；　(D) 30 kN·m(左侧受拉)。 （ ）

题 B-3 图

题 B-4 图

5. 图示梁 A 点的竖向位移为：

(A) $\frac{3Pl^3}{8EI}(\downarrow)$；　(B) $\frac{3Pl^3}{4EI}(\downarrow)$；

(C) $\frac{5Pl^3}{48EI}(\downarrow)$；　(D) $\frac{3Pl^3}{16EI}(\downarrow)$。 （ ）

6. 图示对称结构 $EI=$ 常数，中点截面 C 及 AB 杆内力应满足：

(A) $M\neq0, Q=0, N\neq0, N_{AB}\neq0$；　(B) $M=0, Q\neq0, N=0, N_{AB}\neq0$；

(C) $M=0, Q\neq0, N=0, N_{AB}=0$；　(D) $M\neq0, Q\neq0, N=0, N_{AB}=0$。 （ ）

题 B-5 图

题 B-6 图

三、填空题

7. 图示结构 AB 杆 A 端的剪力 Q_{AB} 为______________。

8. 图示交叉梁系各杆 $EI=$ 常数，E 点的竖向位移为______________。

题 B-7 图

题 B-8 图

9．图示连续梁，支座 A 截面转角影响线与该梁在__________处受____________荷载作用下的______________图的形状相同。

四、分析及计算题

10．对图示体系进行几何组成分析。

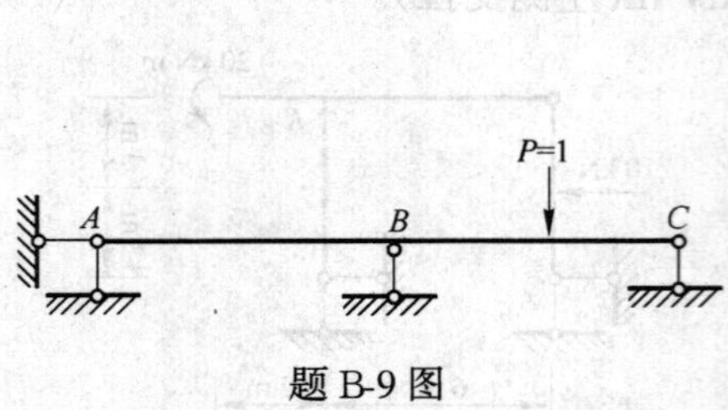

题 B-9 图

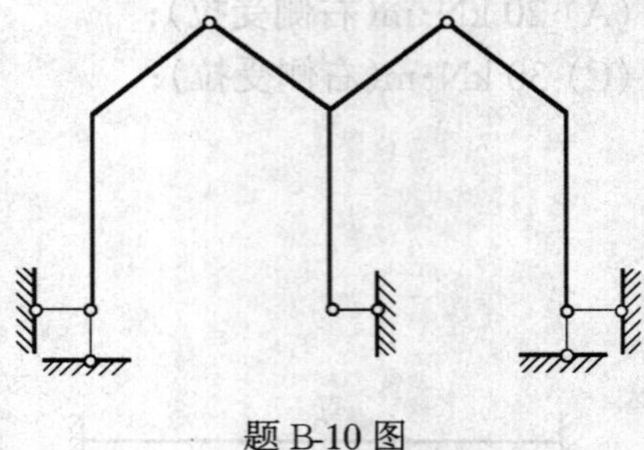

题 B-10 图

11．作图示结构 M 图，并求两链杆轴力。

12．用机动法作图示桁架斜杆轴力影响线。

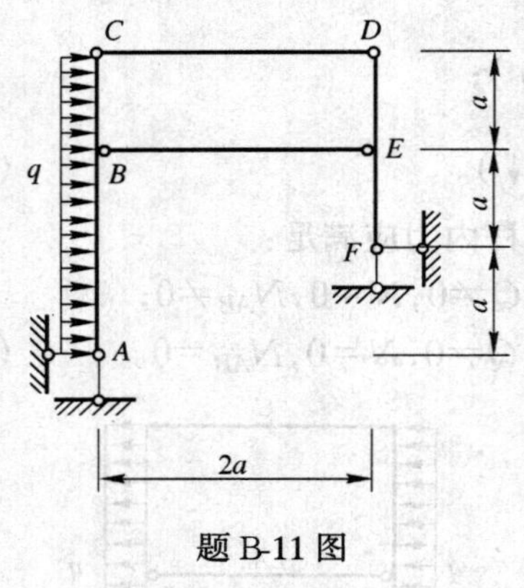

题 B-11 图

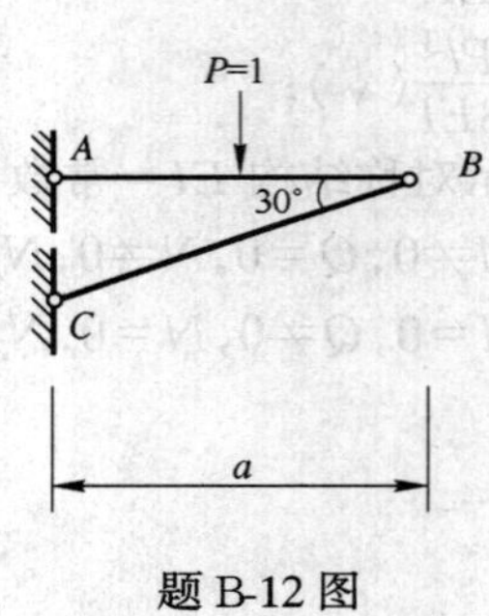

题 B-12 图

13．用力矩分配法绘制图示梁的 M 图。$EI=$ 常数。

14．试用力法作图示结构杆 AB 的 M 图。各链杆的抗拉压刚度 EA_1 相同。梁式杆抗弯刚度 $EI=a^2EA_1/100$，不计梁式杆轴向变形。

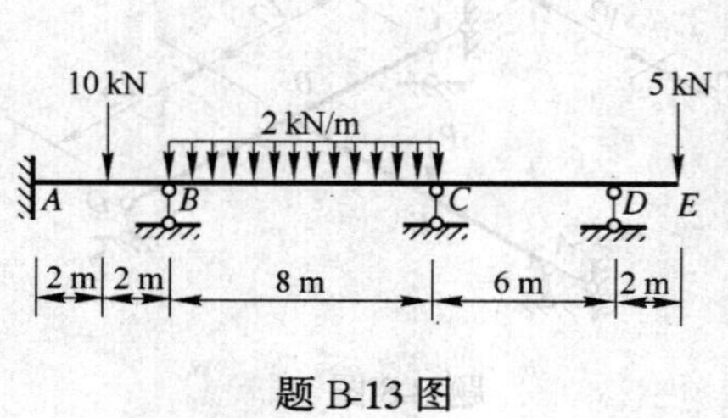

题 B-13 图

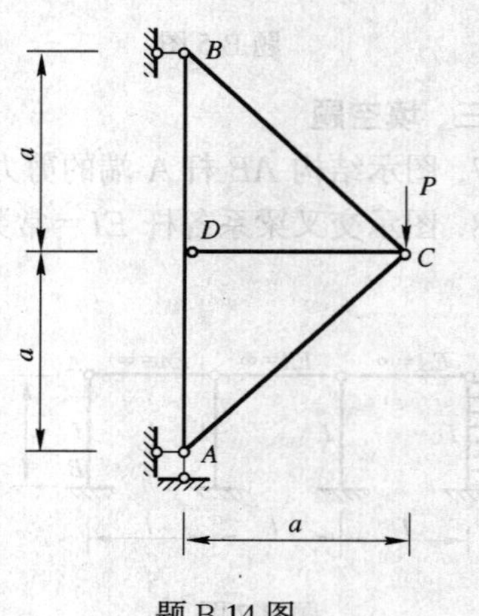

题 B-14 图

15. 用位移法绘制图示结构 M 图。设梁 $I=125\times10^8\ \text{mm}^4$，柱 $I=5.0\times10^8\ \text{mm}^4$，$E=$常数。

16. 试用位移法计算图示结构，作 M 图。$EI=$常数。

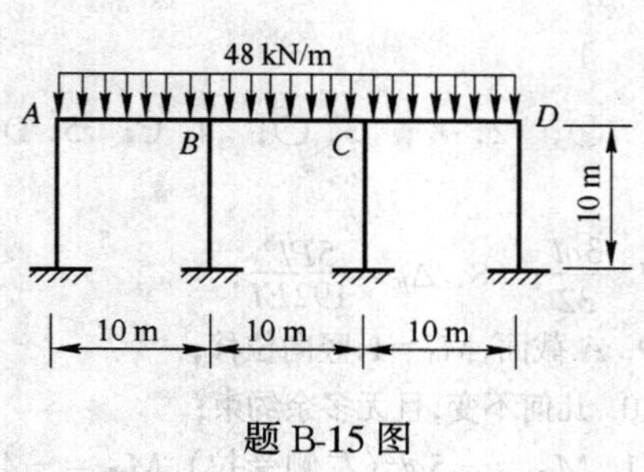

题 B-15 图

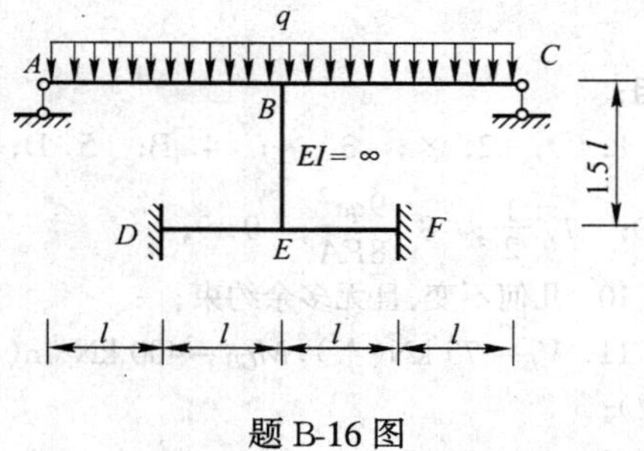

题 B-16 图

答　案

A 组：

1. ○； 2. ×； 3. ×； 4. B； 5. D；

6. D； 7. $\frac{1}{2}$； 8. $\frac{9qa^2}{8EA}$； 9. 9；

10. 几何不变，且无多余约束；

11. $V_E = 75$ kN(↑)，$M_{GB} = 400$ kN·m(上侧受拉)；

12. $y_A = y_B = 0$，$y_D = +1$；

13. $M_{BC} = \frac{30i}{7l}\Delta$(下侧受拉)；

14. $R_C = \frac{3ql}{2}$(↑)，$\Delta_{DV} = \frac{7ql^4}{24EI}$(↓)；

15. $M_{BA} = 52.7$ kN·m(上侧受拉)，$M_{CD} = 15.0$ kN·m(下侧受拉)；

16. $M_{BA} = 0.22175qa^2$(上侧受拉)，$N_{BD} = 0.0565qa$。

B 组：

1. ○； 2. ×； 3. ○； 4. C； 5. D；

6. C；

7. $\frac{3ql}{32}$； 8. $\Delta_E = \frac{5Pl^3}{192EI}$；

9. A 截面，$M_A = 1$，竖向位移；

10. 几何不变，且无多余约束；

11. $M_{BC} = -5ql^2$(左侧受拉)，$M_{EF} = -4.5qa^2$(右侧受拉)；

12. $y_A = 0$，$y_B = -2$；

13. $M_{BA} = 11.67$ kN·m(上侧受拉)，$M_{CD} = -3.63$ kN·m(上侧受拉)；

14. 无 M 图，$N_{BC} = \frac{\sqrt{2}P}{2}$；

15. $M_{AB} = -145.45$ kN·m(上侧受拉)，$M_{BC} = -436.36$ kN·m(上侧受拉)；

16. $M_{BA} = \frac{14}{33}ql^2$(上侧受拉)，$N_{FE} = \frac{20}{33}ql^2$(上侧受拉)。

参 考 文 献

1 刘昭培,张愠美.结构力学(修订版).天津:天津大学出版社,2000
2 杨天祥.结构力学(第二版).北京:高等教育出版社,1986
3 龙驭球,包世华.结构力学(第二版).北京:高等教育出版社,1994
4 李廉锟.结构力学(第三版).北京:高等教育出版社,1996
5 金宝桢,杨式德,朱宝华.结构力学(第三版).北京:高等教育出版社,1986
6 雷钟和,江爱川,郝静明.结构力学解疑.北京:清华大学出版社,1996
7 包世华.结构力学(第二版).武汉:武汉理工大学出版社,2003
8 刘尔烈,崔恩第,徐振铎.有限单元法及程序设计.天津:天津大学出版社,2004
9 崔恩第.结构力学及解题指导.北京:中国人事出版社,1999
10 阳日,郑瞳灼,韦树英,蒙承军,梁琨.结构力学习题指导.北京:建筑工业出版社,1988
11 李家宝.结构力学(第三版).北京:高等教育出版社,1996
12 王焕定.结构力学.北京:清华大学出版社,2004
13 刘尔烈.结构力学.天津:天津大学出版社,1996